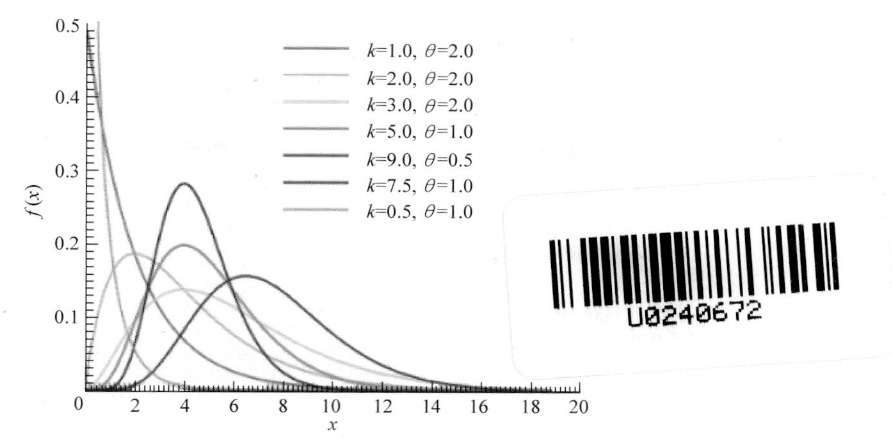

图 1-3　Gamms 分布不同参数下的 PDF，其中，$k=\alpha$，$\theta=1/\beta$.

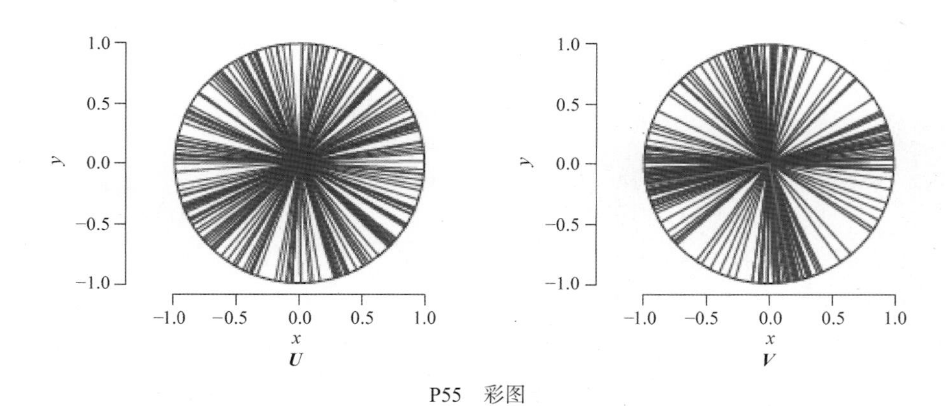

P55　彩图

a)

b)

q=2/3

图 9-5　不同 q 下，$\|\boldsymbol{\beta}\|_q \leqslant 1$ 在平面上对应的区域，其中 $\|\boldsymbol{\beta}\|_q = (\sum_{j=1}^{p}|\beta_j|^q)^{1/q}$.（图片来源：Wikipedia）

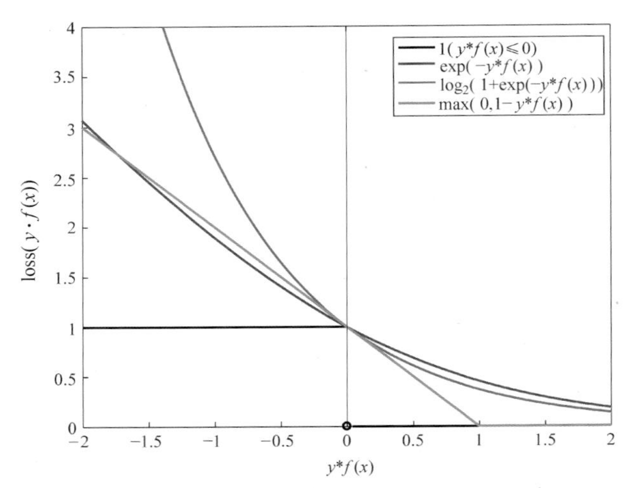

图 10-1　指示函数 $\mathbf{1}(yf(x) \leqslant 0)$ 及几种常用上界函数：exponential loss $e^{-yf(x)} \Rightarrow$ AdaBoost；logistic loss $\log_2(1+e^{-yf(x)}) \Rightarrow$ logistic regression（$y \in \{-1, 1\}$）；hinge loss $\max(0, 1-yf(x)) \Rightarrow$ SVM.

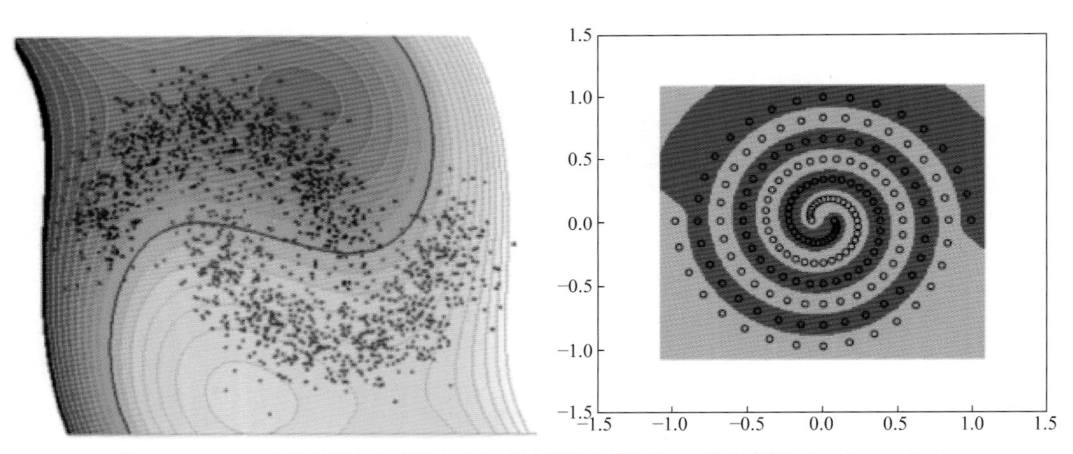

图 11-10　SVM 与核函数结合可以产生非常灵活的决策边界.（图片来源：Cynthia Rudin）

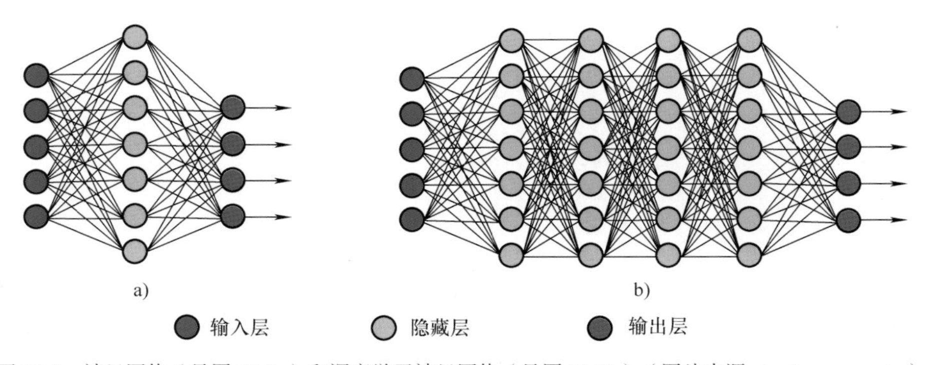

图 13-2　神经网络（见图 13-2a）和深度学习神经网络（见图 13-2b）.（图片来源：hackernoon.com）

普通高等院校统计学类系列教材

蒙特卡罗方法和统计计算

王璐　编

机 械 工 业 出 版 社

本书共 13 章，分别介绍了随机变量的抽样方法，随机向量的抽样方法，随机过程的抽样方法，Gibbs 抽样和马尔可夫链，Metropolis - Hastings 算法、HMC 算法及 SMC 算法，EM 算法和 MM 算法，梯度下降法，Newton - Raphson 算法，坐标下降法，Boosting 算法，凸优化与支持向量机，ADMM 算法，深度学习等常用优化方法以及近些年在机器学习和深度学习领域使用的热门算法. 对各种算法，作者除了给出计算步骤和统计模型的应用实例外，还对算法涉及的基本概念和重要收敛性定理进行了介绍和证明. 本书专业性较强，可作为高年级本科生和研究生的教材，也可作为相关科研人员的参考书.

图书在版编目（CIP）数据

蒙特卡罗方法和统计计算/王璐编. —北京：机械工业出版社，2022.4（2023.7 重印）

普通高等院校统计学类系列教材

ISBN 978-7-111-70370-9

Ⅰ. ①蒙…　Ⅱ. ①王…　Ⅲ. ①蒙特卡罗法 - 高等学校 - 教材②概率统计计算法 - 高等学校 - 教材　Ⅳ. ①O242.28

中国版本图书馆 CIP 数据核字（2022）第 046046 号

机械工业出版社（北京市百万庄大街 22 号　邮政编码 100037）

策划编辑：汤　嘉　　　　责任编辑：汤　嘉

责任校对：陈　越　张　薇　封面设计：张　静

责任印制：常天培

北京机工印刷厂有限公司印刷

2023 年 7 月第 1 版第 2 次印刷

184mm×260mm · 13.75 印张 · 2 插页 · 317 千字

标准书号：ISBN 978-7-111-70370-9

定价：49.00 元

电话服务　　　　　　　　　网络服务

客服电话：010 - 88361066　机　工　官　网：www.cmpbook.com

　　　　　010 - 88379833　机　工　官　博：weibo.com/cmp1952

　　　　　010 - 68326294　金　　书　　网：www.golden - book.com

　机工教育服务网：www.cmpedu.com

前言

在大数据时代，面对规模庞大的数据和纷繁复杂的数据类型，用于分析这些数据的统计模型也越来越复杂，模型估计的难度日益加大，因此统计计算在统计研究和应用领域的重要性不断提升. 正如北京大学张志华教授所说：“计算在统计中已经变得越来越重要，传统的多元统计分析以矩阵为计算工具，而现代高维统计则以优化算法为计算工具.”

作者在中南大学数学与统计学院给高年级本科生和低年级研究生开设“统计计算”这门课时，发现学生们已经具备了一定的编程基础和统计软件的使用经验，他们希望在这门课中更深入地了解统计计算方法的基本原理，学习更高级、更前沿的算法及相关收敛性理论，这些更有助于他们做出原创性的科研工作或解决实际中遇到的统计计算问题，也促使作者产生了撰写本书的想法.

本书的内容分成两部分：蒙特卡罗方法和统计计算的常用优化算法. 前者是贝叶斯模型估计的主要方法，后者是现代高维统计的计算工具. 本书的前三章分别介绍了一元随机变量的抽样、多元随机向量的抽样和随机过程的抽样，它们构成了蒙特卡罗方法的基石；第 4 章和第 5 章介绍了 Gibbs 抽样、马尔可夫链蒙特卡罗（MCMC）方法、哈密顿蒙特卡罗方法（HMC）和序贯蒙特卡罗方法（SMC）；第 6 ~ 12 章每一章介绍一种优化方法及其在统计或机器学习中的应用，包括估计高斯混合模型的 EM 算法、估计 Logistic 回归模型的 Newton 算法、稀疏学习常用的坐标下降法、AdaBoost 算法、SVM 与凸优化理论等；第 13 章以对深度学习的入门介绍作为全书的结尾.

与国内外已出版的相关教材相比，本书在统计计算传统核心内容的基础上增加了一些新的较流行的计算方法. 在前半部分蒙特卡罗抽样方法中加入了 Dirichlet 分布抽样、随机矩阵的抽样方法、随机图的抽样方法、Poisson 点过程抽样、Dirichlet 过程抽样等内容. 在有关 MCMC 方法的介绍中，不仅补充了马尔可夫链的一些基本概念和收敛性理论，还增加了对较前沿的 HMC 方法的介绍并配以详细的应用实例说明. 在后半部分对优化算法的介绍中，本书增加了比 EM 算法应用范围更广的 MM 算法、稀疏学习中流行的坐标下降法及 ADMM 算法，此外还加入了对机器学习和深度学习前沿算法的介绍.

本书在介绍每种方法时，不仅给出了基本的计算步骤，还对相关收敛性理论进行了介绍，给出了必要的推导证明，使读者能深入地领会方法的本质以及更准确地使用这些方法. 本书还为每种方法配备了一个或多个具体的统计模型应用实例，很多应用实例来自近几年较前沿的科研文章，有些实例配有详细的 R 代码，使读者掌握使用这些方法解决实际统计计算问题的全过程. 本书为一些章节配备了习题，这些习题大多需要读者进行编程计算，很多题目可以在书中实例的 R 代码基础上进行修改和扩展完成. 此外，本书在对知识的介绍中配备了大量图片进行说明，有些还附有视频链接，帮助读者理解.

本书是作者对自己在博士期间所读的多本教材、课堂笔记、阅读的大量科研论文的一个综合整理，从中选取了对当前数据分析和科研最有帮助的统计计算方法. 本书的写作深受很多统计学专家学者所著的教材和讲义的影响，包括斯坦福大学 Art Owen 教授所著的有关蒙特卡罗方法的教材、杜克大学 David Dunson 教授的贝叶斯统计课程讲义、Peter Hoff 教授的多元统计分析课程讲义、Mike West 教授的概率统计模型课程讲义和 Cynthia Rudin 教授的机器学习课程讲义. 作者也受益于在杜克大学读博士期间与这些教授在学术科研上的交流和讨论. 本书初稿完成后，在教学过程中收到了很多学生的宝贵意见，对本书质量的提高有很大帮助，在此向单顺衡、张转、申贞远、邓牧野、曹楷、邵慧、陈宇昕、王安澜、陈建国、徐素、杜露露、柯宝芳、万昭曼、于颖、甄梦楠、鄂继跃表示衷心感谢. 在本书出版过程中，机械工业出版社的责任编辑汤嘉给予了很多帮助，在此特向他致谢.

由于作者水平所限，书中难免有错误和不当之处，欢迎读者批评指正，来函请发至 wanglu_stat@ csu. edu. cn.

目 录

第 1 章 随机变量的抽样方法

对随机变量进行抽样是统计模拟的一个基本工具. 我们可以通过物理方法得到一组真实的随机数，比如反复抛掷硬币、骰子、抽签、摇号等，这些方法得到的随机数质量好，但是数量不能满足随机模拟的需要. 现在主流的方法是使用计算机产生**伪随机数**. 伪随机数是由计算机算法生成的序列 $\{x_i, i=1,2,\cdots\}$，因为利用计算机算法生成的结果是固定的，所以伪随机数不是真正的随机数，但是好的伪随机数序列可以做到与目标分布真正的随机数无法通过统计检验区分开，所以我们也把计算机生成的伪随机数视为随机数.

需要生成某种分布的随机数时，一般先产生服从均匀分布 $U(0,1)$ 的随机数，然后再将其转换为服从目标分布的随机数.

1.1 均匀分布随机变量的抽样方法

计算机中伪随机数序列是迭代生成的，即 $x_n = g(x_{n-1}, x_{n-2}, \cdots, x_{n-p})$，$g$ 是确定的函数. 均匀分布 $U(0,1)$ 随机数发生器首先生成的是在集合 $\{0,1,\cdots,M\}$ 或 $\{1,2,\cdots,M\}$ 上取值的服从离散均匀分布的随机数，然后除以 M 或 $M+1$ 变成 $[0,1]$ 内的值. 这种方法实际上只取了有限个值，因为取值个数有限，根据算法 $x_n = g(x_{n-1}, x_{n-2}, \cdots, x_{n-p})$ 可知序列一定在某个时间后发生重复，使序列发生重复的间隔 T 叫作随机数发生器的周期. 好的随机数发生器可以保证 M 很大且周期很长. 常用的均匀分布 $U(0,1)$ 随机数发生器有线性同余法、反馈位寄存器法以及随机数发生器的组合. 这部分内容主要参考李东风（2017）第 2 章 2.1 节.

1.1.1 线性同余发生器

定义 1.1（同余）. 设 i,j 为整数，M 为正整数，若 $j-i$ 为 M 的倍数，称 i 与 j 关于 M **同余**（congruential），记为 $i \equiv j \pmod{M}$，否则称 i 与 j 关于 M 不同余.

例如

$$7 \equiv 2 \pmod 5, \quad -1 \equiv 4 \pmod 5.$$

对于整数A，用$A \pmod M$表示A除以M的余数，显然A和$A \pmod M$同余，且$0 \leqslant A \pmod M < M$.

如何实现从一个有限的集合$\{0, 1, \cdots, M-1\}$中等可能的抽样？线性同余发生器利用求余运算生成随机数，其递推公式为

$$x_n = ax_{n-1} + c \pmod M, \ n = 1,2,\cdots$$

其中，a和c是事先设定的整数. 取某个整数初值x_0后可以依次递推得到序列$\{x_n\}$. 注意到$0 \leqslant x_n < M$，令$R_n = x_n/M$，则$R_n \in [0,1)$，最后把序列$\{R_n\}$作为均匀分布的随机数序列输出.

因为线性同余法的递推公式仅依赖前一项，且每一项只有M种可能的取值，所以产生的序列$x_0, x_1, \cdots$一段时间后一定会发生重复. 若存在正整数n和m使得$x_n = x_m (n > m)$，则必有$x_{n+k} = x_{m+k}$，$k = 1,2,\cdots$，即$x_n, x_{n+1}, x_{n+2}, \cdots$重复了$x_m, x_{m+1}, x_{m+2}, \cdots$，称这样的$n-m$的最小值$T$为此随机数发生器在初值$x_0$下的周期. 由序列取值的有限性可知$T \leqslant M$.

练习 1.1：计算线性同余发生器

$$x_n = 3x_{n-1} + 3 \pmod{10}, n = 1,2,\cdots$$

取初值$x_0 = 3$的周期. （数列为$3,2,9,0,3,2,9,0,3,\cdots$，周期为$T = 4$）

练习 1.2：计算线性同余发生器

$$x_n = 6x_{n-1} + 2 \pmod 5, n = 1,2,\cdots$$

取初值$x_0 = 0$的周期. （数列为$0,2,4,1,3,0,2,4,1,3,0,\cdots$，周期为$T = 5 = M$，达最大周期）

如果线性同余发生器从某个初值x_0出发达到最大周期M，也称为**满周期**，则初值x_0取任意整数产生的序列都会达到满周期，序列总是从x_M开始重复. 如果发生器从x_0出发不是满周期，那么它从任何整数出发都不是满周期. 适当选取M, a, c可以使产生的随机数序列和真正的$U[0, 1]$随机数表现的非常接近.

定理 1.1　当下列三个条件都满足时，线性同余发生器可以达到满周期：

1. c与M互素；
2. 对M的任一个素因子P，$a-1$被P整除；
3. 如果4是M的因子，那么$a-1$被4整除.

在计算机中使用线性同余发生器一般取$M = 2^L$，其中L为计算机中整数的位数. 根据定理1.1，可取$a = 4m+1$，$c = 2n+1$（m

和 n 是任意正整数)，这样的线性同余发生器是满周期的. 例如 Kobayashi 提出了如下满周期 2^{31} 的线性同余发生器

$$x_n = 314159269 x_{n-1} + 453806245 \pmod{2^{31}}.$$

其周期较长，统计性质较好.

(1) 好的均匀分布随机数发生器应具有以下两个特点：周期足够长，统计性质符合均匀分布. 把通过同余法生成的数列看成随机变量序列 $\{X_n\}$，在满周期时，可以认为 X_n 是从 $\{0, 1, \cdots, M-1\}$ 中随机等可能选取的，即

$$P(X_n = i) = 1/M, i = 0, 1, \cdots, M-1.$$

此时

$$E(X_n) = \sum_{i=0}^{M-1} i \frac{1}{M} = \frac{M-1}{2},$$

$$\begin{aligned} \mathrm{Var}(X_n) &= E(X_n^2) - [E(X_n)]^2 \\ &= \sum_{i=0}^{M-1} i^2 \frac{1}{M} - \frac{(M-1)^2}{4} = \frac{1}{12}(M^2 - 1). \end{aligned}$$

于是当 M 很大时

$$E(R_n) = E(X_n/M) = \frac{1}{2} - \frac{1}{2M} \approx \frac{1}{2},$$

$$\mathrm{Var}(R_n) = \mathrm{Var}(X_n/M) = \frac{1}{12} - \frac{1}{12M^2} \approx \frac{1}{12},$$

可见生成数列的期望和方差很接近均匀分布.

(2) 具有很好的随机性，产生的序列不应该有规律，序列元素之间独立性好. 但是随机数发生器产生的序列是由确定的公式生成，不可能做到真正独立，至少我们要求序列的自相关性较弱. 对于满周期的线性同余发生器，序列中前后两项自相关系数的近似公式为

$$\rho(1) \approx \frac{1}{a} - \frac{6c}{aM}\left(1 - \frac{c}{M}\right),$$

所以应该将 a 选为较大的值 ($a < M$).

1.1.2 FSR 发生器

线性同余发生器产生一维均匀分布随机数效果很好，但产生的多维随机向量相关性大，分布不均匀. 而且线性同余法的周期不可能超过 2^L. Tausworthe (1965) 提出一种新的算法——反馈位移寄存器法 (FSR)，对这些方面有所改进.

FSR 按照以下递推法则生成一系列取值为 0 或 1 的数 $\alpha_1, \alpha_2, \cdots$，每个 α_k 由前面若干个 $\{\alpha_i\}$ 的线性组合除以 2 的余数产生，即

$$\alpha_k = c_p\alpha_{k-p} + c_{p-1}\alpha_{k-p+1} + \cdots + c_1\alpha_{k-1} \pmod 2.$$

其中，每个系数 c_i 只取 0 或 1，这样的递推可以利用程序语言中的逻辑运算快速实现. 比如，如果 FSR 算法中的系数（$c_1, c_2, \cdots, c_p$）仅有两个为 1，例如：$c_p = c_{p-q} = 1(1 < q < p)$，递推法则可以写为

$$\alpha_k = \alpha_{k-p} + \alpha_{k-p+q} \pmod 2 = \begin{cases} 0, & \text{当 } \alpha_{k-p} = \alpha_{k-p+q} \text{ 时}, \\ 1, & \text{当 } \alpha_{k-p} \neq \alpha_{k-p+q} \text{ 时}. \end{cases}$$

这可以用计算机的异或运算 $\oplus$ 进行快速计算：

$$\alpha_k = \alpha_{k-p} \oplus \alpha_{k-p+q}, k = 1, 2, \cdots$$

给定初值（$\alpha_{-p+1}, \alpha_{-p+2}, \cdots, \alpha_0$）递推得到序列 $\{\alpha_k : k = 1, 2, \cdots\}$ 后，依次截取长度为 M 的二进制序列组合成整数 x_n，再令 $R_n = x_n/2^M$. 巧妙选择递推系数和初值（种子）可以得到很长的周期，且作为多维均匀分布随机向量的发生器性质较好. 在上述 $c_p = c_{p-q} = 1(1 < q < p)$ 的例子中，递推算法只需要异或运算，不受计算机字长限制，适当选取 p, q 后周期可以达到 $2^p - 1$（如取 $p = 100$).

1.1.3 组合发生器

随机数设计中比较困难的是独立性和多维向量的均匀分布. 可以考虑把若干个发生器组合利用，产生的随机数比单个发生器具有更长的周期和更好的随机性.

MacLaren 和 Marsaglia（1965）提出了组合同余法，组合两个同余发生器，其中一个用来"搅乱"次序. 将两个同余发生器记为 A 和 B. 用 A 产生 m 个随机数（如 $m = 128$），存放在数组 $T = (t_1, t_2, \cdots, t_m)$ 中. 需要产生 x_n 时，先用 B 生成一个随机下标 $j \in \{1, 2, \cdots, m\}$，取 $x_n = t_j$，然后再用 A 生成一个新的随机数替代 T 中的 t_j，如此重复. 这样组合可以增强随机性，加大周期（可超过 2^L). 也可以只使用一个发生器，用 x_{n-1} 来选择下标.

Wichman 和 Hill（1982）设计了如下的线性组合发生器. 利用三个同余发生器：

$$U_n = 171U_{n-1} \pmod{30269},$$
$$V_n = 172V_{n-1} \pmod{30307},$$
$$W_n = 170W_{n-1} \pmod{30323},$$

构造线性组合并求余：

$$R_n = (U_n/30269 + V_n/30307 + W_n/30323) \pmod 1,$$

这个组合发生器的周期约为 7×10^{12}，超过 $2^{31} \approx 2 \times 10^9$.

在 R 软件中，可以用 `runif(n)` 产生 n 个 $U(0,1)$ 均匀分布的随机数. R 软件提供了若干种随机数发生器，可以用 `RNGkind()` 函数切换. 在使用随机数进行模拟时，如果希望模拟的结果可以重复，

就需要在模拟开始时设置固定的随机数种子. 在 R 软件中, 可以用函数 `set.seed(m)` 来设置种子, 其中 m 是任意整数.

1.1.4 随机数的检验

对均匀分布 $U(0,1)$ 随机数发生器产生的序列 $\{R_i:i=1,2,\cdots,n\}$, 可以进行各种检验确认其均匀性. 一些检验的方法有:

(1) 把 $[0,1]$ 等分成 K 段, 用 Pearson's χ^2 test 检验 $\{R_i:i=1,2,\cdots,n\}$ 落在每一段的概率是否近似为 $1/K$. Pearson's χ^2 test 可以检验样本落入若干互斥分类的概率分布是否等于某个特定的离散分布. 其原理是通过计算落入每个分类的实际样本数与理论期望个数之差构造统计量.

(2) 用 Kolmogorov－Smirnov (K－S) test 检验 $\{R_i:i=1,2,\cdots,n\}$ 是否近似服从 $U[0,1]$ 分布. K－S test 可以检验样本是否服从某个特定的一维连续分布, 其原理是通过计算样本的经验分布函数与目标分布 CDF 的距离构造统计量.

(3) 把 $\{R_i:i=1,2,\cdots,n\}$ 每 d 个组合在一起成为 d 维向量, 把超立方体 $[0,1]^d$ 每一维均匀分为 K 份, 得到 K^d 个子集, 用 Pearson's χ^2 test 检验这些组合得到的 d 维向量落在每个子集的概率是否近似为 $1/K^d$.

1.2 非均匀分布随机变量的抽样方法

均匀分布随机数的产生方法是很多非均匀分布抽样方法的基础. 常用的科学计算软件, 如 R 软件、MATLAB 软件, 都提供了很多常见的非均匀分布的抽样函数, 如正态分布、泊松分布、二项分布、指数分布、伽马分布、贝塔分布等. 有时候我们可能需要从某个特殊分布中抽样, 而这些软件没有提供现成的抽样函数. 因此我们需要理解这些非均匀分布的随机数是如何生成的, 以便在必要的时候自行设计抽样方法. 在这部分我们会学习一些通用的抽样方法, 如 CDF 逆变换, 接受－拒绝抽样等. 这部分内容主要参考 Owen (2013) 第 4 章.

1.2.1 CDF 逆变换

将均匀分布的随机变量转化为非均匀分布的随机变量最直接的方法是 CDF 逆变换. 理论上这个方法适用于任何 CDF 的逆函数已知的分布.

定义 1.2 (Cumulative distribution function (CDF)). 一个随机变量 X 的 CDF $F(x)$ 定义为

$$F(x)=P(X\leqslant x),\ x\in\mathbb{R}.$$

任一分布可由它的 CDF 完全刻画，CDF 有如下性质：

（1）$F(+\infty)=1$；

（2）$F(-\infty)=0$；

（3）右连续：$\lim\limits_{x\to y^+}F(x)=F(y)$.

对于一个连续分布，CDF 和它的 PDF（probability density function）$f(x)\geqslant 0$ 的关系是

$$P(a\leqslant X\leqslant b)=\int_a^b f(x)\mathrm{d}x=F(b)-F(a).$$

假设随机变量 X 的 PDF $f(x)>0$，$\forall x\in\mathbb{R}$. 那么它的 CDF $F(x)$单调且连续，因此存在逆函数 F^{-1}. 由于$0\leqslant F(x)\leqslant 1$，如果 $U\sim U[0,1]$，考察 $Y=F^{-1}(U)$ 的分布会发现

$$\begin{aligned}P(Y\leqslant y)&=P(F^{-1}(U)\leqslant y)\\&=P(F(F^{-1}(U))\leqslant F(y))\\&=P(U\leqslant F(y))\\&=F(y).\end{aligned}$$

因此 Y 服从 CDF 为 $F(\cdot)$ 的分布，记为 $Y\sim F$. 这就是**CDF 逆变换的基本思想**. 然而在实践中，它还面临很多问题，比如对离散分布

$$P(X=x_k)=p_k,k=1,2,\cdots.$$

它的 CDF $F(x)$ 不连续且不可逆. 有时我们需要抽样的分布既有离散又有连续的部分. 设 F_d是一个离散分布的 CDF，F_c是一个连续分布的 CDF，$0<\lambda<1$，则 $\lambda F_d+(1-\lambda)F_c$也是一个 CDF，如图 1-1 所示，它在一些点的逆函数无定义.

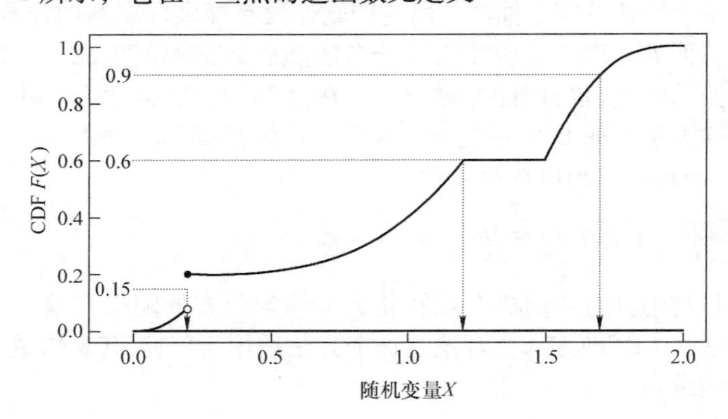

图 1-1　随机变量 X 在［0,2］上取值，但它在区间［1.2,1.5］取值的概率为 0，图 1-1 中的实线是 X 的 CDF，它在 $x=0.2$ 处有一个跳跃.

上述问题可以通过为 CDF 定义如下的**广义逆**得到解决.

$$F^{-1}(u)=\inf\{x\mid F(x)\geqslant u\},0<u<1 \tag{1-1}$$

由于 $F(+\infty)=1$，式（1-1）中的集合总是非空的，因此总可以找到下确界. 图 1-1 展示了 F 的广义逆在几个点的值：$F^{-1}(0.15)=0.2$，$F^{-1}(0.6)=1.2$，$F^{-1}(0.9)=1.7$.

CDF 逆变换：设 F 是一个 CDF，F^{-1} 是由式（1-1）定义的逆函数. 如果随机变量 $U\sim U[0,1]$，令 $X=F^{-1}(U)$，则变换得到的随机变量 $X\sim F$.

补充说明

（1）如果 $U\sim U[0,1]$，那么 $1-U\sim U[0,1]$，因此 $F^{-1}(1-U)\sim F$. 有时候 $F^{-1}(1-U)$ 具有更简单的形式.

（2）在 CDF 逆变换中，我们是对服从 $U[0,1]$ 的随机变量做逆变换，上述想法可以进一步推广. 如果 F 是一个连续的 CDF，$X\sim F$，G 是任意分布的 CDF，则随机变量

$$Y=G^{-1}(F(X)) \tag{1-2}$$

服从分布 G，因为 $F(X)\sim U[0,1]$. 函数 $G^{-1}(F(\cdot))$ 也被称为 **QQ 变换**，因为它将分布 F 的分位数（quantile）转换为分布 G 下相应的分位数. 即

如果 x 是 F 的 10% 分位数（$P(X\leqslant x)=F(x)=0.1$），则 $y=G^{-1}(F(x))$ 是 G 的 10% 分位数($P(Y\leqslant y)=G(y)=0.1$).

（3）有时 $G^{-1}(F(\cdot))$ 的形式比 G^{-1} 或 F 都简单，我们可以直接将 $X\sim F$ 转化为 $Y=G^{-1}(F(X))\sim G$，而不需要知道 F 或 G^{-1} 的具体形式. 比如知道如何从 $N(0,1)$ 抽样后，如果想得到 $N(\mu,\sigma^2)$ 的样本，可以做变换 $Y=\mu+\sigma Z$，$Z\sim N(0,1)$，这可以理解为一个 QQ 变换，我们会在 1.2.3 节的单调变换中详细讨论.

CDF 逆变换举例

很多重要的一元分布可以用逆变换的方法进行抽样，这里列举一些有用的例子.

（1）**指数分布**（Exponential distribution）. 标准指数分布 $\mathrm{Exp}(1)$ 的 PDF 是

$$f(x)=\mathrm{e}^{-x},\ x>0.$$

它的 CDF 是

$$F(x)=P(X\leqslant x)=\int_0^x f(t)\,\mathrm{d}t=1-\mathrm{e}^{-x},\ x>0.$$

CDF 的逆是

$$F^{-1}(u)=-\ln(1-u).$$

因此先抽 $U\sim U(0,1)$，再令 $X=-\ln(1-U)$ 可以产生服从 $\mathrm{Exp}(1)$ 的样本. 或者可直接令 $X=-\ln(U)\sim\mathrm{Exp}(1)$，因为 $1-U\sim U(0,$

1)，$F^{-1}(1-U)=-\ln(U)$.

一般的指数分布有一个参数 $\lambda>0$，记为 $\mathrm{Exp}(\lambda)$，有时人们会用 $\theta=1/\lambda$ 取代 λ 描述指数分布. $Y\sim \mathrm{Exp}(\lambda)$ 的期望是 $E(Y)=1/\lambda$，PDF 是

$$f(y)=\lambda \mathrm{e}^{-\lambda y},\ y>0.$$

如果 $X\sim \mathrm{Exp}(1)$，则 $X/\lambda\sim \mathrm{Exp}(\lambda)$. 因此可以通过变换 $Y=-\ln(U)/\lambda$ 获得 $\mathrm{Exp}(\lambda)$ 的样本.

指数分布常用于描述一段时间的分布，它的一个重要特性是**无记忆性**（memoryless）. 如果 $X\sim \mathrm{Exp}(\lambda)$，则

$$P(X\geqslant x+\Delta \mid X\geqslant x)=\frac{\mathrm{e}^{-\lambda(x+\Delta)}}{\mathrm{e}^{-\lambda x}}=\mathrm{e}^{-\lambda\Delta}$$

它与 x 无关. 因此指数分布不适合描述一个非耐用品的生命周期，比如灯泡的寿命等. 后面介绍的 Weibull 分布更适合描述这种情况.

（2）**伯努利分布**（Bernoulli distribution）. 如果 $X\sim \mathrm{Bern}(p)$，则 $P(X=1)=p$，$P(X=0)=1-p$. 对伯努利分布抽样可以利用变换 $X=1(1-U\leqslant p)$或 $X=1(U\leqslant p)$ 实现.

（3）**柯西分布**（Cauchy distribution）. 柯西分布是 t 分布的一个特例，具有**厚尾**（heavy tails）的特性. 柯西分布的 PDF 是

$$f(x)=\frac{1}{\pi(1+x^2)},\ x\in\mathbb{R}.$$

密度函数 $f(x)$ 在 $x\to\pm\infty$ 时下降地很慢以至于 $E(|X|)=\infty$. 柯西的 CDF 如下

$$F(x)=\frac{1}{\pi}\arctan(x)+\frac{1}{2}.$$

对 CDF 求逆，我们可以利用以下变换对柯西分布抽样，

$$X=\tan(\pi(U-1/2)),U\sim U(0,1).$$

从几何角度看，柯西变量是一个在 $(-\pi/2,\pi/2)$ 上均匀分布的随机角的正切. 柯西分布可以描述看似像正态分布，又存在一些极端大或极端小的观察值的情形.

（4）**离散均匀分布**. 对于在 $\{0,1,\cdots,k-1\}$ 上均匀分布的离散随机变量，可以令

$$X=\lfloor kU\rfloor,\ U\sim U(0,1)$$

其中，$\lfloor kU\rfloor$ 表示 $\leqslant kU$ 的最大整数. 如果想从 $U\{1,2,\cdots,k\}$ 上抽样，可令 $X=\lceil kU\rceil$，其中，$\lceil kU\rceil$ 表示 $\geqslant kU$ 的最小整数.

（5）**泊松分布**（Poisson distribution）. 如果 $X\sim \mathrm{Po}(\lambda)$，则

$$P(X=x)=\frac{\mathrm{e}^{-\lambda}\lambda^x}{x!},x=0,1,2,\cdots$$

且 $E(X)=\lambda$. 算法 1.1 是 Devroye（1986）基于 CDF 逆变换提出的对泊松分布抽样的算法（考察算法输出 0 和输出 1 的概率）. 该算法从 $X=0$ 开始寻找 U 落在哪两个累积概率所夹的区

间，算法中条件 $U>q$ 会被检验 $X+1$ 次，因此算法平均需要的迭代步数是 $E(X+1)=\lambda+1$. 显然对 λ 较大的情形，使用该方法抽样会很慢.

算法 1.1　对泊松分布 $\mathrm{Po}(\lambda)$ 抽样

Initialize $X=0$, $p=q=\mathrm{e}^{-\lambda}$, generate $U\sim U(0,1)$.
while $U>q$ do
　$X=X+1$
　$p=p\lambda/X$
　$q=q+p$
return X

（6）**正态分布**. 用 Φ 表示 $N(0,1)$ 的 CDF，如果 $U\sim U(0,1)$，那么 $Z=\Phi^{-1}(U)\sim N(0,1)$. 但是 Φ 和 Φ^{-1} 都没有解析形式，这使得用 CDF 逆变换对正态分布抽样变得十分困难. 不过通过对 Φ^{-1} 做精确的数值近似，使用逆变换抽样仍然是可行的，比如 Wichura (1988) 提出的算法 AS241，其中使用的近似函数的精度非常高

$$\frac{|\hat{\Phi}_W^{-1}(u)-\Phi^{-1}(u)|}{|\Phi^{-1}(u)|}<10^{-15},\ \min(u,1-u)>10^{-316}.$$

后面会介绍一种更简便的抽样方法——Box – Muller 变换.

（7）**韦布尔分布**（Weibull distribution）. 韦布尔分布是对指数分布的推广，它的 PDF

$$f(x)=\frac{k}{\sigma}\left(\frac{x}{\sigma}\right)^{k-1}\mathrm{e}^{-(x/\sigma)k},\ x>0$$

有两个参数 $\sigma>0$, $k>0$. $k=1$ 时，韦布尔分布退化为指数分布 $\mathrm{Exp}(1/\sigma)$. 韦布尔分布的 CDF 是

$$F(x)=1-\exp(-(x/\sigma)^k),\ x>0.$$

因此对 $U\sim U(0,1)$ 做变换 $X=\sigma(-\log(1-U))^{1/k}$ 可以得到韦布尔分布的样本.

之前我们讨论过指数分布的无记忆性，为了探讨韦布尔分布的基本特性，引入一个新的概念——风险函数（hazard function）.

定义 1.3（风险函数）. 对一个随机变量 $X>0$，它的风险函数 $h(x)$ 定义为

$$h(x)=\lim_{t\to 0^+}\frac{1}{t}P(X\leqslant x+t\mid X\geqslant x),\ x>0.$$

如果用 X 表示一个灯泡的生命周期，风险函数 $h(x)$ 表示给定灯泡在 x 时刻正常工作，它瞬间出现故障的概率（密度），也称**瞬时失败概率**（instantaneous probability of failure）.

练习 1.3：求指数分布 Exp(λ) 和韦布尔分布 Weibull（k，σ）的风险函数.（一个有用的近似：$e^x \approx 1+x$，$x \to 0$）

解答：（1）指数分布 Exp(λ) 的风险函数

$$h(x)=\lim_{t\to 0^+}\frac{1}{t}(1-e^{-\lambda t})=\lim_{t\to 0^+}\frac{\lambda t}{t}=\lambda,$$

可以看到指数分布的瞬时失败概率是常数，与当前时刻 x 无关.

（2）韦布尔分布的风险函数

$$\begin{aligned}
h(x)&=\lim_{t\to 0^+}\frac{1}{t}\cdot\frac{P(x\leqslant X\leqslant x+t)}{P(X\geqslant x)}\\
&=\lim_{t\to 0^+}\frac{1}{t}\cdot\frac{F(x+t)-F(x)}{1-F(x)}\\
&=\lim_{t\to 0^+}\frac{1}{t}\cdot\frac{-\exp\left[-\left(\frac{x+t^k}{\sigma}\right)\right]+\exp\left[-\left(\frac{x}{\sigma}\right)^k\right]}{\exp\left[-\left(\frac{x}{\sigma}\right)^k\right]}\\
&=\lim_{t\to 0^+}\frac{1}{t}\cdot\left\{-\exp\left[-\left(\frac{x+t}{\sigma}\right)^k+\left(\frac{x}{\sigma}\right)^k\right]+1\right\}\\
&=\lim_{t\to 0^+}\frac{1}{t}\left[\left(\frac{x+t}{\sigma}\right)^k-\left(\frac{x}{\sigma}\right)^k\right]\\
&=\frac{d}{dx}\left(\frac{x}{\sigma}\right)^k\\
&=k\cdot\frac{x^{k-1}}{\sigma^k}.
\end{aligned}$$

可以看到

1）$k<1$ 时，瞬时失败概率 $h(x)$ 随时间 x 递减. 这种事件有可能发生，比如婴儿在刚出生时死亡概率很高，但随时间推移死亡概率在下降；

2）$k=1$ 时，韦布尔分布退化为指数分布，瞬时失败概率是常数.

3）$k>1$ 时，瞬时失败概率 $h(x)$ 随时间 x 递增. 这种事件很常见，比如任何会老化的产品的生命周期.

（8）**双指数分布**（Double exponential distribution）. 标准双指数分布的 PDF 是

$$f(x)=\frac{1}{2}\exp(-|x|),\ x\in\mathbb{R}$$

练习 1.4：求标准双指数分布的 CDF 及其逆函数.

解答：

$$F(x)=\begin{cases}\dfrac{1}{2}e^{x}, & x<0,\\ 1-\dfrac{1}{2}e^{-x}, & x\geqslant 0.\end{cases}$$

$$F^{-1}(u)=\begin{cases}\ln(2u), & 0<u\leqslant 1/2,\\ -\ln(2(1-u)), & 1/2<u<1.\end{cases}$$

（9）**耿贝尔分布**（Gumbel distribution）. 耿贝尔分布常用来描述极值的分布. 如果 $Y_1,Y_2,\cdots,Y_n$ 独立同分布，当 n 很大时，$X=\max(Y_1,Y_2,\cdots,Y_n)$ 近似服从耿贝尔分布. 标准耿贝尔分布的 CDF 为

$$F(x)=\exp(-e^{-x}),\ x\in\mathbb{R}.$$

利用变换 $X=-\ln(-\ln(U))$，$U\sim U(0,1)$ 可以得到服从标准耿贝尔分布的样本. 一般的耿贝尔分布有两个参数 $\mu\in\mathbb{R}$ 和 $\sigma>0$，它的 CDF 的形式为

$$F(x)=\exp(-e^{-(x-\mu)/\sigma}),\ x\in\mathbb{R}.$$

虽然参数 μ，σ 是对一个标准耿贝尔分布做的平移和放缩，它们并不代表耿贝尔分布的期望和标准差. 一般的耿贝尔分布对应的逆变换形式为 $X=\mu-\sigma\ln(-\ln(U))$.

（10）**三角分布和幂律分布**.

练习 1.5：用逆变换法对三角分布抽样. 三角分布的密度函数（Triangular density）

$$f(x)=2x,\ 0<x<1.$$

CDF $F(x)=x^2$，因此 $F^{-1}(U)=\sqrt{U}$，$U\sim U(0,1)$.

练习 1.6：用逆变换法对幂律分布抽样. 幂律分布的密度函数（Power density）（$\alpha>0$）

$$f(x)=\alpha x^{\alpha-1},0<x<1.$$

CDF $F(x)=x^{\alpha}$，因此 $X=U^{1/\alpha}$，$U\sim U(0,1)$.

三角分布和幂律分布都是贝塔（Beta）分布的特例，后面还会介绍更一般的从贝塔分布抽样的方法.

（11）**截断分布抽样**. 有时我们会面临从一个分布的特定区间上抽样，比如只想得到 $N(0,1)$ 大于 5 的样本. 我们当然可以先从 $N(0,1)$ 抽取大量样本，然后只保留在 $(5,+\infty)$ 上的样本，但这种抽样方法往往很低效. 下面介绍一种较高效的利用逆变换对截断分布抽样的方法. 假设我们想从一个连续分布的 (a,b) 区间上抽样，F 是这个分布的 CDF，f 是分布的 PDF 且 $f(x)>0$，$\forall x\in(a,b)$. 如果随机变量 $Y\sim F$，X 服从 F 在 (a,b) 上的截断分布 G，则 X 的 CDF 为

$$
\begin{aligned}
G(x) &= P(X \leqslant x) \quad (a < x < b) \\
&= P(Y \leqslant x \mid a < Y < b) \\
&= \frac{P(a < Y \leqslant x)}{P(a < Y < b)} \\
&= \frac{F(x) - F(a)}{F(b) - F(a)}.
\end{aligned}
$$

为使 $G(x)$ 是一个有效的 CDF，规定 $G(x)=0$，$x \leqslant a$；$G(x)=1$，$x \geqslant b$. 因此可通过以下变换对 F 在 (a,b) 上的截断分布抽样

$$X = F^{-1}(F(a) + (F(b) - F(a))U), U \sim U(0,1).$$

1.2.2 离散分布的逆变换法

由于离散分布的 CDF 不连续，使用逆变换方法时，可以利用一些特殊技巧提高抽样的效率. 我们在 2.1.1 节介绍了如何从离散均匀分布中抽样，对于一般的定义在有限个点上的离散分布

$$P(X=k) = p_k > 0,\ k = 1, \cdots, N$$

定义累积概率

$$P_k = \sum_{i=1}^{k} p_i,\ k = 1, \cdots, N.$$

令

$$F^{-1}(u) = k,\ P_{k-1} < u \leqslant P_k$$

其中，$P_0=0$. 对于 $U \sim U(0,1)$，如果我们按上式从 $k=1$ 逐个搜索，对 X 抽样平均需要比较 $E(X)$ 次，计算量是 $O(N)$. 使用二分法搜索的计算量是 $O(\ln(N))$，算法 1.2 展示了在逆变换中使用二分法搜索的算法.

算法 1.2 基于二分法的 CDF 逆变换

1：Input u，N，$P_{0:N}$.
2：Initialize $L=0$，$R=N$.
3：**while** $L < R-1$ do
4：　　$k = \lfloor (L+R)/2 \rfloor$
5：　　**if** $u > P_k$ **then**
6：　　　　$L = k$
7：　　**else**
8：　　　　$R = k$
9：**return** R

R 软件中用 sample(x，size = n，prob = p，replace = TRUE) 可以得到有限个点的离散分布的 n 个独立样本，其中 x 是离散分布

可取值的集合，p 是对应的概率向量.

当离散分布的支集（support）有无穷个点，上述二分法就失效了. 这种情况下，如果离散分布的 CDF 有较简单的解析形式，我们可以先从一个连续分布中抽样，再对样本做一些截断处理变成整数. 下面以**几何分布**的抽样为例介绍具体做法.

定义 1.4（几何分布（Geometric distribution））. 如果每次试验成功的概率是 θ，不断独立地做试验直到取得成功，在第一次成功之前所经历的失败次数 X 服从几何分布：

$$P(X=k)=\theta(1-\theta)^k,\ k=0,1,\cdots$$

考察几何分布的 CDF

$$G(n)=P(X\leqslant n)=\sum_{k=0}^{n}P(X=k)=\theta\sum_{k=0}^{n}(1-\theta)^k=\frac{\theta\cdot[1-(1-\theta)^{n+1}]}{1-(1-\theta)}$$
$$=1-(1-\theta)^{n+1}=1-\exp[(n+1)\ln(1-\theta)].$$

它的形式与指数分布 $Y\sim\mathrm{Exp}(1)$ 的 CDF

$$F(y)=1-\mathrm{e}^{-y}$$

有些相似. 因此，如果 $Y\sim\mathrm{Exp}(1)$，利用 QQ 变换 $X=G^{-1}(F(Y))=\lceil -1-Y/\ln(1-\theta)\rceil$ 可以得到几何分布的样本. 当 $U\sim U(0,1)$，$-\ln(U)\sim\mathrm{Exp}(1)$，因此 $X=\lceil -1+\ln(U)/\ln(1-\theta)\rceil$ 服从几何分布.

1.2.3　其他变换

逆变换法的思路很简单，但可能会面临数值计算方面的问题. 有时利用分布之间的特殊关系可以构造更简洁的变换进行抽样. 下面列举一些其他重要的变换方法.

1. 单调变换

假设随机变量 X 在 $\mathbb{R}$ 上的 PDF 为 f_X，$\tau(\cdot)$ 是一个可逆的增函数. 令随机变量 $Y=\tau(X)$，则 Y 的 CDF 为

$$F_Y(y)=P(Y\leqslant y)=P(\tau(X)\leqslant y)=P(X\leqslant\tau^{-1}(y))=F_X(\tau^{-1}(y)).\tag{1-3}$$

Y 的 PDF 为

$$f_Y(y)=\frac{\mathrm{d}}{\mathrm{d}y}F_Y(y)=\frac{\mathrm{d}}{\mathrm{d}y}F_X(\tau^{-1}(y))=f_X(\tau^{-1}(y))\frac{\mathrm{d}}{\mathrm{d}y}\tau^{-1}(y).\tag{1-4}$$

比如对数正态（log-normal）分布就是通过单调变换定义的. 如果 $X\sim N(\mu,\sigma^2)$，则 $Y=\exp(X)$ 服从对数正态分布，它的 PDF 为

$$f_Y(y)=\frac{1}{y\sqrt{2\pi}\sigma}\exp\left(-\frac{(\ln(y)-\mu)^2}{2\sigma^2}\right),y>0.$$

假设随机变量 X 的期望是0，标准差为1，我们可以平移 X 并对它进行缩放，$Y=\mu+\sigma X$，使得 Y 的期望是 μ，标准差为 σ. 此时 Y 的 PDF 为

$$f_Y(y)=\frac{1}{\sigma}f_X\left(\frac{y-\mu}{\sigma}\right). \tag{1-5}$$

由此可以证明，当 $X\sim N(0,1)$ 时，$Y=\mu+\sigma X\sim N(\mu,\sigma^2)$. 根据式（1-3），任何一个单调变换 $Y=\tau(X)$ 都对应一个 QQ 变换 $F_Y^{-1}(F_X(\cdot))$.

2. Box - Muller 变换

著名的 Box - Muller 变换方法可以用两个独立的 $U(0,1)$ 变量产生两个独立的 $N(0,1)$ 变量：

$$Z_1=\sqrt{-2\ln U_1}\cos(2\pi U_2),$$
$$Z_2=\sqrt{-2\ln U_1}\sin(2\pi U_2). \tag{1-6}$$

其中，$U_1,U_2\sim U(0,1)$ 且独立.

Box - Muller 的原理简单解释如下. 如果将服从二元标准正态分布 $N(0,\boldsymbol{I}_2)$ 的随机向量（Z_1,Z_2）用极坐标表示，它对应的角度 $\theta\sim U[0,2\pi)$，且独立于半径 R，因此可以用 $\theta=2\pi U_2$ 产生极坐标下的角度. 而它的半径 $R^2=Z_1^2+Z_2^2\sim\chi^2_{(2)}$，等价于指数分布 Exp(1/2) 或 $2\times$Exp(1)，所以可以用 $R=\sqrt{-2\ln(U_1)}$产生极坐标下的半径，这里使用了逆变换法对指数分布抽样. 最后再通过极坐标变换

$$Z_1=R\cos(\theta)$$
$$Z_2=R\sin(\theta) \tag{1-7}$$

映射到正常的坐标系得到两个独立的 $N(0,1)$ 变量.

有关正态分布上述性质的证明如下. 对于两个独立的 $N(0,1)$ 随机变量 Z_1，Z_2，它们的联合 PDF 为

$$f_{Z_1,Z_2}(z_1,z_2)=f_{Z_1}(z_1)\cdot f_{Z_2}(z_2)=\frac{e^{-z_1^2/2}}{\sqrt{2\pi}}\frac{e^{-z_2^2/2}}{\sqrt{2\pi}}=\frac{1}{2\pi}e^{-(z_1^2+z_2^2)/2}.$$

根据式（1-4）在多元变量的推广，极坐标变换（1-7）对应的（R,θ）的联合 PDF 为

$$f_{R,\theta}(r,\theta)=f_{z_1,z_2}(r\cos(\theta),r\sin(\theta))\,|\det(\boldsymbol{J})|.$$

其中，$\boldsymbol{J}$ 是雅可比矩阵（Jacobian matrix）

$$\boldsymbol{J}=\frac{\partial(z_1,z_2)}{\partial(r,\theta)}=\begin{pmatrix}\frac{\partial z_1}{\partial r} & \frac{\partial z_1}{\partial\theta}\\ \frac{\partial z_2}{\partial r} & \frac{\partial z_2}{\partial\theta}\end{pmatrix}=\begin{pmatrix}\cos(\theta) & -r\sin(\theta)\\ \sin(\theta) & r\cos(\theta)\end{pmatrix}. \tag{1-8}$$

因此 $|\det(\boldsymbol{J})|=r$，注意到 $z_1^2+z_2^2=r^2$，(R,θ) 的联合 PDF 的具体形式为

$$f_{R,\theta}(r,\theta)=\frac{1}{2\pi}\cdot r\mathrm{e}^{-r^2/2}\quad(0\leqslant\theta<2\pi,\ r>0) \tag{1-9}$$

$$=f_\theta(\theta)\cdot f_R(r). \tag{1-10}$$

由于联合 PDF $f_{R,\theta}(r,\theta)$ 可以分解为 θ 的函数 $f_\theta(\theta)=1/2\pi$ 与 r 的函数 $f_R(r)=r\exp(-r^2/2)$ 的乘积，因此 R 和 θ 是独立的，且 $\theta\sim U[0,2\pi)$.

下面我们来分析 R 的分布．由于 $R^2=Z_1^2+Z_2^2$，猜测 $R^2\sim\chi^2_{(2)}$．严格证明如下．令 $S=\tau(R)=R^2$，$R>0$．因此 τ 的逆变换 $\tau^{-1}(S)=\sqrt{S}$ 且

$$\frac{\mathrm{d}}{\mathrm{d}S}\tau^{-1}(S)=\frac{1}{2}S^{-1/2}.$$

根据式（1-4），S 的 PDF 为

$$f_S(s)=f_R(\sqrt{s})\frac{1}{2}s^{-1/2}=s^{1/2}\mathrm{e}^{-s/2}\frac{1}{2}s^{-1/2}=\frac{1}{2}\mathrm{e}^{-s/2},$$

因此 $S=R^2\sim\chi^2_{(2)}$ 或 $\mathrm{Exp}(1/2)$ 或 $2\times\mathrm{Exp}(1)$.

Box – Muller 方法因为操作简单所以很流行．实践中我们可能不需要用到 Z_2，可以只输出 Z_1．但是 Box – Muller 方法不是最快对 $N(0,1)$ 抽样的方法，因为计算 cos，sin，ln 和 $\sqrt{\ }$ 提高了计算成本.

3. 最大、最小和顺序统计量

如果 $Y=\max(X_1,\cdots,X_r)$，其中所有 X_i 独立同分布且 CDF 是 F. 则

$$P(Y\leqslant y)=P(\max_{1\leqslant i\leqslant r}X_i\leqslant y)=\prod_{i=1}^{r}P(X_i\leqslant y)=(F(y))^r,$$

因此如果想从 CDF 是 $G=F^r$ 的分布抽样，可以先从分布 F 独立抽 r 个样本，然后只保留最大样本即可．例如

（1）令 F 表示 $U(0,1)$ 的 CDF，$r=2$，即 $Y=\max(U_1,U_2)$，则 $G(y)=F(y)^2=y^2$，$0<y<1$．Y 的 PDF 为

$$g(y)=2y,\ 0<y<1.$$

这是我们之前介绍过的三角分布的密度函数（triangular density）．显然用 $\max(U_1,U_2)$ 对三角分布抽样比逆变换法 $\sqrt{U_1}$ 快.

另一方面，如果 $Y=\min(X_1,\cdots,X_r)$，则 Y 的 CDF 为

$$G(y)=P(Y\leqslant y)=P(\min_{1\leqslant i\leqslant r}X_i\leqslant y)=1-P(\min_{1\leqslant i\leqslant r}X_i>y)$$

$$=1-\prod_{i=1}^{r}P(X_i>y)=1-(1-F(y))^r.$$

我们来看用最小统计量抽样的一个例子.

（2）考虑 $Y=\min(U_1,U_2)$ 的分布，其中，$U_k \sim U(0,1)$. 则 Y 的 CDF 和 PDF 为

$$G(y)=1-(1-y)^2, 0<y<1,$$
$$g(y)=2(1-y), 0<y<1.$$

这也是一种三角分布. 如果用逆变换法对该分布抽样，需计算 $Y=1-\sqrt{1-U}$，$U \sim U(0,1)$，比使用最小统计量抽样效率低.

最大、最小统计量都是**顺序统计量**的特例.

> **定义 1.5** （顺序统计量，Order statistics）. 对于 n 个独立同分布的随机变量 $X_1,\cdots,X_n$. 它们的顺序统计量是将这 n 个变量的取值按从小到大的顺序排列，记为
>
> $$X_{(1)} \leqslant X_{(2)} \leqslant, \cdots, \leqslant X_{(n)}.$$

我们来研究一下 $U(0,1)$ 的顺序统计量. 对于 n 个独立的 $U(0,1)$ 随机变量 $U_1,\cdots,U_n$，令 $U_{(r)}$ 表示第 r 小的顺序统计量. 如果 $x \leqslant U_{(r)} < x+\Delta$，且 Δ 非常小，使得有超过一个 U_i 落在区间 $[x,x+\Delta)$ 的概率可以忽略不记，则区间 $(0,x)$，$[x,x+\Delta)$，$[x+\Delta,1)$ 分别包含 $r-1$，1，以及 $n-r$ 个 $\{U_1,\cdots,U_n\}$ 中的变量. 因此

$$\begin{aligned}
P(x \leqslant U_{(r)} < x+\Delta) &= P\{(r-1)\text{个 } U_i \in (0,x)\text{，且 1 个 } U_i \in [x,x+\Delta), \\
&\quad \text{且剩下的 } (n-r) \text{ 个 } U_i \in [x+\Delta,1)\} \\
&= \binom{n}{r-1} x^{r-1} \cdot (n-r+1) \cdot \Delta \cdot (1-x-\Delta)^{n-r} \\
&= \frac{n!}{(n-r)!\,(r-1)!} x^{r-1} (1-x-\Delta)^{n-r} \Delta
\end{aligned}$$

则 $U_{(r)}$ 的 PDF 为

$$f_{U_{(r)}}(x) = \lim_{\Delta \to 0} \frac{P(x \leqslant U_{(r)} < x+\Delta)}{\Delta} = \frac{n!\,x^{r-1}(1-x)^{n-r}}{(n-r)!\,(r-1)!}, \ 0<x<1.$$

这其实是 $\mathrm{Beta}(r,n-r+1)$ 分布.

补充说明

1）如果想从 $\mathrm{Beta}(\alpha,\beta)$ 分布抽样，且参数 α，β 都是正整数，可以先产生 $n=(\alpha+\beta-1)$ 个 $U(0,1)$ 变量，然后只保留 $U_{(\alpha)}$. 这种方法在 $\alpha+\beta$ 很大的情况下可能比较慢.

2）R 软件中用 `sort(x)` 可以将 x 中的元素从小到大排列；`order(x)` 可以获得把 x 的元素从小到大排列的下标，比如 `order(c(3,1,7,4))` 的结果为 `(2,1,4,3)`.

3）对于 n 个独立同分布的 $Y_i \sim F$，F 是 CDF 且 F^{-1} 有解析形式. 当 n 很大时，如果想得到 $Y_{(r)}$ 的样本，一个快速的方法是：先抽样 $X \sim \mathrm{Beta}(r, n-r+1)$，则 $Y_{(r)} = F^{-1}(X)$. 因为 $F(Y_i) \overset{\text{iid}}{\sim} U(0,1), i=1,\cdots,n$，CDF F 是增函数，单调变换不改变统计量的大小关系，因此 $F(Y_{(r)}) \sim U_{(r)} \sim \mathrm{Beta}(r, n-r+1)$.

练习 1.7：一个系统由 n 个独立的元件组成，每个元件或者工作或者不工作. 至少需要 k 个元件工作才能保证系统正常运行. 假设在 0 时刻，所有元件都正常工作，用 Y_i 表示元件 i 不工作的时刻，$Y_i > 0$ 且 Y_i 独立服从 $\mathrm{Weibull}(\sigma=1, k=2)$ 分布（元件会老化），$i=1,\cdots,n$. $\mathrm{Weibull}(\sigma=1, k=2)$ 的 CDF 为

$$F(x) = 1 - \exp(-x^2),\ x > 0.$$

用 S 表示系统停止运行的时刻，如何得到 S 的样本？

4. 加和

有时我们要抽样的 Y 的分布可以写成 n 个独立同分布的随机变量之和，$Y = X_1 + \cdots + X_n$，且 X_i 的分布较简单. 此时我们可以先从 X_i 的分布中独立抽 n 个样本，对它们加和就得到了一个 Y 的样本. 例如

（1）**二项分布**. 如果 $Y \sim \mathrm{Bin}(n,p)$，则

$$P(Y=k) = \mathrm{C}_n^k p^k (1-p)^{n-k},\ k=0,1,\cdots,n.$$

二项分布描述的是 n 次独立随机试验中成功的次数 Y，每次试验成功的概率都是 p. 因此可以将 Y 写成 n 个 Bernoulli 变量的和

$$Y = \sum_{i=1}^{n} X_i,\ X_i \overset{\text{iid}}{\sim} \mathrm{Bern}(p), i = 1,2,\cdots,n.$$

（2）χ^2 **分布**. 如果 $X_i \overset{\text{iid}}{\sim} \chi^2_{(\alpha)}, i=1,2,\cdots,n$. 则

$$Y = \sum_{i=1}^{n} X_i \sim \chi^2_{(n\alpha)}.$$

当 $\alpha=1$ 时，可以令 $X_i = Z_i^2$，$Z_i \sim N(0,1)$. 当 $\alpha=2$ 时，可以从期望为 2 的指数分布中抽样 $X_i \sim \mathrm{Exp}(1/2)$. χ^2 分布是后面将要介绍的 Gamma 分布的一个特例.

（3）**非中心**（noncentral）χ^2 **分布**. 非中心 χ^2 分布有两个参数，自由度 n 和参数 $\lambda \geqslant 0$，记为 $\chi'^2_{(n)}(\lambda)$. 它可以按如下方式生成：

$$Y = \sum_{i=1}^{n} X_i^2,\ X_i \overset{\text{ind}}{\sim} N(a_i, 1),\quad \lambda = \sqrt{\sum_{i=1}^{n} a_i^2}.$$

非中心 χ^2 分布可以用来构造非中心 F 分布

$$F = \frac{Y_1/n}{Y_2/d},\ Y_1 \sim \chi'^2_n(\lambda), Y_2 \sim \chi^2_{(d)}.$$

其中，Y_1 与 Y_2 独立. 上述非中心 F 分布 $F'_{n,d}(\lambda)$ 经常用于

计算假设检验的功效（power）.

1.2.4 Bootstrap 方法

在统计推断中我们经常需要计算某个统计量$\hat{T}=T(\boldsymbol{X}_1,\cdots,\boldsymbol{X}_n)$的分布，其中，$\boldsymbol{X}_1$，⋯，$\boldsymbol{X}_n\overset{\text{iid}}{\sim}F$. 当无法给出$\hat{T}$具体服从的分布时，可以用 Bootstrap 方法得到 $\hat{T}$ 的近似分布.

Bootstrap 方法是一种基于观察值的**经验分布**（empirical distribution）进行重抽样的方法.

定义 1.6（经验分布）. 观察值$\boldsymbol{x}_1,\cdots,\boldsymbol{x}_n$的经验分布的 CDF 定义为

$$\hat{F}_n(\boldsymbol{x})=\frac{1}{n}\sum_{i=1}^{n}1(\boldsymbol{x}_i\leqslant\boldsymbol{x}).$$

即经验分布是一个在所有观察值处取值的离散均匀分布. 对经验分布进行重抽样时，每个样本$\boldsymbol{x}_i$被抽到的概率都是$1/n$. 可以用如下方式得到一个重抽样的样本：

抽样 $k\sim U\{1,\cdots,n\}$，然后令 $\boldsymbol{X}^*=\boldsymbol{x}_k$.

使用 Bootstrap 方法时，我们用上述重抽样的方法生成 B 组数据，每组数据 b 仍然包含 n 个样本，即

$$\boldsymbol{X}_i^{*b}\overset{\text{iid}}{\sim}\hat{F}_n,\ i=1,\cdots,n;b=1,\cdots,B.$$

注意独立地从经验分布$\hat{F}_n$中抽样是一个有放回的抽样过程，因此在新产生的数据 b 中，样本的值可能有重复. 对于每组重抽样产生的数据 b，我们可以计算$\hat{T}$的一个值

$$\hat{T}^{*b}=T(\boldsymbol{X}_1^{*b},\cdots,\boldsymbol{X}_n^{*b}),\ b=1,\cdots,B.$$

通常 $\{\hat{T}^{*b}:\ b=1,\cdots,B\}$ 可以很好地近似 $\hat{T}$ 服从的分布. 因此 $\mathrm{Var}(\hat{T})$ 可以如下估计：

$$\mathrm{Var}(\hat{T})\approx\frac{1}{B-1}\sum_{b=1}^{B}(\hat{T}^{*b}-\overline{T})^2.$$

其中，$\overline{T}=1/B\sum_{b=1}^{B}\hat{T}^{*b}$. $\hat{T}$的 95% 置信区间近似为 $\{\hat{T}^{*b}:b=1,\cdots,B\}$ 的 2.5% 分位数与 97.5% 分位数所夹的区间.

1.2.5 接受 - 拒绝抽样

当逆变换法不可行，即无法找到一个变换将一个 $U(0,1)$ 变量转化为服从目标分布 F 的随机变量，此时可以尝试另一种抽样方法：先从一个容易抽样的分布 G 中抽样，然后按照某种规则去掉一些样本，使得最后保留下来的样本服从目标分布 F. 人们把

这种抽样方法称为拒绝抽样（rejection sampling）或接受 – 拒绝（acceptance – rejection，A – R）抽样.

> 假设 F 和 G 是两个连续分布的 CDF，它们的 PDF 分别是 f 和 g. 使用 A – R 方法需满足以下 3 个条件：
>
> （1）可以从分布 g 中抽样；
>
> （2）函数 f/g 可计算；
>
> （3）存在常数 $c>0$ 使得
>
> $$f(x)\leqslant cg(x),\ \forall x\in\mathbb{R}.$$

A – R 的具体做法如算法 1.3 所示. 首先从分布 g 中抽样 $Y\sim g$. 假设 $Y=y$（显然 $g(y)>0$），样本 y 被接受的概率是

$$A(y)=\frac{f(y)}{cg(y)}.$$

如果 y 没有被接受，继续从 g 中抽样直到有一个样本被接受，保留该样本作为 f 的一个样本.

算法 1.3　A – R 抽样

---

given c with $f(x)\leqslant cg(x),\ \forall x\in\mathbb{R}$

repeat

　$Y\sim g$

　$U\sim U(0,1)$

until $U\leqslant f(Y)/(cg(Y))$

$X=Y$

return X

补充说明

（1）条件 $f(x)\leqslant cg(x)$ 保证了每个候选样本 y 被接受的概率 $A(y)\leqslant 1$. 如果函数 $f(x)/g(x)$ 在某些点无界，则不能在A – R抽样中使用分布 g.

（2）A – R 抽样的基本想法：如果候选样本 y 来自分布 g 且以概率 $A(y)$ 被接受，它出现的概率（密度）$\propto g(y)A(y)$. 因此令 $A(y)\propto f(y)/g(y)$ 则有 $g(y)A(y)\propto f(y)$. 严格证明见定理 1.2. MCMC 方法 Metropolis – Hastings 的接受规则（acceptance rule）也使用了该想法.

> **定理 1.2**　如果两个 PDF $f(x)$ 和 $g(x)$ 满足
>
> $$f(x)\leqslant cg(x),\ \forall x\in\mathbb{R}$$
>
> 则算法 1.3 产生的 $X\sim f$.

证明 Y被接受的概率是

$$P(Y\text{被接受}) = E[A(y)] = \int_{-\infty}^{+\infty} g(y)A(y)\,\mathrm{d}y = \frac{1}{c}\int_{-\infty}^{+\infty} f(y)\,\mathrm{d}y = \frac{1}{c}.$$

算法 1.3 产生的 X 的 CDF 为

$$\begin{aligned} P(X \leqslant x) &= P(Y \leqslant x \mid Y\text{被接受}) = \frac{P(Y \leqslant x\text{ 且 }Y\text{被接受})}{P(Y\text{被接受})} \\ &= \frac{\int_{-\infty}^{x} g(y)A(y)\,\mathrm{d}y}{1/c} = \frac{1/c\int_{-\infty}^{x} f(y)\,\mathrm{d}y}{1/c} \\ &= \int_{-\infty}^{x} f(y)\,\mathrm{d}y \end{aligned}$$

因此 $X \sim f$. □

补充说明

（1）从上述证明中我们看到，在 A－R 方法中，g 分布产生的样本平均被接受的概率是 $1/c$. 因此为了得到分布 f 的一个样本，需要从分布 g 中抽取的样本数 N 服从几何分布

$$P(N=k) = \frac{1}{c}\left(1-\frac{1}{c}\right)^{k-1}.$$

则 $E(N)=c$，即平均要产生 c 个候选样本才能有一个被接受. 注意总有$c \geqslant 1$，因为

$$1 = \int_{-\infty}^{+\infty} f(x)\,\mathrm{d}x \leqslant \int_{-\infty}^{+\infty} cg(x)\,\mathrm{d}x = c.$$

（2）为了减少样本损失，提高算法效率，我们希望 c 越小越好. 一般可将 c 取为

$$c = \sup_x \frac{f(x)}{g(x)}.$$

这里的上确界只需考察 f 的支集（support），因为条件 $f(x) \leqslant cg(x)$，$\forall x$ 要求 g 的支集必须覆盖 f 的支集.

（3）定理 1.2 可以推广到多维分布，只需在证明中将区间 $(-\infty, x]$ 替换为高维空间的长方体形式 $\prod_{j=1}^{d}(-\infty, x_j] \subset \mathbb{R}^d$.

例 1.1 从柯西分布生成正态分布的样本. $N(0,1)$ 的 PDF 为$f(x)=1/\sqrt{2\pi}\exp(-x^2/2)$. 柯西分布的 PDF 为 $g(x)=\pi^{-1}(1+x^2)^{-1}$. 计算

$$c = \sup_x \sqrt{\frac{\pi}{2}}(1+x^2)\exp(-x^2/2)$$

求导后易证该函数在 $x=\pm 1$ 处取到最大值，因此 $c \approx 1.52$. 我们

可以先从柯西分布抽样 $Y \sim g$（如使用 CDF 逆变换），然后以概率 $f(y)/(cg(y))$ 接受样本 $Y=y$. 此时柯西分布的样本平均被接受的概率为 $1/c \approx 0.658$.

1. A－R 抽样的几何解释

从几何角度理解 A－R 抽样需要用到下面两个定理.

定理 1.3　如果 $Y \sim g$（g 是 PDF）且 $Z \mid Y \sim U(0, cg(Y))$（常数 $c>0$），则（Y,Z）的联合分布是区域

$$S_c(g) = \{(y,z) \mid 0 \leqslant z \leqslant cg(y), y \in \mathbb{R}\} \subset \mathbb{R}^2$$

上的均匀分布.

证明　这里假设 g 是 $\mathbb{R}$ 上的连续函数，更严格的证明见 A. B. Owen（2013，定理 4.4）.（Y,Z）的联合 PDF

$$f_{Y,Z}(y,z) = f_Y(y) f_{Z \mid Y}(z \mid y) = g(y) \frac{1}{cg(y)} = \frac{1}{c}$$

是常数，可以验证

$$\begin{aligned} \int_{S_c(g)} f_{Y,Z}(y,z) \mathrm{d}y\mathrm{d}z &= \int_{S_c(g)} \frac{1}{c} \mathrm{d}y\mathrm{d}z \\ &= \frac{1}{c} \cdot 面积(S_c(g)) = \frac{1}{c} \int_{-\infty}^{+\infty} cg(y) \mathrm{d}y = 1. \end{aligned}$$

因此（Y,Z）服从 $S_c(g)$ 上的均匀分布. □

定理 1.4　如果 $(X,Z) \sim U(S_M(f))$，其中

$$S_M(f) = \{(x,z) \mid 0 \leqslant z \leqslant Mf(x), x \in \mathbb{R}\}$$

$M>0$，f 是 $\mathbb{R}$ 上的一个 PDF，则 $X \sim f$.

证明　因为 $(X,Z) \sim U(S_M(f))$，所以

$$\begin{aligned} P(X \leqslant x) &= \frac{面积(S_M(f) \cap (-\infty, x] \times [0, +\infty))}{面积(S_M(f))} \\ &= \frac{\int_{-\infty}^{x} Mf(y) \mathrm{d}y}{\int_{-\infty}^{+\infty} Mf(y) \mathrm{d}y} = \frac{M \int_{-\infty}^{x} f(y) \mathrm{d}y}{M} = \int_{-\infty}^{x} f(y) \mathrm{d}y \end{aligned}$$

因此 $X \sim f$. □

对 A－R 抽样的几何解释如图 1-2 所示，为了得到 $X \sim f$ 的样本，我们可以先获取在曲线 $cg(x)$ 下均匀分布的点（Y,Z）（根据定理 1.3，方法是先抽 $Y \sim g$，再抽 $Z \sim U(0, cg(Y))$），然后只保留在曲线 $f(x)$ 下的点（X,Z）. 此时点（X,Z）在曲线 $f(x)$ 下也是均匀分布的，根据定理 1.4，边际分布 $X \sim f$.

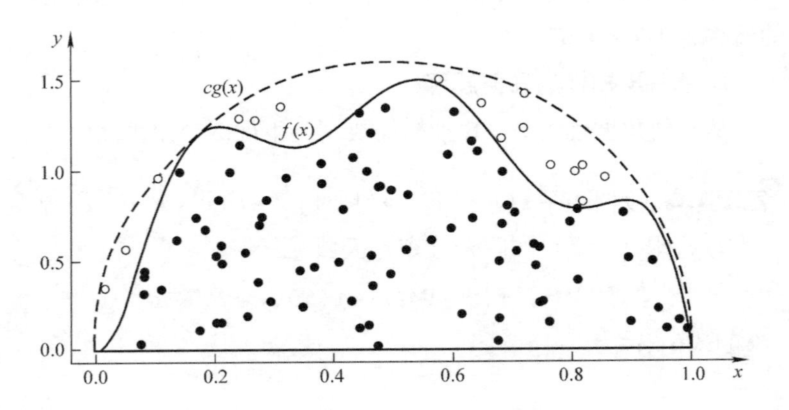

图 1-2　A－R 抽样的几何解释. 图中实线代表目标分布的 PDF $f(x)$，虚线代表 $cg(x)$；图中的点在曲线 $cg(x)$ 下均匀分布，在曲线 $f(x)$ 下的实心黑点代表被接受的点，空心点代表被拒绝的点. 实心黑点对应的横坐标服从 PDF 为 f 的分布.

注意：在设计算法 1.3 时，我们使用的是精确的 PDF f 和 g. 有时我们可能只知道 f 或 g 正比于某个函数但不知道确切的归一化常数（normalizing constant）. 比如 f 可能是一个截断分布——$N(0,1)$ 限制在某个集合 A 上的分布，而 $P(A)$ 未知，此时我们只知道

$$f(x)=\frac{1/\sqrt{2\pi}\cdot\exp(-x^2/2)\mathbf{1}(x\in A)}{\int_A 1/\sqrt{2\pi}\cdot\exp(-x^2/2)\mathrm{d}x}\propto\mathbf{1}(x\in A)\cdot\exp(-x^2/2).$$

A－R 方法的几何解释表明算法 1.3 可以使用非归一化 PDF $\tilde{f}\propto f$ 和 $\tilde{g}\propto g$，此时算法 1.3 相当于在正比于 $g(x)$ 的曲线下均匀撒点，然后只保留正比于 $f(x)$ 曲线下的点，而这些被接受的点的横坐标仍服从 PDF 为 f 的分布.

2. A－R 抽样的应用举例

（1）**从 $N(0,1)$ 尾部抽样**. 如果想获得 $N(0,1)$ 在区间 $[5,+\infty)$ 上的样本，除了使用截断分布抽样法，这里再介绍一种用 A－R 方法抽样的思路. 目标分布的 PDF 为

$$f(x)\propto\tilde{f}(x)=\exp(-x^2/2),\ x\geqslant 5.$$

将 g 选为一个经过平移和缩放的指数分布

$$Y\sim 5+\mathrm{Exp}(1)/5.$$

显然可以使用逆变换法对 Y 抽样：$Y=5-\ln(U)/5$，$U\sim U(0,1)$.

根据随机变量平移缩放的 PDF 关系式（1-5），Y 的 PDF 为

$$g(y)\propto \tilde{g}(y)=\exp(-5(y-5)),\ y\geqslant 5.$$

然后选取常数 $\tilde{c}$ 使得 $\tilde{f}(x)\leqslant \tilde{c}\tilde{g}(x)$，$\forall x\geqslant 5$. 注意到函数

$$\frac{\tilde{f}(x)}{\tilde{g}(x)}=\exp\left(5(x-5)-\frac{x^2}{2}\right)$$

在 $[5,+\infty)$ 上递减，因此 $\tilde{c}$ 可取为

$$\tilde{c}=\sup_{x\geqslant 5}\frac{\tilde{f}(x)}{\tilde{g}(x)}=\frac{\tilde{f}(5)}{\tilde{g}(5)}=\exp(-5^2/2)$$

然后使用算法 1.3 得到目标分布的样本.

练习 1.8：计算此时 g 的样本平均被接受的概率.

解答：$\tilde{f}$ 对应的归一化常数为 $m_1=\int_5^{+\infty}\exp(-x^2/2)\mathrm{d}x=\sqrt{2\pi}\Phi(-5)$，即 $f=\tilde{f}/m_1$. $\tilde{g}$ 对应的归一化常数为 $m_2=\int_5^{+\infty}\exp(-5(x-5))\mathrm{d}x=1/5$，即 $g=\tilde{g}/m_2$. 由 $\tilde{f}\leqslant\tilde{c}\tilde{g}$ 得 $m_1 f\leqslant\tilde{c}m_2 g$，则使得 $f\leqslant cg$ 对应的 c 为 $c=\tilde{c}m_2/m_1$. 因此 g 的样本平均被接受的概率为

$$\frac{1}{c}=\frac{m_1}{\tilde{c}m_2}=5\exp\left(\frac{5^2}{2}\right)\sqrt{2\pi}\Phi(-5)\approx 0.964.$$

（2）**Normal polar**. 如果我们在 Box－Muller 变换（1-6）中使用一些 A－R 抽样，就可以避免 sin，cos 运算，如算法 1.4 所示

算法 1.4　加入 A－R 抽样的 Box－Muller 变换

---

repeat

　$V_j\overset{\text{iid}}{\sim}U(-1,1),\ j=1,2.$

　$S=V_1^2+V_2^2$

until $S<1$

return two independent $N(0,1)$ random variables

$$Z_1=V_1\sqrt{-2\ln(S)/S}$$

$$Z_2=V_2\sqrt{-2\ln(S)/S}$$

算法 1.4 的原理：如果点 (V_1,V_2) 均匀地分布在正方形 $(-1,1)^2$ 内，则被接受的点 $\{(V_1,V_2)\mid V_1^2+V_2^2<1\}$ 均匀地分布在单位圆盘 $D_1=\{(x,y)\mid x^2+y^2<1\}$ 内. 因此对于被接受的点 (V_1,V_2)，它在极坐标下对应的角度 $\theta\sim U[0,2\pi)$，且与半径 $\sqrt{S}$ 无关. 此时可将式（1-7）中的 $\cos(\theta)$，$\sin(\theta)$ 表示为

$$\cos(\theta) = V_1/\sqrt{S},\ \sin(\theta) = V_2/\sqrt{S}.$$

在式（1-7）中，$R^2 = Z_1^2 + Z_2^2 \sim \chi^2_{(2)}$ 等价于 $2 \times \mathrm{Exp}(1)$，当时通过逆变换法得到 $R = \sqrt{-2\ln(U)}$，$U \sim U(0,1)$. 但这里我们并不需要从 $U(0,1)$ 中抽样，注意到被接受的点（V_1, V_2）对应的 $S = V_1^2 + V_2^2$ 的 CDF 为

$$\begin{aligned}
P(S \leqslant s) &= P(V_1^2 + V_2^2 \leqslant s \mid V_1^2 + V_2^2 < 1),\ 0 < s < 1 \\
&= \frac{P((V_1,V_2) \sim U((-1,1)^2)\text{且}\ V_1^2 + V_2^2 \leqslant s)}{P(V_1^2 + V_2^2 < 1)} \\
&= \frac{\text{面积}(\{(x,y) \mid x^2 + y^2 \leqslant s\})/\text{面积}((-1,1)^2)}{\text{面积}(D_1)/\text{面积}((-1,1)^2)} \\
&= \frac{\pi \cdot s/4}{\pi/4} = s,\ 0 < s < 1
\end{aligned}$$

即 $S \sim U(0,1)$，因此可以令式（1-7）中的 $R = \sqrt{-2\ln(S)}$ 即得到算法 1.4 中的变换公式.

1.2.6 伽马分布

伽马分布（Gamma distribution）常用来描述一些非负的、右侧有长尾的随机变量的分布，比如时间、体重、身高等. 常见的 χ^2 分布和指数分布都是伽马分布的特例. 伽马分布还可以用来生成贝塔分布、t 分布和 F 分布，值得重点介绍.

伽马分布有两个参数，$\alpha > 0$ 和 $\beta > 0$，记为 $\mathrm{Gam}(\alpha,\beta)$，有时人们会用 $\theta = 1/\beta$ 取代 β 描述伽马分布. $\mathrm{Gam}(\alpha,\beta)$ 的 PDF 为

$$f(x) = \frac{\beta^\alpha}{\Gamma(\alpha)} x^{\alpha-1} \mathrm{e}^{-\beta x},\ x > 0$$

其中，分母上的函数 $\Gamma(\cdot)$ 是伽马函数

$$\Gamma(\alpha) = \int_0^{+\infty} x^{\alpha-1} \mathrm{e}^{-x} \mathrm{d}x.$$

对正整数 n 有 $\Gamma(n) = (n-1)!$. 但对一般的 $\alpha \in \mathbb{R}$，$\Gamma(\alpha)$ 没有解析形式，只能用数值积分逼近，很多数学软件都提供该函数的计算.

练习 1.9：证明：$\Gamma(\alpha+1) = \alpha\Gamma(\alpha)$，$\alpha > 0$.

（提示：$\int u(x)\mathrm{d}(v(x)) = \int \mathrm{d}(u(x)v(x)) - \int v(x)\mathrm{d}(u(x))$）

常用的指数分布 $\mathrm{Exp}(\lambda)$ 其实是 $\mathrm{Gam}(1,\lambda)$，$\chi^2_{(\alpha)}$ 分布是 $\mathrm{Gam}(\alpha/2, 1/2)$.

伽马分布的一些重要性质：

（1）如果 $X \sim \mathrm{Gam}(\alpha,\beta)$，则

$$E(X)=\frac{\alpha}{\beta},\ \mathrm{Var}(X)=\frac{\alpha}{\beta^2}.$$

（2）如果 $X_i \overset{\text{ind}}{\sim} \mathrm{Gam}(\alpha_i,\beta), i=1,\cdots,n$，则

$$\sum_{i=1}^{n} X_i \sim \mathrm{Gam}\left(\sum_{i=1}^{n}\alpha_i,\beta\right).$$

（3）如果 $X \sim \mathrm{Gam}(\alpha,\beta)$，则 $Y=cX \sim \mathrm{Gam}(\alpha,\beta/c)$.

因此我们只要知道如何从 $\mathrm{Gam}(\alpha,1)$ 中抽样，就可以得到任意伽马分布的样本. 以下将 $\mathrm{Gam}(\alpha,1)$ 简记为 $\mathrm{Gam}(\alpha)$. $\mathrm{Gam}(\alpha)$ 的 CDFF_α为

$$F_\alpha(x)=\frac{\int_0^x t^{\alpha-1}\mathrm{e}^{-t}\mathrm{d}t}{\Gamma(\alpha)}=\frac{\gamma_\alpha(x)}{\Gamma(\alpha)}.$$

计算 F_α的逆需要计算函数 $\gamma_\alpha(x)$ 的逆，而 γ_α^{-1} 只能用数值方法得到. 很多数学软件都能实现 γ_α^{-1} 的计算，采用 CDF 逆变换 $X=F_\alpha^{-1}(U)=\gamma_\alpha^{-1}(U\Gamma(\alpha))$，$U\sim U(0,1)$ 可以得到 $\mathrm{Gam}(\alpha)$ 的样本.

如果计算 γ_α^{-1} 的成本较高，也可以考虑使用 A－R 抽样. A－R 方法需要找到一个占优密度函数（dominating density）$g(x)$ 使得 $f(x)\leqslant cg(x),\forall x$. 而当 $\alpha<1$ 时，$\mathrm{Gam}(\alpha)$ 的 PDF 在 0 附近无界（见图 1-3），因此只能用 A－R 方法对 $\alpha\geqslant1$ 的 $\mathrm{Gam}(\alpha)$ 抽样.

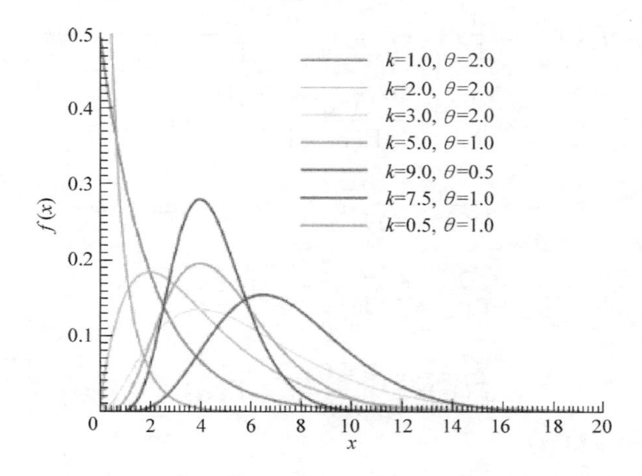

图 1-3　Gamma 分布不同参数下的 PDF，其中，$k=\alpha$，$\theta=1/\beta$.（见彩插）

对于较大的 α，Gam(α) 在期望 α 附近的分布接近 $N(\alpha,\alpha)$，如图 1-3 所示，但 Gam(α) 在右端有一个非常厚的尾. Ahrens 和 Dieter（1974）构造了一个效率较高的占优密度函数，它是一个混合分布，在 α 附近是正态分布，在右侧尾部是指数分布.

当 $\alpha<1$ 时，Marsaglia 和 Tsang（2000）提出基于以下结果进行抽样：如果 $U\sim U(0,1), X\sim \mathrm{Gam}(\alpha+1), \alpha>0$，且 U 和 X 独立，则 $XU^{1/\alpha}\sim \mathrm{Gam}(\alpha)$. 因此如果我们能从任何 $\alpha>1$ 的 Gam(α) 分布抽样，就可以根据上述变换得到任何 $\alpha<1$ 的 Gam(α) 的样本. 上述结果的证明如下：

证明 令 $Y=XU^{1/\alpha}$，Y 的 CDF 为

$$F_Y(y)=P(Y\leqslant y)=P(XU^{1/\alpha}\leqslant y)=\int_0^1 f_U(U=u)P\left(X\leqslant \frac{y}{u^{1/\alpha}}\right)\mathrm{d}u$$

$$=\int_0^1\frac{\int_0^{yu^{-1/\alpha}}x^{\alpha}\mathrm{e}^{-x}\mathrm{d}x}{\Gamma(\alpha+1)}\mathrm{d}u \quad (\text{代入 Gam}(\alpha+1)\text{ 的 CDF})$$

由于内部积分 $\int_0^{yu^{-1/\alpha}}x^{\alpha}\mathrm{e}^{-x}\mathrm{d}x$ 关于 y 和 u 连续可导，因此在计算 Y 的 PDF 时可以交换积分和求导顺序. 同时还需要用到牛顿 - 莱布尼茨公式：

$$\frac{\mathrm{d}}{\mathrm{d}y}\left(\int_{a(y)}^{b(y)}f(x,y)\mathrm{d}x\right)=f(b(y),y)\frac{\mathrm{d}}{\mathrm{d}y}b(y)-f(a(y),y)\frac{\mathrm{d}}{\mathrm{d}y}a(y)+\int_{a(y)}^{b(y)}\frac{\partial}{\partial y}f(x,y)\mathrm{d}x.$$

则 Y 的 PDF 为

$$\begin{aligned}
f_Y(Y)&=\frac{\mathrm{d}}{\mathrm{d}y}F_Y(y)=\int_0^1\frac{\frac{\mathrm{d}}{\mathrm{d}y}\left(\int_0^{yu^{-1/\alpha}}x^{\alpha}\mathrm{e}^{-x}\mathrm{d}x\right)}{\Gamma(\alpha+1)}\mathrm{d}u\\
&=\int_0^1\frac{(yu^{-1/\alpha})^{\alpha}\mathrm{e}^{-yu^{-1/\alpha}}u^{-1/\alpha}}{\Gamma(\alpha+1)}\mathrm{d}u\\
&=\frac{y^{\alpha}}{\Gamma(\alpha+1)}\int_0^1 u^{-1-1/\alpha}\mathrm{e}^{-yu^{-1/\alpha}}\mathrm{d}u\\
&=\frac{y^{\alpha-1}\alpha}{\Gamma(\alpha+1)}\int_0^1\mathrm{e}^{-yu^{-1/\alpha}}\mathrm{d}(-yu^{-1/\alpha})\\
&=\frac{y^{\alpha-1}}{\Gamma(\alpha)}(\mathrm{e}^{-y}-0)=\frac{y^{\alpha-1}\mathrm{e}^{-y}}{\Gamma(\alpha)}
\end{aligned}$$

所以 $Y\sim \mathrm{Gam}(\alpha)$. □

下面我们来看一些基于伽马分布抽样的例子：

（1）χ^2**分布**. 在 1.2.3 节，我们介绍了用 n 个 $N(0,1)$ 变量

的平方和得到$\chi^2_{(n)}$分布的一个样本．由于$\chi^2_{(n)}$其实是$\text{Gam}(n/2,1/2) \sim 2\text{Gam}(n/2)$，所以也可以直接从伽马分布抽样，避免了多次对$N(0,1)$抽样，而且对一般的$\chi^2_{(\alpha)}$分布（$\alpha>0$），总可以通过变换$2\text{Gam}(\alpha/2)$得到其样本．

（2）**贝塔（Beta）分布**．我们在 1.2.3 节介绍过用顺序统计量生成贝塔分布的方法．一般的贝塔分布有两个参数$\alpha>0$，$\beta>0$，记为$\text{Beta}(\alpha,\beta)$．它的 PDF 为

$$f(x)=\frac{x^{\alpha-1}(1-x)^{\beta-1}}{B(\alpha,\beta)},\quad 0<x<1.$$

其中的归一化常数

$$B(\alpha,\beta)=\frac{\Gamma(\alpha)\Gamma(\beta)}{\Gamma(\alpha+\beta)}.$$

如果$X\sim\text{Beta}(\alpha,\beta)$，

$$E(X)=\frac{\alpha}{\alpha+\beta},\ Var(X)=\frac{E(X)[1-E(X)]}{\alpha+\beta+1}.$$

贝塔分布可以通过伽马分布生成．如果$X\sim\text{Gam}(\alpha)$，$Y\sim\text{Gam}(\beta)$且X与Y独立，则

$$V=\frac{X}{X+Y}\sim\text{Beta}(\alpha,\beta)$$

且V与$(X+Y)$独立（$X+Y\sim\text{Gam}(\alpha+\beta)$）．

（3）**t 分布**．t 分布有一个自由度参数$\nu>0$，记为$t_{(\nu)}$．它的 PDF 为

$$f(x)=\frac{\Gamma\left(\frac{\nu+1}{2}\right)}{\sqrt{\nu\pi}\Gamma(\nu/2)}\left(1+\frac{x^2}{\nu}\right)^{-(\nu+1)/2},\ x\in\mathbb{R}.$$

$\nu=1$时的t分布是柯西分布；$\nu\to+\infty$时，t分布趋近$N(0,1)$．t分布跟$N(0,1)$很相似但具有更厚的尾，因此使用 A－R 方法对$N(0,1)$抽样时，可以选取t分布作为占优密度．

假设检验也经常用到t分布．如果$Z\sim N(0,1)$，$V\sim\chi^2_{(\nu)}$，且Z和V独立，则

$$\frac{Z}{\sqrt{V/\nu}}\sim t_{(\nu)}.$$

这也揭示了t分布的抽样方法．

（4）**F 分布**．我们在 1.2.3 节介绍过非中心F分布．F分布有两个自由度参数d_1和$d_2(d_1,d_2>0)$，记为F_{d_1,d_2}．如果$X\sim\chi^2_{(d_1)}$，$Y\sim\chi^2_{(d_2)}$且X和Y独立，则

$$\frac{X/d_1}{Y/d_2} \sim F_{d_1,d_2}.$$

1.2.7 混合分布抽样

许多重要的分布是通过混合分布定义的. 通常的做法是让 PDF $f(\cdot\mid\theta)$ 中的参数 θ 由另一个分布 G 随机产生. 这样定义的混合分布可以按如下方式抽样

$$\theta \sim G,\ X\mid\theta \sim f(\cdot\mid\theta).$$

下面列举一些常见的混合分布：

（1）**贝塔-二项（Beta-binomial）分布**. 贝塔-二项分布有三个参数 $\alpha>0$，$\beta>0$ 和正整数 $n\geqslant1$. $X\sim\text{Beta-binomial}(\alpha,\beta,n)$ 可以按如下方式产生

$$\theta\sim\text{Beta}(\alpha,\beta),\ X\mid\theta\sim\text{Bin}(n,\theta).$$

（2）**复合泊松分布**. 如果 $X_i \overset{\text{iid}}{\sim} F, i=1,\cdots,N, N\sim\text{Po}(\lambda)$，则称随机变量 $S=\sum_{i=1}^{N}X_i$ 服从复合泊松分布. 规定当 $N=0$ 时，$S=0$. 因此复合泊松分布有两个参数：$\lambda>0$ 和分布 F. 复合泊松分布的一个应用是描述若干次随机发生保险索赔的总额的分布.

有时我们将一些分布写成混合分布的形式是为了方便抽样.

（3）**负二项（Negative binomial）分布**. 对一系列成功概率为 p 的独立伯努利试验，负二项分布描述的是在取得第 r 次成功时经历的失败次数. $r=1$ 时的负二项分布是我们在 1.2.2 节介绍过的几何分布. 负二项分布有两个参数 $r\in\{1,2,\cdots\}$ 和 $p\in(0,1)$，记为 $\text{Negbin}(r,p)$. 它的 PMF（Probability Mass Function）为

$$P(X=k)=\binom{k+r-1}{r-1}p^r(1-p)^k, k=0,1,\cdots$$

$X\sim\text{Negbin}(r,p)$ 有如下等价的泊松-伽马（Poisson-Gamma）混合形式

$$X\sim\text{Po}(\lambda),\ \lambda\sim\text{Gam}\left(r,\frac{p}{1-p}\right)\sim\frac{1-p}{p}\text{Gam}(r).$$

练习 1.10：证明如果 $\lambda\sim\text{Gam}(r,p/(1-p))$，$X\mid\lambda\sim\text{Po}(\lambda)$，则 X 的边际分布是 $\text{Negbin}(r,p)$. 以下结果可能有帮助

$$\binom{k+r-1}{r-1}=\frac{(k+r-1)!}{(r-1)!\ k!}=\frac{\Gamma(k+r)}{\Gamma(r)\Gamma(k+1)}$$

证明

$$\begin{aligned}P(X=k) &= \int_0^{+\infty} P(X=k\mid\lambda)f(\lambda)\mathrm{d}\lambda \\ &= \int_0^{+\infty}\frac{\lambda^k}{k!}\mathrm{e}^{-\lambda}\frac{[p/(1-p)]^r}{\Gamma(r)}\lambda^{r-1}\exp\Big(-\frac{p}{1-p}\lambda\Big)\mathrm{d}\lambda \\ &= \frac{[p/(1-p)]^r}{k!\Gamma(r)}\int_0^{+\infty}\lambda^{k+r-1}\exp\Big(-\frac{1}{1-p}\lambda\Big)\mathrm{d}\lambda \\ &= \frac{[p/(1-p)]^r}{k!\Gamma(r)}\cdot\frac{\Gamma(k+r)}{[1/(1-p)]^{k+r}}\cdot\underbrace{\int_0^{+\infty}\frac{[1/(1-p)]^{k+r}}{\Gamma(k+r)}\lambda^{k+r-1}\exp\Big(-\frac{1}{1-p}\lambda\Big)\mathrm{d}\lambda}_{=1} \\ &= \frac{\Gamma(k+r)}{k!\Gamma(r)}p^r(1-p)^k.\end{aligned}$$

□

练习 1.11：利用泊松 - 伽马复合形式证明 $\mathrm{Negbin}(r,p)$ 的期望和方差分别为

$$E(X)=\frac{r(1-p)}{p},\ Var(X)=\frac{r(1-p)}{p^2}.$$

证明　利用期望和方差的迭代公式可得：

$$\begin{aligned}E(X) &= E[E(X\mid\lambda)]=E(\lambda)=\frac{r(1-p)}{p}. \\ Var(X) &= E[Var(X\mid\lambda)]+Var[E(X\mid\lambda)] \\ &= E(\lambda)+Var(\lambda)=\frac{r(1-p)}{p}+\frac{r(1-p)^2}{p^2} \\ &= \frac{r(1-p)}{p^2}.\end{aligned}$$

□

- **非中心（noncentral）χ^2 分布**．我们在 1.2.3 节中介绍了使用 n 个正态随机变量的平方和构造非中心 χ^2 分布 $\chi'^2_{(n)}(\lambda)$ 的方法．对更一般的非中心 χ^2 分布 $\chi'^2_{(\nu)}(\lambda)$，其中 $\nu>0$，如果 ν 不是整数，上述方法就失效了．此时可以使用如下等价的 χ^2 - 泊松混合形式对 $\chi'^2_{(\nu)}(\lambda)$ 抽样：

$$K\sim\mathrm{Po}(\lambda/2),Y\mid K\sim\chi^2_{(\nu+2K)}\sim 2\mathrm{Gam}\Big(\frac{\nu+2K}{2}\Big).$$

R 软件几乎提供了所有常用分布的抽样函数，比如 `runif()`，`rnorm()`，`rbeta()`，`rgamma()`，`rpois()`，`rt()`，`rweibull()`，`rnbinom()` 等．同时也提供了这些分布的 CDF，PDF 和分位数函数（CDF 逆函数），比如 `pnorm(x, mu, sigma)` 返回 $N(\mu,\sigma^2)$ 变量 ≤x 的概率（CDF），`dnorm(x, mu, sigma)` 返回 $N(\mu,\sigma^2)$ 在 x 处的概率密度（PDF），`qnorm(p, mu, sigma)` 返回 $N(\mu,\sigma^2)$ 的 p - th quantile．但

正如1.2节开头所说，记住这些函数并不是我们学习这门课的目的，掌握背后的原理和方法才是. 后面我们会看到这一章介绍的一些抽样基本思想也是生成随机向量、随机过程以及马尔可夫链蒙特卡罗（Markov chain Monte Carlo，MCMC）方法的基石.

习 题 1

1. 使用R函数runif() 产生一列［0,1］上均匀分布的随机数，将数列中每三个数一组构成三维空间中的一个点，在立方体 $[0,1]^3$ 内展示这些点的分布，并使用Pearson's χ^2 test 检验这些点是否服从均匀分布.

2. 证明：X 是一个连续的随机变量且CDF为 $F(\cdot)$，则 $F(X)\sim U(0,1)$. 并解释为什么该结论不适用离散分布.

3. 一个有容错机制的内存条有5个存储单元，这些存储单元的寿命独立服从CDF为 $F(\cdot)$ 的分布. 只要有4个及以上的存储单元正常工作，内存条就可以正常工作，即当有第二个存储单元停止工作时，内存条就停止工作. 以下用函数 $G(\cdot\mid\alpha,\beta)$ 表示Beta(α,β) 分布的CDF.

（a）使用变量 $U\sim U(0,1)$，函数 $F(\cdot)$，$G(\cdot\mid\alpha,\beta)$或者它们的逆函数表示内存条能正常工作的时长.

（b）假设 $F(\cdot)$ 是期望为500000h的指数分布的CDF. 使用（a）的结果生成10000个内存条工作时长的样本，估计内存条工作时长的期望和99%置信区间.

（c）如果不使用容错机制，仅在内存条中放置4个存储单元，则有一个存储单元停止工作时，内存条就不工作. 使用蒙特卡罗方法估计这种没有容错机制的内存条寿命的期望和99%置信区间. 有容错机制的的内存条使用的存储单元数是没有容错机制的1.25倍，那么有容错机制的内存条的平均寿命是否达到没有容错机制的内存条平均寿命的1.25倍以上？

（d）在对有容错机制的内存条寿命抽样时，可以直接产生5个指数分布的样本、排序后输出第二小的值，比较这种方法与（a）中使用CDF逆变换的抽样效率哪个高.

4. 对于A－R抽样法

（a）令 $f(x)$ 表示 $N(0,1)$ 的PDF，$g(x)$ 表示柯西分布的PDF. 证明：比值 $f(x)/g(x)$ 在 $x=\pm1$ 处达到最大；

（b）使用A－R方法对Cauchy分布抽样时，能从 $N(0,1)$ 中产生候选样本吗？并解释原因.

第1章课件

参 考 文 献

李东风，2017. 统计计算［M］. 北京：高等教育出版社.

MARSAGLIA G，TSANG W W. 2000. A simple method for generating gamma variables［J］. ACM Transactions on Mathematical Software（TOMS），26（3）：363－372.

第2章 随机向量的抽样方法

在上一章我们介绍了一元随机变量的抽样方法，本章将讨论如何对$\mathbb{R}^d$（$d>1$）上的随机向量进行抽样．多元抽样的挑战在于如何给随机向量的分量之间赋予正确的相关结构．

对于一元随机变量，我们在上一章介绍了三种主要的抽样方法：CDF逆变换、A－R抽样和混合分布抽样．它们都可以推广到多元情形，然而实践中除了几个成功的特例，使用这些方法进行多元抽样的效率通常很低．因此人们又提出了马尔可夫链蒙特卡罗（Markov chain Monte Carlo），序贯蒙特卡罗（Sequential Monte Carlo）等方法，我们后面会介绍．

本章我们将重点关注一些常见多元分布的抽样，比如多元正态分布、多元t分布、Dirichlet分布以及多项分布（multinomial distribution）等，对这些多元分布进行抽样已经有非常高效的方法．

除了介绍上述几种多元分布的抽样方法，我们还将介绍一种更一般的多元抽样方法——copula－marginal方法．它可以看作是将一元的QQ变换推广到多元的方法，其基本想法是将一种相关结构已知的多元分布通过边际分布变换得到另一个多元分布．当然这一过程是很复杂的，因此人们也将该方法视为第四种主要抽样方法．

最后我们还会介绍一些随机矩阵的抽样方法．这些随机矩阵可以看作若干有相关结构的随机向量的集合，比如矩阵正态分布，Wishart矩阵，随机图等．

本章我们假设维度$d<\infty$，下一章我们将讨论$d=\infty$的情况，即随机过程的抽样．

2.1 一元抽样方法的推广

本节我们将讨论如何将三种主要的一元抽样方法——CDF逆变换、A－R抽样、混合分布抽样推广到多元抽样中．

2.1.1 CDF逆变换

对随机向量$\boldsymbol{X}\in\mathbb{R}^d$抽样可以依次抽取它的各分量$X_1$，$X_2$，$\cdots$，

X_d. 首先从 X_1 的边际分布抽样，然后给定已有分量的样本，从条件分布中抽下一个分量的样本，原理是

$$f_{\boldsymbol{X}}(\boldsymbol{x}) = f_1(x_1) f_{2|1}(x_2 \mid x_1) f_{3|1:2}(x_3 \mid x_{1:2}) \cdots f_{d|1:(d-1)}(x_d \mid x_{1:(d-1)}). \tag{2-1}$$

根据序列生成式（2-1），我们可以构造如下的 CDF 逆变换在 d 维空间抽样，称为**序列逆变换**（sequential inversion）. 首先抽 d 个服从均匀分布的样本 $U_j \overset{\text{iid}}{\sim} U(0,1), j=1,2,\cdots,d$. 然后依次令

$$X_1 = F_1^{-1}(U_1),$$

$$X_j = F_{j|1:(j-1)}^{-1}(U_j | X_{1:(j-1)}), \ j=2,\cdots,d,$$

就得到随机向量 $\boldsymbol{X}$ 的一个样本. 可以看到，使用序列逆变换需要知道 X_1 边际分布的 CDF 以及其他序列条件分布的 CDF. 我们来看一个具体例子.

例 2.1 随机向量 $\boldsymbol{X}=(X_1, X_2)$ 的 PDF 为

$$f(x_1, x_2) = \begin{cases} x_1 + x_2, & (x_1, x_2) \in [0,1]^2, \\ 0, & \text{其他}. \end{cases}$$

下面用序列逆变换对 $\boldsymbol{X}$ 进行抽样：

（1）X_1 的边际 PDF 为 $f_1(x_1) = \int_0^1 f(x_1, x_2) \mathrm{d}x_2 = x_1 + 1/2$. 因此 X_1 的边际 CDF 为 $F_1(x) = \int_0^x f_1(t) \mathrm{d}t = (x^2 + x)/2, 0 \leqslant x \leqslant 1$. 利用二次方程求根公式，可得 F_1 的逆函数：

$$X_1 = F_1^{-1}(U_1) = \sqrt{2U_1 + 1/4} - 1/2, \ U_1 \sim U(0,1).$$

（2）给定 $X_1 = x_1$，X_2 的条件分布的 PDF 为

$$f_{2|1}(x_2 | x_1) = \frac{f(x_1, x_2)}{f_1(x_1)} = \frac{x_1 + x_2}{x_1 + 1/2}, \ 0 \leqslant x_2 \leqslant 1.$$

X_2 的条件分布的 CDF 为

$$F_{2|1}(x \mid x_1) = \int_0^x f_{2|1}(t \mid x_1) \mathrm{d}t = \frac{x_1 x + x^2/2}{x_1 + 1/2}.$$

再次利用二次方程求根公式，可得 $F_{2|1}$ 的逆变换为：

$$X_2 = F_{2|1}^{-1}(U_2 \mid X_1) = \sqrt{X_1^2 + (2X_1 + 1) U_2} - X_1, \ U_2 \sim U(0,1).$$

补充说明

1. 使用序列逆变换进行多元抽样在实践中经常面临的问题是：序列条件分布 $F_{j|1:(j-1)}(x_j \mid x_{1:(j-1)})$ 的逆函数在高维情况下很难计算，而且如果每个条件分布的逆函数都需要重新计算，不能利用前面的结果，那么使用序列逆变换抽样会很慢.

2. 也有一些分布使用序列逆变换抽样很容易，比如后面会介绍的多项分布.

2.1.2 接受 - 拒绝(A - R)抽样

A - R 抽样很容易推广到多元的情形. 如果想从 $\mathbb{R}^d$ 上的分布 $f(\boldsymbol{x})$(PDF) 中抽样，可以先从另一个容易抽样的分布 $g(\boldsymbol{x})$ (PDF) 中抽样，只要保证存在常数 c 使得 $f(\boldsymbol{x}) \leqslant cg(\boldsymbol{x})$. 容易证明在多元情形下，A - R 中来自 g 的样本平均被接受的概率也是 $1/c$. 即平均从 g 中抽 c 个样本，才有一个被接受作为 f 的样本.

A - R 的几何解释在多元情形下依然成立. 令

$$S_c(f) = \{(\boldsymbol{x}, z) \mid 0 \leqslant z \leqslant cf(\boldsymbol{x}), \boldsymbol{x} \in \mathbb{R}^d\}$$

表示一个 $(d+1)$ 维的闭集. 如果 $(\boldsymbol{X}, Z) \sim \boldsymbol{U}(S_c(f))$，那么 $\boldsymbol{X} \sim f$. 反过来，如果随机向量 $\boldsymbol{X} \sim f$ 且 $Z \mid \boldsymbol{X} = \boldsymbol{x} \sim U(0, cf(\boldsymbol{x}))$，那么 $(\boldsymbol{X}, Z) \sim \boldsymbol{U}(S_c(f))$.

A - R 的几何解释保证了我们可以使用 f 和 g 未归一化的形式，$\tilde{f}$ 和 $\tilde{g}$，计算来自 g 的样本被接受的概率：

$$\boldsymbol{Y} \sim g, \; A(\boldsymbol{Y}) = \frac{\tilde{f}(\boldsymbol{Y})}{\tilde{c}\,\tilde{g}(\boldsymbol{Y})},$$

只要保证 $\tilde{f}(\boldsymbol{y}) \leqslant \tilde{c}\,\tilde{g}(\boldsymbol{y}), \forall \boldsymbol{y}$.

例 2.2　目标分布 f 是单位球体 $B_d = \{\boldsymbol{x} \in \mathbb{R}^d \mid \|\boldsymbol{x}\| \leqslant 1\}$ 内的均匀分布，令 g 表示 $\boldsymbol{U}[-1,1]^d$ 的 PDF. 它们未归一化的 PDF 为 $\tilde{f}(\boldsymbol{x}) = 1(\boldsymbol{x} \in B_d)$ 和 $\tilde{g}(\boldsymbol{x}) = 1(\boldsymbol{x} \in [-1,1]^d)$，因此在 A - R 中选取 $\tilde{c} = 1$ 即可. 此时抽样 $\boldsymbol{Y} \sim g$ 后只保留 $\|\boldsymbol{Y}\| \leqslant 1$ 的样本，则来自 g 的样本期望被接受的概率为

$$\frac{\operatorname{vol}(B_d)}{2^d} = \frac{\pi^{d/2}}{2^d \Gamma(1 + d/2)}.$$

当 $d = 2$ 时，上述接受概率为 $\pi/4 \approx 0.785$，比较高.

当 $d = 9$ 时，上述接受概率 $< 1\%$；$d = 23$ 时，接受概率 $< 10^{-9}$.

例 2.3　假设 f 和 g 都可写为 d 个一元 PDF 的乘积（各分量独立），且存在 $c_j = \sup_x f_j(x)/g_j(x), j = 1, 2, \cdots, d$. 则在 A - R 中可选取常数 c 为

$$c = \sup_{\boldsymbol{x}} f(\boldsymbol{x})/g(\boldsymbol{x}) = \prod_{j=1}^{d} c_j.$$

如果每个 $c_j > 1 + \varepsilon$，则 c 将随着 d 指数增长.

通过上述例子，可以看到 A - R 方法在多元抽样中经常面临的问题是：

1. 在高维情形下一般很难找到较小的 c，抽样效率很低.
2. 计算 $c = \sup_{\boldsymbol{x}} f(\boldsymbol{x})/g(\boldsymbol{x})$ 很复杂，一般需要解一个 d 维优化.

2.1.3 混合抽样

混合抽样（mixture sampling）很容易推广到高维情形，有时

也能使多元抽样变得简单．如果多元分布的 PDF 可以写为如下的连续混合形式

$$f(\boldsymbol{x}) = \int f_{\boldsymbol{X}|\boldsymbol{Y}}(\boldsymbol{x}\mid\boldsymbol{y})g(\boldsymbol{y})\mathrm{d}\boldsymbol{y},$$

那么可以先从 Y 的边际分布抽样 $\boldsymbol{Y}\sim g$，给定 $\boldsymbol{Y}$ 再从条件分布抽样 $\boldsymbol{X}\mid\boldsymbol{Y}\sim f_{\boldsymbol{X}\mid\boldsymbol{Y}}$，即得$\boldsymbol{X}\sim f$ 的样本．

如果$f(\boldsymbol{x})$ 可写为如下的离散混合形式

$$f(\boldsymbol{x}) = \sum_{k=1}^{K}\pi_k f_k(\boldsymbol{x}),$$

其中，$\pi_k\geqslant 0$ 且 $\sum_{k=1}^{K}\pi_k = 1$；每个f_k 都是$\mathbb{R}^d$上的一个 PDF．则可如下对f 抽样：先对一个离散的随机变量 Z 抽样，$P(Z=k)=\pi_k$，$k=1,2,\cdots,K$；给定 $Z=k$，再从f_k 抽样 $\boldsymbol{X}\mid Z=k\sim f_k$.

2.2 多元正态分布

多元正态分布（Multivariate normal）是最重要的多元分布之一．$\mathbb{R}^d$上的多元正态分布由一个期望向量$\boldsymbol{\mu}\in\mathbb{R}^d$和一个半正定的协方差矩阵$\boldsymbol{\Sigma}\in\mathbb{R}^{d\times d}$决定，记为 $N_d(\boldsymbol{\mu},\boldsymbol{\Sigma})$. 如果 $\boldsymbol{\Sigma}$ 可逆，$N_d(\boldsymbol{\mu},\boldsymbol{\Sigma})$的 PDF 为

$$\phi(\boldsymbol{x}\mid\boldsymbol{\mu},\boldsymbol{\Sigma}) = \frac{\exp\left\{-\frac{1}{2}(\boldsymbol{x}-\boldsymbol{\mu})^{\mathrm{T}}\boldsymbol{\Sigma}^{-1}(\boldsymbol{x}-\boldsymbol{\mu})\right\}}{(2\pi)^{d/2}\mid\boldsymbol{\Sigma}\mid^{1/2}},\ \boldsymbol{x}\in\mathbb{R}^d.$$

如果$\boldsymbol{\Sigma}$ 不可逆，说明有些分量是多余的，即存在 $k\in\{1,\cdots,d\}$ 满足

$$P\left(X_k = \alpha_0 + \sum_{j\neq k}\alpha_j X_j\right) = 1.$$

以下我们只讨论没有多余分量的正态分布，即 $\boldsymbol{\Sigma}$ 是可逆的情形.

多元正态分布有很多重要性质（后面会经常用到）：

1. 如果 $\boldsymbol{X}\sim N_d(\boldsymbol{\mu},\boldsymbol{\Sigma})$，则 $\boldsymbol{AX}+\boldsymbol{b}\sim N_d(\boldsymbol{A\mu}+\boldsymbol{b},\boldsymbol{A\Sigma A}^{\mathrm{T}})$.

2. 将 $\boldsymbol{X}$ 分为不相交的两个子向量 $\boldsymbol{X}_1=(X_1,\cdots,X_r)'$和 $\boldsymbol{X}_2=(X_{r+1},\cdots,X_d)$，对参数也做相应地划分

$$\boldsymbol{\mu}=\begin{pmatrix}\boldsymbol{\mu}_1\\ \boldsymbol{\mu}_2\end{pmatrix},\quad \boldsymbol{\Sigma}=\begin{pmatrix}\boldsymbol{\Sigma}_{11} & \boldsymbol{\Sigma}_{12}\\ \boldsymbol{\Sigma}_{21} & \boldsymbol{\Sigma}_{22}\end{pmatrix}$$

则它们各自的边际分布为 $\boldsymbol{X}_j\sim N(\boldsymbol{\mu}_j,\boldsymbol{\Sigma}_{jj})$，$j=1,2$.

3. 上述 $\boldsymbol{X}_1$ 和 $\boldsymbol{X}_2$ 独立当且仅当 $\boldsymbol{\Sigma}_{12}$是零矩阵.

4. 给定 $\boldsymbol{X}_2=\boldsymbol{x}_2$，$\boldsymbol{X}_1$ 的条件分布为

$$\boldsymbol{X}_1\mid\boldsymbol{X}_2=\boldsymbol{x}_2\sim N_r(\boldsymbol{\mu}_1+\boldsymbol{\Sigma}_{12}\boldsymbol{\Sigma}_{22}^{-1}(\boldsymbol{x}_2-\boldsymbol{\mu}_2),\boldsymbol{\Sigma}_{11}-\boldsymbol{\Sigma}_{12}\boldsymbol{\Sigma}_{22}^{-1}\boldsymbol{\Sigma}_{21}).$$

从 $N_d(\boldsymbol{0},\boldsymbol{I}_d)$ 中抽样很容易，因为此时各分量的相关性都为

0，在多元正态分布中，这意味着各分量都是独立的. 因此可以使用 Box – Muller 或 CDF 逆变换独立地从 $N(0,1)$ 中抽样，$Z_j \stackrel{\text{iid}}{\sim} N(0,1), j=1,\cdots,d$，则 $\boldsymbol{Z}=(Z_1,\cdots,Z_d)^{\mathrm{T}} \sim N_d(\boldsymbol{0},\boldsymbol{I}_d)$.

对一般的多元正态分布 $\boldsymbol{X} \sim N_d(\boldsymbol{\mu},\boldsymbol{\Sigma})$ 抽样，只需找到矩阵 $\boldsymbol{C}$ 使得 $\boldsymbol{\Sigma}=\boldsymbol{C}\boldsymbol{C}^{\mathrm{T}}$，然后对 $\boldsymbol{Z}$ 做线性变换即可：

$$\boldsymbol{X}=\boldsymbol{\mu}+\boldsymbol{C}\boldsymbol{Z}, \boldsymbol{Z} \sim N_d(\boldsymbol{0},\boldsymbol{I}_d).$$

上述矩阵 $\boldsymbol{C}$ 总可以通过特征值分解获得. 由于 $\boldsymbol{\Sigma}$ 是对称矩阵，因此存在特征值分解

$$\boldsymbol{\Sigma}=\boldsymbol{P}\boldsymbol{\Lambda}\boldsymbol{P}^{\mathrm{T}}$$

其中，$\boldsymbol{\Lambda}$ 是对角阵且对角线元素 $\Lambda_{ii}>0$. 因此可令 $\boldsymbol{C}=\boldsymbol{P}\boldsymbol{\Lambda}^{1/2}$. 矩阵 $\boldsymbol{C}$ 的选择并不唯一，对于任意正交矩阵 $\boldsymbol{Q}$，令 $\widetilde{\boldsymbol{C}}=\boldsymbol{C}\boldsymbol{Q}$，则 $\widetilde{\boldsymbol{C}}\widetilde{\boldsymbol{C}}^{\mathrm{T}}=\boldsymbol{C}\boldsymbol{Q}\boldsymbol{Q}^{\mathrm{T}}\boldsymbol{C}^{\mathrm{T}}=\boldsymbol{C}\boldsymbol{C}^{\mathrm{T}}=\boldsymbol{\Sigma}$.

由于 $\boldsymbol{\Sigma}$ 是对称正定矩阵，人们也经常使用 Cholesky 分解 $\boldsymbol{\Sigma}=\boldsymbol{L}\boldsymbol{L}^{\mathrm{T}}$，然后令 $\boldsymbol{C}=\boldsymbol{L}$，其中 $\boldsymbol{L}$ 是下三角矩阵. 当 $\boldsymbol{\Sigma}$ 正定时，Cholesky 分解是唯一的，此时 $\boldsymbol{L}$ 的对角线元素全部为正.

特征值分解和 Cholesky 分解的计算量都是 $O(d^3)$.

2.3　多元 t 分布

多元 t 分布有三部分参数，中心 $\boldsymbol{\mu}$，尺度矩阵（scale matrix）$\boldsymbol{\Sigma}$ 和自由度 ν，记为 $t_d(\boldsymbol{\mu},\boldsymbol{\Sigma},\nu)$. 当 $\nu=1$ 时，多元 t 分布也称多元 Cauchy 分布；当 $\nu\to\infty$ 时，$t_d(\boldsymbol{\mu},\boldsymbol{\Sigma},\nu)$ 收敛到 $N_d(\boldsymbol{\mu},\boldsymbol{\Sigma})$.

$\mathbb{R}^d$ 上的 $t_d(\boldsymbol{\mu},\boldsymbol{\Sigma},\nu)$ 的 PDF 为

$$f(\boldsymbol{x}\mid\boldsymbol{\mu},\boldsymbol{\Sigma},\nu)=C_{\boldsymbol{\mu},\boldsymbol{\Sigma},\nu}\left[1+\frac{1}{\nu}(\boldsymbol{x}-\boldsymbol{\mu})^{\mathrm{T}}\boldsymbol{\Sigma}^{-1}(\boldsymbol{x}-\boldsymbol{\mu})\right]^{-(\nu+d)/2},$$

其中归一化常数为

$$C_{\boldsymbol{\mu},\boldsymbol{\Sigma},\nu}=\frac{\Gamma((\nu+d)/2)}{|\boldsymbol{\Sigma}|^{1/2}(\nu\pi)^{d/2}\Gamma(\nu/2)}.$$

与多元正态分布相似，多元 t 分布 $t_d(\boldsymbol{\mu},\boldsymbol{\Sigma},\nu)$ 的 PDF 的形状是以 $\boldsymbol{\mu}$ 为中心的一系列椭圆等高线，但多元 t 分布依然比多元正态分布的尾厚. 对于标准的多元 t 分布，$\boldsymbol{\mu}=\boldsymbol{0}$，$\boldsymbol{\Sigma}=\boldsymbol{I}$，此时 $f(\boldsymbol{x})\propto\left(1+\frac{1}{\nu}\|\boldsymbol{x}\|^2\right)^{-(\nu+d)/2}$.

$t_d(\boldsymbol{\mu},\boldsymbol{\Sigma},\nu)$ 的各分量的边际分布为

$$\frac{X_j-\mu_j}{\sqrt{\Sigma_{jj}}} \sim t_{(\nu)}.$$

多元 t 分布可由如下变换生成：

$$\boldsymbol{X}=\boldsymbol{\mu}+\frac{\boldsymbol{\Sigma}^{\frac{1}{2}}\boldsymbol{Z}}{\sqrt{W/\nu}}, \boldsymbol{Z}\sim N_d(\boldsymbol{0},\boldsymbol{I}_d), W\sim\chi^2_{(\nu)}$$

其中 $\boldsymbol{Z}$ 和 W 独立，$\boldsymbol{\Sigma}^{\frac{1}{2}}$ 是任何满足 $\boldsymbol{C}\boldsymbol{C}^{\mathrm{T}}=\boldsymbol{\Sigma}$ 的矩阵 $\boldsymbol{C}$. 注意 $\boldsymbol{\Sigma}=\boldsymbol{I}_d$ 的

多元 t 分布的各分量并不独立.

2.4 多项分布

如果向 d 个格子独立地抛 m 个球，每个球落入格子 j 的概率为 $p_j, j=1,\cdots,d$. 则落入每个格子 j 的球数 X_j 组成的向量 $\boldsymbol{X}=(X_1,\cdots,X_d)$ 服从多项分布 $\mathrm{Mult}(m,p_1,\cdots,p_d)$. 它的 PMF 为

$$P(X_1=x_1,\cdots,X_d=x_d)=\frac{m!}{x_1!x_2!\cdots x_d!}\prod_{j=1}^{d}p_j^{x_j}.$$

其中，x_j 为非负整数且满足 $\sum_{j=1}^{d}x_j=m$，概率 $p_j\geqslant 0$ 且 $\sum_{j=1}^{d}p_j=1$. 因此参数向量 $\boldsymbol{p}=(p_1,\cdots,p_d)$ 可取值的集合为

$$\Delta^{d-1}=\left\{(p_1,\cdots,p_d)\mid p_j\geqslant 0,\ \sum_{j=1}^{d}p_j=1\right\}.$$

Δ^{d-1} 被称为 $\mathbb{R}^d$ 上的 unit simplex. Δ 的上标 $d-1$ 表示该集合的真实维度是 $d-1$.

对多项分布（Multinomial）抽样可以按如下序列条件分布的形式依次对每个分量抽样

$$P(X_1,\cdots,X_d)=P(X_1)P(X_2\mid X_1)\cdots P(X_j\mid X_1,\cdots,X_{j-1})\cdots P(X_d\mid X_1,\cdots,X_{d-1})$$

其中，X_1 的边际分布是一个二项分布 $X_1\sim\mathrm{Bin}(m,p_1)$；给定 $\{X_1,\cdots,X_{j-1}\}$，X_j 的条件分布也是一个二项分布：此时可能落入格子 j 的球数变为 $m-\sum_{s=1}^{j-1}X_s$，且这些球只能落入格子 $j,\cdots,d$，因此每个球落入格子 j 的概率增大为 $p_j/\sum_{k=j}^{d}p_k$，所以

$$X_j\mid X_1,\cdots,X_{j-1}\sim\mathrm{Bin}\left(m-\sum_{s=1}^{j-1}X_s, p_j/\sum_{k=j}^{d}p_k\right).$$

上述抽样方法可以用算法 2.1 实现.

算法 2.1 抽样 $\boldsymbol{X}\sim\mathrm{Mult}(m,p_1,\cdots,p_d)$

```
Input m ∈ ℕ, d ∈ ℕ, p = (p_1, ⋯, p_d) ∈ Δ^{d-1}.
Let n = m and S = 1.
for j = 1 to d do
    X_j ~ Bin(n, p_j/S)
    n = n - X_j          ▷ 如果在某步迭代中发现 n = 0，那
                           么可直接将后面的分量取为 0.
    S = S - p_j
return X = (X_1, ⋯, X_d)
```

2.5 Dirichlet 分布

有时要抽样的随机向量可能是一组随机概率，比如从多项分布的参数空间抽样，此时抽样的样本空间是一个 unit simplex

$$\Delta^{d-1} = \left\{ (x_1,\cdots,x_d) \mid x_j \geqslant 0, \sum_{j=1}^{d} x_j = 1 \right\}.$$

Dirichlet 分布是定义在 unit simplex Δ^{d-1}（$d \geqslant 2$）上最简单的分布之一，它有 d 个参数：$\alpha_j > 0$，$j=1,\cdots,d$，记为 $\mathrm{Dir}(\alpha_1,\cdots,\alpha_d)$. 它的 PDF 为

$$f(\boldsymbol{x}) = \frac{1}{D(\boldsymbol{\alpha})} \prod_{j=1}^{d} x_j^{\alpha_j - 1}, \ \boldsymbol{x} \in \Delta^{d-1}.$$

其中归一化常数 $D(\boldsymbol{\alpha}) = \prod_{j=1}^{d} \Gamma(\alpha_j) / \Gamma\left(\sum_{j=1}^{d} \alpha_j \right)$. $\boldsymbol{X} \sim \mathrm{Dir}(\boldsymbol{\alpha})$ 的期望为

$$E(X_j) = \frac{\alpha_j}{\sum_{k=1}^{d} \alpha_k}, \ j = 1,\cdots,d.$$

Dirichlet 分布有两个特例值得说明：

1. $d=2$ 时的 Dirichlet 分布 $\mathrm{Dir}(\alpha_1,\alpha_2)$ 等价于 $\mathrm{Beta}(\alpha_1,\alpha_2)$ 分布，即

$$(X_1,X_2) \sim \mathrm{Dir}(\alpha_1,\alpha_2) \Leftrightarrow X_1 \sim \mathrm{Beta}(\alpha_1,\alpha_2), X_2 = 1 - X_1,$$

且此时 $X_2 \sim \mathrm{Beta}(\alpha_2,\alpha_1)$.

2. $\alpha_j \equiv 1, j=1,\cdots,d$ 对应的 Dirichlet 分布是 Δ^{d-1} 上的均匀分布 $U(\Delta^{d-1})$.

$d=2$ 时的样本空间 Δ^1 对应一个长度为 1 的线段，$d=3$ 时的样本空间 Δ^2 可以用一个等边三角形表示，如图 2-1 所示.

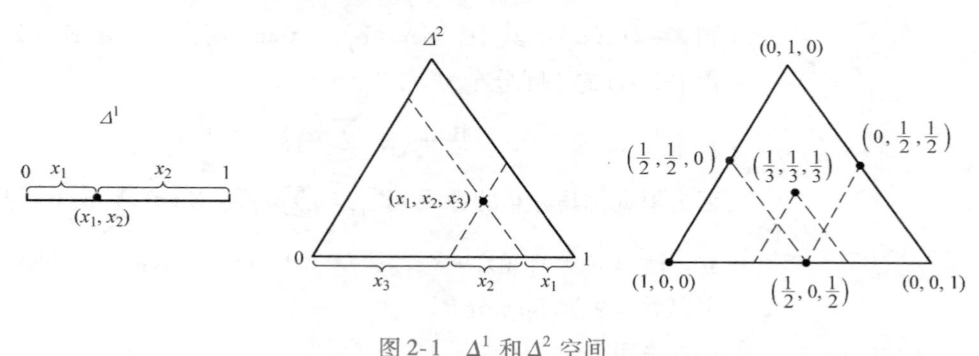

图 2-1　Δ^1 和 Δ^2 空间

图 2-2 展示了 6 组不同参数向量 $\boldsymbol{\alpha} \in \mathbb{R}_+^3$ 对应的 $\mathrm{Dir}(\boldsymbol{\alpha})$ 的样本. 可以看到，样本倾向于分布在最大的 α_j 对应的角附近. 比较 $\mathrm{Dir}(1,1,1)$，$\mathrm{Dir}(7,7,7)$ 和 $\mathrm{Dir}(0.2,0.2,0.2)$ 的样本分布，虽

然这三个分布的期望相同，但样本的表现却很不同：$\alpha_j\equiv 1$ 对应 Δ^2 上的均匀分布；当所有的 α_j 都较大时样本更倾向于靠近中心，即分布的期望；当所有的 α_j 都较小时，样本更倾向于靠近边界，边界上的点会有某个分量为0.

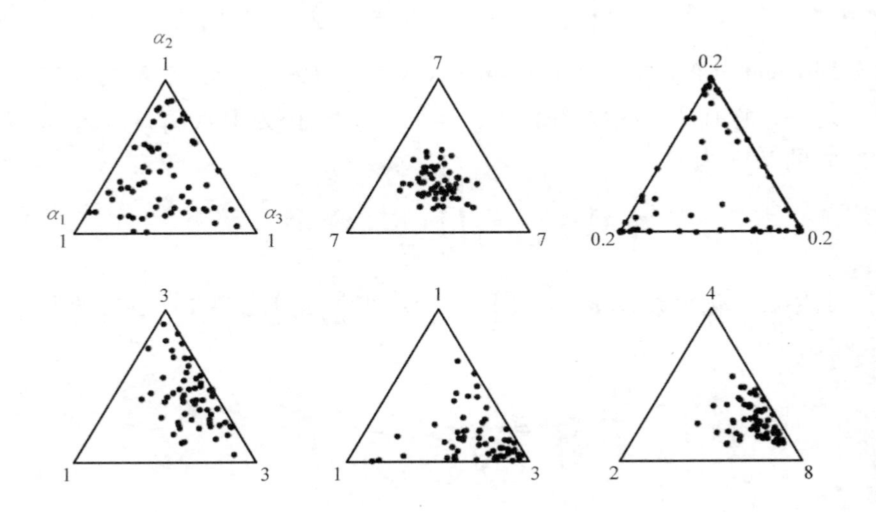

图 2-2　6 组不同 $\boldsymbol{\alpha}\in\mathbb{R}_+^3$ 对应的 $\mathrm{Dir}(\boldsymbol{\alpha})$ 样本（每组 60 个）. $\boldsymbol{\alpha}=(\alpha_1,\ \alpha_2,\ \alpha_3)$ 各分量的取值标在三角形的各角上.（图片来源：Art B. Owen）

我们在上一章介绍了用伽马分布生成 Beta 分布的方法. 类似地，Dirichlet 分布也可以由伽马分布生成，方法如下：

$$\begin{aligned} Y_j &\overset{\text{ind}}{\sim} \mathrm{Gam}(\alpha_j),\ j=1,\cdots,d, \\ X_j &= \frac{Y_j}{\sum\limits_{k=1}^{d} Y_k},\ j=1,\cdots,d. \end{aligned} \tag{2-2}$$

则 $\boldsymbol{X}\sim\mathrm{Dir}(\boldsymbol{\alpha})$，其中，$\mathrm{Gam}(\alpha_j)=\mathrm{Gam}(\alpha_j,\ 1)$. 由式（2-2）可得 $\mathrm{Dir}(\boldsymbol{\alpha})$ 的边际分布为

$$X_j \sim \mathrm{Beta}(\alpha_j,\sum_{k\neq j}\alpha_k),j=1,\cdots,d. \tag{2-3}$$

因为根据伽马分布的性质，$Y_{-j}=\sum\limits_{k\neq j}Y_k\sim\mathrm{Gam}(\sum\limits_{k\neq j}\alpha_k)$ 且与 Y_j 独立，所以 $X_j=Y_j/(Y_j+Y_{-j})$ 服从 Beta 分布. 因此 Dirichlet 分布也可以看作多元 Beta 分布.

补充说明

（1）对于 $\alpha_j\equiv 1$，$j=1$，$\cdots$，d 的 Dirichlet 分布，即 $U(\Delta^{d-1})$，此时 Gam(1) 即为 Exp(1) 分布，而 Exp(1) 的样本可由变换 $Y_j=-\ln(U_j)$，$U_j\sim U(0,\ 1)$ 得到，则可令

$$X_j = \frac{\ln(U_j)}{\sum_{k=1}^{d} \ln(U_k)}, U_j \overset{\text{iid}}{\sim} U(0,1).$$

（2）U（Δ^{d-1}）还可以使用均匀间隔（uniform spacings）方法抽样. 令

$$U_j \overset{\text{iid}}{\sim} \boldsymbol{U}\ (0,\ 1),\ j=1,\ \cdots,\ d-1$$

它们对应的顺序统计量为 $U_{(1)} \leqslant U_{(2)} \leqslant \cdots \leqslant U_{(d-1)}$. 再扩展两个点 $U_{(0)}=0$，$U_{(d)}=1$，然后令

$$X_j = U_{(j)} - U_{(j-1)},\ j=1,\ \cdots,\ d$$

则 $\boldsymbol{X} \sim \boldsymbol{U}$（$\Delta^{d-1}$）. 该方法只需产生 $d-1$ 个随机变量且避免了对数运算，但是排序的计算量为 $O(d\ln(d))$，因此对很大的 d，均匀间隔法可能比从指数分布抽样慢.

（3）Dirichlet 分布不是一个很灵活的分布，它只有 d 个参数，而期望 $E(\boldsymbol{X}) = \boldsymbol{\alpha}/\sum_{j=1}^{d} \alpha_j$ 用掉了 $d-1$ 个参数，剩下的归一化参数 $\sum_{j=1}^{d} \alpha_j$ 描述 $\boldsymbol{X}$ 距 $E(\boldsymbol{X})$ 的远近. 因此没有足够的参数让 $\boldsymbol{X}$ 各分量的方差自由变化，更不用说它们之间的 $d(d-1)/2$ 对相关关系.

（4）Dirichlet 分布的各分量几乎是独立的，由于和为 1 的限制，各分量间有很小的负相关. 因此不能用 Dirichlet 分布产生 Δ^{d-1} 上分量间有正相关的样本，或分量间存在很大负相关的样本.

2.6 Copula - marginal 方法

不是所有的一元分布都可以像正态分布或 t 分布那么容易地推广到多元，Kotz 等（2000）就给出了 12 种二元伽马分布. 很多一元分布的多元推广形式不唯一的原因是：不能保证一元分布的所有性质在推广到多元时都是兼容的，即一种性质推广到多元时不能保证另一种性质还存在. 本节将介绍一种较通用的多元抽样方法，或者一种多元分布的构造方法——copula - marginal 方法，它可以看作一元的 QQ 变换在多元的推广.

对于$\mathbb{R}^d$ 上的随机向量 $\boldsymbol{X} \sim F$，用一元函数 $F_j(x)$ 表示它的分量 X_j的边际 CDF. 为了简化讨论，这里假设每个 F_j 都是连续函数，因此 $F_j(X_j) \sim U(0,\ 1)$，$j=1$，$\cdots$，d. 它们组成的随机向量记为 $\boldsymbol{U}=(F_1(X_1),\ \cdots,\ F_d(X_d))$，注意 $\boldsymbol{U}$ 的各分量间一般不独立. 我们将 $\boldsymbol{U}$ 服从的分布称为 F 的 copula，用 C 表示. 如果 C 已知，copula - marginal 抽样过程如下：

$$\begin{aligned} &\text{抽样 } \boldsymbol{U} \sim C, \\ &X_j = F_j^{-1}(U_j), j=1,\cdots,d. \end{aligned} \tag{2-4}$$

定义 2.1 (Copula). 如果函数 C: $[0, 1]^d \to [0, 1]$ 是 d 个边际分布为 $U[0, 1]$ 的随机变量的联合 CDF，则函数 C 是一个 copula.

Copula - marginal 方法的理论基础是 Sklar 定理 (Sklar, 1959).

定理 2.1 (Sklar 定理). F 是$\mathbb{R}^d$上一个多元分布的 CDF，其边际分布的 CDF 为 F_1, …, F_d. 总可以找到一个 copula C 使得

$$F(x_1,\cdots,x_d) = C(F_1(x_1),\cdots,F_d(x_d)).$$

如果所有 F_j 都是连续的，则 copula C 是唯一的. 否则 C 只在 F_1, …, F_d 的取值范围上唯一确定.

Sklar 定理告诉我们：对任意多元分布 F，存在一个 copula C 使得通过变换 (2-4) 可以得到 $\boldsymbol{X} \sim F$. 但使用式 (2-4) 的困难在于如何确定 $\boldsymbol{U}$ 中各分量的相关性. 假设分布 F 与另一多元分布 G 的 copula 相同，都为 C，且从 G 中抽样较容易. 则可以先对 G 抽样$\boldsymbol{Y} \sim G$，此时

$$(G_1(Y_1),\cdots,G_d(Y_d)) \sim C,$$

其中，G_j 是 Y_j 的边际 CDF，然后令

$$X_j = F_j^{-1}(G_j(Y_j)), j=1,\cdots,d,$$

则 $\boldsymbol{X} \sim F$. 最常选取的 G 是多元正态分布.

Gaussian - copula. 给定一个相关系数 (correlation) 矩阵 $\boldsymbol{R} \in \mathbb{R}^{d\times d}$(对角线元素为 1)，以及 d 个边际 CDF F_1, …, F_d, Gaussian - copula 抽样方法如下：

1) 抽样 $\boldsymbol{Z} \sim N_d(\boldsymbol{0}, I_d)$.

2) 令 $\boldsymbol{Y} = \boldsymbol{R}^{\frac{1}{2}}\boldsymbol{Z}$，则 $\boldsymbol{Y} \sim N_d(\boldsymbol{0}, \boldsymbol{R})$ 且 $Y_j \sim N(0, 1)$, $j=1$, …, d.

3) 令 $X_j = F_j^{-1}(\Phi(Y_j))$, $j=1$, …, d.

其中 $\Phi()$是 $N(0, 1)$ 的 CDF.

基于多元正态分布抽样的便利性，Gaussian - copula 方法非常流行，但是它隐含的假设是分布 F 的 copula 非常接近一个正态分布的 copula. 如果实际数据不支持上述假设，那么 Gaussian - copula 方法就不适用了.

Gaussian - copula 方法可以将多元正态分布的相关结构和一些

边际 CDF 结合产生新的分布，因此也被称为 NORTA 方法（normal to anything）．下面来看一个将 Gaussian – copula 与 Gamma 边际分布结合的例子.

```
## -- generate 1000 samples from bivariate normal
n = 1000
rho = 0.5
# compute square root of covariance matrix
ed = eigen(matrix(c(1,rho,rho,1),2,2), symmetric=TRUE)
R = ed$vectors %*% diag(sqrt(ed$values))

Y = matrix(rnorm(n*2),n,2) %*% t(R)
U = pnorm(Y)

par(mfrow = c(1,3))
hist(U[,1], xlab="U1", main="", col="lightblue")
hist(U[,2], xlab="U2", main="", col="lightblue")
plot(U[,1],U[,2], type="p", xlab="U1", ylab="U2", main="")
```

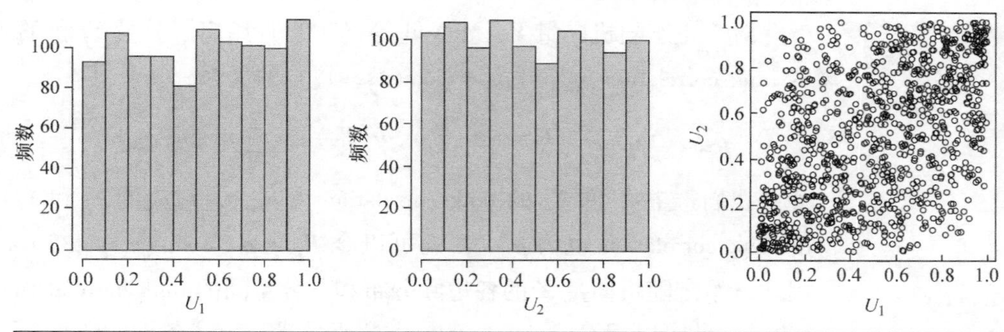


```
# Gaussian copula with gamma margins
X = cbind( qexp(U[,1]), qgamma(U[,2],4,4)) # Exp(1), Gamma(4,4)
par(mfrow = c(1,3))
hist(X[,1], xlab="X1", main="", col="lightblue")
hist(X[,2], xlab="X2", main="", col="lightblue")
plot(X[,1],X[,2], type="p", xlab="X1", ylab="X2", main="")
```

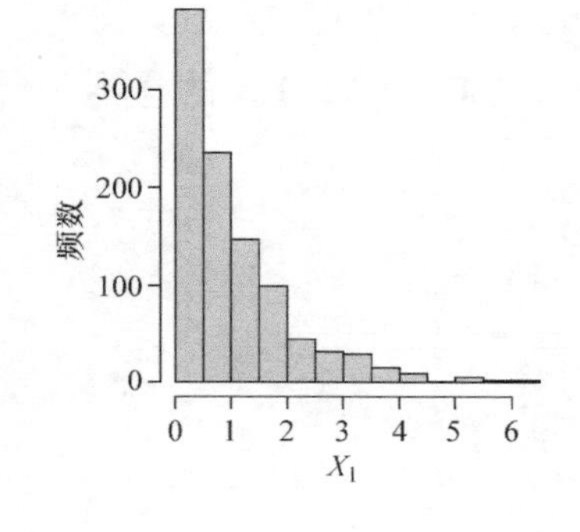

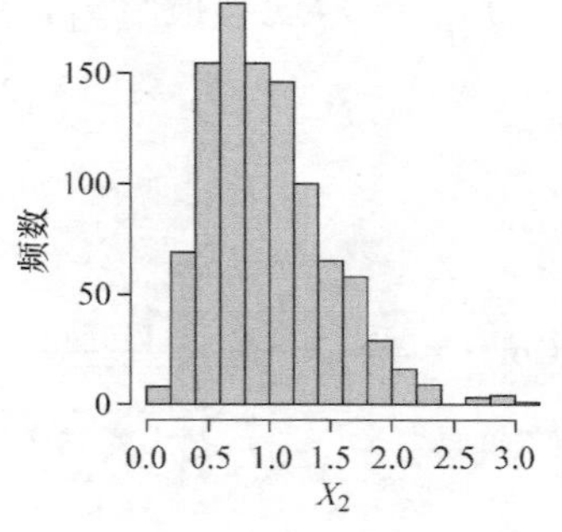

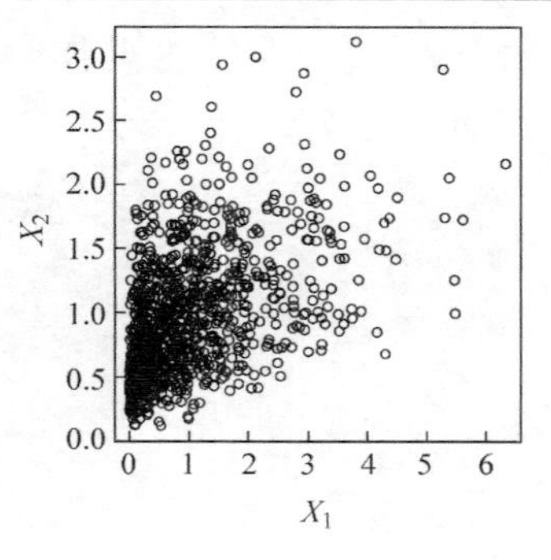

虽然上述正态随机向量 $\boldsymbol{Y} \sim N_d(\boldsymbol{0}, \boldsymbol{R})$，但经过变换的 $\boldsymbol{X}$ 的协方差矩阵一般不是 $\boldsymbol{R}$.

```
> cov(X)
[,1]       [,2]
[1,] 0.9911238 0.2180027
[2,] 0.2180027 0.2374729
> cor(X)
[,1]       [,2]
[1,] 1.0000000 0.4493564
[2,] 0.4493564 1.0000000
```

有时上述边际分布 F_j 可能没有有限的方差，此时无法使用 $\mathrm{Cov}(\boldsymbol{X})$ 或 $\mathrm{Corr}(\boldsymbol{X})$ 考查 $\boldsymbol{X}$ 各分量的相关结构，需要引入一个新的描述相关性的指标. 定义 X_j 和 X_k 的 rank correlation 为 $F_j(X_j)$ 和 $F_k(X_k)$ 的相关系数. 注意到当每个 F_j 都连续时，$F_j(X_j) = \Phi(Y_j)$，因此上述 $\boldsymbol{X}$ 的 rank correlation 矩阵和 $\boldsymbol{Y}$ 的相同.

对于正态随机向量 $\boldsymbol{Y}$，McNeil 等（2005）给出了分量 Y_j 和 Y_k 的 rank correlation ρ_{rank} 与 $\rho_{jk} = \mathrm{Corr}(Y_j, Y_k)$ 的关系：

$$\rho_{\mathrm{rank}}(Y_j, Y_k) = \mathrm{Corr}(\Phi(Y_j), \Phi(Y_k)) = \frac{2}{\pi}\arcsin(\rho_{jk}).$$

如果我们希望 X_j 和 X_k 的 rank correlation 为 ρ_{rank}，对应的 Y_j 和 Y_k 的 rank correlation 也为 ρ_{rank}，则可以令 $R_{jk} = \rho_{jk} = \sin(\pi\rho_{\mathrm{rank}}/2)$. 因此，给定随机向量 $\boldsymbol{X}$ 的各边际分布和各分量间的 rank correlation matrix，就可以用 Gaussian copula 方法生成满足上述条件的样本.

我们回顾一下描述随机变量之间相关性的一些常用指标.

定义 2.2（Pearson correlation）. 随机变量 X 和 Y 的 Pearson correlation 定义为

$$\mathrm{Corr}(X, Y) = \frac{\mathrm{Cov}(X, Y)}{\sigma_X \sigma_Y}.$$

如果（X, Y）有 n 对观察值 $\{(x_1, y_1), \cdots, (x_n, y_n)\}$，令 $\boldsymbol{x} = (x_1, \cdots, x_n)$，$\boldsymbol{y} = (y_1, \cdots, y_n)$，则 $\mathrm{Corr}(X, Y)$ 的样本估计量为

$$\mathrm{Corr}(\boldsymbol{x}, \boldsymbol{y}) = \frac{\sum_{i=1}^{n}(x_i - \bar{x})(y_i - \bar{y})}{\sqrt{\sum_{i=1}^{n}(x_i - \bar{x})^2 \sum_{i=1}^{n}(y_i - \bar{y})^2}}.$$

补充说明

1. Pearson correlation 测量的是两组数据向量 $\boldsymbol{x}$ 和 $\boldsymbol{y}$ 的线性相关性，主要取决于它们的夹角：如果 $\boldsymbol{x}$ 和 $\boldsymbol{y}$ 的样本均值都为 0，样本方差都为 1，则 $\mathrm{Corr}(\boldsymbol{x},\boldsymbol{y})=\boldsymbol{x}^{\mathrm{T}}\boldsymbol{y}$.

2. 对数据 $\boldsymbol{x}$ 和 $\boldsymbol{y}$ 做相同的线性变换，比如平移或线性缩放，不会改变它们之间的 Pearson correlation. 如果做非线性变换，即使是单调变换，Pearson correlation 一般也会改变.

如果我们不希望随机变量间的相关性受到数据测量单位的影响（有些数据可能经过非线性单调变换得到），或者对一些离散数据，比如 0 - 1 结果、计数值（counts）或者有序分类数据（ordered categories）等 Pearson correlation 不太适用的情况，可以使用以下两种相关性指标.

定义 2.3（Spearman's ρ）. 令 rx_i 表示 x_i 在 $\boldsymbol{x}$ 中的排序（rank），令 $\boldsymbol{rx}=(rx_1,\cdots,rx_n)$. 同理可得 $\boldsymbol{ry}$. 则 $\boldsymbol{x}$ 和 $\boldsymbol{y}$ 的 Spearman correlation 定义为 $\boldsymbol{rx}$ 和 $\boldsymbol{ry}$ 的 Pearson correlation

$$\hat{\rho}=\mathrm{Corr}(\boldsymbol{rx},\boldsymbol{ry}).$$

定义 2.4（Kendall's τ）. 对于 (X,Y) 的任意两对观察值 (x_i,y_i) 和 (x_j,y_j)，$i<j$，如果 $x_i<x_j$ 且 $y_i<y_j$，或者 $x_i>x_j$ 且 $y_i>y_j$，称 (x_i,y_i) 和 (x_j,y_j) 是一致的（concordant），否则是不一致的（disconcordant）. 如果 $x_i=x_j$ 或者 $y_i=y_j$，则认为 (x_i,y_i) 和 (x_j,y_j) 既不是一致的也不是不一致的. $\boldsymbol{x}$ 和 $\boldsymbol{y}$ 的 Kendall correlation 定义为

$$\tau=\frac{(\text{一致对(pair)的个数})-(\text{不一致对(pair)的个数})}{\binom{n}{2}}.$$

补充说明

1. Spearman's ρ 和 Kendall's τ 的取值范围都是 $[-1,1]$. 它们都只取决于数据的大小排序，因此对数据做单调变换不会改变它们之间的 Spearman 或 Kendall correlation，这种性质称为 scale - free.

2. Pearson correlation 很容易受到数据中异常值（outliers）的影响，但 Spearman's ρ 和 Kendall's τ 几乎不会受影响. 讨论使用上述三种指标测量图 2-3 中数据的相关性会有什么不同.

保险金融领域的研究者很早就发现了 Gaussian copula 方法的一个缺点 - **尾部独立性**（tail independence），即如果 $\boldsymbol{X}\sim N_d(\boldsymbol{\mu},$

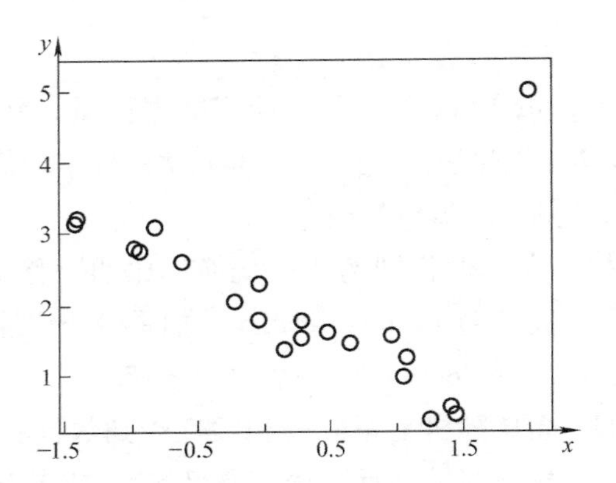

图 2-3 一组数据 $\{(x_i, y_i)\}$ 的散点图，右上角有一个异常值

$\boldsymbol{\Sigma}$)，则任意两个分量 X_j 和 X_k 有如下性质

$$\lim_{u \to 1^-} P(X_j > F_j^{-1}(u) \mid X_k > F_k^{-1}(u)) = 0. \tag{2-5}$$

式 (2-5) 表明这两个随机变量在极端事件下是渐近独立的. 如果用 X_j 和 X_k 表示两个证券的损失，式 (2-5) 表明当证券 k 遭受巨大损失时，证券 j 遭受巨大损失的概率几乎为 0. 但是在金融危机中，很多证券的价格都是同时暴跌，因此对一些金融数据使用 Gaussian – copula 模型会给人一种错误的安全感. 使用 t – copula 可以避免尾部独立性，特别当数据的边际分布具有长尾时（有异常值），t copula 更有优势.

***t* copula**. 给定一个相关系数矩阵 $\boldsymbol{R} \in \mathbb{R}^{d \times d}$，自由度 $\nu > 0$，以及 d 个边际 CDFs F_1，…，F_d，t copula 抽样过程如下：

$$\boldsymbol{Y} \sim t_d(\boldsymbol{0}, \boldsymbol{R}, \nu), 令\ X_j = F_j^{-1}(T_\nu(Y_j)), j = 1, \cdots, d.$$

其中，$T_\nu()$ 是一元 $t_{(\nu)}$ 分布的 CDF，因为 $Y_j \sim t_{(\nu)}$，$j = 1$，…，d.

t copula 使较大的 X_j 和 X_k 具有尾部相关性（tail dependence），如图 2-4 所示. 但由于 t 分布的对称性，当 X_j 和 X_k 都为很小的负数时也存在相同的相关性. 而在金融市场中，两只股票大涨和大跌时的尾部相关性一般是不同的.

习题 2.1：二元的 Clayton copula 为

$$C(u_1, u_2 \mid \theta) = (u_1^{-\theta} + u_2^{-\theta} - 1)^{-1/\theta}.$$

其中，参数 $\theta > 0$，其对应的 PDF 为

$$c(u_1, u_2 \mid \theta) = (\theta + 1)(u_1 u_2)^{-(\theta+1)}(u_1^{-\theta} + u_2^{-\theta} - 1)^{-(2\theta+1)/\theta}.$$

Clayton copula 具有 lower tail dependence 的特性，即当 U_1，U_2 都很小时，它们的相关性大于它们都很大时的相关性. 显然，当我们需要一个具有 higher tail dependence 的 copula 时，可以做变量变

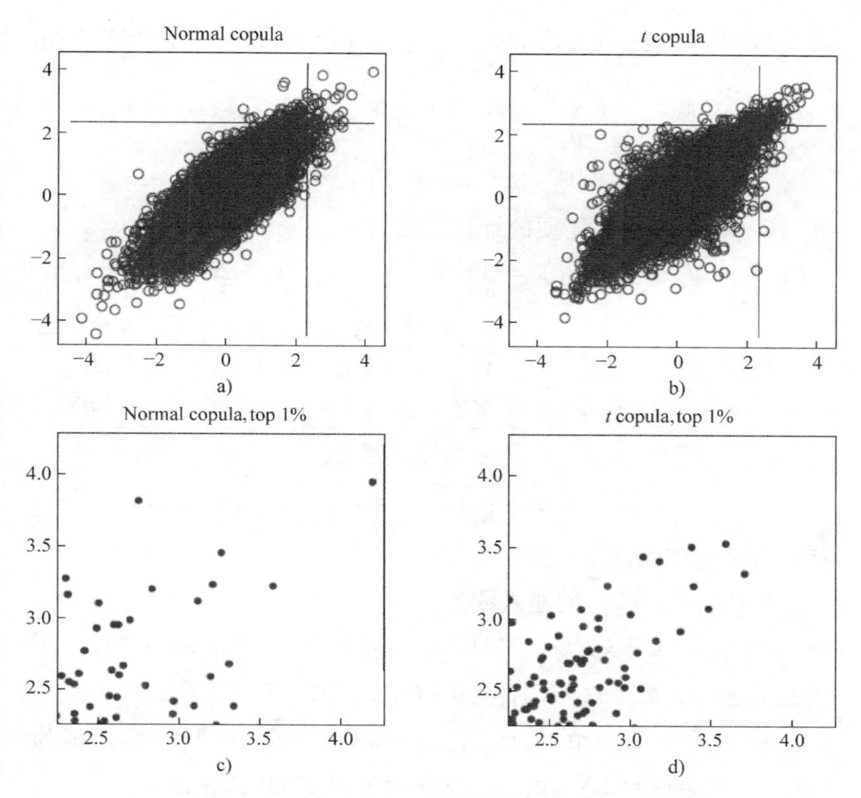

图 2-4　图 2-4a 展示了来自二元正态分布的 10000 个样本，X_1 和 X_2 的相关系数为 0.8；图 2-4b 展示了用 $\nu=5$，相关系数也为 0.8 的二元 t 分布对应的 copula 搭配正态边际分布生成的 10000 个样本；图 2-4c、d 是将上方图中前 1% 的样本放大的效果.（图片来源：Art B. Owen）

换 $(\widetilde{U}_1, \widetilde{U}_2)=(1-U_1, 1-U_2)$. 使用二元 Clayton copula（$\theta=2$）和 $N(0, 1)$ 边际分布产生随机向量，并用散点图考察这些样本的特点.

解答：1. 首先注意到 U_1 的边际分布为 $U(0, 1)$：

$P(U_1 \leqslant u_1)=P(U_1 \leqslant u_1, U_2 \leqslant 1)=C(u_1, u_2=1 \mid \theta)=u_1$.

所以可以抽样 $U_1 \sim U(0, 1)$.

2. 给定 $U_1=u_1$，考虑从条件分布抽样 $U_2 \sim C_{U_2 \mid U_1}$. 考察条件分布的 CDF

$$\begin{aligned} C_{2\mid 1}(u_2 \mid u_1) &= P(U_2 \leqslant u_2 \mid U_1 = u_1) \\ &= \int_0^{u_2} c_{2\mid 1}(U_2 = t \mid U_1 = u_1)\,\mathrm{d}t \end{aligned} \tag{2-6}$$

其中，条件分布的 PDF 为

$$c_{2\mid 1}(t \mid u_1)=\frac{c(u_1, t \mid \theta)}{\underbrace{c_1(u_1)}_{=1}}=c(u_1, t \mid \theta),$$

则式（2-6）可以写为

$$\begin{aligned} C_{2|1}(u_2 \mid u_1) &= (\theta+1)u_1^{-(\theta+1)}\int_0^{u_2} t^{-\theta-1}(u_1^{-\theta}+t^{-\theta}-1)^{-1-(\theta+1)/\theta}\mathrm{d}t \\ &= -\frac{\theta+1}{\theta}u_1^{-(\theta+1)}\int_0^{u_2}(u_1^{-\theta}+t^{-\theta}-1)^{-(\theta+1)/\theta-1}\mathrm{d}t^{-\theta} \\ &= u_1^{-(\theta+1)}(u_1^{-\theta}+u_2^{-\theta}-1)^{-(\theta+1)/\theta}. \end{aligned}$$

式（2-6）另一种更简便的计算方法为

$$\begin{aligned} P(U_2 \leqslant u_2 \mid U_1 = u_1) &= \lim_{\Delta\to 0_+} P(U_2 \leqslant u_2 \mid u_1-\Delta < U_1 \leqslant u_1) \\ &= \lim_{\Delta\to 0}\frac{P(U_2 \leqslant u_2, u_1-\Delta < U_1 \leqslant u_1)/\Delta}{P(u_1-\Delta < U_1 \leqslant u_1)/\Delta} \\ &= \frac{\partial C(u_1,u_2 \mid \theta)/\partial u_1}{\underbrace{c_1(U_1=u_1)}_{=1}} = \frac{\partial C(u_1,u_2 \mid \theta)}{\partial u_1} \\ &= u_1^{-(\theta+1)}(u_1^{-\theta}+u_2^{-\theta}-1)^{-(\theta+1)/\theta}. \end{aligned}$$

两种方法得到的结果一致.

3. $C_{2|1}(\cdot \mid u_1)$的逆函数为

$$C_{2|1}^{-1}(w \mid u_1) = [(w^{-\theta/(\theta+1)}-1)u_1^{-\theta}+1]^{-1/\theta}, w\in(0,1).$$

因此给定 U_1，可令 $U_2 = C_{2|1}^{-1}(W \mid U_1)$，其中，$W \sim U(0, 1)$.

4. 最后令 $X_1 = \Phi^{-1}(U_1)$，$X_2 = \Phi^{-1}(U_2)$，(X_1, X_2) 即为 Clayton copula 搭配 $N(0, 1)$ 边际分布产生的随机向量.

2.7 球面上的随机点

本节讨论如何从 d 维空间的超球面抽样，以及与此相关的、从球对称或椭球对称分布抽样的问题. 我们先介绍如何对超球面上的均匀分布进行抽样.

定义 d 维空间的单位超球面为

$$S^{d-1} = \{\boldsymbol{x}\in\mathbb{R}^d : \|\boldsymbol{x}\| = 1\}.$$

$d=2$ 和 $d=3$ 的 S^{d-1}分别对应单位圆周和单位球面，此时利用坐标变换很容易实现从均匀分布 $U(S^{d-1})$抽样，且只需使用$(d-1)$个随机变量：

当 $d=2$ 时，令 $\boldsymbol{X} = (\cos(2\pi U), \sin(2\pi U))$，$U \sim U(0, 1)$.

当 $d=3$ 时，

$$U_1, U_2 \overset{\text{iid}}{\sim} U(0,1), R = \sqrt{U_1(1-U_1)}, \theta = 2\pi U_2,$$

$$\boldsymbol{X} = (2R\cos(\theta), 2R\sin(\theta), 1-2U_1).$$

补充说明

1. 这里用到了帽盒定理（Archimedes' hat box theorem）：如果球面上的点 $(X, Y, Z) \sim \boldsymbol{U}(S^2)$，则 $Z \sim \boldsymbol{U}(-1, 1)$.

2. 如果使用球坐标 $Z = \cos(\varphi)$，$\varphi \sim U[0,\pi]$ 产生单位球面

上的点，这些点会过于集中在球的上下极点附近，如图 2-5 所示. 此时我们相当于先在长方形区域 $[0, 2\pi] \times [0,\pi]$ 上对 (θ, φ) 均匀取点，然后通过球坐标变换映射到球面上. 这导致 $\varphi \approx 0$ 或 $\varphi \approx \pi$ 的条状区域被压缩到球的极点附近很小的区域内，如图 2-5a 所示.

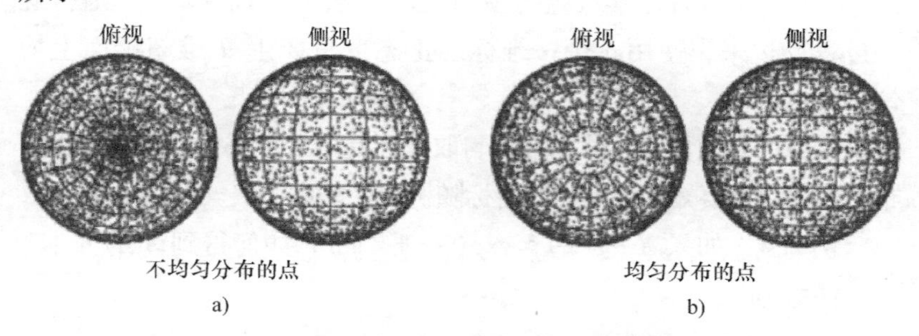

图 2-5　图 2-5a 使用 $\varphi \sim U[0, \pi]$ 产生单位球面上的点；图 2-5b 使用 $Z \sim U(-1, 1)$ 产生单位球面上的点.

3. 如果先在长方形区域 $[0, 2\pi] \times [-1, 1]$ 上对 (θ, Z) 均匀取点，然后映射到球面上，由于在 $Z=1$ 和 $Z=0$ 处变化相同的 Δ 对应极角 φ 不同幅度的变化（如图 2-6b 所示），因此 $Z \approx 1$ 和 $Z \approx 0$ 的条状区域映射到球面上的面积可能是相等的，如图 2-6c 所示. 由帽盒定理可知它们确实是严格相等的.

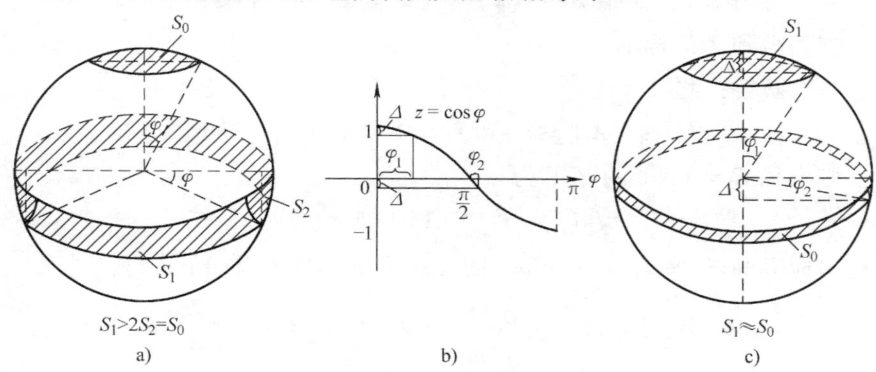

图 2-6　图 2-6a 极角 0 和 $\pi/2$ 的 φ 邻域对应的球面面积；图 2-6b：$z=\cos(\varphi)$；图 2-6c：z 坐标 1 和 0 的 Δ 邻域对应的球面面积.

4. 当 $Z \sim U(-1, 1)$，对应的极角 φ 的 PDF 为

$$f(\varphi) = \frac{1}{2}\sin(\varphi), \varphi \in [0,\pi],$$

显然 φ 并不服从均匀分布.

当 $d>3$ 时，从单位超球面均匀抽样 $\boldsymbol{X} \sim \boldsymbol{U}(S^{d-1})$ 的一种简便做法是令

$$\boldsymbol{X} = \boldsymbol{Z}/\|\boldsymbol{Z}\|, \quad \boldsymbol{Z} \sim N_d(0, \boldsymbol{I}_d). \tag{2-7}$$

原因是 $N_d(0, \boldsymbol{I}_d)$ 的 PDF

$$\phi(z)=(2\pi)^{-d/2}\exp(-\|z\|^2/2)$$

在等高超球面（contour）上是常数，所以模长相同的样本在球面上均匀分布，单位化后在单位球面上均匀分布. 在上一章介绍的 Box – Muller 方法中，为了得到 $N_2(0, \boldsymbol{I}_2)$ 的样本，我们先抽一个 $\sqrt{\chi^2_{(2)}}$ 半径，然后在其对应的圆周上均匀取点. 式（2-7）则将这一过程反过来，使用 d 个一维标准正态变量产生 d 维超球面上均匀分布的样本.

当我们知道如何从球面上均匀取点，就可以从任意一个球对称分布中抽样，只要知道如何抽取目标随机向量的模长 $R=\|\boldsymbol{X}\|$.

例 2.4 如果 $\boldsymbol{X}\sim f(\boldsymbol{x})\propto\exp(-\|\boldsymbol{x}\|)$，如何得到 $\boldsymbol{X}$ 的样本？

注意到

$$P(r\leqslant\|\boldsymbol{X}\|\leqslant r+\mathrm{d}r)\propto\exp(-r)r^{d-1}\mathrm{d}r,$$

其中，$r^{d-1}\mathrm{d}r$ 正比于球面 $S^{d-1}(r)=\{\boldsymbol{x}\in\mathbb{R}^d: \|\boldsymbol{x}\|=r\}$ 和球面 $S^{d-1}(r+\mathrm{d}r)$之间所夹的体积. 因此半径 $R=\|\boldsymbol{X}\|$ 的 PDF 为

$$f_R(r)\propto r^{d-1}\exp(-r).$$

所以 $R\sim\mathrm{Gam}(d, 1)$. 则对 $\boldsymbol{X}$ 的抽样可以如下进行：

$$\boldsymbol{Z}\sim N_d(0,\boldsymbol{I}_d), R\sim\mathrm{Gam}(d), \text{令 } \boldsymbol{X}=R\frac{\boldsymbol{Z}}{\|\boldsymbol{Z}\|}.$$

练习 2.1：如果 $\boldsymbol{X}\sim f(\boldsymbol{x})\propto\|\boldsymbol{x}\|^k\mathbf{1}\{\|\boldsymbol{x}\|\leqslant 1\}$，$k>-d$. 如何得到 $\boldsymbol{X}$ 的样本？

解答：此时

$$P(r\leqslant\|\boldsymbol{X}\|\leqslant r+\mathrm{d}r)\propto r^k\mathbf{1}\{0<r<1\}r^{d-1}\mathrm{d}r.$$

则半径 $R=\|\boldsymbol{X}\|$ 的 PDF 为

$$f_R(r)\propto r^{k+d-1}\mathbf{1}\{0<r<1\}.$$

对应 Beta（$k+d$, 1）分布. 因此对 $\boldsymbol{X}$ 的抽样可以如下进行：

$$\boldsymbol{Z}\sim N_d(0,\boldsymbol{I}_d), R\sim\mathrm{Beta}(k+d,1), \text{令 } \boldsymbol{X}=R\frac{\boldsymbol{Z}}{\|\boldsymbol{Z}\|}.$$

在本例中，$k=0$ 对应单位球体 $B_d=\{\boldsymbol{x}\in\mathbb{R}^d: \|\boldsymbol{x}\|\leqslant 1\}$ 内的均匀分布；$-d<k<0$ 对应的分布在球心 $\boldsymbol{x}=\boldsymbol{0}$ 处的概率密度无限大.

在这两个例子中，$f(\boldsymbol{x})\propto h(\|\boldsymbol{x}\|)$且我们能识别 PDF$\propto r^{d-1}h(r)$的分布. 如果不能识别半径 R 的分布，可以尝试 A – R 方法. 此时需要找到一个在［0, ∞）上较容易抽样的 PDF $g(r)\propto\tilde{g}(r)$，且能找到一个常数 c 使得

$$r^{d-1}h(r)\leqslant c\,\tilde{g}(r).$$

对球对称分布做线性变换可以得到椭球对称分布，我们在多元正态和多元 t 分布抽样时使用过该方法. 令 $B_d=\{\boldsymbol{x}\in\mathbb{R}^d: \|\boldsymbol{x}\|\leqslant 1\}$，如果 $\boldsymbol{X}\sim\boldsymbol{U}(B_d)$，令 $\boldsymbol{\mu}\in\mathbb{R}^d$，$\boldsymbol{C}\in\mathbb{R}^{d\times d}$是一个可逆矩阵，则 $\boldsymbol{Y}=$

$\boldsymbol{\mu}+\boldsymbol{C}\boldsymbol{X}$ 均匀地分布在椭球 $\mathscr{E}(\boldsymbol{\mu},\boldsymbol{\Sigma})$ 内，

$$\mathscr{E}(\boldsymbol{\mu},\boldsymbol{\Sigma})=\{\boldsymbol{y}\in\mathbb{R}^d \mid (\boldsymbol{y}-\boldsymbol{\mu})^{\mathrm{T}}\boldsymbol{\Sigma}^{-1}(\boldsymbol{y}-\boldsymbol{\mu})\leqslant 1\}$$

其中 $\boldsymbol{\Sigma}=\boldsymbol{C}\boldsymbol{C}^{\mathrm{T}}$. 这是因为线性变换对应的雅可比行列式是常数. 注意如果 $\boldsymbol{X}\sim\boldsymbol{U}(S^{d-1})$，$\boldsymbol{\mu}+\boldsymbol{C}\boldsymbol{X}$ 并不服从椭球 $\mathscr{E}(\boldsymbol{\mu},\boldsymbol{\Sigma})$ 表面上的均匀分布，因为从球面变到椭球面的过程在它们真正所处的 $(d-1)$ 维空间中不是一个线性变换.

除了均匀分布，我们也需要一些球面上的非均匀分布，因为有些现象在特定方向上发生地更频繁. 一个常用的球面 S^{d-1} 上的非均匀分布是 von Mises - Fisher 分布，它的 PDF 为

$$f(\boldsymbol{x})\propto\exp(\kappa\boldsymbol{\mu}^{\mathrm{T}}\boldsymbol{x}).$$

其中参数 $\kappa\geqslant 0$，向量 $\boldsymbol{\mu}\in S^{d-1}$. 当 $\kappa>0$ 时，von Mises - Fisher 分布在点或方向 $\boldsymbol{\mu}$ 处的概率密度最大；κ 越大，von Mises - Fisher 分布越集中在 $\boldsymbol{\mu}$ 附近.

从 von Mises - Fisher 分布抽样的关键在于知道如何对随机变量 $W=\boldsymbol{\mu}^{\mathrm{T}}\boldsymbol{X}$ 进行抽样. 综合 Ulrich（1984），Wood（1994）和 Hoff（2009），对 von Mises - Fisher 分布抽样的一种算法总结如下：

$$W\sim h(w)\propto(1-w^2)^{(d-3)/2}\exp(\kappa w)\mathbf{1}\{w\in(-1,1)\}$$

$$\boldsymbol{V}\sim\boldsymbol{U}(S^{d-2})$$

$$\boldsymbol{X}=W\boldsymbol{\mu}+\sqrt{1-W^2}\boldsymbol{B}\boldsymbol{V}$$

其中对 W 可以使用 A - R 方法抽样，比如选取经过变换的 Beta 分布，矩阵 $\boldsymbol{B}\in\mathbb{R}^{d\times(d-1)}$ 由与 $\boldsymbol{\mu}$ 垂直的（$d-1$）个单位正交向量组成，可通过 Gram - Schmidt 算法得到. $\boldsymbol{B}\boldsymbol{V}$ 是在与 $\boldsymbol{\mu}$ 垂直的方向上均匀分布的单位向量，$\boldsymbol{X}$ 由两部分构成，与 $\boldsymbol{\mu}$ 平行的部分 $W\boldsymbol{\mu}$ 和与 $\boldsymbol{\mu}$ 垂直的部分 $\sqrt{1-W^2}\boldsymbol{B}\boldsymbol{V}$. R Package `rstiefel` 实现了上述抽样算法.

2.8 随机矩阵

很多实际问题需要生成随机矩阵 $\mathcal{X}\in\mathbb{R}^{n\times d}$. 有时可以将 $\mathcal{X}$ 看成 $\mathbb{R}^d$ 空间上的 n 个随机向量，或者将 $\mathcal{X}$ 中的元素重新排列成一个 $nd\times 1$ 的向量，这样就可以用随机向量的抽样方法产生 $\mathcal{X}$. 比如，当 $\mathcal{X}$ 的各列（行）向量都是独立的，就很适合对 $\mathcal{X}$ 逐列（行）独立地生成随机向量. 但是在一些问题中，$\mathcal{X}$ 既不是一些独立向量的集合，又没有 $\mathbb{R}^{nd}$ 上随机向量的相关结构复杂. 这种情况下，直接生成一个随机矩阵可能比生成一个高维的随机向量容易.

2.8.1 矩阵正态分布

矩阵正态分布（Matrix normal distribution）常用于描述行和列

都有相关性的数据矩阵. 比如一些基因数据中，数据的列对应一些有相关性的基因，数据的行对应的是受试者. 受实验室条件的限制，不同受试者的测量值不完全是独立的. 又比如记录不同商品在不同时期价格的面板数据，在商品之间和不同时期的价格之间都可能存在相关性.

$\mathbb{R}^{n\times d}$上的矩阵正态分布 $N_{n\times d}(\boldsymbol{M}, \boldsymbol{\Gamma}, \boldsymbol{\Sigma})$ 有三个参数矩阵 $\boldsymbol{M}\in\mathbb{R}^{n\times d}$，$\boldsymbol{\Gamma}\in\mathbb{R}^{n\times n}$，$\boldsymbol{\Sigma}\in\mathbb{R}^{d\times d}$.

（1）$\boldsymbol{\Gamma}$ 和 $\boldsymbol{\Sigma}$ 都是半正定的对称矩阵.

（2）如果 $\mathcal{X}\sim N_{n\times d}(\boldsymbol{M}, \boldsymbol{\Gamma}, \boldsymbol{\Sigma})$，则$\mathcal{X}$的元素$\mathcal{X}_{ij}$满足

$$E(\mathcal{X}_{ij})=\boldsymbol{M}_{ij},\mathrm{Cov}(\mathcal{X}_{ij},\mathcal{X}_{kl})=\boldsymbol{\Gamma}_{ik}\boldsymbol{\Sigma}_{jl}.$$

（3）注意到对任意常数 c，如果用 $c\boldsymbol{\Gamma}$ 替换 $\boldsymbol{\Gamma}$，同时用 $c^{-1}\boldsymbol{\Sigma}$替换 $\boldsymbol{\Sigma}$，并不会改变矩阵正态分布的形状，因此需要再增加一个条件保证参数的可识别性（identification）. 比如可以令 $\mathrm{tr}(\boldsymbol{\Gamma})=m$，此时参数是唯一确定的，即模型是可识别的.

补充说明

1. 随机矩阵$\mathcal{X}\sim N_{n\times d}$（$\boldsymbol{M}$、$\boldsymbol{\Gamma}$、$\boldsymbol{\Sigma}$）如果将$\mathcal{X}$按如下方式转化成一个 $nd\times 1$ 的向量

$$\mathrm{vec}(\mathcal{X})=\mathrm{vec}((\boldsymbol{x}_1\quad\cdots\quad\boldsymbol{x}_d))=\begin{pmatrix}\boldsymbol{x}_1\\ \vdots\\ \boldsymbol{x}_d\end{pmatrix}\in\mathbb{R}^{nd},$$

则 $\mathrm{vec}(\mathcal{X})\sim N_{nd}(\mathrm{vec}(\boldsymbol{M}),\boldsymbol{\Sigma}\otimes\boldsymbol{\Gamma})$，其中，$\otimes$代表 Kronecker product，定义如下

$$\boldsymbol{A}\otimes\boldsymbol{B}=\begin{pmatrix}a_{11}\boldsymbol{B} & \cdots & a_{1q}\boldsymbol{B}\\ \vdots & & \vdots\\ a_{p1}\boldsymbol{B} & \cdots & a_{pq}\boldsymbol{B}\end{pmatrix},\boldsymbol{A}\in\mathbb{R}^{p\times q},\boldsymbol{B}\in\mathbb{R}^{m\times n}.$$

2. $\mathbb{R}^{nd}$上的正态分布一般需要 $nd(nd+1)/2$ 个参数描述协方差矩阵，但是矩阵正态分布只需要 $n(n+1)/2+d(d+1)/2$个参数描述协方差矩阵. 当 n 和 d 很大时，矩阵正态分布可以极大地减少参数个数.

3. 如果$\mathcal{X}\sim N_{n\times d}(\boldsymbol{M}, \boldsymbol{\Gamma}, \boldsymbol{\Sigma})$，$\boldsymbol{A}$ 和 $\boldsymbol{B}$ 是非随机矩阵，在满足维数匹配的情况下

$$\boldsymbol{A}\mathcal{X}\boldsymbol{B}^{\mathrm{T}}\sim N_{n\times d}(\boldsymbol{AMB}^{\mathrm{T}},\boldsymbol{A\Gamma A}^{\mathrm{T}},\boldsymbol{B\Sigma B}^{\mathrm{T}}).$$

4. 对 $N_{n\times d}(\boldsymbol{M}, \boldsymbol{\Gamma}, \boldsymbol{\Sigma})$ 的抽样很简单. 如果我们能找到矩阵 $\boldsymbol{A}$ 和 $\boldsymbol{B}$ 满足 $\boldsymbol{\Gamma}=\boldsymbol{AA}^{\mathrm{T}}$，$\boldsymbol{\Sigma}=\boldsymbol{BB}^{\mathrm{T}}$，就可以如下对 $N_{n\times d}$（$\boldsymbol{M}$，$\boldsymbol{\Gamma}$，$\boldsymbol{\Sigma}$）分布抽样：

$$\mathcal{Z} \sim N_{n\times d}(\mathbf{0},\boldsymbol{I}_n,\boldsymbol{I}_d), \mathcal{X} = \boldsymbol{M} + \boldsymbol{AZB}^{\mathrm{T}}.$$

其中对 $N_{n\times d}(\mathbf{0}, \boldsymbol{I}_n, \boldsymbol{I}_d)$ 抽样相当于独立地从 $N(0, 1)$ 中抽 nd 个样本.

如果对$\mathbb{R}^{n\times d}$上的正态随机矩阵$\mathcal{X}$做 SVD 分解

$$\mathcal{X} = \mathcal{U}\mathcal{D}\mathcal{V}^{\mathrm{T}}$$

假设 $n>d$ 且 $\mathrm{rank}(\mathcal{X})=d$，则$\mathcal{D}$是 $d\times d$ 的对角矩阵且对角线元素为正数；

$\mathcal{U}\in \mathbb{V}_{d,n}=\{\boldsymbol{Y}\in\mathbb{R}^{n\times d}:\boldsymbol{Y}^{\mathrm{T}}\boldsymbol{Y}=\boldsymbol{I}_d\}$（$\mathbb{R}^n$上的 d 维 Stiefel manifold）；

$\mathcal{V}\in \mathbb{O}_d=\{\boldsymbol{Q}\in\mathbb{R}^{d\times d}:\boldsymbol{Q}^{\mathrm{T}}\boldsymbol{Q}=\boldsymbol{Q}\boldsymbol{Q}^{\mathrm{T}}=\boldsymbol{I}_d\}$（$d$ 阶正交矩阵的集合）.

下一小节将讨论$\mathcal{U}$和$\mathcal{V}$服从的分布.

2.8.2 随机正交矩阵

将 d 阶正交矩阵组成的空间记为

$$\mathbb{O}_d=\{\boldsymbol{Q}\in\mathbb{R}^{d\times d}:\boldsymbol{Q}^{\mathrm{T}}\boldsymbol{Q}=\boldsymbol{Q}\boldsymbol{Q}^{\mathrm{T}}=\boldsymbol{I}_d\}$$

用$\boldsymbol{U}(\mathbb{O}_d)$表示$\mathbb{O}_d$上的均匀分布，该分布具有以下性质：如果$\mathcal{Q}\sim \boldsymbol{U}(\mathbb{O}_d)$，$\widetilde{\boldsymbol{Q}}\in\mathbb{O}_d$，则

$$\widetilde{\boldsymbol{Q}}\mathcal{Q}\sim \boldsymbol{U}(\mathbb{O}_d)\text{且}\mathcal{Q}\widetilde{\boldsymbol{Q}}\sim \boldsymbol{U}(\mathbb{O}_d).$$

这是因为对$\mathcal{Q}$左乘或右乘一个正交矩阵 $\widetilde{\boldsymbol{Q}}$ 只是对$\mathcal{Q}$中的向量整体做了一次旋转，并不改变它们的长度或夹角. 下面讨论如何从$\boldsymbol{U}(\mathbb{O}_d)$分布抽样.

首先研究$\mathcal{Q}\sim\boldsymbol{U}(\mathbb{O}_d)$的第一列$\mathcal{Q}_{\cdot 1}$的边际分布. 显然$\mathcal{Q}_{\cdot 1}$是在$\mathbb{R}^d$上均匀分布的一个单位向量，即$\mathcal{Q}_{\cdot 1}\sim\boldsymbol{U}(S^{d-1})$，因此可令

$$\mathcal{Q}_{\cdot 1}=\frac{\boldsymbol{Z}_1}{\|\boldsymbol{Z}_1\|},\boldsymbol{Z}_1\sim N_d(\mathbf{0},\boldsymbol{I}_d).$$

给定$\mathcal{Q}_{\cdot 1}$，$\mathcal{Q}$的第二列$\mathcal{Q}_{\cdot 2}$在与$\mathcal{Q}_{\cdot 1}$垂直的单位圆（球面）上均匀分布，可以如下产生：

$$\boldsymbol{Z}_2\sim N_d(\mathbf{0},\boldsymbol{I}_d),\text{令 }\widetilde{\boldsymbol{Z}}_2=\boldsymbol{Z}_2-(\boldsymbol{Z}_2^{\mathrm{T}}\mathcal{Q}_{\cdot 1})\mathcal{Q}_{\cdot 1}.$$

此时向量 $\widetilde{\boldsymbol{Z}}_2$ 与$\mathcal{Q}_{\cdot 1}$垂直，再进一步单位化即可得到

$$\mathcal{Q}_{\cdot 2}=\widetilde{\boldsymbol{Z}}_2/\|\widetilde{\boldsymbol{Z}}_2\|.$$

类似地，我们可以继续从 $N_d(\mathbf{0}, \boldsymbol{I}_d)$ 抽样，对其进行Gram - Schmidt 正交化及单位化，依次产生$\mathcal{Q}$的后面几列向量.

上述过程等价于直接从 $N(0, 1)$多次独立抽样组成$\mathbb{R}^{d\times d}$上的随机矩阵$\mathcal{Z}$，再对$\mathcal{Z}$进行 Gram - Schmidt 正交化.

除了$\boldsymbol{U}(\mathbb{O}_d)$，$\mathbb{O}_d$上的一个重要的非均匀分布是 Bingham 分布，在空间统计学和形状分析中有广泛应用. $\mathbb{O}_d$上的 Bingham$(\boldsymbol{L}, \boldsymbol{\Psi})$ 分布有两个参数矩阵，$\boldsymbol{L}$ 是 $d\times d$ 对角矩阵，$\boldsymbol{\Psi}$ 是 $d\times d$ 对称矩阵；为保证参数可识别，一般要求 $\boldsymbol{L}$ 的对角线元素递减排

列. $\mathcal{Q}\sim$ Bingham（$\boldsymbol{L}$, $\boldsymbol{\Psi}$）的 PDF 为

$$f(\boldsymbol{Q})\propto\exp\{\mathrm{tr}(\boldsymbol{L}\boldsymbol{Q}^{\mathrm{T}}\boldsymbol{\Psi}\boldsymbol{Q})\} \tag{2-8}$$

（1）证明：$E(\mathcal{Q})=\boldsymbol{0}_{d\times d}$.

从式（2-8）可知 Bingham 分布是椭球对称分布，且椭球的中心是 $\boldsymbol{0}_{d\times d}$.

（2）证明：Bingham 分布具有 antipodal symmetry，即如果 $\mathcal{Q}\sim$ Bingham（$\boldsymbol{L}$, $\boldsymbol{\Psi}$），$\boldsymbol{S}$ 是 $d\times d$ 的对角矩阵且对角线元素为 1 或 -1，则

$$\mathcal{Q}\boldsymbol{S}\overset{d}{=}\mathcal{Q}.$$

证明 此处我们需要用到矩阵迹（trace）的一个性质：$\mathrm{tr}(\boldsymbol{AB})=\mathrm{tr}(\boldsymbol{BA})$.

$$\begin{aligned}f(\boldsymbol{QS})&\propto\exp\{\mathrm{tr}(\boldsymbol{L}\boldsymbol{S}^{\mathrm{T}}\boldsymbol{Q}^{\mathrm{T}}\boldsymbol{\Psi}\boldsymbol{Q}\boldsymbol{S})\}\propto\exp\{\mathrm{tr}(\boldsymbol{S}\boldsymbol{L}\boldsymbol{S}^{\mathrm{T}}\boldsymbol{Q}^{\mathrm{T}}\boldsymbol{\Psi}\boldsymbol{Q})\}\\&\propto\exp\{\mathrm{tr}(\boldsymbol{L}\boldsymbol{Q}^{\mathrm{T}}\boldsymbol{\Psi}\boldsymbol{Q})\}.\end{aligned}$$

□

由于 Bingham 分布的期望不属于 $\mathbb{O}_d$，因此人们更关心 Bingham 分布的 mode，即概率密度最大的点（矩阵）. 此时我们只需要找到使 $\mathrm{tr}(\boldsymbol{L}\boldsymbol{Q}^{\mathrm{T}}\boldsymbol{\Psi}\boldsymbol{Q})$ 最大的 $\boldsymbol{Q}$. 注意到对称矩阵 $\boldsymbol{\Psi}$ 存在特征值分解 $\boldsymbol{\Psi}=\boldsymbol{B}\boldsymbol{\Lambda}\boldsymbol{B}^{\mathrm{T}}$，则 $\mathrm{tr}(\boldsymbol{L}\boldsymbol{Q}^{\mathrm{T}}\boldsymbol{\Psi}\boldsymbol{Q})=\mathrm{tr}(\boldsymbol{L}\boldsymbol{Q}^{\mathrm{T}}\boldsymbol{B}\boldsymbol{\Lambda}\boldsymbol{B}^{\mathrm{T}}\boldsymbol{Q})$. 为计算迹，将 $d\times d$ 正交矩阵 $\boldsymbol{Q}$ 和 $\boldsymbol{B}$ 写成列向量形式，令

$$\boldsymbol{M}=\boldsymbol{Q}^{\mathrm{T}}\boldsymbol{B}\boldsymbol{\Lambda}\boldsymbol{B}^{\mathrm{T}}\boldsymbol{Q}=\begin{pmatrix}\boldsymbol{q}_1^{\mathrm{T}}\\\vdots\\\boldsymbol{q}_d^{\mathrm{T}}\end{pmatrix}(\boldsymbol{b}_1,\cdots,\boldsymbol{b}_d)\begin{pmatrix}\lambda_1&&\\&\ddots&\\&&\lambda_d\end{pmatrix}\begin{pmatrix}\boldsymbol{b}_1^{\mathrm{T}}\\\vdots\\\boldsymbol{b}_d^{\mathrm{T}}\end{pmatrix}(\boldsymbol{q}_1,\cdots,\boldsymbol{q}_d),$$

$\boldsymbol{M}$ 的对角线元素为

$$\begin{aligned}\boldsymbol{M}_{jj}&=\boldsymbol{q}_j^{\mathrm{T}}(\lambda_1\boldsymbol{b}_1,\cdots,\lambda_d\boldsymbol{b}_d)\begin{pmatrix}\boldsymbol{b}_1^{\mathrm{T}}\boldsymbol{q}_j\\\vdots\\\boldsymbol{b}_d^{\mathrm{T}}\boldsymbol{q}_j\end{pmatrix}\\&=\sum_{k=1}^{d}\lambda_k(\boldsymbol{b}_k^{\mathrm{T}}\boldsymbol{q}_j)^2,j=1,\cdots,d.\end{aligned}$$

则

$$\mathrm{tr}(\boldsymbol{L}\boldsymbol{Q}^{\mathrm{T}}\boldsymbol{\Psi}\boldsymbol{Q})=\mathrm{tr}(\boldsymbol{L}\boldsymbol{Q}^{\mathrm{T}}\boldsymbol{B}\boldsymbol{\Lambda}\boldsymbol{B}^{\mathrm{T}}\boldsymbol{Q})=\sum_{j=1}^{d}\sum_{k=1}^{d}l_j\lambda_k(\boldsymbol{b}_k^{\mathrm{T}}\boldsymbol{q}_j)^2.$$

因此当 $\boldsymbol{Q}$ 的 d 个列向量与 $\boldsymbol{B}$ 的 d 个列向量越接近，$\boldsymbol{Q}$ 的概率密度越大. 由于 $\boldsymbol{L}$ 和 $\boldsymbol{\Lambda}$ 中的对角线元素递减排列，为使迹最大，应该让 $\boldsymbol{q}_1$ 与 $\boldsymbol{b}_1$ 一致，$\boldsymbol{q}_2$ 与 $\boldsymbol{b}_2$ 一致，依此类推. 上述分析证明了以下定理：

定理 2.2 $\mathbb{O}_d$ 上的 Bingham（$\boldsymbol{L}$, $\boldsymbol{\Psi}$）的 mode 为 $\boldsymbol{B}$ 和 $\{\boldsymbol{BS}$: $\boldsymbol{S}=\mathrm{diag}(s_1,\cdots,s_d)$, $s_j\in\{-1,1\}\}$，其中 $\boldsymbol{B}$ 为 $\boldsymbol{\Psi}$ 的 d 个特征向量组成的矩阵.

Bingham（$\boldsymbol{L}$，$\boldsymbol{\Psi}$）在它的 mode 附近的集中度与 $\boldsymbol{L}$ 中对角线元素之间的差距正相关，也与 $\boldsymbol{\Lambda}$ 中对角线元素的差距正相关，这可以从上述证明过程推断出来. 比如

$$l_1 \approx l_2 \quad \Rightarrow \quad \boldsymbol{q}_1 \overset{d}{\approx} \boldsymbol{q}_2.$$

如果 $\lambda_1 >> \lambda_2$，则 $\boldsymbol{q}_1$ 和 $\boldsymbol{q}_2$ 有较大概率分布在 $\boldsymbol{b}_1$ 和 $\boldsymbol{b}_2$ 所在的子空间平面.

Hoff（2009）提出了一种基于 Gibbs sampler 对 Bingham 分布抽样的方法，R Package `rstiefel` 包含该抽样函数.

每个正交矩阵对应一个旋转变化. 将$\mathbb{R}^n$ 上的向量投影到一个 k 维子空间（$k<n$）需要一个 $n \times k$ 的投影矩阵 $\boldsymbol{P}$，$\boldsymbol{P}$ 的列向量是$\mathbb{R}^n$上 k 个相互无关的单位向量. $\boldsymbol{P}$ 属于如下的 Stiefel manifold：

$$\mathbb{V}_{k,n} = \{\boldsymbol{P} \in \mathbb{R}^{n \times k} : \boldsymbol{P}^{\mathrm{T}}\boldsymbol{P} = \boldsymbol{I}_k\}.$$

如果想得到 $\boldsymbol{U}(\mathbb{V}_{k,n})$的样本，可以先抽$\mathcal{Q} \sim \boldsymbol{U}(\mathbb{O}_n)$，然后只保留$\mathcal{Q}$的前 k 列，显然在抽取$\mathcal{Q}$时没有必要生成全部 n 列. 另一种方法是使用以下定理.

定理 2.3　如果$\mathcal{X} \sim N_{n\times d}(\boldsymbol{0},\boldsymbol{I}_n,\boldsymbol{\Sigma})$，对$\mathcal{X}$做 SVD 分解$\mathcal{X}=\mathcal{U}\mathcal{D}\mathcal{V}^{\mathrm{T}}$，则

(1)$\mathcal{U} \sim \boldsymbol{U}(\mathbb{V}_{d,n})$，且$\mathcal{U}$与$(\mathcal{D},\mathcal{V})$独立；

(2)$\mathcal{V} \mid \mathcal{D} \sim \mathrm{Bingham}(\mathcal{D}^2, -\boldsymbol{\Sigma}^{-1}/2)$；

(3)$\mathcal{D}^2$ 的对角线元素与 Wishart 分布 $W_d(\boldsymbol{\Sigma},\boldsymbol{n})$的随机矩阵的特征值同分布.

证明　$\mathcal{X} \sim N_{n\times d}(\boldsymbol{0},\boldsymbol{I}_n,\boldsymbol{\Sigma})$意味着$\mathcal{X}$的每一行 $\boldsymbol{x}_i$ 都独立地服从 $N_d(\boldsymbol{0},\boldsymbol{\Sigma})$. 因此$\mathcal{X}$的 PDF 可写为

$$\begin{aligned} f(\boldsymbol{X} \mid \boldsymbol{\Sigma}) &\propto \prod_{i=1}^{n} \exp\{-\boldsymbol{x}_i\boldsymbol{\Sigma}^{-1}\boldsymbol{x}_i^{\mathrm{T}}/2\} \propto \exp\left\{-\frac{1}{2}\sum_{i=1}^{n}\boldsymbol{x}_i\boldsymbol{\Sigma}^{-1}\boldsymbol{x}_i^{\mathrm{T}}\right\} \\ &\propto \exp\left\{-\frac{1}{2}\mathrm{tr}(\boldsymbol{X}\boldsymbol{\Sigma}^{-1}\boldsymbol{X}^{\mathrm{T}})\right\} \propto \exp\left\{-\frac{1}{2}\mathrm{tr}(\boldsymbol{X}^{\mathrm{T}}\boldsymbol{X}\boldsymbol{\Sigma}^{-1})\right\} \end{aligned}$$

代入 SVD 分解 $\boldsymbol{X}=\boldsymbol{U}\boldsymbol{D}\boldsymbol{V}^{\mathrm{T}}$

$$\begin{aligned} f(\boldsymbol{U},\boldsymbol{D},\boldsymbol{V} \mid \boldsymbol{\Sigma}) &\propto \exp\left\{-\frac{1}{2}\mathrm{tr}\left(\boldsymbol{V}\boldsymbol{D}\underbrace{\boldsymbol{U}^{\mathrm{T}}\boldsymbol{U}}_{\boldsymbol{I}_d}\boldsymbol{D}\boldsymbol{V}^{\mathrm{T}}\boldsymbol{\Sigma}^{-1}\right)\right\} \cdot |\boldsymbol{J}| \\ &\propto \exp\left\{-\frac{1}{2}\mathrm{tr}(\boldsymbol{V}\boldsymbol{D}^2\boldsymbol{V}^{\mathrm{T}}\boldsymbol{\Sigma}^{-1})\right\} \cdot |\boldsymbol{J}| \\ &\propto \exp\left\{-\frac{1}{2}\mathrm{tr}(\boldsymbol{D}^2\boldsymbol{V}^{\mathrm{T}}\boldsymbol{\Sigma}^{-1}\boldsymbol{V})\right\} \cdot |\boldsymbol{J}|. \end{aligned}$$

其中 $\boldsymbol{J}$ 是一个雅可比矩阵（Jacobian matrix），$\boldsymbol{J}=\mathrm{d}\boldsymbol{X}/\mathrm{d}$（$\boldsymbol{U}$，$\boldsymbol{D}$，$\boldsymbol{V}$）. 可以证明行列式$|\boldsymbol{J}|$ 不依赖 $\boldsymbol{U}$ 或 $\boldsymbol{V}$，只与 $\boldsymbol{D}$ 有关. 证明的难

点在于如何确定雅可比矩阵 $\boldsymbol{J}$，因为 SVD 的分解形式不唯一（给 left singular vector 乘以 -1，同时给 right singular vector 乘以 -1，不影响 SVD 分解），此处略去证明细节.

因此（$\mathcal{U}$，$\mathcal{D}$，$\mathcal{V}$）的联合 PDF 不依赖 $\boldsymbol{U}$，即关于 $\boldsymbol{U}$ 是常数，可以推断$\mathcal{U}$在$\mathbb{V}_{d,n}$上均匀分布，且与（$\mathcal{D}$，$\mathcal{V}$）独立.

由于$|\boldsymbol{J}|$与 $\boldsymbol{V}$ 无关，所以

$$\begin{aligned} f(\boldsymbol{V} \mid \boldsymbol{D}) &\propto \exp\left\{-\frac{1}{2}\mathrm{tr}(\boldsymbol{D}^2\boldsymbol{V}^{\mathrm{T}}\boldsymbol{\Sigma}^{-1}\boldsymbol{V})\right\} \\ &\propto \exp\left\{\mathrm{tr}(\boldsymbol{D}^2\boldsymbol{V}^{\mathrm{T}}(-\boldsymbol{\Sigma}^{-1}/2)\boldsymbol{V})\right\} \end{aligned}$$

因此给定$\mathcal{D}=\boldsymbol{D}$，$\mathcal{V}$ 的条件分布为 Bingham（$\boldsymbol{D}^2$，$-\boldsymbol{\Sigma}^{-1}/2$）.

最后可得$\mathcal{D}$的边际分布 PDF 具有以下形式

$$f(D) \propto |\boldsymbol{J}|\int_{\mathbb{O}_d}\exp\{\mathrm{tr}(\boldsymbol{D}^2\boldsymbol{V}^{\mathrm{T}}(-\boldsymbol{\Sigma}^{-1}/2)\boldsymbol{V})\}\mu(\mathrm{d}\boldsymbol{V})$$

其中，μ 是$\mathbb{O}_d$上均匀分布的测度.

例 2.5 对随机矩阵$\mathcal{X}\sim N_{2\times 2}(\boldsymbol{0},\boldsymbol{I}_2,\boldsymbol{\Sigma})$ 进行 100 次抽样，其中

$$\boldsymbol{\Sigma}=\begin{pmatrix} 9 & 1.5 \\ 1.5 & 1 \end{pmatrix}.$$

对$\mathcal{X}$进行 SVD 分解$\mathcal{X}=\mathcal{U}\mathcal{D}\mathcal{V}^{\mathrm{T}}$，在单位圆上展示$\mathcal{U}$和$\mathcal{V}$的列向量分布.

```
library(plotrix)

# prepare plot -----------------------
par(mfrow = c(1,2))
xlabt = c('U','V')
for(i in 1:2){
plot(0, 0, asp=1, type = "n", xlim=c(-1,1), ylim=c(-1,1), xlab = xlabt[i],
   ylab="", bty="n")
draw.circle(0, 0, 1, nv = 1000, border = NULL, col = NA, lty = 1, lwd = 1)
}

# specify Sigma and other paras ------------------------------------
d = 2
Sigma = matrix(c(9,1.5,1.5,1),d,d)
ED_sig = eigen(Sigma, symmetric = TRUE)
ED_sig$values # 9.2720019 0.7279981 (eigengap is large)

B = ED_sig$vectors %*% diag(sqrt(ED_sig$values)) # B*t(B) = Sigma

n = 2 # for visualization convenience

nrep = 100 # number of experiments
```

```
for(j in 1:nrep){
Z = matrix(rnorm(4),n,d)
X = Z %*% t(B) # X~N(0,I,Sigma)

SVD_X = svd(X)
U = SVD_X$u # R seems to let U(1,1) always be negative
V = SVD_X$v

# randomly change sign of U[,1]
if(runif(1) <0.5){
U[,1] = -U[,1]
V[,1] = -V[,1]
}

# randomly change sign of U[,2]
if(runif(1) <0.5){
U[,2] = -U[,2]
V[,2] = -V[,2]
}

par(mfg=c(1,1))
lines(rbind(c(0,0),t(U[,1])), col="blue")
lines(rbind(c(0,0),t(U[,2])), col="blue")

par(mfg=c(1,2))
lines(rbind(c(0,0),t(V[,1])), col="blue")
lines(rbind(c(0,0),t(V[,2])), col="blue")
}

Q = ED_sig$vectors
par(mfg=c(1,2))
lines(rbind(c(0,0),t(Q[,1])), col="red",lwd=2)
lines(rbind(c(0,0),t(Q[,2])), col="red",lwd=2)
```

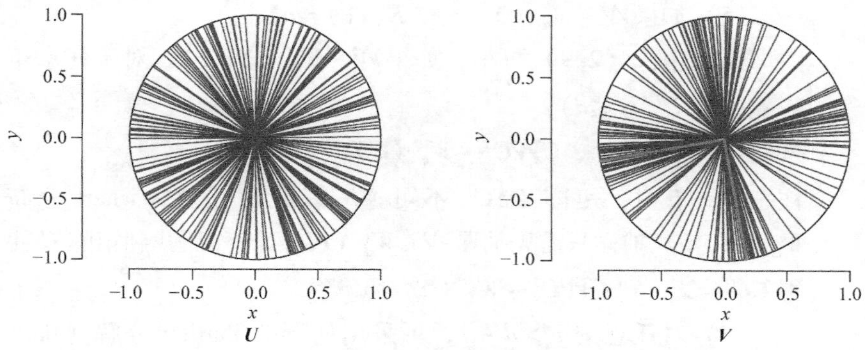

可以看到$\mathcal{U}$服从 $U(\mathbb{V}_{2,2})$，也即$\mathbb{O}_2$上的均匀分布，$\mathcal{V}$更集中在

$\boldsymbol{\Sigma}$ 的特征向量（红色）所在的轴附近（见彩插）.

2.8.3 Wishart 分布

Wishart 分布是贝叶斯（Bayesian）方法和多元分析中的一个重要分布. 如果$\mathbb{R}^d$上的随机向量

$$\boldsymbol{X}_i \overset{\text{iid}}{\sim} N_d(\boldsymbol{0},\boldsymbol{\Sigma}),i=1,\cdots,n \tag{2-9}$$

且 $n \geqslant d$，则随机矩阵

$$\mathcal{W} = \sum_{i=1}^{n} \boldsymbol{X}_i\boldsymbol{X}_i^{\mathrm{T}} \in \mathbb{R}^{d\times d}$$

服从 Wishart 分布 W_d（$\boldsymbol{\Sigma}$, n）.

（1）Wishart 分布 W_d（$\boldsymbol{\Sigma}$, n）有两个参数：$d\times d$ 对称正定矩阵 $\boldsymbol{\Sigma}$ 和自由度 n.

（2）Wishart 分布 W_d（$\boldsymbol{\Sigma}$, n）的样本空间是$\mathbb{R}^{d\times d}$上对称正定矩阵的集合.

（3）$d=1$ 时的 Wishart 分布是 $\sigma^2\chi^2_{(n)}$.

（4）对自由度为正整数的 Wishart 分布，式（2-9）揭示了 Wishart 分布的抽样方法. 正如χ^2 分布可以有非整数的自由度，Wishart 分布的自由度 ν 可以是满足 $\nu>d-1$ 的任意正数. $\mathcal{W}\sim W_d$（$\boldsymbol{\Sigma}$, ν）的 PDF 为

$$f(\boldsymbol{W}) \propto |\boldsymbol{W}|^{(\nu-d-1)/2}\exp\left\{-\frac{1}{2}\mathrm{tr}(\boldsymbol{\Sigma}^{-1}\boldsymbol{W})\right\},$$

$$\boldsymbol{W}\in\mathbb{R}^{d\times d}\text{且是对称正定矩阵.}$$

如果把行列式$|\boldsymbol{W}|$看作矩阵广义上的“绝对值”，把 $\mathrm{tr}(\boldsymbol{AB})$看作是矩阵的“点积”，会发现 Wishart 分布的 PDF 跟 Gamma 分布的 PDF 有些相似. 这个结果并不意外，因为χ^2 变量可以通过一些一元正态变量的平方和生成，而χ^2 分布本身是一个 Gamma 分布.

（5）如果$\mathcal{W}\sim W_d$（$\boldsymbol{\Sigma}$, ν），$E(\mathcal{W})=\nu\boldsymbol{\Sigma}$.

（6）由式（2-9）可得，如果$\mathcal{W}\sim W_d$（$\boldsymbol{\Sigma}$, ν），对于任意矩阵 $\boldsymbol{C}\in\mathbb{R}^{k\times d}(k\leqslant d)$,

$$\boldsymbol{C}\mathcal{W}\boldsymbol{C}^{\mathrm{T}}\sim W_k(\boldsymbol{C\Sigma C}^{\mathrm{T}},\ \nu).$$

注意 $k>d$ 时，矩阵 $\boldsymbol{C\Sigma C}^{\mathrm{T}}$ 不可逆. 因此对任意 Wishart 分布 W_d（$\boldsymbol{\Sigma}$, ν）抽样只需先抽取$\mathcal{W}\sim W_d$（$\boldsymbol{I}$, ν），然后找到矩阵 $\boldsymbol{C}$ 使得 $\boldsymbol{CC}^{\mathrm{T}}=\boldsymbol{\Sigma}$，则 $\boldsymbol{C}\mathcal{W}\boldsymbol{C}^{\mathrm{T}}\sim W_d$（$\boldsymbol{\Sigma}$, ν）.

（7）对任意的 $\nu>d-1$，可采用如下的 Bartlett 分解（Bartlett，1933）对 W_d（$\boldsymbol{I}$, ν）抽样：$\boldsymbol{L}$ 是$\mathbb{R}^{d\times d}$上的下三角矩阵，且

各元素独立服从分布

$$L_{ij} \sim \begin{cases} N(0, 1), & i>j, \\ \sqrt{\chi^2_{(\nu-i+1)}}, & i=j, \\ 0, & i<j. \end{cases}$$

则 $\boldsymbol{L}\boldsymbol{L}^{\mathrm{T}} \sim W_d(\boldsymbol{I}, \nu)$. 对角线元素的抽样可使用

$$\chi^2_{(\nu-i+1)} = 2\mathrm{Gam}((\nu-i+1)/2).$$

(8) 如果

$$\boldsymbol{x}_i \overset{\mathrm{iid}}{\sim} N_d(\boldsymbol{\mu}, \boldsymbol{\Sigma}), i=1,\cdots,n$$

那么

$$\boldsymbol{W} = \sum_{i=1}^{n} (\boldsymbol{x}_i - \bar{\boldsymbol{x}})(\boldsymbol{x}_i - \bar{\boldsymbol{x}})^{\mathrm{T}} \sim W_d(\boldsymbol{\Sigma}, n-1)$$

其中 $\bar{\boldsymbol{x}} = \sum_{i=1}^{n} \boldsymbol{x}_i / n$. 减去均值使 Wishart 分布的自由度降为 $n-1$, 因此对 $\boldsymbol{\Sigma}$ 的一个无偏 (unbiased) 估计量为

$$\hat{\boldsymbol{\Sigma}} = \frac{\boldsymbol{W}}{n-1}.$$

当 $d=1$ 时, 上述结果退化为

$$s^2 = \sum_{i=1}^{n} (x_i - \bar{x})^2 \sim \sigma^2 \chi^2_{(n-1)}, x_i \overset{\mathrm{iid}}{\sim} N(\mu, \sigma^2)$$

得到我们非常熟悉的对 σ^2 的无偏估计量 $\hat{\sigma}^2 = s^2/(n-1)$ (样本方差).

以下定理告诉我们, 上述估计量 $\hat{\boldsymbol{\Sigma}}$ 不仅无偏而且是极大似然估计量 (MLE).

定理 2.4　如果 $\boldsymbol{W}$ 是 Wishart 分布 $W_d(\boldsymbol{\Sigma}, \nu)$ 的一个样本, 则 $\boldsymbol{\Sigma}$ 的 MLE 为 $\hat{\boldsymbol{\Sigma}} = \boldsymbol{W}/\nu$.

证明　$W_d(\boldsymbol{\Sigma}, \nu)$ 完整的 PDF 为

$$f(\boldsymbol{W}) = \frac{|\boldsymbol{W}|^{(\nu-d-1)/2}}{2^{\nu d/2}\Gamma_d(\nu/2)|\boldsymbol{\Sigma}|^{\nu/2}} \exp\left\{-\frac{1}{2}\mathrm{tr}(\boldsymbol{\Sigma}^{-1}\boldsymbol{W})\right\}$$

其中 $\Gamma_d(\nu/2)$ 是与 ν, d 有关的二元 gamma 函数, 则 $\boldsymbol{\Sigma}$ 的对数似然函数为

$$l(\boldsymbol{\Sigma} \mid \boldsymbol{W}) = -\frac{\nu}{2}\ln(|\boldsymbol{\Sigma}|) - \frac{1}{2}\mathrm{tr}(\boldsymbol{\Sigma}^{-1}\boldsymbol{W}) + \underbrace{\cdots}_{与\boldsymbol{\Sigma}无关}$$

为计算方便, 我们将最大化 $l(\boldsymbol{\Sigma} \mid \boldsymbol{W})$ 转化为最小化以下函数:

$$-2l(\boldsymbol{\Sigma} \mid \boldsymbol{W}) = \nu\ln(|\boldsymbol{\Sigma}|) + \mathrm{tr}(\boldsymbol{\Sigma}^{-1}\boldsymbol{W}). \tag{2-10}$$

Michael Perlman 为最小化式 (2-10) 提供了以下非常简洁的解法,

不需要使用矩阵微积分的知识.

找到矩阵 $\boldsymbol{B}$ 使得 $\boldsymbol{B}\boldsymbol{B}^{\mathrm{T}}=\boldsymbol{W}$. 引入一个新的矩阵

$$\boldsymbol{\Psi}=\boldsymbol{B}^{\mathrm{T}}\boldsymbol{\Sigma}^{-1}\boldsymbol{B}$$

则 $\boldsymbol{\Psi}^{-1}=\boldsymbol{B}^{-1}\boldsymbol{\Sigma}(\boldsymbol{B}^{\mathrm{T}})^{-1}$, $\boldsymbol{\Sigma}=\boldsymbol{B}\boldsymbol{\Psi}^{-1}\boldsymbol{B}^{\mathrm{T}}$. 即 $\boldsymbol{\Sigma}$ 和 $\boldsymbol{\Psi}$ 之间存在一一对应的关系, 因此可以将目标函数 (2-10) 重新定义为 $\boldsymbol{\Psi}$ 的函数:

$$\min_{\boldsymbol{\Sigma}} \nu\ln(|\boldsymbol{\Sigma}|)+\operatorname{tr}(\boldsymbol{\Sigma}^{-1}\boldsymbol{W})=\min_{\boldsymbol{\Psi}} \nu\ln(|\boldsymbol{\Sigma}_{\boldsymbol{\Psi}}|)+\operatorname{tr}(\boldsymbol{\Sigma}_{\boldsymbol{\Psi}}^{-1}\boldsymbol{W})$$

其中 $\boldsymbol{\Sigma}_{\boldsymbol{\Psi}}=\boldsymbol{B}\boldsymbol{\Psi}^{-1}\boldsymbol{B}^{\mathrm{T}}$. 进一步

$$\begin{aligned}\nu\ln(|\boldsymbol{\Sigma}_{\boldsymbol{\Psi}}|)+\operatorname{tr}(\boldsymbol{\Sigma}_{\boldsymbol{\Psi}}^{-1}\boldsymbol{W}) &= \nu\ln(|\boldsymbol{B}\boldsymbol{\Psi}^{-1}\boldsymbol{B}^{\mathrm{T}}|)+\operatorname{tr}((\boldsymbol{B}^{\mathrm{T}})^{-1}\boldsymbol{\Psi}\boldsymbol{B}^{-1}\boldsymbol{W})\\ &= \nu\ln(|\boldsymbol{B}|\cdot|\boldsymbol{\Psi}|^{-1}\cdot|\boldsymbol{B}^{\mathrm{T}}|)+\\ &\quad \operatorname{tr}(\boldsymbol{\Psi}\boldsymbol{B}^{-1}\boldsymbol{B}\boldsymbol{B}^{\mathrm{T}}(\boldsymbol{B}^{\mathrm{T}})^{-1})\\ &= \nu\ln(|\boldsymbol{W}|)-\nu\ln(|\boldsymbol{\Psi}|)+\operatorname{tr}(\boldsymbol{\Psi}). \quad (2\text{-}11)\end{aligned}$$

由于 $\boldsymbol{\Psi}$ 是对称矩阵, 存在特征值分解 $\boldsymbol{\Psi}=\boldsymbol{Q}\boldsymbol{\Omega}\boldsymbol{Q}^{\mathrm{T}}$, 其中 $\boldsymbol{\Omega}=\operatorname{diag}(\omega_1, \cdots, \omega_d)$. 则有

$$|\boldsymbol{\Psi}|=|\boldsymbol{Q}\boldsymbol{\Omega}\boldsymbol{Q}^{\mathrm{T}}|=\prod_{j=1}^{d}\omega_j,$$

$$\operatorname{tr}(\boldsymbol{\Psi})=\operatorname{tr}(\boldsymbol{Q}\boldsymbol{\Omega}\boldsymbol{Q}^{\mathrm{T}})=\sum_{j=1}^{d}\omega_j.$$

此时目标函数式 (2-11) 可写为

$$\begin{aligned}\nu\ln(|\boldsymbol{W}|)-\nu\ln(|\boldsymbol{\Psi}|)+\operatorname{tr}(\boldsymbol{\Psi}) &= \nu\ln(|\boldsymbol{W}|)-\nu\sum_{j=1}^{d}\ln(\omega_j)+\sum_{j=1}^{d}\omega_j\\ &= \nu\ln(|\boldsymbol{W}|)+\sum_{j=1}^{d}(\omega_j-\nu\ln(\omega_j)).\end{aligned}$$

注意到每个一元函数 $\omega_j-\nu\log(\omega_j)$ 是 ω_j 的严格凸函数, 存在唯一的最小值点 $\hat{\omega}_j=\nu$, $j=1, \cdots, d$. 因此目标函数 (2-11) 的最小值点为

$$\hat{\boldsymbol{\Psi}}=\boldsymbol{Q}(\nu\boldsymbol{I})\boldsymbol{Q}^{\mathrm{T}}=\nu\boldsymbol{I},$$

则 $\boldsymbol{\Sigma}$ 的 MLE 为

$$\hat{\boldsymbol{\Sigma}}=\boldsymbol{B}\hat{\boldsymbol{\Psi}}^{-1}\boldsymbol{B}^{\mathrm{T}}=\boldsymbol{W}/\nu.$$ □

1. 正态随机矩阵的 polar decomposition

如果 $\mathcal{X}\sim N_{n\times d}(\boldsymbol{0}, \boldsymbol{I}_n, \boldsymbol{\Sigma})$, $n\geqslant d$, 即 $\mathcal{X}$ 的每一行 $\boldsymbol{X}_i\overset{\text{iid}}{\sim}N_d(\boldsymbol{0},\boldsymbol{\Sigma})$, $i=1, \cdots, n$. 此时

$$\mathcal{S}=\mathcal{X}^{\mathrm{T}}\mathcal{X}=\sum_{i=1}^{n}\boldsymbol{X}_i^{\mathrm{T}}\boldsymbol{X}_i\sim W_d(\boldsymbol{\Sigma},n).$$

对$\mathcal{X}$进行 SVD 分解$\mathcal{X}=\mathcal{U}\mathcal{D}\mathcal{V}^{\mathrm{T}}$，则有

$$\mathcal{S}=\mathcal{X}^{\mathrm{T}}\mathcal{X}=\mathcal{V}\mathcal{D}\underbrace{\mathcal{U}^{\mathrm{T}}\mathcal{U}}_{I_d}\mathcal{D}\mathcal{V}^{\mathrm{T}}=\mathcal{V}\mathcal{D}^2\mathcal{V}^{\mathrm{T}}.$$

我们已经证明$\boldsymbol{\Sigma}$的 MLE 为$\hat{\boldsymbol{\Sigma}}=\mathcal{S}/n$，可以看到$\mathcal{X}$的行向量的协方差矩阵$\boldsymbol{\Sigma}$主要与$\mathcal{D}$和$\mathcal{V}$有关. 定义$\mathcal{S}^{1/2}=\mathcal{V}\mathcal{D}\mathcal{V}^{\mathrm{T}}$. 由于$\mathcal{S}$是正定矩阵，$\mathcal{S}$和$\mathcal{S}^{1/2}$都可逆且有

$$\mathcal{S}^{-1/2}=(\mathcal{S}^{1/2})^{-1}=\mathcal{V}\mathcal{D}^{-1}\mathcal{V}^{\mathrm{T}}.$$

$\mathcal{X}$的 polar decomposition 定义为

$$\begin{aligned}\mathcal{X}&=\mathcal{X}(\mathcal{X}^{\mathrm{T}}\mathcal{X})^{-1/2}(\mathcal{X}^{\mathrm{T}}\mathcal{X})^{1/2}\\&=\mathcal{H}\mathcal{S}^{1/2}\end{aligned}\tag{2-12}$$

其中$\mathcal{H}=\mathcal{X}(\mathcal{X}^{\mathrm{T}}\mathcal{X})^{-1/2}=\mathcal{X}\mathcal{S}^{-1/2}$.

1. 矩阵的 SVD 分解不唯一，但矩阵的 polar decomposition 是唯一的.

2. 代入$\mathcal{X}$的 SVD 分解，则有$\mathcal{H}=\mathcal{U}\mathcal{D}\mathcal{V}^{\mathrm{T}}\mathcal{V}\mathcal{D}^{-1}\mathcal{V}^{\mathrm{T}}=\mathcal{U}\mathcal{V}^{\mathrm{T}}$，可见$\mathcal{H}\in\mathbb{V}_{d,n}$.

3. 当$\mathcal{X}\sim N_{n\times d}$（$\mathbf{0}$，$\boldsymbol{I}_n$，$\boldsymbol{\Sigma}$）时，$\mathcal{U}\sim U$（$\mathbb{V}_{d,n}$）. $\mathcal{H}$只是对$\mathcal{U}$做了一个正交变换，不改变列向量的长度和夹角，因此$\mathcal{H}\sim U(\mathbb{V}_{d,n})$. $\mathcal{U}$及$\mathcal{H}=\mathcal{U}\mathcal{V}^{\mathrm{T}}$分布的均匀性与$\mathcal{X}$的行向量间的独立有关.

4. $\mathcal{H}\mathcal{H}^{\mathrm{T}}=\mathcal{X}(\mathcal{X}^{\mathrm{T}}\mathcal{X})^{-1}\mathcal{X}^{\mathrm{T}}$是一个投影矩阵，可将$\mathbb{R}^n$上的向量投影到$\mathcal{X}$列向量组成的$d$维子空间中. 比如

（1）$\mathcal{H}\mathcal{H}^{\mathrm{T}}\mathcal{X}=\mathcal{X}$

（2）$\mathcal{H}\mathcal{H}^{\mathrm{T}}\boldsymbol{y}=\mathcal{X}(\mathcal{X}^{\mathrm{T}}\mathcal{X})^{-1}\mathcal{X}^{\mathrm{T}}\boldsymbol{y}=\mathcal{X}\hat{\boldsymbol{\beta}}$，得到的系数向量$\hat{\boldsymbol{\beta}}$与 OLS 估计量一致，这也是 OLS 的几何解释.

正态随机矩阵的 polar decomposition 有以下定理：

定理 2.5　令$n\times d$随机矩阵$\mathcal{X}$的 polar decomposition 为$\mathcal{X}=\mathcal{H}\mathcal{S}^{1/2}$. 则$\mathcal{X}\sim N_{n\times d}$（$\mathbf{0}$，$\boldsymbol{I}_n$，$\boldsymbol{\Sigma}$）当且仅当

1. $\mathcal{H}\sim\boldsymbol{U}$（$\mathbb{V}_{d,n}$）；
2. $\mathcal{S}\sim W_d$（$\boldsymbol{\Sigma}$，n）；
3. $\mathcal{H}$和$\mathcal{S}$独立.

当$\mathcal{H}$与$\mathcal{S}$独立时，$\mathcal{H}$与$\mathcal{S}^{1/2}$也是独立的.

2. 逆 Wishart 分布

在贝叶斯模型中，我们经常会用到 Wishart 随机矩阵的逆. 当$\nu>d-1$且$\boldsymbol{\Sigma}$是$d\times d$对称正定矩阵时，$\mathcal{W}\sim W_d$（$\boldsymbol{\Sigma}$，ν）以概率 1 可逆，称$\mathcal{W}^{-1}$服从的分布为逆（inverse）Wishart 分布，记为$\mathcal{W}^{-1}\sim$

IW_d ($\boldsymbol{\Sigma}^{-1}$, ν).

利用变量变换关系寻找 IW_d ($\boldsymbol{\Sigma}^{-1}$, ν) 的 PDF. $\mathbb{R}^{d\times d}$上矩阵变换 $\boldsymbol{M}=\boldsymbol{W}^{-1}$对应的雅可比行列式为

$$\left|\frac{\partial \boldsymbol{W}}{\partial \boldsymbol{M}}\right| = |\boldsymbol{M}|^{-(d+1)}.$$

当$\mathcal{W}\sim W_d(\boldsymbol{\Sigma},\nu)$,令$\mathcal{M}=\mathcal{W}^{-1}$,$\boldsymbol{\Psi}=\boldsymbol{\Sigma}^{-1}$, 则$\mathcal{M}\sim IW_d(\boldsymbol{\Psi},\nu)$的 PDF 为

$$\begin{aligned} f_{\mathcal{M}}(\boldsymbol{M}) &= f_{\mathcal{W}}(\boldsymbol{M}^{-1}) \cdot \left|\frac{\partial \boldsymbol{W}}{\partial \boldsymbol{M}}\right| \\ &\propto |\boldsymbol{M}|^{-(\nu-d-1)/2-(d+1)} \exp\left\{-\frac{1}{2}\mathrm{tr}(\boldsymbol{\Psi}\boldsymbol{M}^{-1})\right\} \\ &\propto |\boldsymbol{M}|^{-(\nu+d+1)/2} \exp\left\{-\frac{1}{2}\mathrm{tr}(\boldsymbol{\Psi}\boldsymbol{M}^{-1})\right\} \end{aligned}$$

当 $\nu > d-1$ 时, $\mathcal{M}\sim IW_d$ ($\boldsymbol{\Psi}$, ν) 的期望存在,

$$E(\mathcal{M}) = \boldsymbol{\Psi}/(\nu-d-1).$$

3. 正态 – 逆 Wishart 分布

假设数据

$$\boldsymbol{x}_i \overset{\text{iid}}{\sim} N_d\ (\boldsymbol{\mu},\ \boldsymbol{\Sigma}),\ i=1,\ \cdots,\ n.$$

使用贝叶斯模型估计参数$\boldsymbol{\mu}$ 和 $\boldsymbol{\Sigma}$ 需要先设定参数的先验 (prior) 分布, 然后计算给定观察值 $\boldsymbol{x}_{1:n}$下参数的后验 (posterior) 分布. 从后验分布可以估计观察到数据 $\boldsymbol{x}_{1:n}$后参数的后验期望、方差以及置信区间等. 在贝叶斯多元正态模型中, 正态 – 逆 Wishart 分布是 ($\boldsymbol{\mu}$, $\boldsymbol{\Sigma}$) 的共轭 (conjugate) 先验分布, 因为由此推导出的 ($\boldsymbol{\mu}$, $\boldsymbol{\Sigma}$) 的后验分布也是一个正态 – 逆 Wishart 分布.

如果

$$\begin{gathered} \boldsymbol{\Sigma} \sim IW_d(\boldsymbol{\Omega}_0, \nu_0), \\ \boldsymbol{\mu} \mid \boldsymbol{\Sigma} \sim N_d(\boldsymbol{\mu}_0, \boldsymbol{\Sigma}/\kappa_0), \end{gathered}$$

称$\boldsymbol{\mu}\in\mathbb{R}^d$和 $\boldsymbol{\Sigma}\in\mathbb{R}^{d\times d}$服从正态 – 逆 Wishart (normal – inverse – Wishart) 分布, 记为 ($\boldsymbol{\mu}$, $\boldsymbol{\Sigma}$) ~ $NIW_d(\boldsymbol{\mu}_0,\ \kappa_0,\ \boldsymbol{\Omega}_0,\ \nu_0)$, 其中 $\boldsymbol{\mu}_0$, κ_0, $\boldsymbol{\Omega}_0$, ν_0 都是已知的或主观设定的值. 正态 – 逆 Wishart 先验分布可以理解为: 在没有看到数据前, 根据经验或历史数据猜测$\boldsymbol{\Sigma}\sim IW_d$ ($\boldsymbol{\Omega}_0$, ν_0); 给定$\boldsymbol{\Sigma}$, 猜测$\boldsymbol{\mu}$ 是κ_0 个独立的N_d ($\boldsymbol{\mu}_0$, $\boldsymbol{\Sigma}$) 随机向量的平均值, 所以 $\boldsymbol{\mu} \mid \boldsymbol{\Sigma}$ 的先验分布为 N_d ($\boldsymbol{\mu}_0$, $\boldsymbol{\Sigma}/\kappa_0$). 注意 $\kappa_0>0$ 不一定为整数, κ_0 越大表明我们对$\boldsymbol{\mu}$ 的先验分布的不确定性越小.

观察到数据$\boldsymbol{x}_i \overset{\text{iid}}{\sim} N_d$ ($\boldsymbol{\mu}$, $\boldsymbol{\Sigma}$), $i=1$, $\cdots$, n 后, ($\boldsymbol{\mu}$, $\boldsymbol{\Sigma}$) 的后验分布为:

$$
\begin{aligned}
p(\boldsymbol{\mu},\boldsymbol{\Sigma}\mid \boldsymbol{x}_{1:n}) &= \frac{p(\boldsymbol{x}_{1:n},\boldsymbol{\mu},\boldsymbol{\Sigma})}{p(\boldsymbol{x}_{1:n})} \\
&\propto p(\boldsymbol{x}_{1:n}\mid \boldsymbol{\mu},\boldsymbol{\Sigma})p(\boldsymbol{\mu},\boldsymbol{\Sigma}) \\
&\propto p(\boldsymbol{\Sigma})p(\boldsymbol{\mu}\mid \boldsymbol{\Sigma})\prod_{i=1}^{n} p(\boldsymbol{x}_i\mid \boldsymbol{\mu},\boldsymbol{\Sigma}) \\
&\propto |\boldsymbol{\Sigma}|^{-(\nu_0+d+1)/2}\exp\left[-\frac{1}{2}\mathrm{tr}(\boldsymbol{\Omega}_0\boldsymbol{\Sigma}^{-1})\right]|\boldsymbol{\Sigma}|^{-1/2}\exp\left[-\frac{\kappa_0}{2}(\boldsymbol{\mu}-\boldsymbol{\mu}_0)^{\mathrm{T}}\boldsymbol{\Sigma}^{-1}(\boldsymbol{\mu}-\boldsymbol{\mu}_0)\right]\cdot \\
&\quad \prod_{i=1}^{n}\left\{|\boldsymbol{\Sigma}|^{-1/2}\exp\left[-\frac{1}{2}(\boldsymbol{x}_i-\boldsymbol{\mu})^{\mathrm{T}}\boldsymbol{\Sigma}^{-1}(\boldsymbol{x}_i-\boldsymbol{\mu})\right]\right\} \\
&\propto |\boldsymbol{\Sigma}|^{-(\nu_0+d+1+1+n)/2}\exp\left[-\frac{1}{2}\mathrm{tr}(\boldsymbol{\Omega}_0\boldsymbol{\Sigma}^{-1})\right]\exp\left[-\frac{\kappa_0}{2}(\boldsymbol{\mu}^{\mathrm{T}}\boldsymbol{\Sigma}^{-1}\boldsymbol{\mu}-2\boldsymbol{\mu}_0^{\mathrm{T}}\boldsymbol{\Sigma}^{-1}\boldsymbol{\mu}+\boldsymbol{\mu}_0^{\mathrm{T}}\boldsymbol{\Sigma}^{-1}\boldsymbol{\mu}_0)\right]\cdot \\
&\quad \exp\left\{-\frac{1}{2}\sum_{i=1}^{n}(\boldsymbol{\mu}^{\mathrm{T}}\boldsymbol{\Sigma}^{-1}\boldsymbol{\mu}-2\boldsymbol{x}_i^{\mathrm{T}}\boldsymbol{\Sigma}^{-1}\boldsymbol{\mu}+\boldsymbol{x}_i^{\mathrm{T}}\boldsymbol{\Sigma}^{-1}\boldsymbol{x}_i)\right\} \\
&\propto |\boldsymbol{\Sigma}|^{-1/2}\exp\left\{-\frac{1}{2}\left[\boldsymbol{\mu}^{\mathrm{T}}(\kappa_0+n)\boldsymbol{\Sigma}^{-1}\boldsymbol{\mu}-2\left(\frac{\kappa_0\boldsymbol{\mu}_0+\sum_{i=1}^{n}\boldsymbol{x}_i}{\kappa_0+n}\right)^{\mathrm{T}}(\kappa_0+n)\boldsymbol{\Sigma}^{-1}\boldsymbol{\mu}+\right.\right. \\
&\quad \left.\left.\left(\frac{\kappa_0\boldsymbol{\mu}_0+\sum_{i=1}^{n}\boldsymbol{x}_i}{\kappa_0+n}\right)^{\mathrm{T}}(\kappa_0+n)\boldsymbol{\Sigma}^{-1}\left(\frac{\kappa_0\boldsymbol{\mu}_0+\sum_{i=1}^{n}\boldsymbol{x}_i}{\kappa_0+n}\right)\right]\right\}\cdot|\boldsymbol{\Sigma}|^{-(\nu_0+n+d+1)/2}\exp\left\{-\frac{1}{2}\mathrm{tr}(\boldsymbol{\Omega}_0\boldsymbol{\Sigma}^{-1})\right\}\cdot \\
&\quad \exp\left\{-\frac{1}{2}\left[\kappa_0\boldsymbol{\mu}_0^{\mathrm{T}}\boldsymbol{\Sigma}^{-1}\boldsymbol{\mu}_0+\sum_{i=1}^{n}\boldsymbol{x}_i^{\mathrm{T}}\boldsymbol{\Sigma}^{-1}\boldsymbol{x}_i-\frac{1}{\kappa_0+n}(\kappa_0\boldsymbol{\mu}_0+n\bar{\boldsymbol{x}})^{\mathrm{T}}\boldsymbol{\Sigma}^{-1}(\kappa_0\boldsymbol{\mu}_0+n\bar{\boldsymbol{x}})\right]\right\} \\
&\propto N\left(\boldsymbol{\mu}\mid\frac{\kappa_0\boldsymbol{\mu}_0+n\bar{\boldsymbol{x}}}{\kappa_0+n},\frac{\boldsymbol{\Sigma}}{\kappa_0+n}\right)|\boldsymbol{\Sigma}|^{-(\nu_0+n+d+1)/2}\exp\left\{-\frac{1}{2}\mathrm{tr}(\boldsymbol{\Omega}_0\boldsymbol{\Sigma}^{-1})\right\}\cdot \\
&\quad \exp\left\{-\frac{1}{2(\kappa_0+n)}\left[n\kappa_0\boldsymbol{\mu}_0^{\mathrm{T}}\boldsymbol{\Sigma}^{-1}\boldsymbol{\mu}_0-2n\kappa_0\boldsymbol{\mu}_0^{\mathrm{T}}\boldsymbol{\Sigma}^{-1}\bar{\boldsymbol{x}}+(n+\kappa_0)\sum_{i=1}^{n}\boldsymbol{x}_i^{\mathrm{T}}\boldsymbol{\Sigma}^{-1}\boldsymbol{x}_i-n^2\bar{\boldsymbol{x}}^{\mathrm{T}}\boldsymbol{\Sigma}^{-1}\bar{\boldsymbol{x}}\right]\right\} \\
&\propto N\left(\boldsymbol{\mu}\mid\frac{\kappa_0\boldsymbol{\mu}_0+n\bar{\boldsymbol{x}}}{\kappa_0+n},\frac{\boldsymbol{\Sigma}}{\kappa_0+n}\right)|\boldsymbol{\Sigma}|^{-(\nu_0+n+d+1)/2}\exp\left\{-\frac{1}{2}\mathrm{tr}(\boldsymbol{\Omega}_0\boldsymbol{\Sigma}^{-1})\right\}\cdot \\
&\quad \exp\left\{-\frac{1}{2(\kappa_0+n)}\left[n\kappa_0(\boldsymbol{\mu}_0^{\mathrm{T}}\boldsymbol{\Sigma}^{-1}\boldsymbol{\mu}_0-2\boldsymbol{\mu}_0^{\mathrm{T}}\boldsymbol{\Sigma}^{-1}\bar{\boldsymbol{x}}+\bar{\boldsymbol{x}}^{\mathrm{T}}\boldsymbol{\Sigma}^{-1}\bar{\boldsymbol{x}})+\right.\right. \\
&\quad \left.\left.(n+\kappa_0)\left(\sum_{i=1}^{n}\boldsymbol{x}_i^{\mathrm{T}}\boldsymbol{\Sigma}^{-1}\boldsymbol{x}_i-n\bar{\boldsymbol{x}}^{\mathrm{T}}\boldsymbol{\Sigma}^{-1}\bar{\boldsymbol{x}}\right)\right]\right\} \\
&\propto N\left(\boldsymbol{\mu}\mid\frac{\kappa_0\boldsymbol{\mu}_0+n\bar{\boldsymbol{x}}}{\kappa_0+n},\frac{\boldsymbol{\Sigma}}{\kappa_0+n}\right)|\boldsymbol{\Sigma}|^{-(\nu_0+n+d+1)/2}\exp\left\{-\frac{1}{2}\mathrm{tr}(\boldsymbol{\Omega}_0\boldsymbol{\Sigma}^{-1})\right\}\cdot \\
&\quad \exp\left\{-\frac{1}{2}\left[\frac{n\kappa_0}{n+\kappa_0}\mathrm{tr}((\boldsymbol{\mu}_0-\bar{\boldsymbol{x}})^{\mathrm{T}}\boldsymbol{\Sigma}^{-1}(\boldsymbol{\mu}_0-\bar{\boldsymbol{x}}))+\sum_{i=1}^{n}\mathrm{tr}((\boldsymbol{x}_i-\bar{\boldsymbol{x}})^{\mathrm{T}}\boldsymbol{\Sigma}^{-1}(\boldsymbol{x}_i-\bar{\boldsymbol{x}}))\right]\right\} \\
&\propto N\left(\boldsymbol{\mu}\mid\frac{\kappa_0\boldsymbol{\mu}_0+n\bar{\boldsymbol{x}}}{\kappa_0+n},\frac{\boldsymbol{\Sigma}}{\kappa_0+n}\right)|\boldsymbol{\Sigma}|^{-(\nu_0+n+d+1)/2}\cdot \\
&\quad \exp\left\{-\frac{1}{2}\mathrm{tr}\left(\left[\boldsymbol{\Omega}_0+\frac{n\kappa_0}{n+\kappa_0}(\boldsymbol{\mu}_0-\bar{\boldsymbol{x}})(\boldsymbol{\mu}_0-\bar{\boldsymbol{x}})^{\mathrm{T}}+\sum_{i=1}^{n}(\boldsymbol{x}_i-\bar{\boldsymbol{x}})(\boldsymbol{x}_i-\bar{\boldsymbol{x}})^{\mathrm{T}}\right]\boldsymbol{\Sigma}^{-1}\right)\right\}.
\end{aligned}
$$

由此可得（$\boldsymbol{\mu}$，$\boldsymbol{\Sigma}$）的后验分布为

$$\boldsymbol{\Sigma} \mid \boldsymbol{x}_{1:n} \sim IW_d(\Omega_n, \nu_n)$$

$$\boldsymbol{\mu} \mid \boldsymbol{\Sigma}, \boldsymbol{x}_{1:n} \sim N_d(\boldsymbol{\mu}_n, \boldsymbol{\Sigma}/\kappa_n)$$

其中

$$\Omega_n = \Omega_0 + \frac{n\kappa_0}{n+\kappa_0}(\boldsymbol{\mu}_0 - \bar{\boldsymbol{x}})(\boldsymbol{\mu}_0 - \bar{\boldsymbol{x}})^{\mathrm{T}} + \sum_{i=1}^{n}(\boldsymbol{x}_i - \bar{\boldsymbol{x}})(\boldsymbol{x}_i - \bar{\boldsymbol{x}})^{\mathrm{T}}$$

$$\nu_n = \nu_0 + n$$

$$\boldsymbol{\mu}_n = \frac{\kappa_0\boldsymbol{\mu}_0 + n\bar{\boldsymbol{x}}}{\kappa_0 + n}$$

$$\kappa_n = \kappa_0 + n$$

即（$\boldsymbol{\mu}$，$\boldsymbol{\Sigma}$）$\mid \boldsymbol{x}_{1:n} \sim NIW_d$（$\boldsymbol{\mu}_n$，$\kappa_n$，$\Omega_n$，$\nu_n$）.

补充说明

1. 从上述结果可以看出，每个观察值都会使（$\boldsymbol{\mu}$，$\boldsymbol{\Sigma}$）后验分布中的 ν 和 κ 增加 1.

2. $\boldsymbol{\mu}$ 的后验期望$\boldsymbol{\mu}_n$ 是先验期望$\boldsymbol{\mu}_0$ 和样本均值 $\bar{\boldsymbol{x}}$ 的加权和，且权重与各自的样本数有关. 如果选取了一个很大的先验样本数 κ_0，则实际数据对$\boldsymbol{\mu}$ 的后验期望影响很小，因为$\boldsymbol{\mu}$ 的先验期望占据了很大权重；如果选取的 κ_0 很小，数据很多 $n \gg \kappa_0$，则$\boldsymbol{\mu}$ 的后验分布主要受实际数据影响，此时$\boldsymbol{\mu}$ 的后验期望会很接近样本均值 $\bar{\boldsymbol{x}}$.

2.9 随机图

一个图通常由一个节点（node/vertex）的集合$\mathcal{V}$和一个边的集合 $\mathcal{E}$组成，记为 $G(\mathcal{V},\mathcal{E})$. 对于图 $G(\mathcal{V},\mathcal{E})$，$\mathcal{E}$中的每条边连接了$\mathcal{V}$中的两个节点；如果图 G 有 n 个节点，一般令$\mathcal{V}=\{1, \cdots, n\}$. 图 G 中边的出现情况常用一个 $n\times n$ 的**邻接矩阵**（adjacency matrix）$\boldsymbol{A}$ 表示，邻接矩阵 $\boldsymbol{A}$ 是一个 0－1 矩阵（binary matrix）. 对有向图（directed graph），如果 $\mathcal{E}$中有一条边从节点 i 到节点 j，令 $\boldsymbol{A}_{ij}=1$；对无向图，如果边（i，j）$\in\mathcal{E}$，令 $A_{ij}=A_{ji}=1$. 对带权图（weighted graph），可以相应使用 weighted adjacency matrix $\boldsymbol{W}\in\mathbb{R}^{n\times n}$描述边的权重，图 2-7 列举了不同边和点的类型. 本节主要讨论 0－1 无向图的随机生成模型.

随机图（Random graphs）是一种常用的描述网络型数据的模型，在社交网络、生物医学、政治体育等领域都有广泛应用. 实际数据有时只提供随机网络的一个观察值，但是我们可以从随机图模型中生成一系列图，比较这些生成的图的特征与实际观察到的图的特征是否接近，如果接近就可以借助该模型研究随机图的任意特征的统计分布.

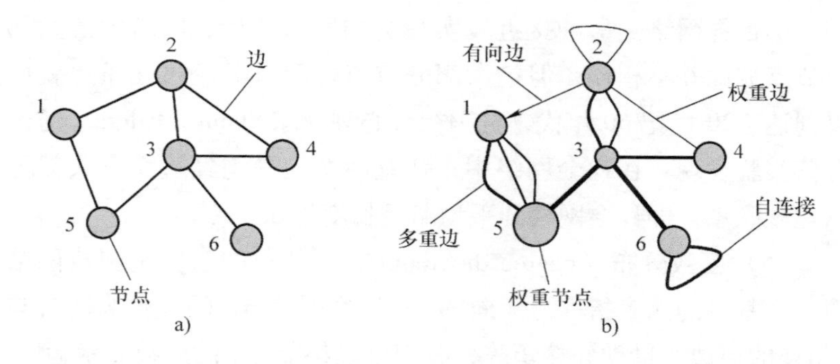

图 2-7　图 2-7a 是一个简单的无向图，图 2-7b 展示了不同的边和点的类型.（图片来源：Aaron Clauset）

下面介绍一些反映图的拓扑特征的常用指标：

（1）**图密度**（graph density）. 图密度是一个图中出现的边数与可能出现的边数的比. 对于有 n 个节点的无向图 $G(\mathcal{V},\mathcal{E})$，

$$\text{图密度}=\frac{\mathcal{E}\text{中的边数}}{\mathrm{C}_n^2}.$$

（2）**集聚系数/传递性**（Clustering coefficient/Transitivity）. 集聚系数测量的是图中三角形的密度，它反映了节点之间相互连接集结成团的程度. 在社交网络中，集聚系数反映了“我朋友的朋友还是我的朋友”的程度，因此也被称为传递性. 对于图$G(\mathcal{V},\mathcal{E})$中的三个节点（$i$，$j$，$k$），如果边（$i$，$j$）$\in\mathcal{E}$，（$j$，$k$）$\in\mathcal{E}$，称（$i$，$j$，$k$）为一个 triplet，如果边（$k$，$i$）也在$\mathcal{E}$中，称($i$，$j$，$k$)为一个 closed triplet. 显然无向图中的一个三角形对应了 3 个 closed triplets（每个顶点对应一个）.（无向）图 G 的集聚系数定义如下：

$$C=\frac{\text{closed triplets 的个数}}{\text{triplets 的个数}}=\frac{3\times\text{三角形的个数}}{\text{triplets 的个数}}.$$

C 是一个介于 0 与 1 之间的数，C 越接近 1 表示图 G 中的节点相互连接的程度越高，越有形成“集团”的趋势.

（3）**平均最短路径长度**（Average shortest path length）. 图 $G(\mathcal{V},\mathcal{E})$中的一条路径对应一系列点 $x\to y\to\cdots\to z$，且每一对连续的点 $i\to j$ 都有边连接，即（i，j）$\in\mathcal{E}$. 路径的长度为路径中边的个数. 找出图 G 中任意一对节点间的最短路径长度取平均值就是图 G 的平均最短路径长度. 如果图 G 中有两个节点找不到路径连接，一般规定它们之间的最短路径长度无穷大或无定义，在求平均时不计入该长度，只考虑存在的路径长度. 如果平均最短路径长度随图 G 中的节点数 n 以 $O(\ln(n))$增长（平均最短路径长度远小于 n），同时图 G 又有较高的集聚系数，称图 G 具有“小世界(small world)”性质.

小世界网络是一种接近真实社会的网络结构，网络中的大部分节点彼此并不相连，但绝大部分节点之间只需经过几条边就可以到达. 20 世纪 60 年代，美国社会心理学家 Stanley Milgram 通过寄信实验发现：在社会网络中，任意两个人平均经过 5 个人就可以建立联系，即社会网络的平均路径长度为 6.

（4）**度数分布**（degree distribution）. 节点的度数是图或网络中一个基本的测量指标. 无向图 $G(\mathcal{V},\mathcal{E})$ 中节点 i 的度数为所有与 i 相连的边数. 借助邻接矩阵，我们可以将节点 i 的度数表示为

$$k_i = \sum_{j\neq i} \boldsymbol{A}_{ij}, i = 1,\cdots,n.$$

则图 G 的节点度数平均值（mean degree）为

$$\bar{k} = \frac{1}{n}\sum_{i=1}^{n} k_i = \frac{1}{n}\sum_{i=1}^{n}\sum_{j\neq i}\boldsymbol{A}_{ij} = \frac{2\times\mathcal{E}\text{中的边数}}{n}. \tag{2-13}$$

图 G 的度数分布描述的是图 G 中节点度数的概率分布（离散分布）：从图 G 中随机抽一个节点，其度数为 k 的概率 $P(k)$ 等于度数为 k 的节点在所有节点中所占的比例，$k=0$，1，…，$n-1$.

很多真实世界的网络，比如社交网络，互联网，生物网络等，它们的度数分布都呈现一种“右偏（right skewed）”或“厚尾”的特点，即只有少数几个节点有很大的度数，有一些节点有中等的度数，绝大多数节点的度数都很小. 这些分布（或仅其尾部）遵循某种**幂律分布**（power law），即度数 $k(k\geqslant 1)$ 出现的概率随着 k 增大以多项式速度递减

$$P(k)\propto\frac{1}{k^{\alpha}},\alpha>0.$$

2.9.1 随机图模型

1. **Erdös – Rényi 模型**. 在该模型中，图 $G(\mathcal{V},\mathcal{E})$ 的每条边是独立的且以相同的概率 p 出现. 因此我们可以按如下方式生成一个有 n 个节点的 Erdös – Rényi 图：

抽样 $U_{ij}\sim\boldsymbol{U}(0,1)$，如果 $U_{ij}<p$，产生边 (i,j)，$1\leqslant i<j\leqslant n$.

Erdös – Rényi 图和很多真实世界的网络相差很大. 比如在边数相同的情况下，它所包含的三角形个数比小世界图（small world graph）少很多，即集聚系数较低. 小世界图可以由 Watts – Strogatz 模型产生：首先把节点排成一个圆环，将每个节点与其周围 $2K$ 个相邻节点（左右各 K 个）连接，然后将每条边以概率 p 重新连接（rewire）. 重新连接时，另一节点从所有节点中随机选取，在最终结果中去掉自连接（self – loops）和重边（link duplication）. Watts – Strogatz 模型中的邻居结构可以在图中产生很多三角形，同

时少量的重新连接可以降低平均最短路径长度. 图 2-8 展示了一个 Erdös - Rényi 图和一个小世界图并比较了它们的一些拓扑特征. 可以看到 Erdös - Rényi 图和小世界图的图密度很接近，但后者的传递性高很多.

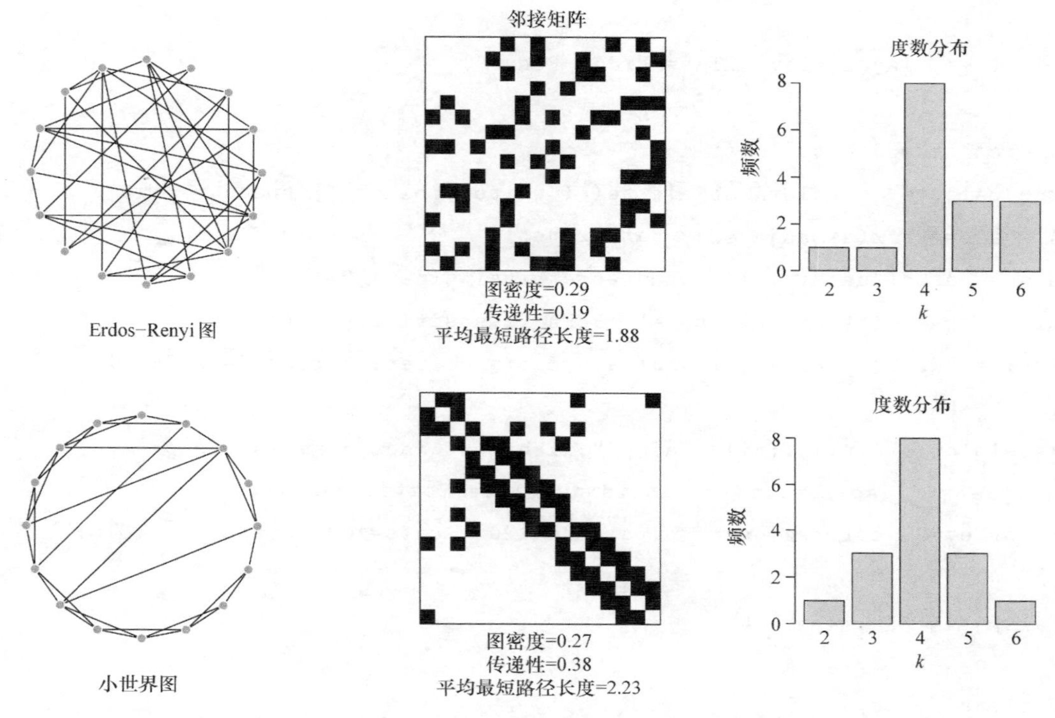

图 2-8　每个随机图有 16 个节点. 第一行展示了 $p=0.27$ 的 Erdös - Rényi 图及其邻接矩阵，度数分布等指标，第二行展示了由 Watts - Strogatz 模型（左右邻居数 $K=2$，重新连接概率 $p=0.15$）生成的小世界图及其邻接矩阵和度数分布等.

```
rm(list=ls())
library(igraph)
library(lattice)

n=16
set.seed(3)
# generate Erdos-Renyi graph ------------
p=0.27
net = erdos.renyi.game(n, p)

V(net)$size = 8
V(net)$frame.color = "white"
```

```
V(net)$color = "orange"
V(net)$label = ""
E(net)$arrow.mode = 0
lay = layout_in_circle(net)

plot(net, layout=lay, xlab="Erdos-Renyi")

# display adjacency matrix
rgb.palette <- colorRampPalette(c("white","black"), space = "rgb")
A = as.matrix(as_adjacency_matrix(net))
den = paste("density =",round(edge_density(net),2))
tran = paste("transitivity =", round(transitivity(net),2))
aspl = paste("ASPL =", round(mean_distance(net, directed=FALSE),2))

levelplot(t(A[n:1,1:n]), main="",xlab=paste(den,tran,aspl,sep="\n"),
   ylab="", scale=list(y=list(draw=F),x=list(draw=F)),
colorkey=F, col.regions=rgb.palette(120), cuts=100, at=seq(0,1,0.01))

# topological measures
# edge_density(net)
# transitivity(net)
# mean_distance(net, directed=FALSE)
# log(n).
net.degree = table(degree(net))
barplot(net.degree, col="lightblue",main="degree distribution")

# generate small world graph ------------
p=0.15 # rewiring probability
net = sample_smallworld(1,n,2,p)

V(net)$size = 8
V(net)$frame.color = "white"
V(net)$color = "orange"
V(net)$label = ""
E(net)$arrow.mode = 0
lay = layout_in_circle(net)
```

```
plot(net, layout=lay, xlab="Small world")

# display adjacency matrix
rgb.palette <- colorRampPalette(c("white","black"), space = "rgb")
A = as.matrix(as_adjacency_matrix(net))
den = paste("density =",round(edge_density(net),2))
tran = paste("transitivity =", round(transitivity(net),2))
aspl = paste("ASPL =", round(mean_distance(net, directed=FALSE),2))

levelplot(t(A[n:1,1:n]), main="",xlab=paste(den,tran,aspl,sep="\n"),
    ylab="", scale=list(y=list(draw=F),x=list(draw=F)),
colorkey=F, col.regions=rgb.palette(120), cuts=100, at=seq(0,1,0.01))

# topological measures
# edge_density(net)
# transitivity(net)
# mean_distance(net, directed=FALSE)
# log(n)
net.degree = table(degree(net))
barplot(net.degree, col="lightblue",main="degree distribution")
```

由于 Erdös－Rényi 模型非常简单，很容易分析由它生成的图的度数分布. Erdös－Rényi 图中的每条边独立同分布服从 $\text{Bern}(p)$，因此图中出现的总边数服从 $\text{Bin}(n(n-1)/2,p)$. 根据式（2-13），Erdös－Rényi 图的节点度数平均值的期望为

$$c=E(\bar{k})=\frac{2n(n-1)/2\cdot p}{n}=(n-1)p. \tag{2-14}$$

更进一步，我们也可以计算出 Erdös－Rényi 图的度数分布. 从 Erdös－Rényi 图中随机抽一点，由于它与其他 $n-1$ 个节点独立连接的概率均为 p，因此它的度数 k 服从 $\text{Bin}(n-1,\ p)$，即

$$P(\text{度数}=k)=\binom{n-1}{k}p^k(1-p)^{n-1-k}. \tag{2-15}$$

由式（2-14）得 $p=c/(n-1)$. 当 $n\to\infty$，如果固定 c，p 会变得很小，此时生成的 Erdös－Rényi 图非常稀疏，且式（2-15）的最后一项 $(1-p)^{n-1-k}$ 可以做如下近似：

$$\begin{aligned}\ln[(1-p)^{n-1-k}]&=(n-1-k)\ln\left(1-\frac{c}{n-1}\right)\\&\approx(n-1-k)\frac{-c}{n-1}\\&\approx-c.\end{aligned}$$

即 $(1-p)^{n-1-k}\approx e^{-c}$. 对式（2-15）的第一项也做一些近似：

$$\binom{n-1}{k}=\frac{(n-1)!}{(n-1-k)!\ k!}\approx\frac{(n-1)^k}{k!}.$$

将以上结果代入式（2-15），可得当 $n\to\infty$，

$$P(k)\approx\frac{(n-1)^k}{k!}\left(\frac{c}{n-1}\right)^k e^{-c}=\frac{c^k}{k!}e^{-c}.$$

因此 Erdös – Rényi 图的度数分布在 $n\to\infty$ 时趋于 $\mathrm{Po}(c)$，此时度数的期望和方差都为 c. 由于泊松分布的 PMF 在尾部下降得很快，它不适合描述存在厚尾的度数分布；

2. **Configuration model**. 该模型可以保证生成的随机图的度数分布与目标度数分布或实际观察的度数分布一致. 首先给定图中每个节点的目标度数 $\boldsymbol{k}=\{k_1, \cdots, k_n\}$，$\boldsymbol{k}$ 可以从目标度数分布中抽样或来自实际观察的图. 比如，可以让 $\boldsymbol{k}$ 服从幂律分布

$$P(k)\propto\frac{1}{(k+\beta)^{\alpha}},\alpha>0,\beta>0.$$

不同的参数取值可以使度数的期望或方差在 $n\to\infty$ 时有限或无限. 比如 $\alpha<2$ 时上述幂律分布的期望在 $n\to\infty$ 时无界，$\alpha<3$ 时上述幂律分布的方差在 $n\to\infty$ 时无界. 给定目标度数向量 $\boldsymbol{k}$ 后，configuration model 让每个节点 i 生出 k_i 个枝（half edge）形成一个 stub，如图 2-9 所示，然后将 stubs 的枝随机相连形成边，直到没有枝可连，最后去掉自连接的边和重边. 在最终得到的图中，节点的度数组成的向量与初始的 $\boldsymbol{k}$ 几乎一致. 在实践中，当 n 很大时，出现自连接或重边的比例一般很小可以忽略. 有了 configuration model，我们可以生成很多个与目标图的度数分布相似的图，进而可以比较这些随机生成的图与实际观察的图的性质有哪些不同.

习题 2.2：用 R package `igraph` 中的 `sample_degseq()` 函数随机生成 100 个度数分布为如下幂律分布的图，每个图有 $n=16$ 个节点.

$$P(k)\propto\frac{1}{k^{\alpha}},k=1,2,\cdots,n-1.$$

分别在 $\alpha=1, 3, 5$ 下，

（1）用 R package `ggplot` 的 `geom_bar()` 和 `geom_errorbar()` 函数画出 100 个图中度数 k 出现的频数均值 ± 标准差，$k=1, \cdots, n-1$. 函数 `degree()` 可以提取图中各节点的度数；

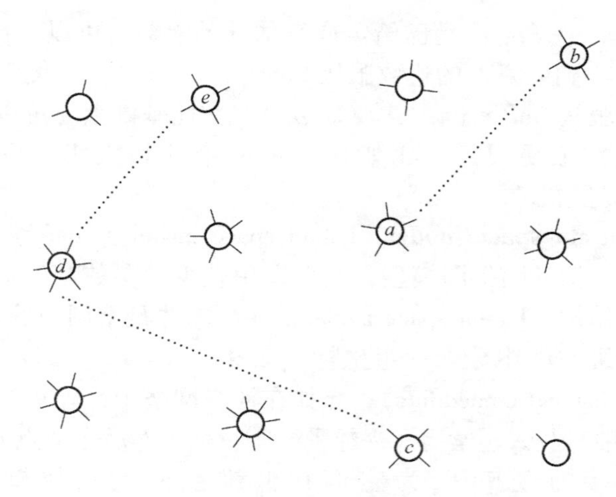

图 2-9　Configuration model 将每个节点变成有目标度数条“枝”的 stub，再将一对 stubs 的枝随机相连，如 (a, b)，(c, d)，(d, e) 所示，直到没有枝可连.（图片来源：Art B. Owen）

（2）分别用 `igraph` 中的 `edge_density()`，`transitivity()` 和 `mean_distance()` 函数计算每个图的图密度、集聚系数和平均最短路径长度，并用直方图展示生成的 100 个图中这些指标的分布，分析这些指标的分布在 α 取不同值时有什么变化.

3. **Exponential random graph model**（ERGM）. ERGM（Frank 和 Strauss，1986；Wasser man 和 Faust 1994）将一个图 G 简化为一个多元特征向量 $(\phi_1(G), \phi_2(G), \cdots, \phi_J(G))$，比如 $\phi_1(G)$ 可能代表 G 的图密度，$\phi_2(G)$ 代表 G 的集聚系数，$\phi_3(G)$ 代表 G 的平均最短路径长度…，ERGM 假设图 G 出现的概率密度只取决于这些统计量

$$f(G) \propto \exp\left(\sum_{j=1}^{J} \beta_j \phi_j(G)\right).$$

显然将丰富的图结构简化为若干特征丢失了很多信息，而且图特征的选取也缺乏标准，因此 ERGM 不是一个很灵活的模型，也很难从该模型中生成随机图.

4. **Stochastic block model**（SBM）. 在很多社交网络中，人们会形成一些团体，同一团体内的成员之间建立联系的频率一般比不同团体的成员之间建立联系的频率高. Stochastic block model（Nowicki 和 Snijders，2001）可以描述这种现象，比如令图中节点 i 和节点 j 有边连接的概率 P_{ij} 为如下形式：

$$P_{ij} = \begin{cases} \rho_1, & i \text{ 和 } j \text{ 在同一团体}, \\ \rho_0, & \text{否则}. \end{cases} \quad (\rho_1 \geqslant \rho_0).$$

更一般的 SBM 将节点集合 $\mathcal{V}$ 分成 k 个子集 $\mathcal{V}_1, \cdots, \mathcal{V}_k$，每个子集 $\mathcal{V}_r$ 有 n_r 个节点，$\sum_{r=1}^{k} n_r = n$. 如果节点 $i \in \mathcal{V}_r$，$j \in \mathcal{V}_s$，则 $P_{ij} =$

$\rho_{rs}=\rho_{sr}$，其中 $\{\rho_{rs}\}$ 是已给定或待估计的参数. 可以看出，$r\neq s$ 时从子集$\mathcal{V}_r$ 到子集$\mathcal{V}_s$ 的边数服从 Bin $(n_r n_s,\ \rho_{rs})$，子集$\mathcal{V}_r$ 内部出现的边数服从 $\mathrm{Bin}(n_r(n_r-1)/2,\ \rho_{rr})$. 在此基础上还可以将模型变得更复杂或更灵活，比如让子集的个数和大小、甚至概率 $\{\rho_{rs}\}$ 都是随机的.

5. **Latent space model.** Latent space model（Hoff 等，2002）是一种更灵活的随机图模型，它可以用较少的参数产生边之间丰富的相关结构. Latent space model 的主要想法是给图中的每个点 i 在一个低维空间中分配一组坐标 $\boldsymbol{x}_i\in\mathbb{R}^d$，$i=1,\ \cdots,\ n$（$d<n$，low-dimensional embedding），比如在社交网络中，$\boldsymbol{x}_i$ 可能代表成员 i 的年龄、收入、学历、兴趣爱好等特征. 然后令节点 i 和节点 j 有边连接的概率 P_{ij} 为它们在低维空间的（加权）距离 $\sum_{r=1}^{d}\beta_r|x_{ir}-x_{jr}|$ 或（加权）点积 $\sum_{r=1}^{d}\beta_r x_{ir}x_{jr}$ 的函数、给定节点的坐标，边的出现是独立的，即 $\boldsymbol{A}_{ij}\overset{\text{ind}}{\sim}\mathrm{Bern}(P_{ij})$，$i<j$. 可以看到，该模型只需要 $O(nd)$ 个参数描述边的概率矩阵 $\{P_{ij}\}\in\mathbb{R}^{n\times n}$，但可以产生边之间丰富的相关结构.

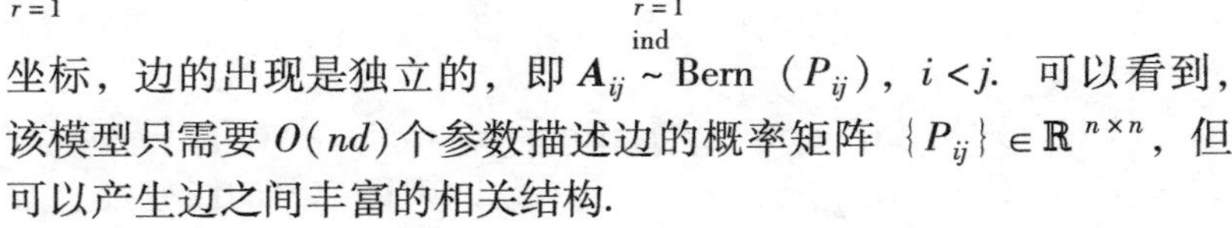

第 2 章课件

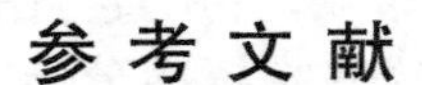

参考文献

BARTLETT, 1933. On the theory of statistical regression [J]. Proceedings of the Royal Society of Edinburgh, 53: 260 – 283.

FRANK O, STRAUSS D, 1986. Markov graphs [J]. Journal of the American Statistical Association, 81 (395): 832 – 842.

HOFF P D, 2009. Simulation of the matrix bingham – von mises – fisher distribution, with appli cations to multivariate and relational data [J]. Journal of Computational and Graphical Statistics, 18 (2): 438 – 456.

HOFF P D, RAFTERY A E, HANDCOCK M S, 2002. Latent space approaches to social network analysis [J]. Journal of the American Statistical Association, 97 (460): 1090 – 1098.

KOTZ S, BALAKRISHNAN N, JOHNSON N, 2000. Continuous multivariate distributions: Models and applications, volume 1 [M]. 2nd New York. Wiley.

MCNEIL A J, FREY R, EMBRECHTS, P, et al, 2005. Quantitative risk management: Concepts, techniques and tools, volume 3 [M]. Princeton: Princeton university press.

NOWCICKI K, SNIJDERS T A B, 2001. Estimation and prediction for stochastic blockstructures [J]. Journal of the American Statistical Association, 96 (455): 1077 – 1087.

WASSERMAN S, FAUST K, 1994. Social network analysis: Methods and applications, volume 8 [M]. Cambridge: Cambridge university press.

WOOD A T, 1994. Simulation of the von mises fisher distribution [J]. Communications in Statistics – Simulation and Computation, 23 (1): 157 – 164.

第 3 章 随机过程的抽样方法

随机向量是有限个随机变量的集合，随机过程涉及无限个随机变量的集合．比如研究一个粒子随机运动时位置随时间的变化，我们既可以研究粒子在离散时间点 $t \in \{0, 1, 2, \cdots\}$ 的位置，也可以研究粒子在一段时间 $[0, T]$ 内连续变化的位置，这两种方式都涉及无限个随机变量．很多非参数贝叶斯模型的计算涉及对随机过程的抽样，本章我们将介绍如何对一些常见的随机过程进行抽样，比如随机游走（random walk），高斯过程，泊松过程以及 Dirichlet 过程．

3.1 随机过程的基本概念

一个随机过程一般记为 $\{X(t) \mid t \in \mathcal{T}\}$，指标集（index set）$\mathcal{T}$ 可以是离散的集合，如 $\mathcal{T} = \{1, 2, \cdots\}$，或者连续的集合，如 $\mathcal{T} = [0, \infty)$．对于离散的随机过程，有时将 $X(t)$ 简记为 X_t．如果有两个随机过程，一般记为 $X_1(t)$ 和 $X_2(t)$．

有些涉及空间的随机过程，指标集 $\mathcal{T}$ 是 $\mathbb{R}^d$ 上的一个区域，比如 $X(t)$ 可能表示某个地点 t 的温度．这种定义在 $\mathbb{R}^d(d>1)$ 子集上的随机过程也被称为 random field．

随机过程 $\{X(t) \mid t \in \mathcal{T}\}$ 的一次实现定义了一个从 $\mathcal{T}$ 到 $\mathbb{R}$ 的函数 $f(\cdot)$．函数 $f(\cdot)$ 也被称为该过程的一条**样本路径**（sample path）．

在实际应用中，虽然对随机过程的一次抽样只会产生有限个值，但会遇到与随机向量抽样不同的问题．比如，不断生成一个粒子在新时刻 t_j 的位置直到粒子离开某一特定区域．假设粒子的一条样本路径为 $(X(t_1), \cdots, X(t_m))$，终止时刻对应的 m 可以看作一个随机整数 M 的样本，即该向量的维度是随机的．虽然 $P(M<\infty)=1$，但在抽样前我们对维度 M 并没有有界的预期．在有些随机过程中，我们选择抽样的时刻 t_j 还与之前抽到的某个 $X(t_k)$ 的取值有关．因此随机过程抽样的挑战在于如何用高效的方法前后一致地产生各部分的值．

随机过程主要通过它的任意有限维分布来描述. 从指标集$\mathcal{T}$选取任意有限个点t_1, …, t_m, 观察随机过程在这些点的分布, 称 $(X(t_1), \cdots, X(t_m))$的联合分布为随机过程$X(t)$的一个**有限维分布**. Kolmogorov's extension theorem 告诉我们如果一组有限维分布是相容的 (compatible), 即没有矛盾, 则一定存在一个随机过程具有这样的有限维分布.

但是有限维分布不能唯一确定一个随机过程, 即两个不同的随机过程可能有完全相同的有限维分布, 比如, $X(t)$为定义在指标集$\mathcal{T}=[0, 1]$ 上的一个随机过程, 随机抽$s \sim U[0, 1]$, 定义另一个随机过程$Y(t)$如下:

$$Y(t)=\begin{cases} X(s)+1, & t=s, \\ X(t), & t\neq s. \end{cases}$$

由于$Y(t)$与$X(t)$只在一个零测集上不同, 因此

$$P(X(t_1)\leqslant x_1,\cdots,X(t_m)\leqslant x_m)\equiv P(Y(t_1)\leqslant x_1,\cdots, Y(t_m)\leqslant x_m), \forall t_1,\cdots,t_m\in\mathcal{T},$$

即它们的任意有限维分布都相同.

如果需要计算的值涉及随机过程$X(t)$在无限个点t处的值, 比如计算$\mu=E[g(X(\cdot))]$, 可以使用如下 Monte Carlo 方法做近似估计: 首先从随机过程中生成n条样本路径$X_i(t_{ij})$, $i=1,\cdots, n$; 假设第i条路径有M_i个点 (Monte Carlo 方法只能产生样本路径上有限个点), 则μ可以估计为

$$\hat{\mu}=\frac{1}{n}\sum_{i=1}^{n} g(X_i(t_{i1}),\cdots,X_i(t_{iM_i})).$$

3.2 随机游走

随机游走一般具有以下形式

$$X_t=X_{t-1}+Z_t, t=1,2,\cdots \tag{3-1}$$

其中Z_t是独立同分布的随机变量 (向量). 初始点X_0通常取为0. 如果我们知道如何对Z_t抽样, 就很容易根据式 (3-1) 生成X_t的路径. 图 3-1 展示了离散和连续随机游走的一些样本路径. 在这两个例子中, $E(Z_t)=0$. 如果$E(Z_t)=\mu$, 称随机游走具有漂移 (drift) μ. 如果Z_t的协方差矩阵$\boldsymbol{\Sigma}$有限, 根据中心极限定理,

$$\frac{1}{\sqrt{t}}(X_t-t\boldsymbol{\mu})\to N(\boldsymbol{0},\boldsymbol{\Sigma}), t\to\infty$$

我们可以对随机游走进行扩展, 使Z_t的分布随t变化, 比如在初始时刻, 桶里有一个黑球和一个红球. 在随后的每步, 我们从桶里随机取出一个球, 将该球和一个与它同色的球放回桶中.

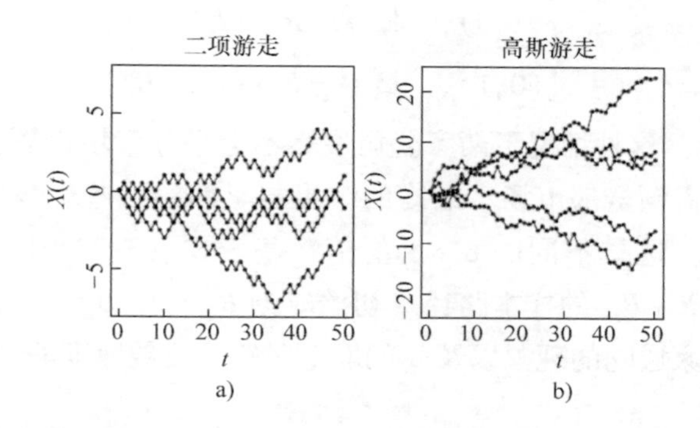

图 3-1　离散和连续随机游走的 5 条样本路径. 每条路径从 $X_0=0$ 开始，持续 50 步. 图 3-1a 中的随机游走，增量 Z_t 取 ± 1 的概率各为 0.5；图 3-1b 中 $Z_t \sim N(0,1)$.（图片来源：Art B. Owen）

令 $X_t=(R_t,B_t)$，其中 R_t 代表 t 时刻的红球数，B_t 代表黑球数. 初始时刻 $X_0=(1,1)$，每一步的增量 Z_t 服从如下分布：

$$Z_t=\begin{cases}(1,0), & 概率=R_t/(R_t+B_t),\\(0,1), & 概率=B_t/(R_t+B_t).\end{cases}$$

在这一过程中，我们感兴趣的变量是 $Y_t=R_t/(R_t+B_t)$，$t\to\infty$. 即足够长时间后桶中红球所占的比例. 数学家 Pólya 证明上述过程 Y_t 的每条样本路径都会收敛到一个值 Y_∞，但 Y_∞ 本身也是随机的，服从 $U(0,1)$. 我们可以用 Monte Carlo 方法检验该结论及 Y_t 的收敛速度. 图 3-2 展示了 Y_t 的 25 条样本路径，每条路径持续 1000 步. 可以看到每条路径都收敛了，但是收敛到不同的值.

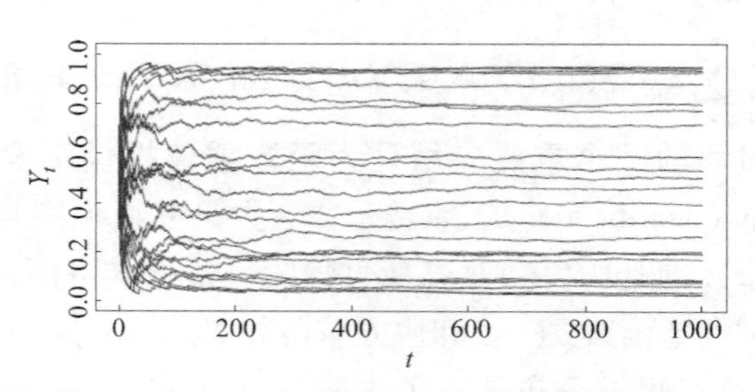

图 3-2　Pólya 桶过程的 25 条样本路径.（图片来源：Art B. Owen）

习题 3.1：对 Pólya 桶过程稍做修改可以用来描述市场竞争中赢家通吃（winner - take - all）的现象. 比如用（R_t，B_t）代表两家公司的用户数，即使它们提供的产品完全相同，如果新用户倾向于购买他们朋友购买的产品，公司的用户增量 Z_t 可能服从如下分布：

$$Z_t = \begin{cases} (1,0), & \text{概率} = R_t^\alpha/(R_t^\alpha + B_t^\alpha), \\ (0,1), & \text{概率} = B_t^\alpha/(R_t^\alpha + B_t^\alpha). \end{cases} \tag{3-2}$$

其中 $\alpha > 1$. 这种情况下两家公司最终不会平分市场份额，而是由一家公司占领全部市场. 最终的结果与早期的一些优势或运气有很大关系. 选择不同的 $\alpha > 1$ 的值，基于式（3-2）生成若干条 $Y_t = R_t/(R_t + B_t)$ 的样本路径（初始时刻 $R_0 = 1$，$B_0 = 1$），观察是否出现赢家通吃的现象以及 α 的取值对路径收敛速度的影响.

3.3 高斯过程

高斯过程的任意有限维分布都是一个多元正态分布. 由于多元正态分布只取决于期望和协方差矩阵，因此定义一个高斯过程 $\{X(t) \mid t \in \mathcal{T}\}$ 只需要确定一个**期望函数**

$$\mu(t) = E[X(t)], t \in \mathcal{T}$$

和一个**协方差函数**

$$\Sigma(t,s) = \mathrm{Cov}(X(t), X(s)), \forall t,s \in \mathcal{T}.$$

显然协方差函数 $\Sigma(\cdot,\cdot)$ 需满足对称性 $\Sigma(t,s) = \Sigma(s,t)$. 此时高斯过程的任意有限维分布可写为

$$\begin{pmatrix} X(t_1) \\ \vdots \\ X(t_m) \end{pmatrix} \sim N_m\left(\begin{pmatrix} \mu(t_1) \\ \vdots \\ \mu(t_m) \end{pmatrix}, \begin{pmatrix} \Sigma(t_1,t_1) & \cdots & \Sigma(t_1,t_m) \\ \vdots & & \vdots \\ \Sigma(t_m,t_1) & \cdots & \Sigma(t_m,t_m) \end{pmatrix} \right).$$

高斯过程的期望函数可以是任意函数 μ：$\mathcal{T} \to \mathbb{R}$，而协方差函数还需要再满足一个限制条件：由于多元正态分布的协方差矩阵是（半）正定的，一个有效的协方差函数 $\Sigma(\cdot,\cdot)$ 应满足

$$\sum_{i=1}^{m} \sum_{j=1}^{m} x_i x_j \Sigma(t_i, t_j) \geqslant 0, \forall m \geqslant 1, t_i \in \mathcal{T}, x_i \in \mathbb{R}.$$

高斯过程的一个重要应用是为函数插值提供不确定性估计 (uncertainty quantification)，它也是非参数贝叶斯模型常用的先验过程（prior）. 假设 $f(\cdot)$ 是高斯过程的一条样本路径，且已知该高斯模型的期望函数 $\mu(\cdot)$ 和协方差函数 $\Sigma(\cdot,\cdot)$，此时我们对 $f(\cdot)$ 的任意有限维分布就有了先验信息（prior information）. 当观察到该样本路径上 k 个点的值 $f(t_1)$，…，$f(t_k)$ 后，利用 $(k+1)$ 维正态分布的条件分布公式，我们可以计算样本路径上任一点 $f(t)$ 的条件期望和条件方差：$E(f(t) \mid f(t_1), \cdots, f(t_k))$，$Var(f(t) \mid f(t_1), \cdots, f(t_k))$，即 $f(t)$ 的后验期望和后验方差.

用每一点的条件期望定义一个预测函数：

$$\hat{f}(t) = E(f(t) \mid f(t_1), \cdots, f(t_k)), t \in \mathcal{T}.$$

显然 $\hat{f}(t_j) = f(t_j)$，$j = 1$，…，k. 即 $\hat{f}$ 是对观察值的一个插值函

数．同时我们知道$f(t)$在每一点的条件方差，因此可以给出f的置信区间（由每一点的置信区间组成）．由于给定$f(t_1)$，…，$f(t_k)$后，$f(t)$的条件分布也是一个正态分布，因此可以在每一点对$f(t)$抽样，生成一条通过已知点的样本路径．

如果对任意间隔Δ，$\forall t \in \mathcal{T}$，$X(t)$和$X(t+\Delta)$都是同分布，称随机过程$X(t)$是**平稳的**（**stationary**）．对于高斯过程，平稳性等价于

$$\mu(t+\Delta)=\mu(t), \Sigma(t+\Delta, s+\Delta)=\Sigma(t,s), \forall \Delta, \forall t,s \in \mathcal{T}.$$

通常$\mathcal{T}$包含 0，因此对于高斯过程，平稳性意味着

$$\mu(t) \equiv \mu(0), \Sigma(t,s)=\Sigma(t-s,0), \forall t,s \in \mathcal{T}.$$

下面列举一些常见的平稳高斯过程．

（1）使用指数协方差函数的高斯过程（Gaussian process with exponential covariance）期望函数$\mu(t) \equiv 0$，协方差函数为

$$\Sigma(t,s)=\sigma^2 \exp(-\theta|t-s|), \theta>0.$$

该过程的样本路径是连续的但不可导．

（2）使用高斯协方差函数的高斯过程（Gaussian process with Gaussian covariance）期望函数$\mu(t) \equiv 0$，协方差函数为

$$\Sigma(t,s)=\sigma^2 \exp(-\theta(t-s)^2), \theta>0.$$

高斯协方差函数也被称为 squared exponential covariance．它的样本路径是任意阶可导的．

图 3-3 展示了分别使用指数协方差函数和高斯协方差函数的高斯过程对三个已知点$f(0)=1$，$f(0.4)=3$及$f(1)=2$插值的结果．在画预测函数$\hat{f}$时，从指标集$\mathcal{T}$选取的节点为-0.25到1.25之间间隔为0.01的一列点．上述插值得到的预测函数$\hat{f}$与σ的取值无关，因为σ在计算条件期望时被消掉了．但是$\hat{f}$与θ有关：当θ很大时，节点之间的相关性随着距离$|t-s|$增加迅速下降，观察点附近节点的预测值与观察值的相关性变得很小，节点的预测值被迅速拉向整体的期望函数$\mu(t) \equiv 0$；当θ较小时，节点之间的相关性随距离$|t-s|$增加下降地较慢，观察点附近节点的预测值与观察值的相关性很高．可以看到使用指数协方差函数在θ较小时的插值预测函数似乎是分段线性的（piecewise linear），而使用高斯协方差函数在θ较小时的预测函数非常光滑．

图 3-4 展示了使用期望函数$\mu(t)=0$和协方差函数$\Sigma(t,s)=\exp(-(t-s)^2)$的高斯过程生成的若干条通过已知点$f(0)=1$，$f(0.4)=3$和$f(1)=2$的样本路径．从这些模拟中，我们可以近似得到$f(\cdot)$的最大值点$t^*$的后验分布．

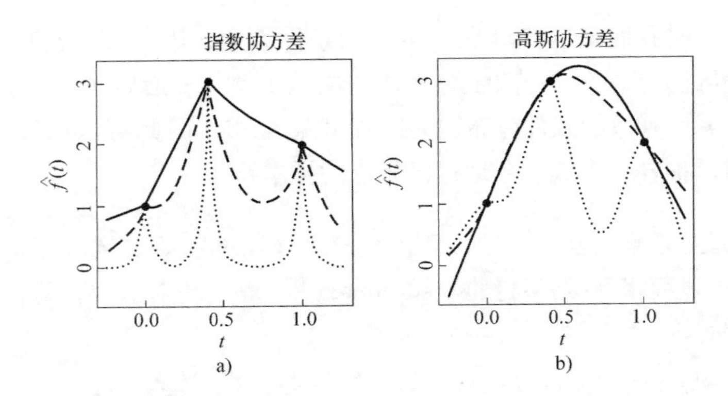

图 3-3　使用高斯过程对三个观察点插值. 图 3-3a 使用指数协方差函数，图 3-3b 使用高斯协方差函数；图中的实线，虚线，点线分别对应 $\theta=1$，5，25.（图片来源：Art B. Owen）

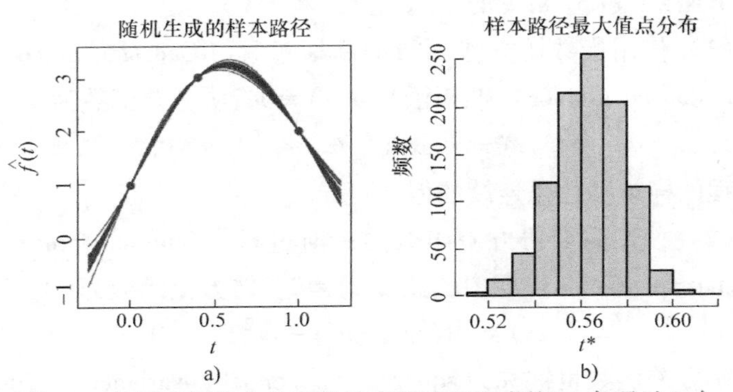

图 3-4　使用高斯协方差函数的高斯过程生成的 20 条通过 3 个已知点的样本路径，$\theta=1$，$\sigma^2=1$（见图 3-4a）. 1000 条通过左图方式生成的样本路径上最大值点 t^* 的分布（见图 3-4b）.（图片来源：Art B. Owen）

高斯协方差函数产生的样本路径有时过于光滑，Matérn 协方差函数可以提供介于指数和高斯协方差函数之间的光滑度.

（3）使用 Matérn 协方差函数的高斯过程（Matérn 过程）. Matérn 协方差函数族由一个光滑度（smoothness）系数 ν 控制. 对一般的 $\nu>0$，Matérn 协方差函数 $\Sigma(t,\ s;\ \nu)$ 通过 Bessel 函数定义. 当 $\nu=m+1/2$ 且 m 是非负整数时，协方差函数 $\Sigma(t,\ s;\ \nu)$ 可以极大简化，比如前 4 个特例为

$$\Sigma\left(t,s;\frac{1}{2}\right)=\sigma^2\exp(-\theta\,|t-s|)$$

$$\Sigma\left(t,s;\frac{3}{2}\right)=\sigma^2(1+\theta|t-s|)\exp(-\theta|t-s|)$$

$$\Sigma\left(t,s;\frac{5}{2}\right)=\sigma^2\left(1+\theta|t-s|+\frac{1}{3}\theta^2|t-s|^2\right)\exp(-\theta|t-s|)$$

$$\Sigma\left(t,s;\frac{7}{2}\right)=\sigma^2\left(1+\theta|t-s|+\frac{2}{5}\theta^2|t-s|^2+\frac{1}{15}\theta^3|t-s|^3\right)\exp(-\theta|t-s|)$$

其中，$\theta>0$.

显然指数协方差函数是 Matérn 族的一个特例（$\nu=1/2$）. Matérn 协方差函数在 $\nu\to\infty$ 时收敛到高斯协方差函数. $\nu=m+1/2$ 的 Matérn 协方差函数生成的样本路径有 m 阶导数. 图 3-5 展示了 Matérn 过程生成的一些样本路径，可以看到 ν 越大，对应的样本路径越光滑；θ 越大，样本路径的振荡越多.

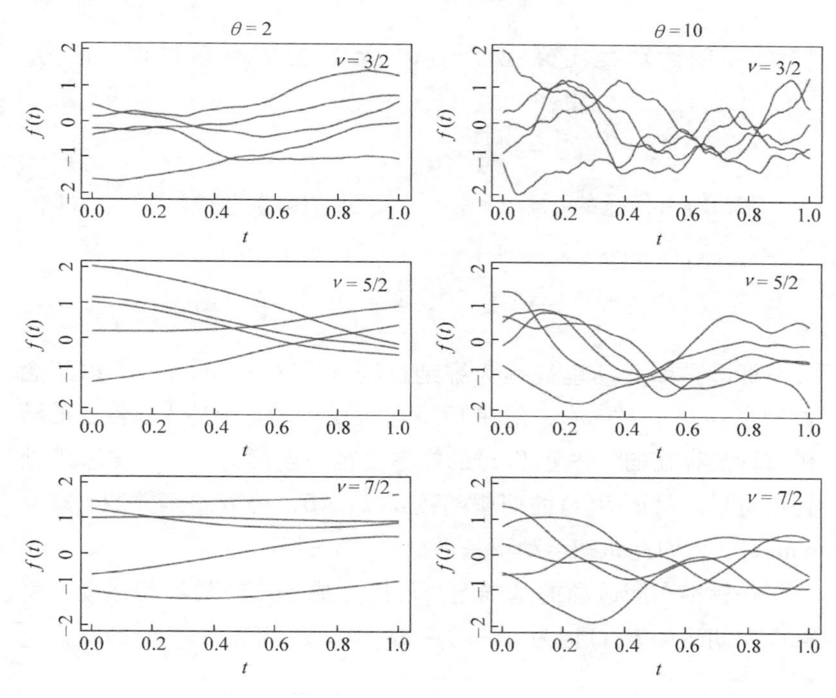

图 3-5　Matérn 过程在 $\nu=3/2$，$5/2$，$7/2$，$\theta=2$，10 下分别产生的 5 条样本路径（$\sigma^2=1$）.（图片来源：Art B. Owen）

使用高斯过程生成一条有 m 个点的样本路径 f，等价于对一个 m 维的多元正态分布进行一次抽样. 取定 t_1，…，t_m，通过期望函数可以得到随机向量（$f(t_1)$，…，$f(t_m)$）的期望 $\boldsymbol{\mu}$，通过协方差函数可以计算出它的协方差矩阵 $\boldsymbol{\Sigma}$. 上一章我们介绍过从 $N_m(\boldsymbol{\mu},\boldsymbol{\Sigma})$ 抽样需要计算一个矩阵 $\boldsymbol{C}$ 使得 $\boldsymbol{\Sigma}=\boldsymbol{C}\boldsymbol{C}^{\mathrm{T}}$，这一过程的计算量约为 $O(m^3)$. 抽样时先抽 $\boldsymbol{Z}\sim N_m$（$\boldsymbol{0}$，$\boldsymbol{I}_m$），则 $\boldsymbol{\mu}+\boldsymbol{C}\boldsymbol{Z}\sim N_m(\boldsymbol{\mu},\boldsymbol{\Sigma})$. 如果抽样时使用高斯协方差函数且选取的 θ 很小，会得到非常光滑的样本路径，但对应的协方差矩阵 $\boldsymbol{\Sigma}$ 可能非常接近不可逆（节点间相关系数几乎为 1），此时推荐使用特征值分解计算 $\boldsymbol{C}$，即做分解 $\boldsymbol{\Sigma}=\boldsymbol{P}\boldsymbol{\Lambda}\boldsymbol{P}^{\mathrm{T}}$，然后令 $\boldsymbol{C}=\boldsymbol{P}\boldsymbol{\Lambda}^{1/2}$. 另一个办法是给 $\boldsymbol{\Sigma}$ 加一些扰动，即用 $\boldsymbol{\Sigma}_\varepsilon=\boldsymbol{\Sigma}+\varepsilon\boldsymbol{I}_m$ 替代 $\boldsymbol{\Sigma}$，其中 ε 是很小的正数. 如果 $\boldsymbol{\Sigma}$ 是一个有效的协方差矩阵（半正定），$\boldsymbol{\Sigma}_\varepsilon$ 也是有效的协方差矩阵且可逆. 此时相当于将模型修改为 $\boldsymbol{\Sigma}_\varepsilon(t,s)=\mathrm{Cov}(X(t)+\varepsilon_t,$

$X(s)+\varepsilon_s$)，其中所有的 ε_t 独立同分布服从 $N(0, \varepsilon)$，它们可以看作加在原过程 $X(t)$ 上的一些"扰动"（jitter）或测量误差.

3.3.1 布朗运动

布朗运动（Brownian motion）可能是最重要的一个高斯过程，本节我们讨论如何对布朗运动抽样.

标准布朗运动是定义在 $\mathcal{T}=[0, \infty)$ 上的高斯过程，记为 $B(t)$，它有三条性质：

1. $B(0)=0$；
2. 对于任意的 $0=t_0<t_1<\cdots<t_m$，$B(t_i)-B(t_{i-1})\overset{\text{ind}}{\sim}N(0, t_i-t_{i-1}), i=1,\cdots,m$；
3. $B(t)$ 的样本路径在 $[0, \infty)$ 上以概率 1 连续.

标准布朗运动也被称为维纳过程（Wiener process），以纪念数学家 Norbert Wiener，他在 1923 年证明了满足上述 3 条性质的随机过程是存在的. 尽管 $B(t)$ 的样本路径是连续的，它以概率 1 处处不可导. 易证 $B(t)$ 的期望函数 $\mu(t)=0$，协方差函数 $\Sigma(t,s)=\min(t,s)$，因此布朗运动不是平稳的高斯过程.

在标准布朗运动的基础上，可以生成更复杂的布朗运动. 将标准布朗运动 $B(t)$ 记为 $B(\cdot)\sim \text{BM}(0,1)$. 定义一个新的随机过程

$$X(t)=\delta t+\sigma B(t)$$

容易证明 $X(t)$ 的期望函数 $\mu(t)=\delta t$，协方差函数 $\Sigma(t,s)=\sigma^2\min(t,s)$. 我们称 $X(t)$ 是漂移 δ，方差 σ^2 的布朗运动，记为

$$X(\cdot)\sim \text{BM}(\delta,\sigma^2).$$

如果想得到 $X(\cdot)\sim \text{BM}(\delta,\sigma^2)$ 在 $[0, T]$ 上的样本路径，只需先抽取 $B(\cdot)\sim \text{BM}(0,1)$ 在 $[0, 1]$ 上的样本路径，然后令 $X(t)=\delta t+\sigma\sqrt{T}B(t/T)$ 即可. 因此我们只需关注如何对标准布朗运动在 $[0, 1]$ 上抽样. 对于 $[0, 1]$ 上的任意一列点，$0<t_1<t_2<\cdots<t_m\leqslant 1$，根据定义可以如下得到 $B(\cdot)$ 在这些点的样本：

$$\begin{aligned}
B(t_1)&=\sqrt{t_1}Z_1,\\
B(t_j)&=B(t_{j-1})+\sqrt{t_j-t_{j-1}}Z_j, j=2,\cdots,m.
\end{aligned}\tag{3-3}$$

其中 $Z_j\overset{\text{iid}}{\sim}N(0, 1)$，$j=1, \cdots, m$. 也可以将上述过程写为矩阵形式

$$\begin{pmatrix} B(t_1) \\ B(t_2) \\ \vdots \\ B(t_m) \end{pmatrix} = \begin{pmatrix} \sqrt{t_1} & 0 & \cdots & 0 \\ \sqrt{t_1} & \sqrt{t_2 - t_1} & \cdots & 0 \\ \vdots & \vdots & & \vdots \\ \sqrt{t_1} & \sqrt{t_2 - t_1} & \cdots & \sqrt{t_m - t_{m-1}} \end{pmatrix} \begin{pmatrix} Z_1 \\ Z_2 \\ \vdots \\ Z_m \end{pmatrix}. \quad (3\text{-}4)$$

等式（3-4）中的系数矩阵恰好是该随机向量协方差矩阵的 Cholesky 分解矩阵：

$$\mathrm{Var}\left(\begin{pmatrix} B(t_1) \\ B(t_2) \\ \vdots \\ B(t_m) \end{pmatrix}\right) = (\min(t_j, t_k))_{1 \leqslant j,k \leqslant m} = \begin{pmatrix} t_1 & t_1 & \cdots & t_1 \\ t_1 & t_2 & \cdots & t_2 \\ \vdots & \vdots & & \vdots \\ t_1 & t_2 & \cdots & t_m \end{pmatrix}.$$

3.3.2 布朗桥

对于［l，r］上的布朗运动 $B(t)$，如果给定两端的值 $B(l)$ 和 $B(r)$，称 $B(t)$ 在［l，r］上的条件分布为一个**布朗桥**.

标准布朗桥是［0，1］上给定 $B(0)=B(1)=0$ 的标准布朗运动，记为 BB（0，1）. 对布朗桥抽样可以通过布朗运动的路径得到. 如果 $B(\cdot) \sim \mathrm{BM}(0,1)$，令

$$\widetilde{B}(t) = B(t) - tB(1),\ t \in [0,1].$$

则 $\widetilde{B}(\cdot) \sim \mathrm{BB}(0,1)$. $\widetilde{B}(t)$ 也是一个高斯过程，期望函数 $\mu(t)=0$，协方差函数 $\Sigma(t,s) = \min(t,s)(1-\max(t,s))$.

知道如何对 BB（0，1）抽样就可以生成任意两点之间的一条布朗运动的路径. 比如，给定路径的起点 $B(l)$ 和终点 $B(r)$，可以按如下方式产生 BM（δ，σ^2）在［l，r］上的一条路径：

$$B(t) = B(l) + \frac{t-l}{r-l}(B(r) - B(l)) + \sigma\sqrt{r-l}\,\widetilde{B}\left(\frac{t-l}{r-l}\right),\ l \leqslant t \leqslant r$$

其中 $\widetilde{B}(\cdot) \sim \mathrm{BB}(0,1)$. 注意该条件分布与漂移 δ 无关.

3.3.3 几何布朗运动

布朗运动最初是一个描述粒子受周围粒子的碰撞在空间中做随机运动的模型. 根据中心极限定理，很多次微小碰撞的累加效应会趋于一个正态分布. 与之类似的一个过程是股票价格受到各种市场信息的影响不断波动，但股价变化常被描述为一种相乘效应或对数尺度（log scale）上的累加效应，其极限分布是对数正态分布，对应的随机过程被称为几何布朗运动（geometric Brownian motion）.

用 S_t 表示某支股票在 t 时刻的价格. 与股价的绝对变化相比，人们更关心的是股票的收益率，即 S_t 在一个很小的区间 Δ 上的相对变化：

$$\frac{S_{t+\Delta}-S_t}{S_t}=\frac{\Delta S_t}{S_t}\approx\frac{\mathrm{d}S_t}{S_t}.$$

经典的金融模型（Hull，2003）这样描述 S_t 的相对变化：

$$\frac{\mathrm{d}S_t}{S_t}=\delta\mathrm{d}t+\sigma\mathrm{d}B_t \tag{3-5}$$

其中 $B\sim\mathrm{BM}(0,1)$. 该模型假设 S_t 在一个很小的区间 Δ 上的相对变化

$$\frac{\Delta S_t}{S_t}\sim N(\delta\Delta,\ \sigma^2\Delta).$$

注意，由于等式（3-5）的右边有一个随机微分项 $\mathrm{d}B_t$，等式的左边 $\neq\mathrm{dln}(S_t)$. 常将式（3-5）写为以下形式：

$$\mathrm{d}S_t=\delta S_t\mathrm{d}t+\sigma S_t\mathrm{d}B_t. \tag{3-6}$$

股价的初始值 S_0 一般是给定的，我们称满足式（3-6）的随机过程 S_t 是一个**几何布朗运动**，记为 $S\sim\mathrm{GBM}(S_0,\ \delta,\ \sigma^2)$. 称 σ 为波动率（volatility）参数，δ 为漂移参数.

方程（3-6）是一个随机微分方程（stochastic differential equation，SDE），它是少数几个有解析解的 SDE. 其解的形式为

$$S_t=S_0\exp\{(\delta-\sigma^2/2)t+\sigma B_t\} \tag{3-7}$$

其中 t 前的系数 $(\delta-\sigma^2/2)$ 是根据伊藤公式得到的.

定理 3.1 伊藤公式（Itô's formula）. 如果 $\mathrm{d}S_t=a(S_t)\mathrm{d}t+b(S_t)\mathrm{d}B_t$ 且 $f(\cdot)$ 是一个二阶连续可导的函数，则

$$\mathrm{d}f(S_t)=\left(f'(S_t)a(S_t)+\frac{1}{2}f''(S_t)b^2(S_t)\right)\mathrm{d}t+f'(S_t)b(S_t)\mathrm{d}B_t.$$

令 $X_t=f(S_t)=\ln(S_t)$，根据伊藤公式和式（3-6）可得

$$\mathrm{d}X_t=\left(\delta-\frac{1}{2}\sigma^2\right)\mathrm{d}t+\sigma\mathrm{d}B_t. \tag{3-8}$$

为了对式（3-8）求积分，将 $[0,\ t]$ 分成 N 个时间间隔为 $\Delta=t/N$ 的小区间，当 $N\to\infty$ 时，根据式（3-8），X_t 可写为以下增量累加的形式：

$$\begin{aligned}X_t&=X_0+\sum_{j=1}^{N}[X(j\Delta)-X((j-1)\Delta)]\\&=X_0+\sum_{j=1}^{N}\left[\left(\delta-\frac{1}{2}\sigma^2\right)\Delta+\sigma[B(j\Delta)-B((j-1)\Delta)]\right]\end{aligned}$$

$$= X_0 + \left(\delta - \frac{1}{2}\sigma^2\right)N\Delta + \sigma[B(N\Delta) - B(0)]$$

$$= X_0 + \left(\delta - \frac{1}{2}\sigma^2\right)t + \sigma B_t.$$

代入 $S_t = \exp(X_t)$ 可得式（3-7）.

基于几何布朗运动的蒙特卡罗方法在路径依赖（path dependent）的金融期权定价中有广泛应用. 期权是一种套期保值的金融工具，与某种资产挂钩；**路径依赖**是指期权的价格不仅取决于到期日资产的价格，还与到期日前的资产价格有关.

亚式看涨期权的定价. 航空公司最怕遇到油价大幅上涨. 用 S_t 表示 t 时刻的油价，假设当前时刻的油价为 $S_0 = 1$. 如果价格 $S_t > 1.1$，航空公司就会面临亏损. 有一种亚式看涨期权可以帮助航空公司对冲油价上涨的风险. 如果航空公司购买了该期权，就会在一年之后收到以下金额

$$f(S(\cdot)) = \max\left(0, \frac{1}{12}\left(\sum_{j=1}^{12} S_{j/12}\right) - K\right).$$

即如果未来 12 个月的平均油价高于 K（例如 $K = 1.1$），航空公司就会从期权中得到高出部分的补偿；如果未来 12 个月平均油价低于 K，航空公司就不会得到补偿；该看涨期权可以保证航空公司的油价成本不超过 K. 此处的“亚式”不代表该期权只在亚洲出售，而是指期权到期日的收益与有效期内标的资产的平均价格有关，而不是只与某个时刻的价格有关.

那么这样一份期权的售价是多少呢？理论上该期权在当前时刻的合理价格为 $e^{-rT}E(f(S))$（Hull，2003），其中 T 是距离到期日的时间，r 是无风险利率（risk - free interest rate）. 假设油价的波动 S_t 是一个几何布朗运动，则可以根据式（3-7）生成大量 S_t 的样本路径，每条路径都可以计算一个 f 的值. 根据大数定律，这些 f 的独立观察值的平均值会收敛到 $E(f(S))$.

3.4　泊松点过程

点过程（point process）是指某个集合 $S \subset \mathbb{R}^d$ 内的一列随机点 $\{\boldsymbol{P}_1, \boldsymbol{P}_2, \cdots\}$. S 通常被称为状态空间（state space）. 定义在 $S = [0, \infty)$ 上的一维点过程可以描述随机来电的时间、网站访问高峰的时间、台风登陆的时间等. 定义在二维或三维空间的点过程可以描述地震的位置、森林中树的位置、星云中星系的位置等.

点过程中点的个数可以是固定的或随机的、有限的或无限的（countably infinite），记为 $N(S)$. 对于集合 $A \subset S$，用 $N(A)$ 表示落

在A中的点的个数，即

$$N(A) = \sum_{i=1}^{N(S)} 1(\boldsymbol{P}_i \in A).$$

以下我们主要关注non-explosive点过程的抽样方法，即对于任意体积（volumn）有限的集合A，$P(N(A)<\infty)=1$.

点过程的有限维分布对应的是S上任意J（$J\geqslant 1$）个不相交的子集中点的个数的联合分布，即$(N(A_1),\cdots,N(A_J))$的分布，其中A_1，…，$A_J \subset S$且互不相交.

定义 3.1　均匀泊松过程（Homogeneous Poisson process）. 如果对S上任意J个不相交的子集$A_j \subset S$且$\mathrm{vol}(A_j)<\infty$，$j=1$，…，J，点列$\{\boldsymbol{P}_1, \boldsymbol{P}_2, \cdots\}$满足

$$N(A_j) \overset{\text{ind}}{\sim} \mathrm{Po}(\lambda \cdot \mathrm{vol}(A_j)), j=1,\cdots,J,$$

称该点列为S上一个强度（intensity）为λ（$\lambda>0$）的均匀泊松过程，记为$\{\boldsymbol{P}_1,\boldsymbol{P}_2,\cdots\} \sim \mathrm{PP}(S,\lambda)$.

现实世界中的很多点过程都不均匀，比如台风登陆会集中在一年的某一段时间，某些区域地震发生的频率很高. 因此我们需要在泊松过程中加入一些非均匀性：将常数强度λ替换为一个随空间位置改变的强度函数$\lambda(\boldsymbol{s})\geqslant 0$，$\boldsymbol{s}\in S$. 一般要求该强度函数满足

$$\int_A \lambda(\boldsymbol{s})\mathrm{d}\boldsymbol{s} < \infty, \mathrm{vol}(A) < \infty.$$

注意满足该条件的强度函数可以是无界的，比如$\lambda(t)=t$，$t\in[0, \infty)$.

定义 3.2　非均匀泊松过程（Non-homogeneous Poisson process）. 如果对S上任意J个不相交的子集$A_j \subset S$且$\mathrm{vol}(A_j)<\infty$，$j=1$，…，J，点列$\{\boldsymbol{P}_1, \boldsymbol{P}_2, \cdots\}$满足

$$N(A_j) \overset{\text{ind}}{\sim} \mathrm{Po}\left(\int_{A_j} \lambda(\boldsymbol{s})\mathrm{d}\boldsymbol{s}\right), j=1,\cdots,J,$$

其中强度函数$\lambda(\boldsymbol{s})\geqslant 0$，称该点列为$S$上的一个非均匀泊松过程，记为$\{\boldsymbol{P}_1, \boldsymbol{P}_2, \cdots\} \sim \mathrm{NHPP}(S, \lambda)$.

对非均匀泊松过程抽样基于以下定理.

定理 3.2　$\lambda(\boldsymbol{s}) \geqslant 0$ 是 S 上的一个强度函数且 $\Lambda(S) = \int_S \lambda(\boldsymbol{s})\,\mathrm{d}\boldsymbol{s} < \infty$. 如果 S 上的点列 $\{\boldsymbol{P}_1, \boldsymbol{P}_2, \cdots\}$ 满足

$$N(S) \sim \mathrm{Po}(\Lambda(S)),$$

且给定 $N(S) = n$,

$$P(\boldsymbol{P}_i \in A) = \frac{1}{\Lambda(S)} \int_A \lambda(\boldsymbol{s})\,\mathrm{d}\boldsymbol{s}, \forall A \subset S, i = 1, \cdots, n,$$

则点列 $\{\boldsymbol{P}_1, \boldsymbol{P}_2, \cdots\} \sim \mathrm{NHPP}(S, \lambda)$.

证明　令 $\Lambda(A) = \int_A \lambda(\boldsymbol{s})\,\mathrm{d}\boldsymbol{s}$, $\forall A \subset S$. 对 S 上任意不相交的 $J(J \geqslant 1)$ 个子集 $A_1, \cdots, A_J$, 令

$$A_0 = \{\boldsymbol{s} \in S \mid \boldsymbol{s} \notin \bigcup_{j=1}^{J} A_j\}.$$

则对任意正整数 $n_j \geqslant 0$, $j = 1, \cdots, J$,

$$\begin{aligned} P^* &= P(N(A_1) = n_1, \cdots, N(A_J) = n_J) \\ &= \sum_{n_0=0}^{\infty} P(N(A_0) = n_0, N(A_1) = n_1, \cdots, N(A_J) = n_J). \end{aligned} \tag{3-9}$$

令 $n = n_0 + n_1 + \cdots + n_J$. 根据定理条件, 给定 n, 每个点 $\boldsymbol{P}_i$ 落在子集 A_j 内的概率为 $\Lambda(A_j)/\Lambda(S)$, $j = 0, 1, \cdots, J$. 因此这 n 个点在不相交的子集 $A_0, A_1, \cdots, A_J$ 中的分布是一个多项分布. 所以

$$\begin{aligned} &P(N(A_0) = n_0, N(A_1) = n_1, \cdots, N(A_J) = n_J) \\ &= P(N(S) = n) \frac{n!}{n_0! n_1! \cdots n_J!} \prod_{j=0}^{J} \left(\frac{\Lambda(A_j)}{\Lambda(S)} \right)^{n_j} \\ &= \frac{\Lambda(S)^n \mathrm{e}^{-\Lambda(S)}}{n!} \frac{n!}{\Lambda(S)^n} \prod_{j=0}^{J} \frac{\Lambda(A_j)^{n_j}}{n_j!} \\ &= \prod_{j=0}^{J} \frac{\Lambda(A_j)^{n_j} \mathrm{e}^{-\Lambda(A_j)}}{n_j!}. \end{aligned}$$

代入式 (3-9) 得

$$\begin{aligned} P^* &= \sum_{n_0=0}^{\infty} \prod_{j=0}^{J} \frac{\Lambda(A_j)^{n_j} \mathrm{e}^{-\Lambda(A_j)}}{n_j!} \\ &= \left(\sum_{n_0=0}^{\infty} \frac{\Lambda(A_0)^{n_0} \mathrm{e}^{-\Lambda(A_0)}}{n_0!} \right) \prod_{j=1}^{J} \frac{\Lambda(A_j)^{n_j} \mathrm{e}^{-\Lambda(A_j)}}{n_j!} \\ &= \prod_{j=1}^{J} \frac{\Lambda(A_j)^{n_j} \mathrm{e}^{-\Lambda(A_j)}}{n_j!}. \end{aligned}$$

上式表明

$$N(A_j) \overset{\text{ind}}{\sim} \mathrm{Po}(\Lambda(A_j)), j = 1, \cdots, J.$$

根据定义, 点列 $\{\boldsymbol{P}_1, \boldsymbol{P}_2, \cdots\} \sim \mathrm{NHPP}(S, \lambda)$.　□

补充说明

1. 定理3.2表明，如果能从PDF为$\rho(\boldsymbol{s}) \propto \lambda(\boldsymbol{s})$的分布抽样，就可以对强度为$\lambda(\boldsymbol{s})$的NHPP抽样.

2. 如果$\Lambda(S)=\infty$，则无法使用定理3.2对NHPP抽样，因为Monte Carlo方法不能产生无限个点（$N(S) \sim \mathrm{Po}(\infty)$）. 实践中为保证$\Lambda(S)<\infty$，一般将$S$选为一个很大的有界集合，能够基本覆盖感兴趣的区域.

3. 定理3.2允许S是一个无界的集合，只要满足$\Lambda(S)<\infty$.

如果能在S上均匀取点，就可以使用定理3.2的以下推论对S上的均匀泊松过程抽样.

推论3.1 对于S上的一个强度为λ的均匀泊松过程，如果$vol(S)<\infty$，可以如下对其抽样：首先抽

$$N(S) \sim Po(\lambda \cdot vol(S)),$$

然后在S上独立均匀地抽取$N(S)$个点$\boldsymbol{P}_i \sim \boldsymbol{U}(S)$，$i=1, \cdots, N(S)$.

证明 令定理3.2中的$\lambda(\boldsymbol{s}) \equiv \lambda$，此时

$$P(\boldsymbol{P}_i \in A) = \frac{1}{\Lambda(S)} \int_A \lambda \mathrm{d}\boldsymbol{s} = \frac{\mathrm{vol}(A)}{\mathrm{vol}(S)}, \forall A \subset S,$$

因此$\boldsymbol{P}_i \sim \boldsymbol{U}(S)$，$i=1, \cdots, N(S)$. □

练习3.1. 如何在圆盘$D=\{\boldsymbol{x} \in \mathbb{R}^2 \mid \boldsymbol{x}^{\mathrm{T}}\boldsymbol{x} \leqslant 1\}$上抽一列点$\{\boldsymbol{P}_1, \boldsymbol{P}_2, \cdots\} \sim PP(D, \lambda)$?

3.4.1 [0, ∞) 上的泊松过程

泊松过程的很多应用都是描述事件发生的时刻，因此本节专门讨论状态空间为$\mathcal{T}=[0, \infty)$上的泊松过程. 以下我们假设$\mathcal{T}$上的点列（事件发生的时刻）是按顺序产生的：$T_1<T_2<\cdots$.

为研究该点列的性质，定义如下计数函数（counting function）

$$N(t) \equiv N([0,t]) = \sum_{i=1}^{\infty} \mathbf{1}(T_i \leqslant t), 0 \leqslant t < \infty.$$

$\mathcal{T}=[0, \infty)$上的均匀泊松过程具有以下三条性质：

1. $N(0)=0$;

2. $N(t)-N(s) \sim \mathrm{Po}(\lambda(t-s))$，$0 \leqslant s<t$;

3. 增量独立：对任意的$0=t_0<t_1<\cdots<t_m$，$N(t_i)-N(t_{i-1})$，$i=1, \cdots, m$是独立的.

其中增量 $N(t)-N(s)$ 代表点列落在区间（s，t］上的个数. 将满足上述三条性质的点列记为 $\{T_1, T_2, \cdots\} \sim \mathrm{PP}([0,\infty),\lambda)$，或简记为 $\mathrm{PP}(\lambda)$. 参数 λ 被称为该过程的速率（rate）或频率（单位时间内出现的点数）.

点列 $\{T_1, T_2, \cdots\} \sim \mathrm{PP}(\lambda)$ 还有另一重要特性：

$$T_i - T_{i-1} \overset{\text{iid}}{\sim} \mathrm{Exp}(\lambda), i \geqslant 1, T_0 = 0. \tag{3-10}$$

即相邻点（事件）的时间间隔服从指数分布 $\mathrm{Exp}(\lambda)$ 或 $\mathrm{Exp}(1)/\lambda$，它的期望是 $1/\lambda$. 严格的证明过程见 Hoel（1971）. 我们可以简单验证一下：如果 $T_i - T_{i-1} \sim \mathrm{Exp}(\lambda)$，则 $P(T_i - T_{i-1} > x) = \exp(-\lambda x)$；如果 $T_i - T_{i-1} > x$，说明区间（T_{i-1}，$T_{i-1}+x$）上没有点出现，对于 $\mathrm{PP}(\lambda)$ 的一个长度为 x 的区间，没有点出现的概率为 $P(\mathrm{Po}(\lambda x)=0) = \exp(-\lambda x)$，结果相符.

根据式（3-10），可以如下产生 $\mathrm{PP}(\lambda)$ 的点列：

$$T_0 = 0, T_i = T_{i-1} + E_i/\lambda, i \geqslant 1 \tag{3-11}$$

其中 $E_i \overset{\text{iid}}{\sim} \mathrm{Exp}(1)$. 该方法被称为**指数间隔法**（exponential spacings method）. 实际抽样时可以不断运行式（3-11）直到出现的点数达到目标值或者点发生的时刻超过了窗口期［0，T］.

如果只需要在一个有界区间［0，T］上对 $\mathrm{PP}(\lambda)$ 抽样，推论 3.1 提供了一个更简单的抽样方法：

$$\begin{aligned} &N = N(T) \sim \mathrm{Po}(\lambda T) \\ &S_i \sim U[0,T], i=1,\cdots,N \\ &T_i = S_{(i)}, i=1,\cdots,N. \end{aligned} \tag{3-12}$$

式（3-12）的最后一步是将［0，T］上均匀分布的点列 $\{S_i\}$ 从小到大排序再输出.

现实生活中，事件不均匀发生的现象很多，我们可以类似定义 $\mathcal{T}=[0,\infty)$ 上的非均匀泊松过程，它具备以下三条性质：

1. $N(0)=0$；
2. $N(t)-N(s) \sim \mathrm{Po}\left(\int_s^t \lambda(x)\,\mathrm{d}x\right), 0 \leqslant s < t$；
3. $N(t)$ 的增量独立.

其中强度函数 $\lambda(x) \geqslant 0$ 且 $\int_s^t \lambda(x)\,\mathrm{d}x < \infty, 0 \leqslant s < t < \infty$. 将满足上述三条性质的点列记为 $\{T_1, T_2, \cdots\} \sim \mathrm{NHPP}([0,\infty),\lambda)$，或简记为 $\mathrm{NHPP}(\lambda)$.

为方便对 $\mathrm{NHPP}(\lambda)$ 抽样，定义如下的 cumulative rate function：

$$\Lambda(t) = \int_0^t \lambda(s)\,\mathrm{d}s.$$

假设 $\lambda(t)>0$，$\forall t$，则 $y=\Lambda(t)$ 严格单调递增，因此有逆函数

$$t=\Lambda^{-1}(y).$$

对于点列 $\{T_1, T_2, \cdots\}\sim \mathrm{NHPP}(\lambda)$，定义随机变量 $Y_i=\Lambda(T_i)$ 及如下的计数函数

$$M(y)=\sum_{i=1}^{\infty}1(Y_i\leqslant y)=\sum_{i=1}^{\infty}1(T_i\leqslant \Lambda^{-1}(y))=N(\Lambda^{-1}(y)).$$

进一步研究函数 $M(y)$ 的性质. 首先，注意到 $\Lambda(0)=0$，因此 $\Lambda^{-1}(0)=0$，则 $M(0)=N(0)=0$.

其次

$$M(y)-M(x)=N(\Lambda^{-1}(y))-N(\Lambda^{-1}(x))\sim \mathrm{Po}\left(\int_{\Lambda^{-1}(x)}^{\Lambda-1(y)}\lambda(t)\mathrm{d}t\right)$$

$$\Leftrightarrow \mathrm{Po}(\Lambda(\Lambda^{-1}(y))-\Lambda(\Lambda^{-1}(x)))\Leftrightarrow \mathrm{Po}(y-x), 0\leqslant x<y.$$

最后 $M(y)$ 的增量 $M(y_i)-M(y_{i-1})=N(\Lambda^{-1}(y_i))-N(\Lambda^{-1}(y_{i-1}))$，显然也是独立的. 所以我们证明了

$$Y_i=\Lambda(T_i)\sim \mathrm{PP}(1).$$

因此，可以如下从 $\mathrm{NHPP}(\lambda)$ 中抽取点列 $T_1, T_2, \cdots$

$$\begin{aligned} Y_i &= Y_{i-1}+E_i, i=1,2,\cdots \\ T_i &= \Lambda^{-1}(Y_i) \end{aligned} \tag{3-13}$$

其中 $E_i\overset{\text{iid}}{\sim}\mathrm{Exp}(1)$，$Y_0=0$. 该方法被称为**非均匀指数间隔算法**（non - homogeneous exponential spacings algorithm）.

补充说明

1. 虽然我们在推导算法（3-13）时假设 $\Lambda(t)$ 严格递增，在实践中可以放宽这个要求，与计算 CDF 的逆函数类似，如果 $y=\Lambda(t)$ 有一些跳跃或者在某些区间是常数，可以使用如下的广义逆函数

$$\Lambda^{-1}(y)=\inf\{t\geqslant 0\mid \Lambda(t)\geqslant y\}.$$

如果 Λ 或 Λ^{-1} 没有解析形式，可以考虑使用数值方法逼近.

2. 如果 $\lim\limits_{t\to\infty}\Lambda(t)=\infty$，算法（3-13）可以一直运行下去. 如果 $\lim\limits_{t\to\infty}\Lambda(t)=M<\infty$，当 $y>M$ 时，$\Lambda^{-1}(y)$ 不存在；这种情况下如果算法（3-13）运行到某一步 j 出现 $Y_j=Y_{j-1}+E_j>M$，则点 T_j 无法产生，算法停止，仅输出（$j-1$）个点.

3.5 Dirichlet 过程

Dirichlet 过程（Dirichlet process，DP）描述的是分布的分布，它的每一条样本路径都是一个分布. DP 的有限维分布是一个 Dirichlet 分布，Dirichlet 过程在非参数贝叶斯模型中有广泛的应

用，常作为一个未知分布的先验分布．DP 先验分布的共轭性（conjugacy）使得计算后验分布变得容易．有了 Dirichlet 过程，我们可以将有限维的混合分布（finite-component mixture model）推广到无限维的混合分布（infinite-component mixture model），即 Dirichlet 过程混合模型．

令 F 是 $\Omega\subset\mathbb{R}^d$ 上一个分布的 CDF，对 Ω 做一个分割（partition）：$\Omega=A_1\cup A_2\cup\cdots\cup A_m$，其中 $A_i\cap A_j=\varnothing$，$i\neq j$．这个分割定义了 unit simplex Δ^{m-1} 上的一个向量：

$$(F(A_1),\cdots,F(A_m))\in\Delta^{m-1}\equiv\left\{(p_1,\cdots,p_m)\mid p_j\geqslant 0,\sum_{j=1}^{m}p_j=1\right\}. \tag{3-14}$$

其中 $F(A_j)=P(X\in A_j\mid X\sim F)$，$j=1$，$\cdots$，$m$.

如果分布 F 是随机的，式（3-14）中的向量（$F(A_1)$，$\cdots$，$F(A_m)$）是 Δ^{m-1} 上的一个随机点．如果随机向量（$F(A_1)$，$\cdots$，$F(A_m)$）服从 Dirichlet 分布，如何保证给 Ω 的任意有限分割分配的 Dirichlet 分布都是一致的（coherent）？比如，对 Ω 的两种分割：$\Omega=A_1^{(1)}\cup A_2^{(1)}\cup\cdots\cup A_m^{(1)}$ 和 $\Omega=A_1^{(2)}\cup A_2^{(2)}\cup\cdots\cup A_m^{(2)}$，假设（$F(A_1^{(j)})$，$\cdots$，$F(A_m^{(j)})$）$\sim\mathrm{Dir}(\alpha_1^{(j)}$，$\cdots$，$\alpha_m^{(j)})$，$j=1$，2．如果 $A_1^{(1)}\subset A_1^{(2)}$，如何保证这两个 Dirichlet 分布中的参数也能体现这种关系？为了消除分配的 Dirichlet 分布对不同分割的敏感性，我们需要定义一个新的分布描述 F 的概率在整个 Ω 上是如何分布的，这引出了 Dirchlet 过程．

Dirichlet 过程是通过一个常数 $\alpha>0$ 和 Ω 上的一个确定的分布 G（CDF）定义的，它的任意有限维分布对应 Ω 的一个有限分割，且满足

$$(F(A_1),\cdots,F(A_m))\sim\mathrm{Dir}(\alpha G(A_1),\cdots,\alpha G(A_m)).$$

一般将 Dirichlet 过程记为 $F\sim\mathrm{DP}$（α，G），或简记为 $\mathrm{DP}(\alpha G)$．此时随机分布 F 的期望是 G，α 决定了 F 到 G 的平均距离．简单验证如下：由于 Dirichlet 随机向量的每个元素的边际分布是一个 Beta 分布，即

$$F(A_j)\sim\mathrm{Beta}(\alpha G(A_j),\alpha(1-G(A_j))).$$

所以

$$E(F(A_j))=G(A_j)$$

$$\mathrm{Var}(F(A_j))=\frac{G(A_j)(1-G(A_j))}{\alpha+1}.$$

可见 α 越大，F 的分布越集中在 G 附近.

Dirichlet 过程常作为非参数贝叶斯模型的先验分布．这类模型

假设观察值 $\boldsymbol{x}_1$，…，$\boldsymbol{x}_n$ 独立地服从一个未知的分布 F，F 的先验分布为 $F \sim \mathrm{DP}(\alpha, G)$，然后推断给定数据 $\boldsymbol{x}_1$，…，$\boldsymbol{x}_n$ 下 F 的后验分布. 以 $n=1$ 为例，令 $(A_1, \cdots, A_m)$ 是 Ω 的一个分割. 给定分布 F，$\boldsymbol{X}_1$ 落在集合 A_j 的概率为 $F(A_j)$，$j=1, \cdots, m$. 没有观察到数据前，预期 $\boldsymbol{X}_1$ 落在各集合的概率服从先验分布：

$$(F(A_1), \cdots, F(A_m)) \sim \mathrm{Dir}(\alpha G(A_1), \cdots, \alpha G(A_m)).$$

观察到 $\boldsymbol{x}_1 \in A_k$ 后，$(F(A_1), \cdots, F(A_m))$的后验 PDF 为

$$\begin{aligned} p(F(A_1), \cdots, F(A_m) \mid \boldsymbol{x}_1 \in A_k) &\propto p(F(A_1), \cdots, F(A_m)) \cdot \\ &\quad P(\boldsymbol{x}_1 \in A_k \mid F(A_1), \cdots, F(A_m)) \\ &\propto \left(\prod_{j=1}^{m} F(A_j)^{\alpha G(A_j)-1}\right) \cdot F(A_k) \\ &\propto \left(\prod_{j \neq k} F(A_j)^{\alpha G(A_j)-1}\right) \cdot F(A_k)^{\alpha G(A_k)}. \end{aligned}$$

因此给定 $\boldsymbol{x}_1 \in A_k$，$(F(A_1), \cdots, F(A_m))$的后验分布为

$$\mathrm{Dir}(\alpha G(A_1), \cdots, \alpha G(A_{k-1}), \alpha G(A_k)+1, \alpha G(A_{k+1}), \cdots, \alpha G(A_m)). \tag{3-15}$$

式（3-15）对 Ω 的任意分割都成立，因此 F 的后验分布也是一个 Dirichlet 过程：

$$F \mid \boldsymbol{x}_1 \sim \mathrm{DP}(\alpha G + \delta_{\boldsymbol{x}_1}).$$

其中 $\delta_{\boldsymbol{x}_1}$ 是一个退化（degenerate）分布的 CDF，该分布的所有概率都集中在点 $\boldsymbol{x}_1$ 处，此时 $\delta_{\boldsymbol{x}_1}(A) = \mathbf{1}(\boldsymbol{x}_1 \in A)$.

依此类推，当有 n 个观察值 $\boldsymbol{x}_1$，…，$\boldsymbol{x}_n$ 时，F 的后验分布为

$$F \mid \boldsymbol{x}_1, \cdots, \boldsymbol{x}_n \sim \mathrm{DP}\left(\alpha G + \sum_{i=1}^{n} \delta_{\boldsymbol{x}_i}\right).$$

3.5.1 Stick – breaking process

由 Dirichlet 过程的定义我们并不知道如何对 DP(α, G)抽样，特别是对 DP(α, G)的一次抽样得到的是一个分布. Sethuraman (1994) 给出了一种直接建立 DP 样本的方法，称为 **stick – breaking construction.**

$F \sim \mathrm{DP}(\alpha, G)$可写为以下形式，称为 DP 的 stick – breaking representation：

$$F = \sum_{j=1}^{\infty} \pi_j \delta_{\boldsymbol{X}_j}, \ \pi_j = \theta_j \prod_{i<j} (1-\theta_i), \theta_i \overset{\text{iid}}{\sim} \mathrm{Beta}(1, \alpha), \ \boldsymbol{X}_j \overset{\text{iid}}{\sim} G. \tag{3-16}$$

式（3-16）相当于先从基准分布（base）G 中 iid 抽一列点 $\boldsymbol{X}_1$，

$\boldsymbol{X}_2$，…，然后给每个点 $\boldsymbol{X}_j$ 分配一个概率 π_j. 这些概率从一个 **Stick - breaking process** 中产生以保证 $\sum_{j=1}^{\infty}\pi_j = 1$. 从 DP 的 Stick - breaking representation 式（3-16）可以发现：如果 $F \sim \mathrm{DP}(\alpha, G)$，则 F 一定是一个离散分布，不可能是连续分布. 因此在贝叶斯模型中，DP 不适合作为一个连续分布的先验分布.

Stick - breaking process 的抽样过程可以类比如下：开始时有一根长度为 1 的棍子（stick），代表要分配给所有 $\{\boldsymbol{X}_j\}_{j=1}^{\infty}$ 的总概率为 1. 首先抽 $\theta_1 \sim \mathrm{Beta}(1, \alpha)$，将棍子去掉长度 θ_1，代表分配给 $\boldsymbol{X}_1$ 的概率 $\pi_1 = \theta_1$. 此时棍子剩下的长度为 $1 - \theta_1$，接着抽 $\theta_2 \sim \mathrm{Beta}(1,\alpha)$，再从剩下的棍子中去掉 θ_2 比例，即长度 $\theta_2(1 - \theta_1)$，代表分配给 $\boldsymbol{X}_2$ 的概率 $\pi_2 = \theta_2(1 - \theta_1)$. 对随后的每个 $\boldsymbol{X}_j (j \geqslant 3)$，我们都从剩下的棍子中去掉一个比例 $\theta_j \sim \mathrm{Beta}(1,\alpha)$，去掉的长度代表分配给 $\boldsymbol{X}_j$ 的概率 π_j.

由于

$$E(\theta_j) = \frac{1}{1+\alpha}, \quad \theta_j \sim \mathrm{Beta}(1,\alpha)$$

如果 α 很小（接近 0），上述过程会倾向于给排在前面的点分配较大的概率，后面的点只能分到很小的概率，如图 3-6 所示. 图 3-6 还表明分配给点 $\{\boldsymbol{X}_j\}$ 的概率 $\{\pi_j\}$ 与基准分布 G 在这些点的概率密度无关，但 G 会影响这些点的位置.

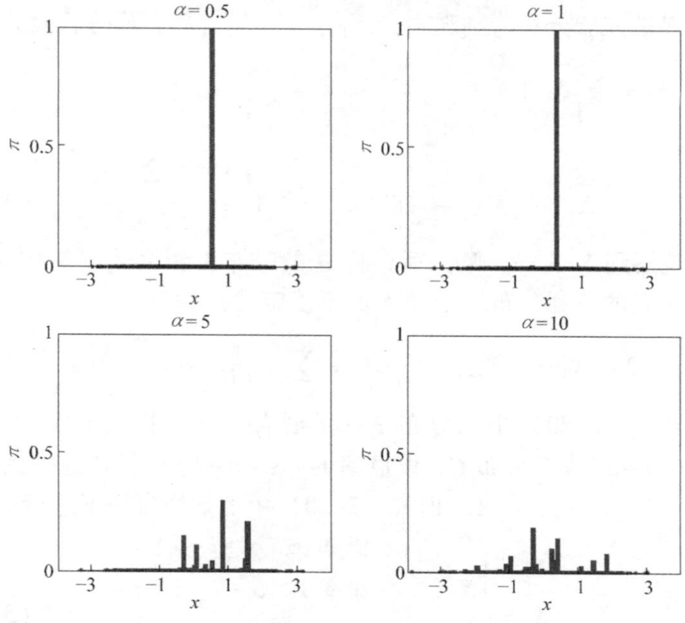

图 3-6　使用 stick - breaking representation 对 DP（α，G）抽样，在不同 α 取值下得到的样本分布. 其中 G 是 N（0，1），图中纵坐标表示点的概率.（图片来源：Gelman 等（2013））

3.5.2 Chinese restaurant Process

本节介绍另一种从 Dirichlet 过程抽样的方法. 对于任意分布 F, 如果能获取 F 的大量样本 $\boldsymbol{x}_1$, …, $\boldsymbol{x}_n$ (n 很大), 就可以用它们的经验分布 (empirical distribution)

$$F_n = \frac{1}{n}\sum_{i=1}^{n}\delta_{x_i} \tag{3-17}$$

近似 F.

考虑对以下两阶段 (two - stage) 模型抽样:

$$\begin{aligned} &F \sim \mathrm{DP}(\alpha, G) \\ &\boldsymbol{X}_i \overset{\text{iid}}{\sim} F, i = 1, \cdots, n. \end{aligned} \tag{3-18}$$

在该模型中, 当 F 已知时, 可以从 F 中独立抽 n 个样本. 但是当 F 未知时, 该如何对模型抽样以获得 F 的一个大样本集合?

首先考虑 $n=1$ 的抽样. 如果 $F \sim \mathrm{DP}(\alpha, G)$ 且 $\boldsymbol{X}_1 \sim F$, 那么 $\boldsymbol{X}_1$ 的边际分布是什么? 注意到 $\forall A \subset \Omega$ (Ω 是 DP 的样本空间),

$P(\boldsymbol{X}_1 \in A) = E[\mathbf{1}(\boldsymbol{X}_1 \in A)] = E[E[\mathbf{1}(\boldsymbol{X}_1 \in A) \mid F]] = E[F(A)] = G(A)$.

因此 $\forall \alpha > 0$, $\boldsymbol{X}_1$ 的边际分布都是 G. 此时我们不需要先从 DP 产生 F, 可以直接从分布 G 抽样 $\boldsymbol{X}_1 \sim G$.

$n \geqslant 2$ 时, 由于 F 未知, X_1, X_2…不是独立的, 所以后续样本不能直接从 G 中独立抽样获得可以用序列条件分步法产生 $\boldsymbol{X}_i$, $i \geqslant 2$. 即依次从 $\boldsymbol{X}_i$ 给定 $\boldsymbol{X}_1$, …, $\boldsymbol{X}_{i-1}$的条件分布抽样. 如何对该条件分布抽样? 我们从贝叶斯角度考虑式 (3-18), 将 DP (α, G) 作为 F 的先验分布, 则观察到 $\boldsymbol{X}_1$, …, $\boldsymbol{X}_{i-1}$后, F 的后验分布为 $\mathrm{DP}\left(\alpha G + \sum_{j=1}^{i-1}\delta_{\boldsymbol{X}_j}\right)$, 即

$$F \mid \boldsymbol{X}_1, \cdots, \boldsymbol{X}_{i-1} \sim \mathrm{DP}\left(\alpha + i - 1, \frac{\alpha G + \sum_{j=1}^{i-1}\delta_{\boldsymbol{X}_j}}{\alpha + i - 1}\right). \tag{3-19}$$

因此观察到 $\boldsymbol{X}_1$, …, $\boldsymbol{X}_{i-1}$后, 将 F 的分布更新为式 (3-19). 此时 $\boldsymbol{X}_i \sim F$ 的边际分布 (积掉 F 的不确定性) 为

$$\boldsymbol{X}_i \mid \boldsymbol{X}_1, \cdots, \boldsymbol{X}_{i-1} \sim \left(\alpha G + \sum_{j=1}^{i-1}\delta_{\boldsymbol{X}_j}\right) / (\alpha + i - 1). \tag{3-20}$$

注意到式 (3-20) 中的分布是一个混合分布, 相当于 $\boldsymbol{X}_i$ 以概率 $\alpha/(\alpha+i-1)$来自分布 G, 以概率 $1/(\alpha+i-1)$重复之前抽到的样本 $\boldsymbol{X}_j$, $j=1$, …, $i-1$. 即式 (3-20) 中的抽样可如下进行:

$$\boldsymbol{X}_i = \begin{cases} \boldsymbol{Y} \sim G, & \text{概率 } \alpha/(\alpha+i-1), \\ \boldsymbol{X}_1, & \text{概率 } 1/(\alpha+i-1), \\ \vdots & \qquad \vdots \\ \boldsymbol{X}_{i-1}, & \text{概率 } 1/(\alpha+i-1). \end{cases} \tag{3-21}$$

由式（3-21）生成的随机过程被称为 **Chinese restaurant process**（**CRP**），因为样本的产生过程可以类比如下：顾客 $i=1$，2，…依次到达一个中餐馆，顾客 1 从分布 G 中抽到桌 $\boldsymbol{X}_1$；顾客 2 以概率 $\alpha/(\alpha+1)$开一个新桌 $\boldsymbol{Y}\sim G$，或者以概率 $1/(\alpha+1)$加入顾客 1 所在的桌 $\boldsymbol{X}_1$；依次类推，顾客 i 以概率 $\alpha/(\alpha+i-1)$开一个新桌，或者随机选一个之前到达的顾客，加入他所在的桌（每桌可坐的人数无限制）．显然，越多顾客就坐的桌有更大的概率吸引新顾客的加入，如图 3-7 所示.

图 3-7　Chinese restaurant process（$\alpha=4$）的一次抽样：前 25 名到达顾客选择桌子的情况，一共开了 10 桌.（图片来源：Art B. Owen）

补充说明

1. α 越小，新顾客选择开新桌的概率就越小，这一过程产生的桌数就越少．CRP 有点类似 Pólya 桶过程，它们都是强化型的随机游走，不同的是 CRP 总有可能产生新桌，而 Pólya 桶过程只能在两种球色中选取.

2. 在 CRP 中，第 n 个顾客到达时期望开设的桌数是

$$\sum_{i=1}^{n}\frac{\alpha}{\alpha+i-1}\leqslant 1+\int_0^n\frac{1}{1+x/\alpha}dx=1+\alpha\ln(1+n/\alpha)\sim O(\ln n).$$

在一些应用中我们希望桌数的增长比 $O(\ln n)$快，Pitman－Yor 过程（Pitman 和 Yor，1997）可以让桌数以 $O(n^{\beta})(0<\beta<1)$增长.

3. 从 CRP（3-21）产生的一条样本路径$\{\boldsymbol{x}_1,\cdots,\boldsymbol{x}_n\}$（$n$ 很大）的经验分布（3-17）可以近似看作从 $\mathrm{DP}(\alpha,G)$中随机生成的一个分布.

3.5.3　Dirichlet 过程混合模型

在 CRP 模型（3-18）中再加一层就得到了 Dirichlet 过程（DP）混合模型：

$$\begin{gathered}F\sim \mathrm{DP}(\alpha,G)\\ \boldsymbol{X}_1,\cdots,\boldsymbol{X}_n\sim F\\ \boldsymbol{Y}_i\overset{\text{ind}}{\sim}H(\cdot\mid \boldsymbol{X}_i),i=1,\cdots,n.\end{gathered}\tag{3-22}$$

其中 $\{\boldsymbol{Y}_i\}_{i=1}^n$是观察值，$\{\boldsymbol{X}_i\}_{i=1}^n$和 F 是待估计的参数.

我们用一个简单的例子考察从模型（3-22）生成的数据$\{\boldsymbol{Y}_i\}_{i=1}^n$的特点．将基准分布 G 选为 $N_2(\boldsymbol{0},\sigma_0^2\boldsymbol{I})$，令$\boldsymbol{Y}_i\overset{\text{ind}}{\sim}N_2(\boldsymbol{X}_i,\sigma_1^2\boldsymbol{I})$．由于$\{\boldsymbol{X}_i\}_{i=1}^n$来自一个 CRP，它们中会出现重复的值，这些重复的值会使$\{\boldsymbol{Y}_i\}_{i=1}^n$出现聚集效应，形成若干聚类（clusters），

如图 3-8 所示. 图 3-8 展示了 α 取 3 个不同值时产生的三组样本，其中 $\sigma_0=3$，$\sigma_1=0.4$. 这些样本 $\{\boldsymbol{y}_i\}$ 形成的聚类通常对应 $\{\boldsymbol{X}_i\}$ 中多次重复出现的值，有时也可能是很多 $\boldsymbol{X}_i$ 的取值非常接近；样本中那些远离聚类的异常点（outliers）通常对应 $\{\boldsymbol{X}_i\}$ 中出现次数很少的值，可能是只出现过一次的值. 在 CRP 中，α 越小，顾客选择开新桌的概率就越小，产生的 $\{\boldsymbol{X}_i\}$ 越容易出现重复值，这与图 3-8 展示的情况一致：α 越小，样本 $\{\boldsymbol{y}_i\}$ 的聚集效应越明显.

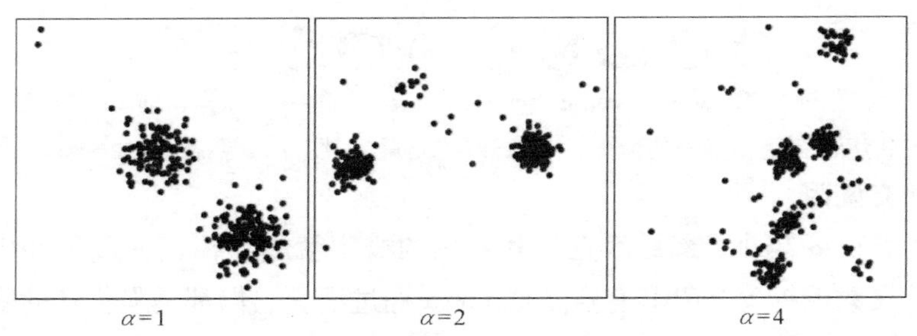

图 3-8 DP 混合模型生成的样本 $\boldsymbol{y}_1$，…，$\boldsymbol{y}_{200}$，

从左到右依次对应 $\alpha=1$，2 和 4.（图片来源：Art B. Owen）

补充说明

1. CRP 模型产生重复值的特点使它很适合描述有聚类（clusters）特征的数据，而且 DP 混合模型（3-22）不需要提前设定聚类的个数或者给这个数目设一个上限. 在给定观察值 $\{\boldsymbol{y}_i\}_{i=1}^n$ 后，一般使用马尔可夫链蒙特卡罗（MCMC）方法估计模型（3-22）中聚类的位置（$\{\boldsymbol{X}_i\}$ 取到的不同值）和个数（$\{\boldsymbol{X}_i\}$ 取不同值的个数），实现以数据驱动（data－driven）方式估计聚类的信息.

2. DP 混合模型允许聚类的个数是无限的，这并不代表观察到的有限数据是由无限个聚类产生的，而是使模型具有很大的灵活度，可以随着新观察值的加入不断引入新的聚类.

3. 如果一些先验信息告诉我们数据对应的聚类较少，可以在 DP 先验分布中选取较小的 α，或者再给 α 加一个 Gamma 超先验分布以增加对数据的适应性（data－adaptivity）.

第 3 章课件

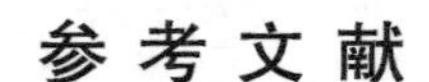

参 考 文 献

GELMAN A STERN，H S，CARLIN J B，DUNSON D B，VEHTARI A，RUBIN D B，2013. Bayesian data analysis [M]. Oxfordshire Chapman and Hall/CRC.

PITMAN J，YOR M，1997. The two－parameter poisson－dirichlet distribution derived from a stable subordinator [J]. The Annals of Probability，855－900.

SETHURAMAN J，1994. A constructive definition of dirichlet priors [J]. Statistica Sinica，639－650.

第 4 章 Gibbs抽样和马尔可夫链

对贝叶斯模型，一般很难直接从参数的联合后验分布（joint posterior distribution）抽样，但有时从每个参数的完全条件分布（full conditional distribution）抽样较容易. 这种情况下，可以使用 Gibbs 抽样得到很多服从后验分布的样本，然后用这些样本近似描述后验分布. Gibbs 抽样是一种迭代抽样算法，随着样本数增加，样本的分布会收敛到目标分布，但是它产生的样本之间有相关性. 我们首先以一个简单的贝叶斯模型估计为例介绍如何使用 Gibbs 抽样.

4.1 贝叶斯正态模型

使用贝叶斯方法分析数据一般有以下三要素（Hoff，2009）：

1. **模型设定**. 为数据的抽样分布设定具体形式 $p(\boldsymbol{y}\mid\boldsymbol{\theta})$，通常需要引入一些参数 $\boldsymbol{\theta}$. 比如，假设数据独立地服从正态分布：

$$Y_i \overset{\text{iid}}{\sim} N(\mu,\phi^{-1}), i=1,\cdots,n. \tag{4-1}$$

这里我们用参数 ϕ^{-1} 表示正态分布的方差，ϕ 被称为 precision.

2. **设定参数的先验分布（prior）**. 参数 $\boldsymbol{\theta}$ 的先验分布 $p(\boldsymbol{\theta})$ 一般是主观设定的，可以加入参数的先验信息，其样本空间应覆盖参数所有可能的取值. 例如，可以为模型（4-1）的参数设定如下的先验分布：

$$\begin{aligned}\mu &\sim N(\mu_0,\tau_0^2),\\ \phi &\sim \mathrm{Gam}(\nu_0/2,\nu_0\sigma_0^2/2).\end{aligned} \tag{4-2}$$

其中，μ_0，τ_0^2，ν_0，σ_0^2 都是确定的常数.

3. **计算参数的后验分布并做统计推断**. 得到参数 $\boldsymbol{\theta}$ 的后验分布 $p(\boldsymbol{\theta}\mid\boldsymbol{y})$ 后，可以估计参数的后验期望 $E(\boldsymbol{\theta}\mid\boldsymbol{y})$、后验方差 $Var(\boldsymbol{\theta}\mid\boldsymbol{y})$、置信区间等. 参数的后验分布可如下计算：

$$p(\boldsymbol{\theta}\mid\boldsymbol{y}) = \frac{p(\boldsymbol{\theta})p(\boldsymbol{y}\mid\boldsymbol{\theta})}{p(\boldsymbol{y})} = \frac{p(\boldsymbol{\theta})p(\boldsymbol{y}\mid\boldsymbol{\theta})}{\int p(\boldsymbol{\theta})p(\boldsymbol{y}\mid\boldsymbol{\theta})d\theta} \propto p(\boldsymbol{\theta})p(\boldsymbol{y}\mid\boldsymbol{\theta}). \tag{4-3}$$

但 $p(\boldsymbol{\theta}\mid\boldsymbol{y})$ 对应的分布一般很难识别或很难直接对其抽样.

如果我们为模型（4-1）选取如下的共轭先验分布（conjugate prior）:

$$\phi \sim \mathrm{Gam}\left(\frac{\nu_0}{2},\frac{\nu_0\sigma_0^2}{2}\right),$$

$$\mu\mid\phi \sim N\left(\mu_0,\frac{1}{\kappa_0\phi}\right)$$

仿照 normal - inverse - Wishart 分布的计算，以及等式 $\sum_{i=1}^{n}(y_i-\bar{y})^2=\left(\sum_{i=1}^{n}y_i^2\right)-n\bar{y}^2$，可得（$\mu$，$\phi$）的联合后验分布为

$$p(\mu,\phi\mid y_1,\cdots,y_n)=p(\mu\mid\phi,y_1,\cdots,y_n)p(\phi\mid y_1,\cdots,y_n).$$

其中 $p(\phi\mid y_1,\cdots,y_n)$ 是一个 Gamma 概率密度函数（PDF），$p(\mu\mid\phi,y_1,\cdots,y_n)$ 是一个正态 PDF，具体形式为:

$$\phi\mid y_1,\cdots,y_n \sim \mathrm{Gam}\left(\frac{\nu_n}{2},\frac{S_n}{2}\right),$$

$$\mu\mid\phi,y_1,\cdots,y_n \sim N\left(\mu_n,\frac{1}{\kappa_n\phi}\right),$$

其中

$$\nu_n=\nu_0+n,$$

$$S_n=\nu_0\sigma_0^2+\frac{n\kappa_0}{\kappa_0+n}(\mu_0-\bar{y})^2+\sum_{i=1}^{n}(y_i-\bar{y})^2,$$

$$\mu_n=\frac{\kappa_0\mu_0+n\bar{y}}{\kappa_0+n},$$

$$\kappa_n=\kappa_0+n.$$

如果想计算 μ 的边际后验期望（marginal posterior mean）$E(\mu\mid y_1,\cdots,y_n)$，可以采用如下的蒙特卡罗方法:

（1）独立抽样 $\phi^{(s)}\sim\mathrm{Gam}(\nu_n/2,S_n/2)$，$s=1,\cdots,T$;

（2）对每个 $\phi^{(s)}$，抽样 $\mu^{(s)}\mid\phi^{(s)}\sim N(\mu_n,(\kappa_n\phi^{(s)})^{-1})$，$s=1,\cdots,T$.

则 $E(\mu\mid y_1,\cdots,y_n)\approx\sum_{s=1}^{T}\mu^{(s)}/T$.

如果我们选取式（4-2）中的先验分布，那么 ϕ 的边际后验分布既不是 Gamma 分布，也不是任何常见的容易抽样的分布（练习）. 这种情况下，可以尝试用数值方法得到（μ，ϕ）近似的联合后验分布:

（1）首先为各参数选取足够大的取值范围 $\mu\in[\mu_L,\mu_H]$，$\phi\in[\phi_L,\phi_H]\subseteq(0,\infty)$.

(2) 然后对区域 $[\mu_L, \mu_H] \times [\phi_L, \phi_H]$ 做网格离散，比如在区间 $[\mu_L, \mu_H]$ 和 $[\phi_L, \phi_H]$ 上各取等距的 1000 个点 $\{\mu_1, \cdots, \mu_{1000}\}$，$\{\phi_1, \cdots, \phi_{1000}\}$.

(3) 根据式 (4-3)，点 (μ_i, ϕ_j) 处的后验概率密度为

$$p(\mu_i,\phi_j \mid y_1,\cdots,y_n) \propto p(u_i,\phi_j)p(y_1,\cdots,y_n \mid \mu_i,\phi_j),$$

因此网格中每个点近似的后验概率为：

$$P(\mu_i,\phi_j \mid y_1,\cdots,y_n) = \frac{p(\mu_i,\phi_j)p(y_1,\cdots,y_n \mid \mu_i,\phi_j)}{\sum_{i=1}^{1000}\sum_{j=1}^{1000} p(u_i,\phi_j)p(y_1,\cdots,y_n \mid \mu_i,\phi_j)}. \tag{4-4}$$

由式 (4-4) 定义的离散分布可以近似 (μ, ϕ) 的联合后验分布. 从该离散分布，我们也可以估计出各参数的边际后验期望和置信区间等，但是网格中大部分点的后验概率都很接近 0，造成计算的浪费，而且该方法只适用于参数较少的情况，随着参数维度 p 的增加，网格点的数目呈指数增长，因此在高维参数情形下该方法不可行. 这促使人们发明了更高效地获取参数后验分布样本的 Gibbs 抽样方法.

Gibbs 抽样需要计算每个参数的完全条件分布.

1. 模型 (4-1) 和模型 (4-2) 中 μ 的完全条件概率密度函数为：

$$\begin{aligned} p(\mu \mid \phi,y_1,\cdots,y_n) &\propto p(u)p(\phi)p(y_1,\cdots,y_n \mid \mu,\phi) \\ &\propto \exp\left\{-\frac{1}{2\tau_0^2}(\mu-\mu_0)^2\right\}\exp\left\{-\frac{\phi}{2}\sum_{i=1}^n (y_i-\mu)^2\right\} \\ &\propto \exp\left\{-\frac{1}{2}\left[(\tau_0^{-2}+n\phi)\mu^2 - 2\mu(\tau_0^{-2}\mu_0+\phi\sum_{i=1}^n y_i)\right]\right\}. \end{aligned}$$

因此

$$\mu \mid \phi, y_1, \cdots, y_n \sim N(\mu_n, \tau_n^2),$$

其中，$\mu_n = \left(\tau_0^{-2}\mu_0 + \phi\sum_{i=1}^n y_i\right)/(\tau_0^{-2}+n\phi)$，$\tau_n^2 = (\tau_0^{-2}+n\phi)^{-1}$.

2. 模型 (4-1) 和 (4-2) 中 ϕ 的完全条件概率密度函数为：

$$\begin{aligned} p(\phi \mid \mu,y_1,\cdots,y_n) &\propto p(u)p(\phi)p(y_1,\cdots,y_n \mid \mu,\phi) \\ &\propto \phi^{\nu_0/2-1}\exp\left(-\frac{\nu_0\sigma_0^2}{2}\phi\right)\phi^{n/2}\exp\left\{-\frac{\phi}{2}\sum_{i=1}^n (y_i-\mu)^2\right\} \\ &\propto \phi^{(\nu_0+n)/2-1}\exp\left\{-\phi\left(\nu_0\sigma_0^2+\sum_{i=1}^n (y_i-\mu)^2\right)/2\right\}. \end{aligned}$$

因此 $\phi \mid \mu, y_1, \cdots, y_n \sim \mathrm{Gam}(\nu_n/2, S_n/2)$，其中 $\nu_n = \nu_0 + n$，$S_n = \nu_0\sigma_0^2 + \sum_{i=1}^n (y_i-\mu)^2$.

那么如何利用 μ 和 ϕ 的完全条件分布得到 (μ, ϕ) 的联合后

验分布的样本？假设$\phi^{(1)}$是边际后验分布p（$\phi \mid y_1$，…，y_n）的一个样本．给定$\phi^{(1)}$，从μ的完全条件分布抽样：

$$\mu^{(1)} \sim p(\mu \mid \phi^{(1)}, y_1, \cdots, y_n)$$

则（$\mu^{(1)}$，$\phi^{(1)}$）可以看作联合后验分布$p(\mu,\phi \mid y_1$，…，y_n）的一个样本，且$\mu^{(1)}$可以看作边际分布$p(\mu \mid y_1$，…，y_n）的一个样本．因此给定$\mu^{(1)}$，从ϕ的完全条件分布抽样

$$\phi^{(2)} \sim p(\phi \mid \mu^{(1)}, y_1, \cdots, y_n)$$

则($\mu^{(1)}$，$\phi^{(2)}$）又可以看作联合后验分布$p(\mu,\phi \mid y_1$，…，y_n）的一个样本，$\phi^{(2)}$可以看作边际分布$p(\phi \mid y_1$，…，y_n）的一个样本，继续用来产生$\mu^{(2)}$，以此类推．

因此只要给定μ或ϕ的一个初始值，然后轮流从μ和ϕ的完全条件分布抽样，就可以得到一列来自联合后验分布$p(\mu,\phi \mid y_1$，…，y_n）的样本$\{(\mu^{(s)}$，$\phi^{(s)})$：$s=1$，…，$T\}$，且$\{\mu^{(s)}\}_{s=1}^{T}$和$\{\phi^{(s)}\}_{s=1}^{T}$可以看作分别来自μ和ϕ的边际后验分布的样本．这种方法被称为**Gibbs 抽样**．模型(4-1)和模型(4-2)对应的 Gibbs 抽样的 R 代码如下：

```
## create data
set.seed(1)
n = 100
y = rnorm(n, mean=-5, sd=2)

# specify prior parameters
mu0 = 0
tau02 = 10
nu0 = 4
sigma02 = 10

## posterior samples ----------
ns = 1000 # number of samples
mu_samples = numeric(ns)
phi_samples = numeric(ns)
# starting values
mu = mean(y)
phi = 1/var(y)
mu_samples[1] = mu
phi_samples[1] = phi
# intermediate variables
sum_y = sum(y)
```

```
# Gibbs sampling
set.seed(10)
for (s in 2:ns){
  # generate mu
  mu_n = (mu0/tau02 + phi*sum_y)/(1/tau02 + n*phi)
  tau2_n = 1/(1/tau02 + n*phi)
  mu = rnorm(1, mean = mu_n, sd = sqrt(tau2_n))
  mu_samples[s] = mu

  # generate phi
  nu_n = nu0 + n
  Sn = nu0*sigma02 + sum((y-mu)^2)
  phi = rgamma(1, shape = nu_n/2, rate = Sn/2)
  phi_samples[s] = phi
}
```

图 4-1 展示了上述得到的 μ 和 ϕ 的后验样本随迭代步数的移动，称为轨迹图（traceplot）. 从该图可以看到，本例中 Gibbs 抽样得到的样本在参数空间中“移动”地很快，此时称样本的混合（mixing）很好，或混合速度很快. 这表明样本之间的相关性较小，此时样本均值可以很好地近似后验分布的期望.

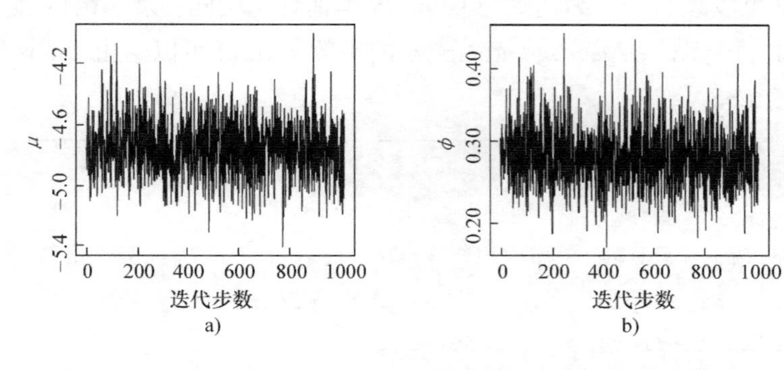

图 4-1 μ（见图 4-1a）和 ϕ（见图 4-1b）后验样本的轨迹图

样本之间的相关性如何影响样本均值对目标期望的近似？假设 $\{\theta^{(s)}: s=1, \cdots, T\}$ 是由 Gibbs 抽样得到的一列服从目标分布 $p(\theta)$ 的样本，此时样本均值 $\bar{\theta} = \sum_{s=1}^{T} \theta^{(s)}/T$ 到目标期望

$E(\theta)=\int\theta p(\theta)\mathrm{d}\theta$ 距离平方的期望，即 $\bar{\theta}$ 的方差为

$$
\begin{aligned}
\mathrm{Var}_G(\bar{\theta}) &= E[(\bar{\theta}-E(\theta))^2] \\
&= E\left[\left(\frac{1}{T}\sum_{s=1}^{T}(\theta^{(s)}-E(\theta))\right)^2\right] \\
&= \frac{1}{T^2}E\left[\sum_{s=1}^{T}(\theta^{(s)}-E(\theta))^2+\sum_{s=1}^{T}\sum_{t\neq s}(\theta^{(s)}-E(\theta))\cdot(\theta^{(t)}-E(\theta))\right] \\
&= \frac{1}{T^2}\sum_{s=1}^{T}E[(\theta^{(s)}-E(\theta))^2]+\frac{1}{T^2}\sum_{s=1}^{T}\sum_{t\neq s}E[(\theta^{(s)}-E(\theta))(\theta^{(t)}-E(\theta))] \\
&= \frac{1}{T}\mathrm{Var}(\theta)+\frac{1}{T^2}\sum_{s=1}^{T}\sum_{t\neq s}E[(\theta^{(s)}-E(\theta))(\theta^{(t)}-E(\theta))] \\
&= \mathrm{Var}_{MC}(\bar{\theta})+\frac{1}{T^2}\sum_{s=1}^{T}\sum_{t\neq s}E[(\theta^{(s)}-E(\theta))(\theta^{(t)}-E(\theta))].
\end{aligned}
$$

其中 $\mathrm{Var}_{MC}(\bar{\theta})$ 是 $p(\theta)$ 独立同分布的样本的均值对应的方差. 等式右边第二项取决于样本 $\{\theta^{(s)}\}_{s=1}^{T}$ 之间的相关性. 由于 Gibbs 抽样产生的样本之间的相关性一般为正，这一项通常大于 0，因此 $\mathrm{Var}_G(\bar{\theta})>\mathrm{Var}_{MC}(\bar{\theta})$，即 Gibbs 的样本均值到目标期望的距离平均会大于独立的 Monte Carlo 样本的均值到目标期望的距离，并且 Gibbs 样本之间的相关性越高，$\mathrm{Var}_G(\bar{\theta})$ 就越大，均值的近似效果越差. 一个衡量 Gibbs 样本相关性的指标是有效样本数（effective sample size，ESS），定义为

$$
\mathrm{ESS}=\frac{\mathrm{Var}(\theta)}{\mathrm{Var}_G(\bar{\theta})}
$$

ESS 可以理解为：为达到与 Gibbs 样本估计量相同精度所需的独立样本的个数. R package `mcmcse` 的函数 `ess()` 可以给出 Gibbs 样本的 ESS.

```
# diagnostics
library(mcmcse)
plot(mu_samples, type='l', xlab='iteration', ylab='mu')
plot(phi_samples, type='l', xlab='iteration', ylab = 'phi')
acf(mu_samples) # autocorrelation
acf(phi_samples)
ess(mu_samples)
ess(phi_samples)
```

对上述 Bayesian 模型（4-1）~模型(4-2)，Gibbs 抽样得到的 μ 的 1000 个后验样本的 ESS 为 930，ϕ 的后验样本的 ESS 为 961，说明 Gibbs 抽样在该模型中表现得非常好. 利用这些后验样本，

我们可以估计参数的后验期望和后验置信区间（credible interval）：μ 的后验均值为 $\bar{\mu}=-4.77$，95% 后验置信区间为（-5.14，-4.38）；ϕ 的后验均值为 $\bar{\phi}=0.29$，95% 后验置信区间为 $(0.22,\ 0.37)$.

4.2 Gibbs 抽样

本节我们给出一般的 Gibbs 抽样算法. 假设模型的参数向量为 $\boldsymbol{\theta}=(\theta_1,\ \cdots,\ \theta_p)$，其中每个分量 θ_j 可以是一个数或一个子向量，$j=1,\ \cdots,\ p$. 抽样的目标分布为 $p(\boldsymbol{\theta})$，但很难直接从 $p(\boldsymbol{\theta})$ 中抽样，比如在上述贝叶斯模型（4-1）和模型（4-2）中，目标分布为$p(\mu,\ \phi\mid y_1,\ \cdots,\ y_n)$. 如果我们知道 $\boldsymbol{\theta}$ 每个分量的完全条件分布 $p(\theta_j\mid\{\theta_k\}_{k\neq j})$，$j=1,\ \cdots,\ p$，给定 $\boldsymbol{\theta}$ 的一个初始值$\boldsymbol{\theta}^{(0)}=(\theta_1^{(0)},\ \cdots,\ \theta_p^{(0)})$，Gibbs 抽样可以如下从当前样本 $\boldsymbol{\theta}^{(s-1)}$ 产生新的样本 $\boldsymbol{\theta}^{(s)}$：

1. 抽样 $\theta_1^{(s)}\sim p(\theta_1\mid\theta_2^{(s-1)},\theta_3^{(s-1)},\cdots,\theta_p^{(s-1)})$；
2. 抽样 $\theta_2^{(s)}\sim p(\theta_2\mid\theta_1^{(s)},\theta_3^{(s-1)},\cdots,\theta_p^{(s-1)})$；
3. 抽样 $\theta_3^{(s)}\sim p(\theta_3\mid\theta_1^{(s)},\theta_2^{(s)},\theta_4^{(s-1)},\cdots,\theta_p^{(s-1)})$；

   ⋮

p. 抽样 $\theta_p^{(s)}\sim p(\theta_p\mid\theta_1^{(s)},\theta_2^{(s)},\cdots,\theta_{p-1}^{(s)})$.

在上述过程中，如果能将 $\boldsymbol{\theta}$ 的一些一元分量“合并”成一个子向量进行更新，就可以减少样本之间的相关性，这种方法被称为区块抽样（block sampling）.

不断重复上述过程，Gibbs 抽样可以产生一列不独立的样本 $\boldsymbol{\theta}^{(1)},\boldsymbol{\theta}^{(2)},\cdots,\boldsymbol{\theta}^{(T)}$，且每个样本 $\boldsymbol{\theta}^{(s)}$ 与之前的样本 $\boldsymbol{\theta}^{(0)},\cdots,\boldsymbol{\theta}^{(s-1)}$ 的相关性只取决于 $\boldsymbol{\theta}^{(s-1)}$，即给定 $\boldsymbol{\theta}^{(s-1)}$，$\boldsymbol{\theta}^{(s)}$ 与 $\boldsymbol{\theta}^{(0)},\cdots,\boldsymbol{\theta}^{(s-2)}$ 条件独立，这被称为马尔可夫性，因此称这一列样本是一条**马尔可夫链**（Markov chain）.

当满足一些条件时（后面会介绍），从任何初始值 $\boldsymbol{\theta}^{(0)}$ 出发，Gibbs 抽样产生的样本 $\boldsymbol{\theta}^{(s)}$ 的分布在 $s\to\infty$ 时都会收敛到目标分布 $p(\boldsymbol{\theta})$，即

$$P(\boldsymbol{\theta}^{(s)}\in A)\to\int_A p(\boldsymbol{\theta})\,\mathrm{d}\boldsymbol{\theta}.$$

并且对任意可积函数 g 有

$$\frac{1}{T}\sum_{s=1}^{T}g(\boldsymbol{\theta}^{(s)})\to E[g(\boldsymbol{\theta})]=\int g(\boldsymbol{\theta})p(\boldsymbol{\theta})\,\mathrm{d}\boldsymbol{\theta},\ T\to\infty.$$

这说明我们可以用 $\{g(\boldsymbol{\theta}^{(s)})\}$ 的样本均值近似 $E[g(\boldsymbol{\theta})]$，这与 Monte Carlo 方法相似，因此上述过程被称为**马尔可夫链蒙特卡罗**

(Markov chain Monte Carlo，MCMC）方法.

4.3 马尔可夫链

本节介绍马尔可夫链的一些基本理论.

从一个 p 维状态空间（state space）χ 上按如下方式随机抽取一列向量：给定一个初始值 $\boldsymbol{x}^{(0)} \in \chi$，按照某个条件分布 $p(\boldsymbol{x} \mid \boldsymbol{x}')$ 依次抽样

$$\boldsymbol{x}^{(t)} \sim p(\boldsymbol{x} \mid \boldsymbol{x}^{(t-1)}) \text{且} \boldsymbol{x}^{(t)} \perp\!\!\!\perp \boldsymbol{x}^{(t-k)} \mid \boldsymbol{x}^{(t-1)}, k>1.$$

称这样得到的序列 $\{\boldsymbol{x}^{(t)}\}$ 为状态空间 χ 上的一条马尔可夫链，或一阶马尔可夫过程（Markov process).

与马尔可夫链有关的一些基本概念：

（1）**转移密度函数**. 在马尔可夫链中，对任意正整数 k，定义如下的 k 步转移密度函数（k – step transition density)：

$$p^1(\boldsymbol{x}^{(t+1)} \mid \boldsymbol{x}^{(t)}) = p(\boldsymbol{x}^{(t+1)} \mid \boldsymbol{x}(t))$$

$$p^2(\boldsymbol{x}^{(t+2)} \mid \boldsymbol{x}^{(t)}) = \int_\chi p(\boldsymbol{x}^{(t+2)} \mid \boldsymbol{x}^{(t+1)}) p(\boldsymbol{x}^{(t+1)} \mid \boldsymbol{x}^{(t)}) \mathrm{d}\boldsymbol{x}^{(t+1)}$$

$$p^3(\boldsymbol{x}^{(t+3)} \mid \boldsymbol{x}^{(t)}) = \int_\chi p(\boldsymbol{x}^{(t+3)} \mid \boldsymbol{x}^{(t+2)}) p^2(\boldsymbol{x}^{(t+2)} \mid \boldsymbol{x}^{(t)}) \mathrm{d}\boldsymbol{x}^{(t-2)}$$

$$\vdots$$

$$p^k(\boldsymbol{x}^{(t+k)} \mid \boldsymbol{x}^{(t)}) = \int_\chi p(\boldsymbol{x}^{(t+k)} \mid \boldsymbol{x}^{(t+k-1)}) p^{k-1}(\boldsymbol{x}^{(t+k-1)} \mid \boldsymbol{x}^{(t)}) \mathrm{d}\boldsymbol{x}^{(t+k-1)}$$

如果转移密度函数 $p(\boldsymbol{x} \mid \boldsymbol{x}')>0$，$\forall \boldsymbol{x}, \boldsymbol{x}' \in \chi$，则对任意正整数 k，k 步转移密度函数 $p^k(\boldsymbol{x} \mid \boldsymbol{x}')>0$，$\forall \boldsymbol{x}, \boldsymbol{x}' \in \chi$. 这说明从 $\boldsymbol{x}^{(t)}$ 出发，该过程在 k 步后到达任意 $\boldsymbol{x}^{(t+k)} \in \chi$ 的概率密度都为正，即该过程可以“漫游”到状态空间的任何地方，通常具有此性质的马尔可夫过程会收敛到唯一的极限分布.

（2）**平稳分布**. 如果存在一个分布 $\pi(\boldsymbol{x})$ 使马尔可夫过程满足

$$\pi(\boldsymbol{x}) = \int_\chi p(\boldsymbol{x} \mid \boldsymbol{x}') \pi(\boldsymbol{x}') \mathrm{d}\boldsymbol{x}'. \tag{4-5}$$

称分布 $\pi(\boldsymbol{x})$ 为该马尔可夫过程的一个平稳分布（stationary distribution). 式（4-5）表明如果马尔可夫链的当前状态 $\boldsymbol{x}'$ 服从平稳分布 $\pi(\cdot)$，按照转移密度函数 $p(\boldsymbol{x} \mid \boldsymbol{x}')$ 产生的新状态 $\boldsymbol{x}$ 的边际分布依然是 $\pi(\cdot)$.

由式（4-5）得

$$\pi(\boldsymbol{x}) = \int_\chi p^k(\boldsymbol{x} \mid \boldsymbol{x}') \pi(\boldsymbol{x}') \mathrm{d}\boldsymbol{x}', \forall k \in \mathbb{N}^+. \tag{4-6}$$

式（4-6）表明，如果马尔可夫链的初始值服从平稳分布，整个过程的边际分布会永远“保持”平稳分布.

在贝叶斯分析中，Gibbs 抽样产生的马尔可夫链的转移密度函

数是

$$p(\boldsymbol{\theta}^{(s)} \mid \boldsymbol{\theta}^{(s-1)}) = p(\theta_1^{(s)} \mid \theta_2^{(s-1)}, \cdots, \theta_p^{(s-1)}) p(\theta_2^{(s)} \mid \theta_1^{(s)}, \theta_3^{(s-1)}, \cdots, \theta_p^{(s-1)}) \cdots p(\theta_p^{(s)} \mid \theta_1^{(s)}, \cdots, \theta_{p-1}^{(s)}) \tag{4-7}$$

其中每个分量的条件分布都是该参数的完全条件分布. 如果 $\forall \boldsymbol{\theta}^{(s-1)}$, $\boldsymbol{\theta}^{(s)}$, $p(\boldsymbol{\theta}^{(s)} \mid \boldsymbol{\theta}^{(s-1)}) > 0$, 该过程会收敛到唯一的平稳分布, 且这个分布是参数的后验分布 $p(\boldsymbol{\theta} \mid \boldsymbol{y})$. $\boldsymbol{\theta} \in \mathbb{R}^2$ 的证明如下, 对任意 p 维向量 $\boldsymbol{\theta}$ 也可类似证明.

证明　假设 $\boldsymbol{\theta}^{(s-1)} = (\theta_1^{(s-1)}, \theta_2^{(s-1)})$ 服从后验分布 $p(\theta_1, \theta_2 \mid \boldsymbol{y})$, 则由 Gibbs 抽样产生的 $\boldsymbol{\theta}^{(s)} = (\theta_1^{(s)}, \theta_2^{(s)})$ 的边际分布为

$$\iint p(\theta_1^{(s)}, \theta_2^{(s)} \mid \theta_1^{(s-1)}, \theta_2^{(s-1)}, \boldsymbol{y}) p(\theta_1^{(s-1)}, \theta_2^{(s-1)} \mid \boldsymbol{y}) \mathrm{d}\theta_1^{(s-1)} \mathrm{d}\theta_2^{(s-1)}$$

$$= \int p(\theta_2^{(s)} \mid \theta_1^{(s)}, \boldsymbol{y}) p(\theta_1^{(s)} \mid \theta_2^{(s-1)}, \boldsymbol{y}) \int p(\theta_1^{(s-1)}, \theta_2^{(s-1)} \mid \boldsymbol{y}) \mathrm{d}\theta_1^{(s-1)} \mathrm{d}\theta_2^{(s-1)}$$

$$= p(\theta_2^{(s)} \mid \theta_1^{(s)}, \boldsymbol{y}) \int p(\theta_1^{(s)} \mid \theta_2^{(s-1)}, \boldsymbol{y}) p(\theta_2^{(s-1)} \mid \boldsymbol{y}) \mathrm{d}\theta_2^{(s-1)}$$

$$= p(\theta_2^{(s)} \mid \theta_1^{(s)}, \boldsymbol{y}) p(\theta_1^{(s)} \mid \boldsymbol{y})$$

$$= p(\theta_1^{(s)}, \theta_2^{(s)} \mid \boldsymbol{y})$$

即 $\boldsymbol{\theta}^{(s)}$ 也服从后验分布 $p(\boldsymbol{\theta} \mid \boldsymbol{y})$. □

（3）**不可约性**（Irreducibility）. 如果从任意初始状态 $\boldsymbol{x}' \in \chi$ 出发, 马尔可夫链可以在有限步到达任意其他状态 $\boldsymbol{x} \in \chi$, 称马尔可夫链是不可约的（irreducible）. 严格的定义如下:

定义 4.1（不可约性）. 如果 $\forall \boldsymbol{x}, \boldsymbol{x}' \in \chi$, $\exists k < \infty$ 使得 k 步转移概率密度 $p^k(\boldsymbol{x} \mid \boldsymbol{x}') > 0$, 称该马尔可夫过程为不可约的.

如果马尔可夫链的转移密度函数满足 $p(\boldsymbol{x} \mid \boldsymbol{x}') > 0$, $\forall \boldsymbol{x}, \boldsymbol{x}' \in \chi$, 则该马尔可夫链是不可约的.

例 4.1　一个可约的马尔可夫过程. 令状态空间 $\chi = (-1, 1)$ 上的一个马尔可夫链有如下的转移分布（transition distribution）:

$$p(x \mid x') = \begin{cases} x \sim U(0,1), & \text{当 } x' \geqslant 0 \text{ 时}, \\ x \sim U(-1,0), & \text{当 } x' < 0 \text{ 时}. \end{cases}$$

该过程是可约的, 因为从任意 $x' < 0$ 出发, 该过程会一直停留在区间 $(-1, 0)$ 上, 无法到达 χ 的另一半区间 $[0, 1)$. 同理, 如果从任意 $x' > 0$ 出发, 该过程会一直停留在区间 $[0, 1)$ 上, 即总有一半的状态空间是可以“去掉”的.

（4）**非周期性**（Aperiodicity）. 如果 $\forall \boldsymbol{x}, \boldsymbol{x}' \in \chi$, $\gcd\{k: p^k(\boldsymbol{x} \mid \boldsymbol{x}') > 0\} = 1$, 其中 gcd 表示该整数集合的最大公约数（greatest common divisor）, 称该过程具有**非周期性**. 显然当转移密度函数满足 $p(\boldsymbol{x} \mid \boldsymbol{x}') > 0$, $\forall \boldsymbol{x}, \boldsymbol{x}' \in \chi$, 马尔可夫链是非周期的.

例 4.2　一个周期性的马尔可夫过程. 令状态空间 $\chi = (-1, 1)$ 上的一个马尔可夫链有如下的转移分布:

$$p(x \mid x') = \begin{cases} x \sim U(0,1), & \text{当 } x' < 0 \text{ 时}, \\ x \sim U(-1,0), & \text{当 } x' \geqslant 0 \text{ 时}. \end{cases}$$

该过程是不可约的但不是非周期的：如果该马尔可夫链从 $x' \in A \subseteq (-1, 0)$ 出发，它需要先移动到区间 $[0, 1)$ 上才能再次返回集合 A. 因此对任何集合 $A \subseteq (-1, 0)$ 或 $A \subseteq [0, 1)$，马尔可夫链每经过两步才有可能访问到 A，此时称 A 的周期为 2.

(5) **遍历性** (Ergodicity). 我们称一个不可约且非周期的马尔可夫链具有**遍历性**. 具有遍历性的马尔可夫链有以下重要性质：

1) 存在唯一的平稳分布 $\pi(\boldsymbol{x})$；

2) 从任意初始值出发，该过程都会收敛到平稳分布 $\pi(\boldsymbol{x})$，即对 $\forall \boldsymbol{x}' \in \chi$，当 $k \to \infty$，

$$p^k(\boldsymbol{x} \mid \boldsymbol{x}') \to \pi(\boldsymbol{x}).$$

这说明对遍历的马尔可夫链，从任何初始状态 $\boldsymbol{x}'$ 出发，未来状态 $\boldsymbol{x}$ 的分布会随 k 的增加越来越接近平稳分布 $\pi(\boldsymbol{x})$. 而初始状态会被“遗忘”，当 $k \to \infty$，该过程产生的 $\boldsymbol{x}^{(k)} \sim \pi(\boldsymbol{x})$.

因此对遍历的马尔可夫链 $\{\boldsymbol{x}^{(t)}\}$，样本均值会 (almost surely) 收敛到平稳分布的期望，且对任何可积函数 $g(\cdot)$，当 $T \to \infty$，

$$\frac{1}{T}\sum_{t=1}^{T} g(\boldsymbol{x}^{(t)}) \to \int g(\boldsymbol{x})\pi(\boldsymbol{x})\,\mathrm{d}\boldsymbol{x}.$$

一个不可约且非周期的马尔可夫链等价于 $\exists k < \infty$ 使得 $\forall \boldsymbol{x}, \boldsymbol{x}' \in \chi$，$p^k(\boldsymbol{x} \mid \boldsymbol{x}') > 0$. 在更严格的定义中，马尔可夫链的遍历性还需要满足正常返 (positive recurrence) 条件：从 χ 上的任意集合 A 的一点 $\boldsymbol{x} \in A$ 出发，持续运行马尔可夫链，它可以无穷次回到 A；或者马尔可夫链会在期望有限的步数内再次回到 A. 当转移密度函数满足 $p(\boldsymbol{x} \mid \boldsymbol{x}') > 0$，$\forall \boldsymbol{x}, \boldsymbol{x}' \in \chi$ 时，不可约性与正常返是等价的. 在有些情形下，不可约的马尔可夫链不一定是正常返的.

在贝叶斯分析中，通过 Gibbs 抽样产生的马尔可夫链一般是遍历的，上述结果表明通过产生一条很长的马尔可夫链，该过程的样本可以近似描述后验分布 (平稳分布).

有时当初始值选取得不太好，马尔可夫链可能会移动很长时间才收敛到平稳分布概率 (密度) 较高的区域，我们称这段时间为 burn - in. 用样本均值估计目标期望时通常舍弃 burn - in 阶段的样本.

第 4 章课件

参考文献

HOFF P D, 2009. A first course in Bayesian statistical methods [M]. New York: Springer Science & Business Media.

第5章 Metropolis-Hastings算法、HMC算法与SMC算法

有些贝叶斯模型不存在共轭的先验分布，甚至参数的完全条件分布也不是常见的分布或很难进行抽样. 这种情况下，无法使用 Gibbs 抽样估计参数的后验分布. 本章介绍一种更通用的 MCMC 方法——Metropolis - Hastings 算法，它几乎适用估计任何先验分布下的贝叶斯模型. 我们首先以一个贝叶斯泊松回归模型为例介绍如何使用该方法.

5.1 贝叶斯泊松回归模型

一项针对麻雀的研究记录了 52 只雌雀在一个夏天的繁殖数据，图 5-1 用箱式图展示了这些雌雀繁殖的后代数与它们年龄的关系. 从图 5-1 可以看到，2 岁的雌雀繁殖后代数的中位数(median)最高.

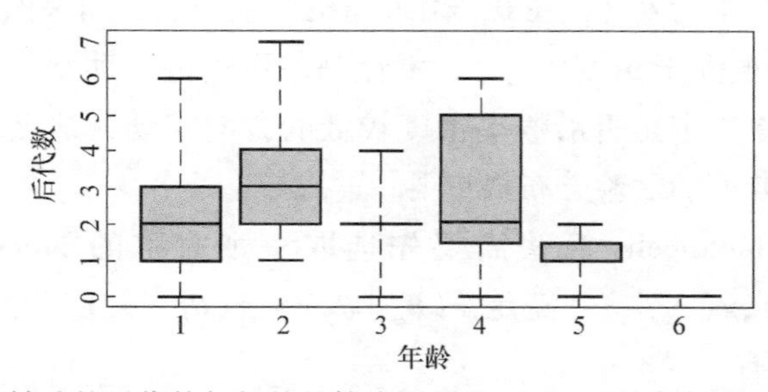

图 5-1 雌雀繁殖的后代数与年龄的箱式图（boxplot）.（图片来源：Hoff（2009））

我们希望用一个概率模型拟合该数据以预测雌雀各年龄繁殖后代数的期望. 响应变量（response）y_i 对应雌雀 i 繁殖的后代数，是一个非负整数 $y_i \in \{0, 1, 2, \cdots\}$；解释变量 x_i 为雌雀 i 的年龄. 考虑采用如下的泊松模型：

$$y_i \mid x_i \sim \mathrm{Po}(\theta(x_i)), \quad i = 1, \cdots, n. \tag{5-1}$$

根据图 5-1，假设 y_i 的期望 $\theta(x_i)$ 是 x_i 的二次函数，即 $\theta(x_i) = \beta_1 + \beta_2 x_i + \beta_3 x_i^2$. 但是该模型有一个问题：估计的系数 $\boldsymbol{\beta} = (\beta_1, \beta_2, \beta_3)$ 可能使 $\theta(x_i) < 0$. 一种解决方法是假设 $\ln\theta(x_i)$ 是 x_i 的二次函数：

$$\ln\theta(x_i) = \beta_1 + \beta_2 x_i + \beta_3 x_i^2. \tag{5-2}$$

此时 y_i 的期望 $\theta(x_i) = \exp(\beta_1 + \beta_2 x_i + \beta_3 x_i^2) > 0$，$\forall \boldsymbol{\beta}$.

为了更好地描述参数估计$\hat{\boldsymbol{\beta}} = (\hat{\beta}_1, \hat{\beta}_2, \hat{\beta}_3)$的不确定性（如方差、置信区间等），考虑采用贝叶斯分析．为上述泊松回归模型（5-1）和模型（5-2）的参数$\boldsymbol{\beta}$设定以下多元正态先验分布：

$$\boldsymbol{\beta} \sim N_3(\mathbf{0}, 100\boldsymbol{I}_3). \tag{5-3}$$

在先验分布（5-3）下，$\boldsymbol{\beta}$的后验分布不是多元正态分布，其各分量的完全条件分布也不是常见的容易抽样的分布，此时无法使用 Gibbs 抽样，但 Metropolis 方法仍然可以构建马尔可夫链获得$\boldsymbol{\beta}$后验分布的样本.

5.2 Metropolis 算法

对一般的贝叶斯模型，用 $p(\boldsymbol{y} \mid \boldsymbol{\theta})$ 表示观察值的似然函数，参数 $\boldsymbol{\theta} \in \mathbb{R}^p$的先验分布为 $p(\boldsymbol{\theta})$．$\boldsymbol{\theta}$ 的后验分布为

$$p(\boldsymbol{\theta} \mid \boldsymbol{y}) \propto p(\boldsymbol{y} \mid \boldsymbol{\theta}) p(\boldsymbol{\theta}).$$

但该分布的归一化常数 $\int p(\boldsymbol{y} \mid \boldsymbol{\theta}) p(\boldsymbol{\theta}) \mathrm{d}\boldsymbol{\theta}$ 通常很难计算，也很难直接从该后验分布抽样.

Metropolis 算法通过持续地在参数空间随机“游走”寻找目标后验分布 $p(\boldsymbol{\theta} \mid \boldsymbol{y})$概率密度较高的区域．假设在当前时刻马尔可夫链得到的样本为$\boldsymbol{\theta}^{(t)}$，在 $\boldsymbol{\theta}^{(t)}$ 附近随机产生一点，如果该点对应的 $p(\boldsymbol{\theta} \mid \boldsymbol{y})$的值高于 $p(\boldsymbol{\theta}^{(t)} \mid \boldsymbol{y})$，就让马尔可夫链移动到该点；反之以一定概率决定是否沿概率密度较低的方向移动，这点对于有效地探索多峰值的后验分布很重要.

运行 Metropolis 算法需要先选取一个对称的 proposal 分布 $g(\boldsymbol{\theta} \mid \boldsymbol{\theta}^{(t)})$, $g(\cdot \mid \cdot)$满足 $g(\boldsymbol{\theta}_a \mid \boldsymbol{\theta}_b) = g(\boldsymbol{\theta}_b \mid \boldsymbol{\theta}_a)$，常用的 proposal 分布有：

（1）$g(\boldsymbol{\theta} \mid \boldsymbol{\theta}^{(t)}) \sim \boldsymbol{U}(\boldsymbol{\theta}^{(t)} - \boldsymbol{\delta}, \boldsymbol{\theta}^{(t)} + \boldsymbol{\delta})$；

（2）$g(\boldsymbol{\theta} \mid \boldsymbol{\theta}^{(t)}) \sim N_p(\boldsymbol{\theta}^{(t)}, \mathrm{diag}(\boldsymbol{\delta}))$.

后面我们会讨论如何选取$\boldsymbol{\delta}$使算法运行更有效率.

选定 proposal 分布 $g(\boldsymbol{\theta} \mid \boldsymbol{\theta}^{(t)})$后，Metropolis 算法如下产生样本 $\boldsymbol{\theta}^{(t+1)}$：

1. 抽样 $\boldsymbol{\theta}^* \sim g(\boldsymbol{\theta} \mid \boldsymbol{\theta}^{(t)})$.
2. 计算接受比率（acceptance ratio）

$$r_t = \frac{p(\boldsymbol{\theta}^* \mid \boldsymbol{y})}{p(\boldsymbol{\theta}^{(t)} \mid \boldsymbol{y})} = \frac{p(\boldsymbol{y} \mid \boldsymbol{\theta}^*) p(\boldsymbol{\theta}^*)}{p(\boldsymbol{y} \mid \boldsymbol{\theta}^{(t)}) p(\boldsymbol{\theta}^{(t)})}.$$

3. 令

$$\boldsymbol{\theta}^{(t+1)} = \begin{cases} \boldsymbol{\theta}^*, & 概率 \min(r_t,1), \\ \boldsymbol{\theta}^{(t)}, & 概率 1-\min(r_t,1). \end{cases}$$

5.2.1 Metropolis 算法的收敛性

根据马尔可夫链理论，一条遍历的马尔可夫链会收敛到唯一的平稳分布. 此时对于转移密度函数 $p(\boldsymbol{x} \mid \boldsymbol{x}')$，如果能找到分布 $\pi(\boldsymbol{x})$满足

$$\pi(\boldsymbol{x}) = \int p(\boldsymbol{x} \mid \boldsymbol{x}')\pi(\boldsymbol{x}')\mathrm{d}\boldsymbol{x}', \forall \boldsymbol{x},\boldsymbol{x}', \tag{5-4}$$

则 $\pi(\boldsymbol{x})$就是马尔可夫链收敛到的平稳分布.

式(5-4)成立的一个充分条件如下：

$$p(\boldsymbol{x}' \mid \boldsymbol{x})\pi(\boldsymbol{x}) = p(\boldsymbol{x} \mid \boldsymbol{x}')\pi(\boldsymbol{x}') \quad \forall \boldsymbol{x},\boldsymbol{x}', \tag{5-5}$$

对式(5-5)两边关于 $\boldsymbol{x}'$积分可得式(5-4). 称式(5-5)为 **detail balance**条件. 因此对一条遍历的马尔可夫链，找到满足 detail balance式（5-5）的分布 $\pi(\boldsymbol{x})$就找到了马尔可夫链的平稳分布.

接下来我们证明 Metropolis 算法产生的马尔可夫链的平稳分布为参数的后验分布 $p(\boldsymbol{\theta} \mid \boldsymbol{y})$.

（1）如果 $\boldsymbol{\theta}^{(t+1)} \neq \boldsymbol{\theta}^{(t)}$，说明接受了候选样本，对应的转移概率密度为

$$\begin{aligned} p(\boldsymbol{\theta}^{(t+1)} \mid \boldsymbol{\theta}^{(t)}) &= g(\boldsymbol{\theta}^{(t+1)} \mid \boldsymbol{\theta}^{(t)})P(\boldsymbol{\theta}^{(t+1)}\ 被接受) \\ &= g(\boldsymbol{\theta}^{(t+1)} \mid \boldsymbol{\theta}^{(t)})\min\left\{\frac{p(\boldsymbol{\theta}^{(t+1)} \mid \boldsymbol{y})}{p(\boldsymbol{\theta}^{(t)} \mid \boldsymbol{y})},1\right\}, \end{aligned}$$

此时

$$\begin{aligned} p(\boldsymbol{\theta}^{(t+1)} \mid \boldsymbol{\theta}^{(t)})p(\boldsymbol{\theta}^{(t)} \mid \boldsymbol{y}) = g(\boldsymbol{\theta}^{(t+1)} \mid \boldsymbol{\theta}^{(t)})\cdot \\ \min\{p(\boldsymbol{\theta}^{(t+1)} \mid \boldsymbol{y}),p(\boldsymbol{\theta}^{(t)} \mid \boldsymbol{y})\}. \end{aligned} \tag{5-6}$$

由于 proposal density $g(\cdot \mid \cdot)$ 是对称的，因此式（5-6）的右端关于（$\boldsymbol{\theta}^{(t)}$，$\boldsymbol{\theta}^{(t+1)}$）对称，所以

$$p(\boldsymbol{\theta}^{(t)} \mid \boldsymbol{\theta}^{(t+1)})p(\boldsymbol{\theta}^{(t+1)} \mid \boldsymbol{y}) = p(\boldsymbol{\theta}^{(t+1)} \mid \boldsymbol{\theta}^{(t)})p(\boldsymbol{\theta}^{(t)} \mid \boldsymbol{y}),$$

即 detail balance 条件对后验分布 $p(\boldsymbol{\theta} \mid \boldsymbol{y})$成立.

（2）如果 $\boldsymbol{\theta}^{(t+1)} = \boldsymbol{\theta}^{(t)}$，不论转移密度函数具有何种形式，detail balance 条件对后验分布总是成立的，因为 $p(\boldsymbol{\theta}^{(t)} \mid \boldsymbol{\theta}^{(t)})p(\boldsymbol{\theta}^{(t)} \mid \boldsymbol{y}) = p(\boldsymbol{\theta}^{(t)} \mid \boldsymbol{\theta}^{(t)})p(\boldsymbol{\theta}^{(t)} \mid \boldsymbol{y})$.

因此如果 Metropolis 方法生成的马尔可夫链是遍历的，由于 detail balance 条件对后验分布成立，该马尔可夫链会收敛到后验分布.

补充说明

1. 如果参数 $\boldsymbol{\theta}$ 是一个 p 维连续向量，将 proposal 分布 $g(\boldsymbol{\theta} \mid \boldsymbol{\theta}^{(t)})$ 选为 $N_p(\boldsymbol{\theta}^{(t)}, \mathrm{diag}(\boldsymbol{\delta}))$ 可以得到遍历的马尔可夫链.

2. 在 Metropolis 算法中，接受比率并不是越高越好. 如果 proposal 分布 $g(\boldsymbol{\theta} \mid \boldsymbol{\theta}^{(t)})$ 中选取的 $\|\boldsymbol{\delta}\|$ 很小，每一步迭代产生的候选样本 $\boldsymbol{\theta}^*$ 会很接近当前样本 $\boldsymbol{\theta}^{(t)}$，这使得 $p(\boldsymbol{\theta}^* \mid \boldsymbol{y}) \approx p(\boldsymbol{\theta}^{(t)} \mid \boldsymbol{y})$，因此候选样本很容易被接受. 但这会导致马尔可夫链在参数空间中移动地非常缓慢，需要很长时间才能收敛到平稳分布，如图 5-2 的左图所示. 此时马尔可夫链上样本之间的相关性较高，这使得样本均值对后验期望的近似精度下降（回顾有效样本数的定义）. 在 Gibbs 抽样中，我们无法直接控制马尔可夫链的相关性，但在 Metropolis 算法中，可以通过调节 $\|\boldsymbol{\delta}\|$ 来调整马尔可夫链的相关性.

3. 如果在 proposal 分布 $g(\boldsymbol{\theta} \mid \boldsymbol{\theta}^{(t)})$ 中令 $\|\boldsymbol{\delta}\|$ 很大，每步产生的候选样本 $\boldsymbol{\theta}^*$ 虽然能更自由地探索参数空间，其对应的 $p(\boldsymbol{\theta}^* \mid \boldsymbol{y})$ 很可能非常小，因而很容易被拒绝. 这会造成马尔可夫链在一段时间“困在”局部某点处不动，导致样本间相关性较高，如图 5-2c 所示.

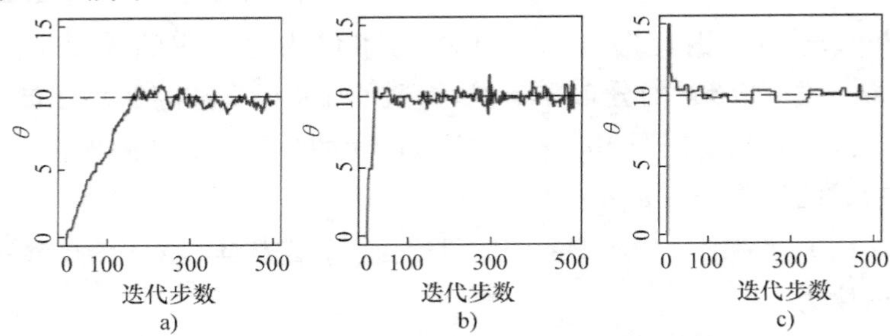

图 5-2 在 proposal 分布 $N(\theta^{(t)}, \delta^2)$ 中选取不同的 δ 得到的马尔可夫链. 从左到右分别对应 $\delta^2 = 1/32$，2，64. 马尔可夫链的总体接受比率从左到右分别为 87%，35%，5%.（图片来源：Hoff（2009））

4. 实践中经常采用以下做法为 proposal 分布选取合适的 $\boldsymbol{\delta}$：在不同 $\boldsymbol{\delta}$ 取值下，先运行 Metropolis 算法产生一些较短的马尔可夫链，选取 $\boldsymbol{\delta}$ 使得马尔可夫链的接受比率大致在 20% 到 50% 之间（Hoff，2009）；确定一个合理的 $\boldsymbol{\delta}$ 后，再运行 Metropolis 算法产生较长的马尔可夫链做统计推断.

5.3 贝叶斯泊松回归模型的 Metropolis 算法

本节介绍如何使用 Metropolis 算法估计 5.1 节中的贝叶斯泊松回归模型(5-1)至模型(5-3). 在每步迭代中，我们整体对参数 $\boldsymbol{\beta} = (\beta_1, \beta_2, \beta_3)$ 进行抽样，因为区块抽样可以减少样本间的相关性. 从 proposal 分布 $g(\boldsymbol{\beta} \mid \boldsymbol{\beta}^{(t)})$ 产生一个候选样本 $\boldsymbol{\beta}^*$，令 $\boldsymbol{x}_i = (1, x_i, x_i^2)^{\mathrm{T}}$，矩阵 $\boldsymbol{X} = (\boldsymbol{x}_1, \cdots, \boldsymbol{x}_n)^{\mathrm{T}}$，此时 Metropolis 算法的接受

比率为：

$$r = \frac{p(\boldsymbol{\beta}^* \mid \boldsymbol{X},\boldsymbol{y})}{p(\boldsymbol{\beta}^{(t)} \mid \boldsymbol{X},\boldsymbol{y})} = \frac{N_3(\boldsymbol{\beta}^* \mid \boldsymbol{0},100\boldsymbol{I}_3)\prod_{i=1}^{n}\mathrm{Po}(y_i \mid \exp(\boldsymbol{x}_i^{\mathrm{T}}\boldsymbol{\beta}^*))}{N_3(\boldsymbol{\beta}^{(t)} \mid \boldsymbol{0},100\boldsymbol{I}_3)\prod_{i=1}^{n}\mathrm{Po}(y_i \mid \exp(\boldsymbol{x}_i^{\mathrm{T}}\boldsymbol{\beta}^{(t)}))}.$$

在本例中，我们选取的 proposal 分布为 $N(\boldsymbol{\beta}^{(t)},\hat{\sigma}^2(\boldsymbol{X}^{\mathrm{T}}\boldsymbol{X})^{-1})$，其中 $\hat{\sigma}^2$ 是 $\{\ln(y_1+1/2),\cdots,\ln(y_n+1/2)\}$ 的样本方差. 因为对于线性回归模型，$\boldsymbol{\beta}$ 的 OLS 估计量的方差为 $\sigma^2(\boldsymbol{X}^{\mathrm{T}}\boldsymbol{X})^{-1}$，其中 σ^2 是响应变量的方差. 如果该分布产生的马尔可夫链的接受比率过高或过低，总可以相应调整 proposal 分布中的方差. 实现本例 Metropolis算法的 R 代码如下.

```
n <- length(y)
p <- dim(X)[2]

pmn.beta <- rep (0 ,p) #prior expectation
psd.beta <- rep (10 ,p) #prior sd

var.prop <- var ( log (y+1/2) ) * solve ( t(X) %*% X ) #proposal var

S <- 10000 #length of Markov chain
beta <- rep(0,p) #initial value
acs <- 0 #number of acceptances

BETA <- matrix(0, nrow=S, ncol=p)

# Metropolis algorithm
set.seed (1)
for(s in 1:S){
  beta.p <- t( rmvnorm(1, beta, var.prop) )
  log_ar <- sum( dpois(y, exp(X %*% beta.p), log=T) ) -
            sum( dpois(y, exp(X %*% beta), log=T) ) +
            sum( dnorm(beta.p, pmn.beta, psd.beta, log=T) ) -
            sum( dnorm(beta, pmn.beta, psd.beta, log =T) )
  if( log(runif(1)) < log_ar ){
    beta <- beta.p
    acs <- acs+1
  }
  BETA[s,] <- beta
}
```

代入雌雀的数据，上述 Metropolis 算法得到的马尔可夫链的接受比率为43%．图 5-3 的左图展示了 β_3 对应的马尔可夫链的轨迹图．可以看到该马尔可夫链很快从初始值 0 移动到后验分布的众数（posterior mode）附近．图 5-3 中间的图展示了该马尔可夫链的自相关系数函数（autocorrelation function，ACF），可以看到相邻样本的自相关系数很高．如果我们从该马尔可夫链上每 10 步取一个样本组成一条“变瘦”（thinned）的马尔可夫链，图 5-3 展示了新的马尔可夫链的 ACF，可以看到此时样本间的相关性很小．经过“瘦身”的马尔可夫链只保留了原马尔可夫链上 10000 个样本中的 1000 个，但这 1000 个样本接近相互独立，它们的 ESS 为 726．这些样本对于估计本例的后验分布是足够的，图 5-4a 用虚线展示了由离散网格法估计的 β_3 的边际后验概率密度函数，这与从上述“变瘦”的马尔可夫链上估计的边际分布几乎完全相同．

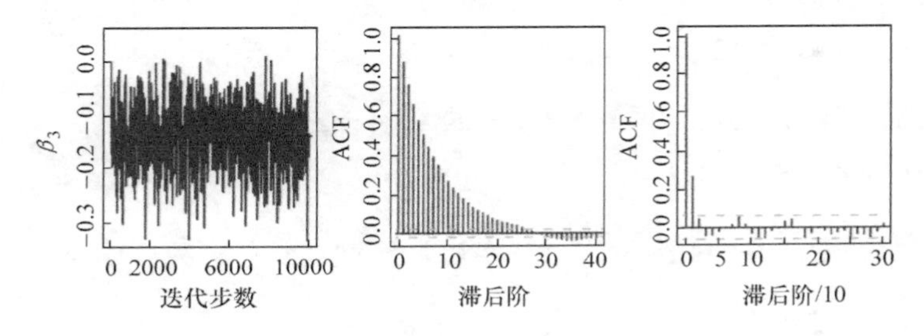

图 5-3　β_3 的马尔可夫链及其自相关系数函数.

（图片来源：Hoff（2009））

最后，图 5-4b 展示了雌雀在年龄 x 下期望繁殖的后代数 $\theta(x)$ 的后验中位数（posterior median）及 95% 置信区间（credible interval），这些结果反映出该雀种产生的后代数与雌雀年龄的二次函数的关系．

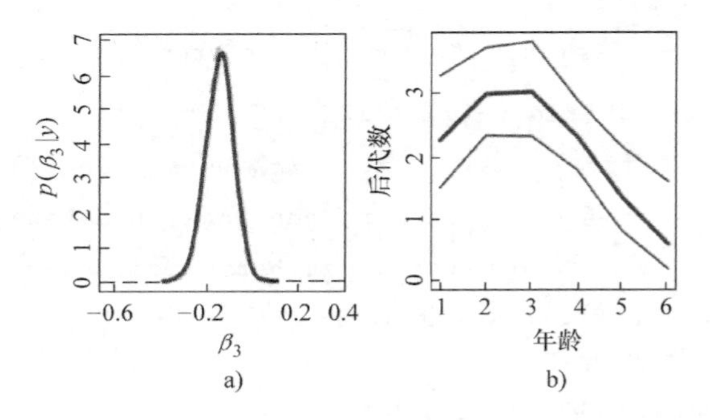

图 5-4　图 5-4a：实线代表由 β_3 的“变瘦”的马尔可夫链估计的边际 PDF，虚线是由数值方法估计的 β_3 的边际后验概率密度函数；图 5-4b：从上到下的三条线分别对应 $\exp(\boldsymbol{x}^{\mathrm{T}}\boldsymbol{\beta})$ 的 2.5%，50% 和 97.5% 的后验分位数函数（posterior quantiles）．（图片来源：Hoff（2009））

5.4 Metropolis - Hastings 算法

前面介绍的 Gibbs 抽样和 Metropolis 算法是两种使用马尔可夫链近似目标分布的方法. 事实上，它们是更一般的 Metropolis - Hastings（M - H）算法的两个特例. M - H 算法与 Metropolis 算法很相似，它也需要在每步迭代中从 proposal 分布产生一个候选样本，然后按照一定概率接受或拒绝该样本，但是 M - H 算法允许任何形式的 proposal 分布，不一定是对称的条件分布.

假设目标分布是参数 $\boldsymbol{\theta}$ 的后验分布 $p(\boldsymbol{\theta} \mid \boldsymbol{y})$. 选取 proposal 分布 $\tilde{g}(\boldsymbol{\theta} \mid \boldsymbol{\theta}^{(t)})$ 后，M - H 算法如下产生样本 $\boldsymbol{\theta}^{(t+1)}$：

1. 抽样 $\boldsymbol{\theta}^* \sim \tilde{g}(\boldsymbol{\theta} \mid \boldsymbol{\theta}^{(t)})$.
2. 计算接受比率

$$r_t = \frac{p(\boldsymbol{\theta}^* \mid \boldsymbol{y})}{p(\boldsymbol{\theta}^{(t)} \mid \boldsymbol{y})} \cdot \frac{\tilde{g}(\boldsymbol{\theta}^{(t)} \mid \boldsymbol{\theta}^*)}{\tilde{g}(\boldsymbol{\theta}^* \mid \boldsymbol{\theta}^{(t)})} = \frac{p(\boldsymbol{y} \mid \boldsymbol{\theta}^*)p(\boldsymbol{\theta}^*)\tilde{g}(\boldsymbol{\theta}^{(t)} \mid \boldsymbol{\theta}^*)}{p(\boldsymbol{y} \mid \boldsymbol{\theta}^{(t)})p(\boldsymbol{\theta}^{(t)})\tilde{g}(\boldsymbol{\theta}^* \mid \boldsymbol{\theta}^{(t)})}.$$

3. 令

$$\boldsymbol{\theta}^{(t+1)} = \begin{cases} \boldsymbol{\theta}^*, & \text{概率 } \min(r_t, 1), \\ \boldsymbol{\theta}^{(t)}, & \text{概率 } 1 - \min(r_t, 1). \end{cases}$$

M - H 算法的适用范围更广，因为对称的 proposal 分布有时并不合理，比如对于方差参数，对称的 proposal 分布可能无法保证产生的样本为正. 与 Metropolis 算法类似，我们可以用 detail balance 条件证明 M - H 算法产生的马尔可夫链收敛到参数的后验分布 $p(\boldsymbol{\theta} \mid \boldsymbol{y})$.

（1）如果 $\boldsymbol{\theta}^{(t+1)} \neq \boldsymbol{\theta}^{(t)}$，从 $\boldsymbol{\theta}^{(t)}$ 到 $\boldsymbol{\theta}^{(t+1)}$ 的转移概率密度为

$$\begin{aligned} p(\boldsymbol{\theta}^{(t+1)} \mid \boldsymbol{\theta}^{(t)}) &= \tilde{g}(\boldsymbol{\theta}^{(t+1)} \mid \boldsymbol{\theta}^{(t)}) P(\boldsymbol{\theta}^{(t+1)} \text{ 被接受}) \\ &= \tilde{g}(\boldsymbol{\theta}^{(t+1)} \mid \boldsymbol{\theta}^{(t)}) \\ & \min\left\{\frac{p(\boldsymbol{\theta}^{(t+1)} \mid \boldsymbol{y})}{p(\boldsymbol{\theta}^{(t)} \mid \boldsymbol{y})} \cdot \frac{\tilde{g}(\boldsymbol{\theta}^{(t)}) \mid \boldsymbol{\theta}^{(t+1)})}{\tilde{g}(\boldsymbol{\theta}^{(t+1)} \mid \boldsymbol{\theta}^{(t)})}, 1\right\}. \end{aligned}$$

此时

$$\begin{aligned} p(\boldsymbol{\theta}^{(t+1)} \mid \boldsymbol{\theta}^{(t)}) p(\boldsymbol{\theta}^{(t)} \mid \boldsymbol{y}) = \min\{ & p(\boldsymbol{\theta}^{(t+1)} \mid \boldsymbol{y}) \tilde{g}(\boldsymbol{\theta}^{(t)} \mid \boldsymbol{\theta}^{(t+1)}), \\ & p(\boldsymbol{\theta}^{(t)} \mid \boldsymbol{y}) \tilde{g}(\boldsymbol{\theta}^{(t+1)} \mid \boldsymbol{\theta}^{(t)})\}, \end{aligned} \tag{5-7}$$

注意到式（5-7）的右端关于（$\boldsymbol{\theta}^{(t)}$，$\boldsymbol{\theta}^{(t+1)}$）对称，所以

$$p(\boldsymbol{\theta}^{(t)} \mid \boldsymbol{\theta}^{(t+1)}) p(\boldsymbol{\theta}^{(t+1)} \mid \boldsymbol{y}) = p(\boldsymbol{\theta}^{(t+1)} \mid \boldsymbol{\theta}^{(t)}) p(\boldsymbol{\theta}^{(t)} \mid \boldsymbol{y}), \forall \boldsymbol{\theta}^{(t)}, \boldsymbol{\theta}^{(t+1)}.$$

即 detail balance 条件关于后验分布 $p(\boldsymbol{\theta} \mid \boldsymbol{y})$ 成立.

（2）如果 $\boldsymbol{\theta}^{(t+1)} = \boldsymbol{\theta}^{(t)}$，不论转移密度函数是何种形式，detail balance条件对后验分布 $p(\boldsymbol{\theta} \mid \boldsymbol{y})$ 总是成立的，因为

$$p(\boldsymbol{\theta}^{(t)} \mid \boldsymbol{\theta}^{(t)}) p(\boldsymbol{\theta}^{(t)} \mid \boldsymbol{y}) = p(\boldsymbol{\theta}^{(t)} \mid \boldsymbol{\theta}^{(t)}) p(\boldsymbol{\theta}^{(t)} \mid \boldsymbol{y}).$$

补充说明

1. 在 M－H 算法中，如果选取的 proposal 分布$\tilde{g}(\boldsymbol{\theta} \mid \boldsymbol{\theta}^{(t)})$是一个对称的条件分布，则算法退化为 Metropolis 算法. 与Metropolis 算法类似，M－H 算法产生的马尔可夫链也可能出现重复的样本.

2. 如果 M－H 算法的目标分布 $\pi(\boldsymbol{\theta})$ 可以分解为如下两部分:

$$\pi(\boldsymbol{\theta}) \propto \alpha(\boldsymbol{\theta}) g(\boldsymbol{\theta}),$$

其中 $g(\boldsymbol{\theta})$在 $\pi(\boldsymbol{\theta})$ 中占主导地位且对应一个容易抽样的分布. 那么可将 proposal 分布选为 $g(\boldsymbol{\theta})$，此时 M－H 算法的接受比率简化为

$$r_t = \frac{\pi(\boldsymbol{\theta}^*)}{\pi(\boldsymbol{\theta}^{(t)})} \cdot \frac{g(\boldsymbol{\theta}^{(t)})}{g(\boldsymbol{\theta}^*)} = \frac{\alpha(\boldsymbol{\theta}^*)}{\alpha(\boldsymbol{\theta}^{(t)})}.$$

下面以一个简单的例子说明为什么 Gibbs 抽样也是 M－H 算法的一个特例. 假设要抽样的目标分布是一个二元分布$\pi(u, v)$. Gibbs 抽样通过轮流从每个变量的完全条件分布中抽样产生一列收敛到目标分布的样本：给定当前样本（$u^{(t)}$，$v^{(t)}$），

（1）抽样 $u^{(t+1)} \sim \pi(u \mid v^{(t)})$；

（2）抽样 $v^{(t+1)} \sim \pi(v \mid u^{(t+1)})$.

M－H 算法可以如下构造：分别为随机变量 U，V 选取proposal 分布 $g_u(u \mid u', v')$和 $g_v(v \mid u', v')$. 给定当前样本（$u^{(t)}$，$v^{(t)}$），

1. 更新 U:

（a）抽样 $u^* \sim g_u(u \mid u^{(t)}, v^{(t)})$.

（b）计算接受比率

$$rv_t = \frac{\pi(u^*, v^{(t)})}{\pi(u^{(t)}, v^{(t)})} \cdot \frac{g_u(u^{(t)} \mid u^*, v^{(t)})}{g_u(u^* \mid u^{(t)}, v^{(t)})}.$$

（c）令

$$u^{(t+1)} = \begin{cases} u^*, & \text{概率 } \min(ru_t, 1), \\ u^{(t)}, & \text{概率 } 1 - \min(ru_t, 1). \end{cases}$$

2. 更新 V:

（a）抽样 $v^* \sim g_v(v \mid u^{(t+1)}, v^{(t)})$.

（b）计算接受比率

$$ru_t = \frac{\pi(u^{(t+1)}, v^*)}{\pi(u^{(t+1)}, v^{(t)})} \cdot \frac{g_v(v^{(t)} \mid u^{(t+1)}, v^*)}{g_v(v^* \mid u^{(t+1)}, v^{(t)})}.$$

（c）令

$$v^{(t+1)} = \begin{cases} v^*, & 概率 \min(rv_t, 1), \\ v^{(t)}, & 概率 1 - \min(rv_t, 1). \end{cases}$$

如果在上述 M-H 算法中，将 proposal 分布选为目标分布 $\pi(u,v)$ 的完全条件分布，即 $g_u(u \mid u', v') = \pi(u \mid v')$，$g_v(v \mid u', v') = \pi(v \mid u')$，则 M-H 算法每步的接受比率为

$$\begin{aligned} ru_t &= \frac{\pi(u^*, v^{(t)})}{\pi(u^{(t)}, v^{(t)})} \cdot \frac{g_u(u^{(t)} \mid u^*, v^{(t)})}{g_u(u^* \mid u^{(t)}, v^{(t)})} \\ &= \frac{\pi(u^*, v^{(t)})}{\pi(u^{(t)}, v^{(t)})} \cdot \frac{\pi(u^{(t)} \mid v^{(t)})}{\pi(u^* \mid v^{(t)})} \\ &= \frac{\pi(v^{(t)})}{\pi(v^{(t)})} = 1. \end{aligned}$$

同理可得 $rv_t = 1$. 因此如果能从目标分布的完全条件分布中抽取候选样本，则该样本被接受的概率为 1，此时 M-H 算法退化为 Gibbs 抽样.

5.5　哈密顿蒙特卡罗（HMC）方法

Metropolis 算法随机游走的行为有时会导致马尔可夫链在空间中曲折移动很长时间才能收敛到目标分布，且样本之间的相关性较高，使得估计目标期望的有效样本很少.

考虑如下一个简单的贝叶斯模型：

$$y_i = \beta_0 + \beta_1 x_i + \varepsilon_i, \varepsilon_i \overset{\text{iid}}{\sim} N(0, \sigma^2), i = 1, \cdots, n.$$

为参数选取的先验分布为

$$\beta_0 \sim N(0, 10^2),$$

$$\beta_1 \sim N(0, 10^2),$$

$$\sigma \sim p(\sigma) = \frac{2}{\pi(1+\sigma^2)} \cdot 1(\sigma > 0) \quad （半-柯西分布）.$$

在真实值 $\beta_0 = 1$，$\beta_1 = 2$ 以及 $\sigma = 0.5$ 下生成 $n = 100$ 个观察值，分别用 M-H 算法和哈密顿蒙特卡罗（Hamiltonian Monte Carlo，HMC）算法估计参数的后验分布. 两种方法生成的马尔可夫链在截距 β_0 和斜率 β_1 所在的参数空间的动态移动情况分别见二维码. 可以看到，M-H 算法生成的马尔可夫链通过随机游走的方式探索参数空间效率较低，每一步移动的幅度稍大就会导致候选样本被拒绝且样本间的相关性较高；而 HMC 方法是一种基于梯度的抽样方法，可以使样本每步移动的幅度更大，在探索参数空间时更高效，且能有效减少样本间的相关性.

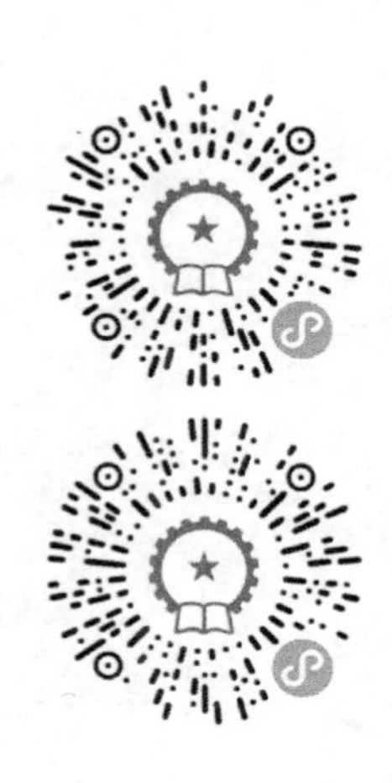

5.5.1 哈密顿动力系统

HMC 方法借鉴了物理中哈密顿动力系统的想法. 假设在一个无摩擦的环境下，小球沿着高低起伏的光滑表面运动. 用$\boldsymbol{\theta}_t \in \mathbb{R}^d$表示小球在 t 时刻的位置，$U(\boldsymbol{\theta}_t)$表示小球的势能；用$\boldsymbol{q}_t \in \mathbb{R}^d$表示小球在 t 时刻的动量（$\boldsymbol{q}_t = m \cdot \boldsymbol{v}_t$），$K(\boldsymbol{q}_t)$表示小球的动能，则$K(\boldsymbol{q}_t) = \boldsymbol{q}_t^{\mathrm{T}}\boldsymbol{q}_t/(2m)$.

在哈密顿系统中，小球的运动由哈密顿函数 $H(\boldsymbol{\theta}_t, \boldsymbol{q}_t)$描述. $H(\theta_t, q_t)$ 的偏导数决定了 θ_t 和 q_t 如何随时间变化. $\boldsymbol{\theta}$ 和 $\boldsymbol{q}$ 每个分量的变化满足如下的哈密顿方程组：

$$\frac{\mathrm{d}\theta_j}{\mathrm{d}t} = \frac{\partial H}{\partial q_j},$$

$$\frac{\mathrm{d}q_j}{\mathrm{d}t} = -\frac{\partial H}{\partial \theta_j}, \tag{5-8}$$

$j=1, \cdots, d$. 此时哈密顿函数 $H(\boldsymbol{\theta}_t, \boldsymbol{q}_t)$不随时间变化：

$$\frac{\mathrm{d}H}{\mathrm{d}t} = \sum_{j=1}^{d} \frac{\mathrm{d}\theta_j}{\mathrm{d}t}\frac{\partial H}{\partial \theta_j} + \frac{\mathrm{d}q_j}{\mathrm{d}t}\frac{\partial H}{\partial q_j} = \sum_{j=1}^{d} \frac{\partial H}{\partial q_j}\frac{\partial H}{\partial \theta_j} - \frac{\partial H}{\partial \theta_j}\frac{\partial H}{\partial q_j} = 0.$$

在 HMC 中，上述模型的 $\boldsymbol{\theta}$ 对应我们要抽样的变量. 如果抽样的目标分布为 $\pi(\boldsymbol{\theta})$，势能函数 $U(\boldsymbol{\theta})$对应 $-\ln\pi(\boldsymbol{\theta})$. HMC 为每一个分量 θ_j 引入一个辅助的“动量”变量 q_j，一般令 $\boldsymbol{q} \sim N_d(\boldsymbol{0}, \boldsymbol{M})$. 此时动能函数 $K(\boldsymbol{q})$对应

$$K(\boldsymbol{q}) = -\ln p(\boldsymbol{q}) = \boldsymbol{q}^{\mathrm{T}}\boldsymbol{M}^{-1}\boldsymbol{q}/2.$$

在 HMC 中，协方差矩阵 $\boldsymbol{M}$ 被称为**质量矩阵（mass matrix）**，一般取为对角阵. 哈密顿函数通常取为以下形式：

$$H(\boldsymbol{\theta}, \boldsymbol{q}) = U(\boldsymbol{\theta}) + K(\boldsymbol{q}).$$

根据哈密顿方程组（5-8），此时

$$\frac{\mathrm{d}\theta_j}{\mathrm{d}t} = [\boldsymbol{M}^{-1}\boldsymbol{q}]_j,$$

$$\frac{\mathrm{d}q_j}{\mathrm{d}t} = \frac{\partial \ln\pi(\boldsymbol{\theta})}{\partial \theta_j}, \tag{5-9}$$

$j=1,\cdots, d$. HMC 方法在每步迭代中使用 Metropolis 方法更新（$\boldsymbol{\theta}$, $\boldsymbol{q}$），而候选样本是从哈密顿动力系统（5-9）中产生，这种方式产生的候选样本可以与当前样本距离较远，同时还能保证较高的接受概率.

5.5.2 Leapfrog 方法：离散化哈密顿方程

为了模拟哈密顿系统的运动，我们以时间间隔 ε 对哈密顿方程进行离散化近似：从 $t=0$ 开始，依次计算 $t=\varepsilon$，2ε，…时的 $\boldsymbol{\theta}(t)$ 和 $\boldsymbol{q}(t)$. 令 $H(\boldsymbol{\theta},\boldsymbol{q})=U(\boldsymbol{\theta})+K(\boldsymbol{q})$，其中 $K(\boldsymbol{q})=\boldsymbol{q}^{\mathrm{T}}\boldsymbol{M}^{-1}\boldsymbol{q}/2$. $\boldsymbol{M}$ 取为对角阵 $\boldsymbol{M}=\mathrm{diag}(m_1,\cdots,m_d)$，则 $K(\boldsymbol{q})$ 可写为

$$K(\boldsymbol{q})=\sum_{j=1}^{d}\frac{q_j^2}{2m_j}.$$

（1）**欧拉方法**. 对微分方程最简单的离散近似方法是欧拉方法. 根据哈密顿方程组（5-8），欧拉方法对哈密顿动力系统的近似形式如下：

$$q_j(t+\varepsilon)=q_j(t)+\varepsilon\frac{\mathrm{d}q_j(t)}{\mathrm{d}t}=q_j(t)-\varepsilon\frac{\partial U(\boldsymbol{\theta}(t))}{\partial\theta_j},$$

$$\theta_j(t+\varepsilon)=\theta_j(t)+\varepsilon\frac{\mathrm{d}\theta_j(t)}{\mathrm{d}t}=\theta_j(t)+\varepsilon\frac{q_j(t)}{m_j},\tag{5-10}$$

$j=1$，…，d. 从 $t=0$ 开始，在初始值 $\boldsymbol{\theta}(0)$ 和 $\boldsymbol{q}(0)$ 下，按照式（5-10）不断迭代，就得到了 $\boldsymbol{\theta}$ 和 $\boldsymbol{q}$ 在时间 $t=\varepsilon$，2ε，…的一条轨迹.

（2）**改进的欧拉方法**. 对欧拉形式（5-10）稍作修改可以获得更好的近似效果：

$$q_j(t+\varepsilon)=q_j(t)-\varepsilon\frac{\partial U(\boldsymbol{\theta}(t))}{\partial\theta_j},$$

$$\theta_j(t+\varepsilon)=\theta_j(t)+\varepsilon\frac{q_j(t+\varepsilon)}{m_j},\tag{5-11}$$

即在更新 θ_j 时代入新的 q_j 的值.

（3）**Leapfrog 方法**. Leapfrog 方法的近似效果更好，它的形式为：

$$q_j(t+\varepsilon/2)=q_j(t)-\frac{\varepsilon}{2}\cdot\frac{\partial U(\boldsymbol{\theta}(t))}{\partial\theta_j},$$

$$\theta_j(t+\varepsilon)=\theta_j(t)+\varepsilon\frac{q_j(t+\varepsilon/2)}{m_j},\tag{5-12}$$

$$q_j(t+\varepsilon)=q_j(t+\varepsilon/2)-\frac{\varepsilon}{2}\cdot\frac{\partial U(\boldsymbol{\theta}(t+\varepsilon))}{\partial\theta_j}.$$

Leapfrog 方法在每步更新时，先对动量变量 q_j 更新半步，代入新的 q_j 再对位置变量 θ_j 更新一整步，代入新的 θ_j 后再对 q_j 更新剩下的半步.

我们来看以上三种方法对一个一维哈密顿动力系统的近似效果. 假设

$$H(\theta,q) = U(\theta) + K(q), U(\theta) = \frac{\theta^2}{2}, K(q) = \frac{q^2}{2}.$$

根据哈密顿方程组（5-8），

$$\frac{d\theta}{dt} = q, \frac{dq}{dt} = -\theta. \tag{5-13}$$

上述微分方程组有如下形式的解：

$$\theta(t) = r\cos(a+t), q(t) = -r\sin(a+t), \tag{5-14}$$

其中 r 和 a 是常数. 图 5-5 展示了使用欧拉方法、改进的欧拉方法和 Leapfrog 方法得到的($\theta(t)$, $q(t)$)连续 20 步的近似轨迹. 可以看到，在选取时间步长 $\varepsilon=0.3$ 下，Leapfrog 方法精确地近似了真实轨迹，而 Euler 方法得到的轨迹严重偏离真实值且有发散的趋势，改进的欧拉方法得到的轨迹不发散、与真实轨迹较接近但近似效果没有 Leapfrog 方法好.

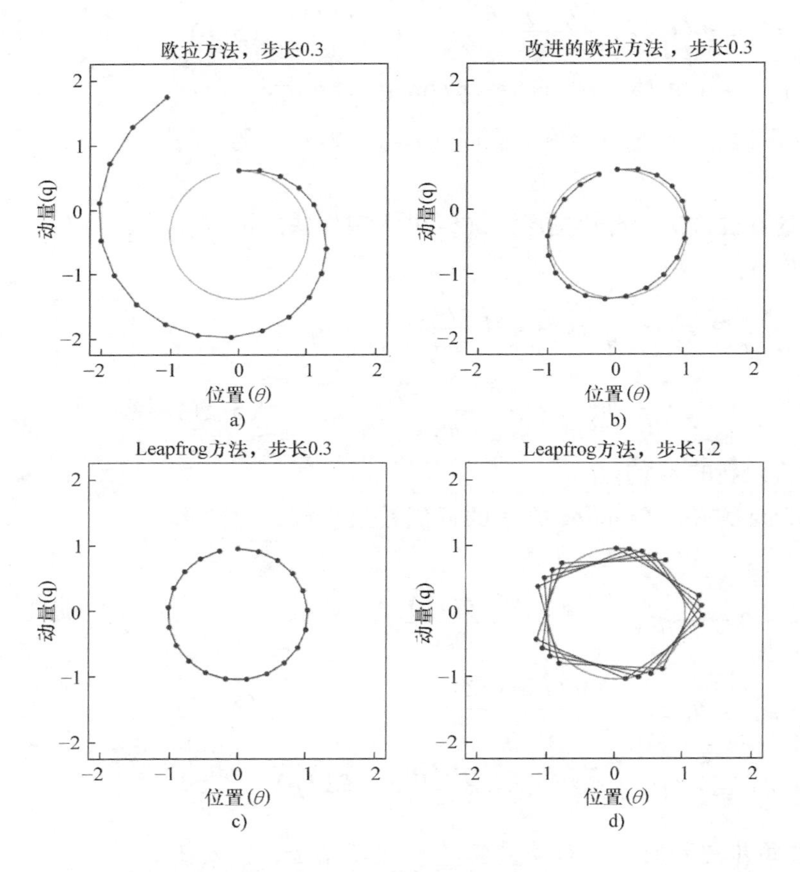

图 5-5 使用三种离散方法对哈密顿系统（5-13）的近似效果. 初始值为 $\theta=0$，$q=1$，灰色曲线代表（θ，q）的真实轨迹式（5-14）；（a）～（d）分别展示了每种方法得出的（θ，q）连续 20 步的运动轨迹. 在（a），（b），（c）中，时间步长 $\varepsilon=0.3$，（d）中 $\varepsilon=1.2$.（图片来源：Neal 等（2011））

对于微分方程的离散方法，人们用**局部误差**（local error）描述从时间 t 到 $t+\varepsilon$ 的近似误差，用**全局误差**（global error）描述经过一段时间 T（经过 T/ε 个时间步）后的近似误差. 如果方法的局部误差为 $O(\varepsilon^p)$，则全局误差为 $O(\varepsilon^{p-1})$. 欧拉方法及改进的欧拉方法的局部误差都是 $O(\varepsilon^2)$，全局误差 $O(\varepsilon)$；Leapfrog 方法的局部误差为 $O(\varepsilon^3)$，全局误差 $O(\varepsilon^2)$（Neal 等，2011）.

5.5.3　HMC 算法

在 HMC 算法中，目标分布 $\pi(\boldsymbol{\theta})$ 的归一化常数可以未知. 因此在估计贝叶斯模型时，可以令

$$U(\boldsymbol{\theta}) = -\log[L(\boldsymbol{y}\mid\boldsymbol{\theta})p(\boldsymbol{\theta})],$$

其中 $p(\boldsymbol{\theta})$ 是先验概率密度函数，$L(\boldsymbol{y}\mid\boldsymbol{\theta})$ 是观察值的似然函数.

给定初始值 $\boldsymbol{\theta}^{(0)}$，假设已获得当前样本 $\boldsymbol{\theta}^{(t)}$，HMC 算法如下产生新的样本 $\boldsymbol{\theta}^{(t+1)}$：

1. 抽样 $\boldsymbol{q}\sim N_d(\boldsymbol{0},\boldsymbol{M})$.

2. 从（$\boldsymbol{\theta}^{(t)}$，$\boldsymbol{q}$）出发，使用 Leapfrog 方法按哈密顿系统(5-9)移动 L 步，每步时间间隔 ε，得到候选样本（$\boldsymbol{\theta}^*$，$\boldsymbol{q}^*$）.

令 $\tilde{\boldsymbol{\theta}}=\boldsymbol{\theta}^{(t)}$，$\tilde{\boldsymbol{q}}=\boldsymbol{q}$，for $s=1,\cdots,L$：

(a) 将 $\tilde{\boldsymbol{q}}$ 更新半步：

$$\tilde{\boldsymbol{q}}\leftarrow\tilde{\boldsymbol{q}}-\frac{\varepsilon}{2}\nabla U(\tilde{\theta})$$

(b) 使用更新的 $\tilde{\boldsymbol{q}}$ 更新 $\tilde{\boldsymbol{\theta}}$：

$$\tilde{\boldsymbol{\theta}}\leftarrow\tilde{\boldsymbol{\theta}}+\varepsilon\boldsymbol{M}^{-1}\tilde{\boldsymbol{q}} \tag{5-15}$$

(c) 代入更新的 $\tilde{\boldsymbol{\theta}}$，再对 $\tilde{\boldsymbol{q}}$ 更新半步：

$$\tilde{\boldsymbol{q}}\leftarrow\tilde{\boldsymbol{q}}-\frac{\varepsilon}{2}\nabla U(\tilde{\boldsymbol{\theta}})$$

经过 L 步 Leapfrog 后，（将动量向量反向，即令 $\tilde{\boldsymbol{q}}=-\tilde{\boldsymbol{q}}$）令 $(\boldsymbol{\theta}^*,\boldsymbol{q}^*)=(\tilde{\boldsymbol{\theta}},\tilde{\boldsymbol{q}})$.

3. 计算接受比率

$$\begin{aligned} r &= \exp[H(\boldsymbol{\theta}^{(t)},\boldsymbol{q})-H(\boldsymbol{\theta}^*,\boldsymbol{q}^*)] \\ &= \exp[U(\boldsymbol{\theta}^{(t)})+K(\boldsymbol{q})-U(\boldsymbol{\theta}^*)-K(\boldsymbol{q}^*)] \end{aligned} \tag{5-16}$$

令

$$\boldsymbol{\theta}^{(t+1)}=\begin{cases}\boldsymbol{\theta}^*, & 概率\ \min(1,r),\\ \boldsymbol{\theta}^{(t)}, & 概率\ 1-\min(1,r).\end{cases}$$

补充说明

1. 二维码展示了 HMC 生成马尔可夫链的动态过程.

2. 在 Leapfrog 轨迹的最后将动量变量反向，是为了保证"proposal分布"是对称的. HMC 每步迭代使用的"proposal 分布"对应 L 步 Leapfrog，而这一过程其实是确定的，并没有随机性. 假设在 L 步 Leapfrog"跳跃"之前，$(\boldsymbol{\theta}, \boldsymbol{q})$ 的初始状态为 $(\boldsymbol{\theta}_0, \boldsymbol{q}_0)$，经过 L 步 Leapfrog 到达 $(\boldsymbol{\theta}_L, \boldsymbol{q}_L)$，则 $P(\boldsymbol{\theta}_L,\boldsymbol{q}_L \mid \boldsymbol{\theta}_0,\boldsymbol{q}_0)=1$，但 $P(\boldsymbol{\theta}_0,\boldsymbol{q}_0 \mid \boldsymbol{\theta}_L,\boldsymbol{q}_L)=0$，如下图所示：

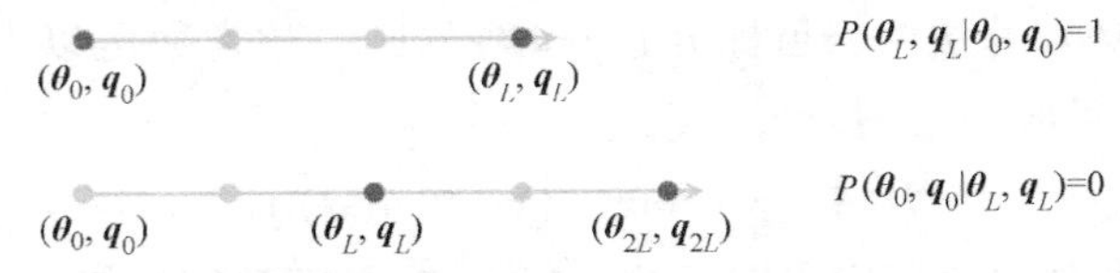

如果我们在 L 步 Leapfrog 结束后再将动量变量 $\boldsymbol{q}$ 反向，由于哈密顿系统的 Leapfrog 轨迹是可逆的，此时接着运行 L 步 Leapfrog，$(\boldsymbol{\theta}, \boldsymbol{q})$ 将沿"原路"返回到初始位置，再将动量变量反向即得 $(\boldsymbol{\theta}_0, \boldsymbol{q}_0)$，如下图所示：

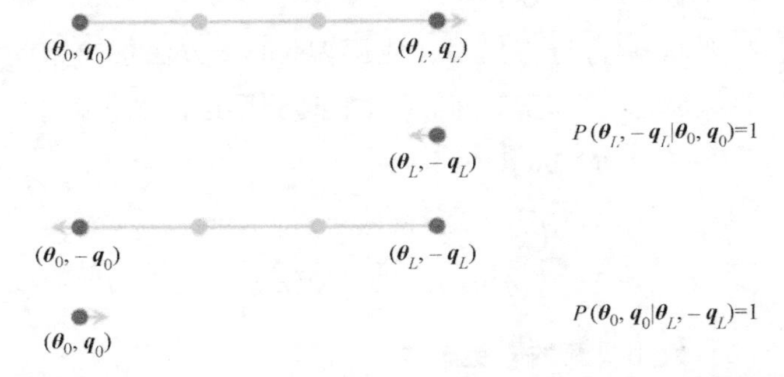

可以看到此时的"proposal 分布"是对称的. 但在实践中可以省略对 $\boldsymbol{q}_L$ 的反向操作，因为 HMC 在后续迭代中只用到$K(-\boldsymbol{q}_L)$的值，而$K(\boldsymbol{q})$对应 $N_d(\boldsymbol{0},\boldsymbol{M})$的概率密度函数，因此$K(-\boldsymbol{q}_L)=K(\boldsymbol{q}_L)$.

3. 由于 HMC 产生候选样本的机制是对称的，在选取的接受比率（5-16）下，(θ, q) 的联合概率密度 $\exp[-H(\theta, q)]$ 满足 detail balance 条件，因此它是 HMC 生成的马尔可夫链的平稳分布，注意到 $\pi(\theta)$ 是 θ 的边际马尔可夫链的平稳分布.

（1）在上述 HMC 迭代中，如果 $(\boldsymbol{\theta}^*, \boldsymbol{q}^*)$ 被接受，那么 $(\boldsymbol{\theta}^{(t)}, \boldsymbol{q})$ 在目标分布下的联合概率密度乘以 $(\boldsymbol{\theta}^*, \boldsymbol{q}^*)$ 的转移概率为：

$$\begin{aligned}&\exp[-H(\boldsymbol{\theta}^{(t)}, \boldsymbol{q})]P(\boldsymbol{\theta}^*, \boldsymbol{q}^* \mid \boldsymbol{\theta}^{(t)}, \boldsymbol{q})\\&\min\{1,\exp[H(\boldsymbol{\theta}^{(t)}, \boldsymbol{q})-H(\boldsymbol{\theta}^*, \boldsymbol{q}^*)]\}\\&=P(\boldsymbol{\theta}^*, \boldsymbol{q}^* \mid \boldsymbol{\theta}^{(t)},\boldsymbol{q})\min\{\exp[-H(\boldsymbol{\theta}^{(t)},\boldsymbol{q})],\exp[-H(\boldsymbol{\theta}^*, \boldsymbol{q}^*)]\}.\end{aligned} \tag{5-17}$$

由于"proposal 分布"是对称的，在式（5-17）中交换（$\boldsymbol{\theta}^{(t)}$，$\boldsymbol{q}$）和($\boldsymbol{\theta}^*$，$\boldsymbol{q}^*$)的位置结果不变，即 detail balance 成立.

（2）如果（$\boldsymbol{\theta}^*$，$\boldsymbol{q}^*$）被拒绝，detail balance 显然成立.

虽然 $\boldsymbol{q}^*$ 和 $\boldsymbol{\theta}^*$ 同时被接受或拒绝，由于 HMC 在每步迭代的开始都会更新 $\boldsymbol{q}$，所以实践中并不需要保存被接受的 $\boldsymbol{q}$ 值.

4. 如果 HMC 算法产生的马尔可夫链不会陷入到局部区域，那么一般是遍历的（ergodic）. 此时（$\boldsymbol{\theta}$，$\boldsymbol{q}$）的马尔可夫链会收敛到平稳分布，因此边际马尔可夫链 $\{\boldsymbol{\theta}_t\}$ 会收敛到目标分布 $\pi(\boldsymbol{\theta})$. 但是如果 Leapfrog 轨迹具有某种周期性，如图 5-5 所示，且乘积 $L\varepsilon$ 接近周期，此时经过 L 步 leapfrog 产生的候选样本（$\boldsymbol{\theta}^*$，$\boldsymbol{q}^*$）几乎与原点（$\boldsymbol{\theta}^{(t)}$，$\boldsymbol{q}^{(t)}$）重合，则生成的马尔可夫链 $\{\boldsymbol{\theta}_t\}$ 不具有遍历性（ergodicity）. 解决的办法之一是：每次产生候选样本时，在较小的范围内随机选取 ε 和 L. Hoffman 和 Gelman（2014）提出了 no – U – turn sampler（NUTS），在检测到 leapfrog 轨迹有"调头"趋势时（动量向量 $\boldsymbol{q}$ 与位置的改变（$\boldsymbol{\theta} - \boldsymbol{\theta}_0$）点积为负）就停止移动.

5. 哥伦比亚大学的 Andrew Gelman 教授团队开发了 **Stan** 软件（Carpenter 等，2017）及 R package `rstan` 和 `rstanarm`，可以为输入的贝叶斯模型自动运行 HMC 算法（auto – tuned HMC, no – U – turn sampler）.

6. 在 HMC 算法中，有三处可调参数（tuning parameters）：（i）动量变量 $\boldsymbol{q}$ 的协方差矩阵 $\boldsymbol{M}$；（ii）Leapfrog 中的时间间隔 ε；（iii）Leapfrog 的步数 L.

具体调节方法是：先给 $\boldsymbol{M}$ 设定一个简单的形式，一般默认值是 $\boldsymbol{M}=\boldsymbol{I}$；然后设定 ε 和 L 的值，Gelman 等（2013）建议选取 ε 和 L 使得 $\varepsilon L=1$，比如 $\varepsilon=0.1$，$L=10$. 如果目标分布 $\pi(\boldsymbol{\theta})$ 接近正态分布且质量矩阵 $\boldsymbol{M}$ 与 $\boldsymbol{\theta}$ 在目标分步下的逆协方差矩阵较接近，按照式（5-15）将 $\boldsymbol{\theta}$ 移动 L 步，每步幅度约为 $\varepsilon\boldsymbol{M}^{-1}$ 大致可以将 $\boldsymbol{\theta}$ 从目标分布的一端移动到另一端. Girolami 和 Calderhead（2011）提出了 Riemannian adaptation，可以根据目标分布的局部曲率（≈逆协方差矩阵）自动调整质量矩阵 M，使马尔可夫链更有效地探索状态空间.

在选定的参数下，通过观察一些较短的马尔可夫链的接受比率和相关性再对参数做进一步调整. 理论表明在满足一定假设条件下，HMC 最优接受比率约为 65%（Neal 等，2011）. 如果马尔可夫链的整体接受比率较低，可能是 leapfrog 每步"跳跃"太大，可以减小 ε，增加 L. 相反如果接受比率过高，可以

增加 ε，减小 L.

7. 如果变量 θ_j 的样本空间是某个特定区域，比如对于标准差参数 $\sigma>0$，HMC 算法产生的候选样本可能超出该样本空间，此时目标分布 $\pi(\boldsymbol{\theta})$ 在候选样本处的概率密度为 0，接受比率 $r=0$，候选样本一定会被拒绝. 注意式（5-16）中的 r 可写为

$$r=\frac{\pi(\boldsymbol{\theta}^*)N(\boldsymbol{q}^*\mid\mathbf{0},\boldsymbol{M})}{\pi(\boldsymbol{\theta}^{(t)})N(\boldsymbol{q}^{(t)}\mid\mathbf{0},\boldsymbol{M})}.$$

（1）对上述情形，另一种处理方法是重新参数化（reparametrization）. 比如对 $\sigma>0$，可以用 $\xi=\ln\sigma$ 替换，对概率 $p\in(0,1)$，可以引入 $\eta=\mathrm{logit}(p)=\ln\left(\frac{p}{1-p}\right)$.

（2）另一种办法被称为“反弹”（bouncing），即在每一步 Leapfrog 中，检查目标概率密度是否变为 0. 如果变为 0，那么令动量变量 $\boldsymbol{q}$ 反向，因为哈密顿系统的 Leapfrog 轨迹是可逆的，这种方法仍然可以保证 proposal 机制是对称的. 有时这种方法比直接拒绝更有效.

8. HMC 在每步迭代都先抽一个新的样本 $\boldsymbol{q}$ 是为了改变哈密顿函数的值 $H(\boldsymbol{\theta},\boldsymbol{q})=-\ln\pi(\boldsymbol{\theta})-\ln p(\boldsymbol{q})$，即（$\boldsymbol{\theta}$，$\boldsymbol{q}$）的联合概率密度. 因为在哈密顿运动机制下，当 Leapfrog 时间步长 ε 足够小时，$H(\boldsymbol{\theta},\boldsymbol{q})$的值几乎不变. 如果在每步迭代中不对 $\boldsymbol{q}$ 重新抽样，则 $H(\boldsymbol{\theta}^{(t)},\boldsymbol{q}^{(t)})=U(\boldsymbol{\theta}^{(t)})+K(\boldsymbol{q}^{(t)})$的值几乎不随迭代 t 变化，而 $U(\boldsymbol{\theta}^{(t)})$和 $K(\boldsymbol{q}^{(t)})$一般都非负，因此 $U(\boldsymbol{\theta}^{(t)})$总是无法超过初始值 $H(\boldsymbol{\theta}^{(0)},\boldsymbol{q}^{(0)})$，这样会影响马尔可夫链的遍历性.

应用举例：使用 HMC 估计一个贝叶斯混合效应模型

当数据涉及分组结构且每个组内有多个观察值时，比较适合用混合效应模型（mixed effects model）来分析. 混合效应模型可以区分数据在不同组间的变化（between - group variation）和同一组内的变化（within - group variation），它可以捕捉解释变量对结果的影响如何随分组不同而改变（heterogenity among coefficients across groups），且能描述同一组内观察值之间的相关性.

R package `lme4` 提供了一项研究睡眠不足（sleep deprivation）与反应时间（reaction time）关系的公开数据 `sleepstudy`（Belenky 等，2003）. 该数据记录了 18 个受试者在前 10 天睡眠不足的情况下每天的反应时间（单位：ms）.

```
library(lme4)
str(sleepstudy)
'data.frame': 180 obs. of  3 variables:
 $ Reaction: num  250 259 251 321 357 ...
 $ Days    : num  0 1 2 3 4 5 6 7 8 9 ...
 $ Subject : Factor w/ 18 levels "308","309","310",..: 1 1 1 1 1 1 1 1 1 1 ...
```

用 y_{ij} 表示受试者 j 第 i 个反应时间的观察值，D_{ij} 表示 y_{ij} 对应的睡眠不足的天数. 考虑到每个受试者初始的反应时间及睡眠不足对反应时间的影响都可能因人而异，建立如下的混合效应模型：

$$y_{ij} = \mu_0 + \gamma_{0j} + (\mu_1 + \gamma_{1j})D_{ij} + \varepsilon_{ij},\ \varepsilon_{ij} \overset{\text{iid}}{\sim} N(0,\ \sigma_e^2),\ i = 1,\cdots,n_j, \tag{5-18}$$

$$\begin{pmatrix} \gamma_{0j} \\ \gamma_{1j} \end{pmatrix} \overset{\text{iid}}{\sim} N_2\left(\mathbf{0}, \boldsymbol{\Sigma} = \begin{pmatrix} \sigma_0^2 & \sigma_{01} \\ \sigma_{01} & \sigma_1^2 \end{pmatrix}\right),\ j = 1,\cdots,J. \tag{5-19}$$

其中式（5-18）描述的是同一组内（within - group）的数据分布. 令

$$\boldsymbol{y}_j = \begin{pmatrix} y_{1j} \\ \vdots \\ y_{n_j,j} \end{pmatrix}, \boldsymbol{X}_j = \begin{pmatrix} 1 & D_{1j} \\ \vdots & \vdots \\ 1 & D_{n_j,j} \end{pmatrix}, \boldsymbol{\mu} = \begin{pmatrix} \mu_0 \\ \mu_1 \end{pmatrix}, \boldsymbol{\gamma}_j = \begin{pmatrix} \gamma_{0j} \\ \gamma_{1j} \end{pmatrix},$$

给定系数 $\{\boldsymbol{\mu},\ \boldsymbol{\gamma}_1,\ \cdots,\ \boldsymbol{\gamma}_j,\ \sigma_e^2\}$ 和解释变量 $\{\boldsymbol{X}_j\}$，受试者 j 所有观察到的反应时间 $\boldsymbol{y}_j$ 独立地服从条件分布：

$$\boldsymbol{y}_j \mid r_j \sim N_{n_j}(\boldsymbol{X}_j\boldsymbol{\mu} + \boldsymbol{X}_j\boldsymbol{\gamma}_j, \sigma_e^2\boldsymbol{I}_{n_j}),\ j = 1,\cdots,J. \tag{5-20}$$

我们称 $\boldsymbol{\mu} = (\mu_0, \mu_1)^{\mathrm{T}}$ 为固定效应（fixed effects）系数，它们是未知的常数，不是随机变量. 系数向量 $\boldsymbol{\mu}$ 在所有组中都一样，μ_0 描述的是第 0 天（实验开始时）受试者的平均反应时间，μ_1 描述的是反应时间随睡眠不足天数增加的平均增长速率.

式（5-19）描述的是不同组间（between - group）回归系数 $\boldsymbol{\gamma}_j$ 的分布，我们称 $\boldsymbol{\gamma}_1$，…，$\boldsymbol{\gamma}_j$ 为随机效应（random - effects）参数，因为它们不是未知的常数（向量），而是随机向量. 注意式（5-19）不是 $\boldsymbol{\gamma}_1$，…，$\boldsymbol{\gamma}_j$ 的先验分布（prior），它是模型的一部分，其中的协方差矩阵 $\boldsymbol{\Sigma}$ 也是待估计的参数. 式（5-19）起到了不同组间信息共享的作用，它使得从样本较小的组估计的 $\boldsymbol{\gamma}_j$ 更稳定.

如果将条件分布（5-20）中的随机向量 $\boldsymbol{\gamma}_j$ 积分掉，可得 $\boldsymbol{y}_j$ 的边际分布：

$$\boldsymbol{y}_j \sim N_{n_j}(\boldsymbol{X}_j\boldsymbol{\mu}, \sigma_e^2\boldsymbol{I}_{n_j} + \boldsymbol{X}_j\boldsymbol{\Sigma}\boldsymbol{X}_j^{\mathrm{T}}). \tag{5-21}$$

从式（5-21）可以看到 $\boldsymbol{y}_j$ 的边际协方差矩阵不是对角阵，因此通过给组特有（group - specific）系数 $\boldsymbol{\gamma}_j$ 加入随机性（5-19），混合效应模型还实现了描述组内观察值之间的相关性.

为了更好地量化参数估计的不确定性，使用贝叶斯方法估计上述混合效应模型（5-18）和模型(5-19)，为此需要给每个参数设定先验分布. 为保证先验分布包含参数的真实值，可以为 μ_0，μ_1 选取正态先验分布，为 σ_ε^2 和 $\boldsymbol{\Sigma}$ 分别选取逆 - 伽马和逆 - Wishart 分布. `rstan` 在估计贝叶斯模型时，一般推荐让协方差矩阵服从 LKJ 先验分布（Lewandowski 等，2009），它使 HMC 算法运行得更高效，同时保证协方差矩阵的后验样本是对称正定的. LKJ 先验分布一般加在相关系数矩阵（correlation matrix）的 Cholesky 分解矩阵上. 对协方差矩阵做分解

$$\boldsymbol{\Sigma} = \begin{pmatrix} \sigma_0 & 0 \\ 0 & \sigma_1 \end{pmatrix} \boldsymbol{\Omega} \begin{pmatrix} \sigma_0 & 0 \\ 0 & \sigma_1 \end{pmatrix}, \tag{5-22}$$

矩阵 $\boldsymbol{\Omega}$ 即是 $\boldsymbol{\gamma}_j$ 的相关系数矩阵，且 $\boldsymbol{\Omega}$ 也是对称正定矩阵，因此存在 Cholesky 分解

$$\boldsymbol{\Omega} = \boldsymbol{L}\boldsymbol{L}^{\mathrm{T}} \tag{5-23}$$

其中 $\boldsymbol{L}$ 是下三角矩阵. 以下令 $\boldsymbol{L}$ 服从 LKJ 先验分布.

根据式（5-22）和式（5-23），我们在 `rstan` 中也对 $\boldsymbol{\gamma}_j$ 重新参数化，令

$$\boldsymbol{\gamma}_j = \begin{pmatrix} \sigma_0 & 0 \\ 0 & \sigma_1 \end{pmatrix} \boldsymbol{L}\boldsymbol{\eta}_j, \boldsymbol{\eta}_j \sim N_2(\boldsymbol{0}, \boldsymbol{I}_2), j = 1, \cdots, J. \tag{5-24}$$

设置好模型和先验分布后，用 `rstan` 估计参数的后验分布. 首先，需要把数据组织成一个 `list` object：

```
d_stan = list(Subject = as.numeric(factor(sleepstudy$Subject,
             labels=1:length(unique(sleepstudy$Subject)))),
             Days = sleepstudy$Days,
             RT = sleepstudy$Reaction/1000,
             N = nrow(sleepstudy),
             J = length(unique(sleepstudy$Subject)) )
```

这里我们用 `N` 记录 y 的观察值个数（$\mathrm{N} = \sum_j n_j$），用 `J` 表示受试者的个数，用 `RT` 表示反应时间（y）并将单位由毫秒（ms）转化为秒（s）. 在 `sleepstudy` 数据中，`Subject` 是一个 `factor` 变量，在使用 `rstan` 时我们将其转变成数值变量.

然后打开一个文本文档（txt file），输入以下几部分程序，保存为“. stan”文件，比如“sleep_model. stan”.

在该文档中首先对数据进行变量声明，比如整数还是实数，向量还需声明长度，因为 rstan 的底层语言是 C＋＋．变量还可以设置取值的上下界，更多细节可以参考 Stan 手册 https：//mc－stan．org/docs/2_22/reference－manual/index．html．

```
data {
  int<lower=1> N;                //number of observations
  real RT[N];                    //reaction time

  int<lower=0,upper=9> Days[N];  //predictor (days of sleep deprivation)

  // grouping factor
  int<lower=1> J;                      //number of subjects
  int<lower=1,upper=J> Subject[N];  //subject id
}
```

其次列出待估计的参数：

```
parameters {
  vector[2] mu;                     // fixed-effects parameters
  real<lower=0> sigma_e;            // residual std
  vector<lower=0>[2] sigma_gam;       // random effects standard deviations

  // declare L to be the Cholesky factor of a 2x2 correlation matrix
  cholesky_factor_corr[2] L;

  matrix[2,J] eta;                    // random effect matrix
}

transformed parameters {
  // this transform random effects so that they have the correlation
  // matrix specified by the correlation matrix above
  matrix[2,J] gamma;
  gamma = diag_pre_multiply(sigma_gam, L) * eta;
}
```

此处我们增加了 transformed parameters 部分以得到模型(5-18)－模型(5-19)中原始 $\boldsymbol{\gamma}_j$ 的估计．这些参数将用于以下模型设定：

```
model {
  real m_RT; // conditional mean of y

  //priors
  L ~ lkj_corr_cholesky(1.5); // LKJ prior for the Cholesky factor of
              // correlation matrix
  to_vector(eta) ~ normal(0,1); // elementwise prior
  sigma_e ~ normal(0,5);        // prior for residual standard deviation
  mu[1] ~ normal(0.3, 0.5);    // prior for fixed-effect intercept
  mu[2] ~ normal(0.2, 2);      // prior for fixed-effect slope

  //likelihood
  for (i in 1:N){
    m_RT = mu[1] + gamma[1,Subject[i]] + (mu[2]+gamma[2,Subject[i]])*Days[i];
    RT[i] ~ normal(m_RT, sigma_e);
  }
}
```

在模型部分，设定参数的先验分布和数据的分布. 这里我们为下三角矩阵 $\boldsymbol{L}$ 设定了 Stan 推荐的 LKJ 先验分布，该分布有一个参数 α，$\alpha=1$ 相当于矩阵上的均匀分布，$\alpha>1$ 的分布以单位阵 $\boldsymbol{I}$ 为概率密度最大的矩阵（mode）.

从文献中可知人的反应时间一般是 300ms 左右，所以我们将固定效应参数 μ_0 的先验期望（prior mean）取为 0.3. 我们给斜率参数 μ_1 设定了一个弱信息先验分布（weakly informative prior），即让它的先验分布以一个很小的正数 0.2 为中心，但有较大的标准差.

最后在文档中加入以下代码储存随机效应相关系数矩阵 $\boldsymbol{\Omega}$ 的后验样本：

```
generated quantities {
  matrix[2, 2] Omega;
  Omega = L * L'; // so that it return the correlation matrix
}
```

在 R 中将工作目录（working directory）设为 sleep_model. stan 文件所在的文件夹，然后调用 `stan` 函数估计上述模型. 以下代码将运行 HMC 算法生成 4 条独立的马尔可夫链，每条链有 2000 个样本，其中前 1000 个样本作为 burnin 被丢掉（也称 warmup）.

```
library(rstan)
# indicate stan to use multiple cores if available
options(mc.cores = parallel::detectCores())
sleep_model <- stan(file = "sleep_model.stan", data = d_stan,
                    iter = 2000, chains = 4)
```

首先检查参数后验样本的移动轨迹以判断模型的收敛性:

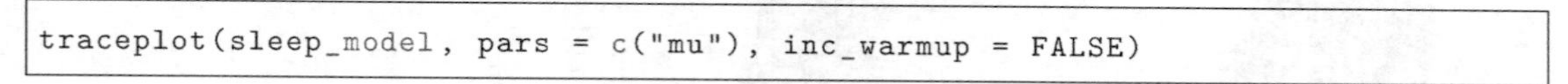

```
traceplot(sleep_model, pars = c("mu"), inc_warmup = FALSE)
```

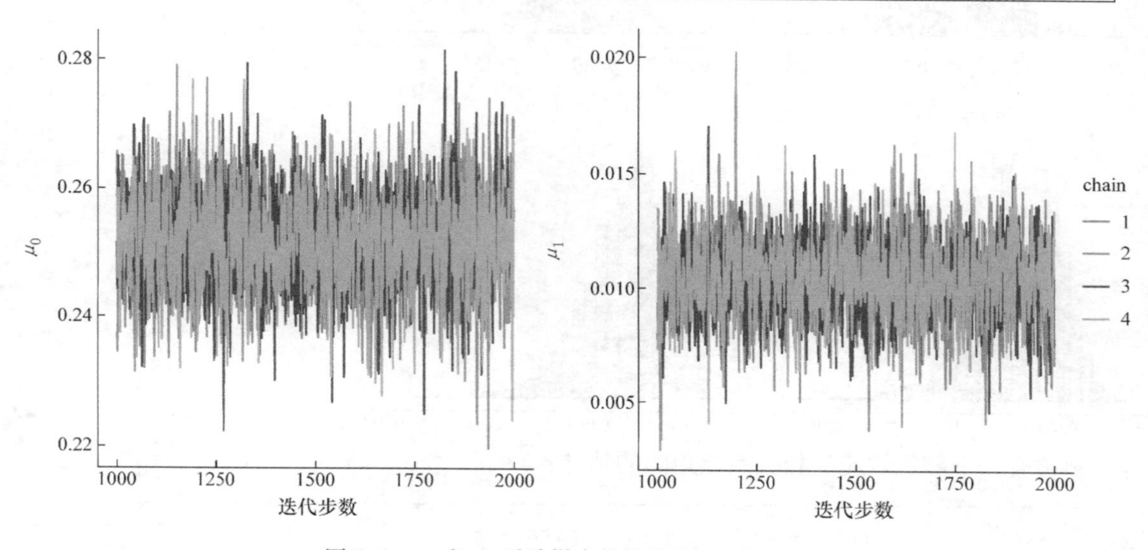

图 5-6　μ_0 和 μ_1 后验样本的轨迹图（traceplot）.

从图 5-6 可以看出: 4 条马尔可夫链基本都收敛到相同的 mode，证明算法收敛到参数的后验分布. 可以使用 print 函数总结参数估计的结果:

```
print(sleep_model, pars = c("mu"), probs = c(0.025, 0.975),
      digits = 3)
Inference for Stan model: sleep_model.
4 chains, each with iter=2000; warmup=1000; thin=1;
post-warmup draws per chain=1000, total post-warmup draws=4000.

       mean se_mean    sd  2.5% 97.5% n_eff  Rhat
mu[1] 0.252       0 0.007 0.237 0.266  2082 1.000
mu[2] 0.010       0 0.002 0.007 0.014  2496 1.001
```

其中 `n_eff` 代表有效样本数（ESS）. 如果生成的马尔可夫链收敛，统计量 `Rhat` $\approx 1 \pm 0.01$. plot 函数可以直观地展示参数的后验分布:

```
plot(sleep_model, plotfun = "hist", pars = c("mu", "sigma_gam"))
```

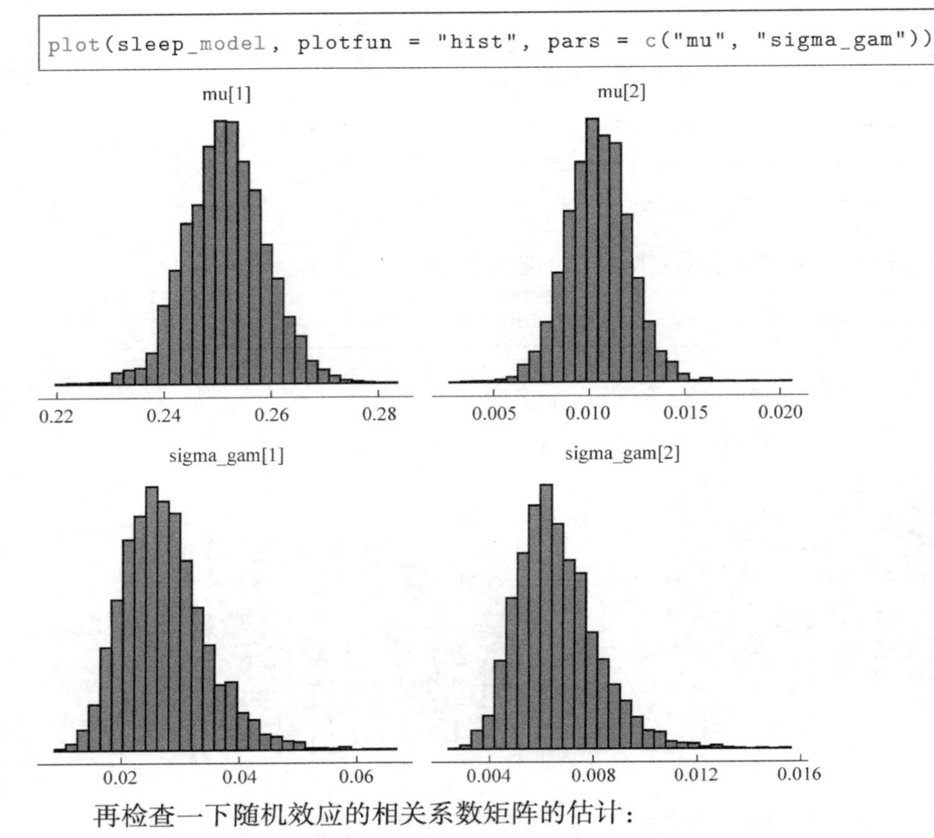

再检查一下随机效应的相关系数矩阵的估计:

```
print(sleep_model, pars = c("Omega"), digits = 3)
Inference for Stan model: sleep_model.
4 chains, each with iter=2000; warmup=1000; thin=1;
post-warmup draws per chain=1000, total post-warmup draws=4000.

             mean se_mean    sd  2.5%    25%   50%  75% 97.5% n_eff  Rhat
Omega[1,1]  1.000     NaN 0.000  1.00  1.000 1.000 1.00 1.000   NaN   NaN
Omega[1,2]  0.082   0.008 0.288 -0.46 -0.125 0.075 0.29 0.641  1319 1.003
Omega[2,1]  0.082   0.008 0.288 -0.46 -0.125 0.075 0.29 0.641  1319 1.003
Omega[2,2]  1.000   0.000 0.000  1.00  1.000 1.000 1.00 1.000  4045 0.999
```

注意到 `Omega [1, 1]` 对应的 Rhat 是 NaN，这并不意外，因为 `Omega [1, 1]`在抽样过程中始终等于 1.

最后与频率（frequentist）方法估计的混合效应模型(5-18)-模型(5-19) 的 restricted MLE（REML）做比较. 在混合效应模型中，方差部分的极大似然估计（MLE）是有偏的，REML 考虑了估计固定效应损失的自由度，得到的是无偏估计（Zhang，2015）. R package `lme4` 的 `lmer` 函数可以给出线性混合效应模型的 REML：

```
fm1 = lmer(Reaction/1000 ~ Days + (Days | Subject), sleepstudy)
summary(fm1)
Linear mixed model fit by REML ['lmerMod']
Formula: Reaction/1000 ~ Days + (Days | Subject)
   Data: sleepstudy

REML criterion at convergence: -715.5

Scaled residuals:
    Min      1Q  Median      3Q     Max
-3.9536 -0.4634  0.0231  0.4633  5.1793

Random effects:
 Groups   Name        Variance  Std.Dev. Corr
 Subject  (Intercept) 6.119e-04 0.024737
          Days        3.508e-05 0.005923 0.07
 Residual             6.549e-04 0.025592
Number of obs: 180, groups:  Subject, 18

Fixed effects:
            Estimate Std. Error t value
(Intercept) 0.251405   0.006824  36.843
Days        0.010467   0.001546   6.771
```

可以看到参数的后验均值与它们的 REML 都很接近.

5.6 序贯蒙特卡罗（SMC）方法

序贯蒙特卡罗（Sequential Monte, Carlo, SMC）方法是一种估计状态空间模型（state space model）的常用方法. 状态空间模型是描述动态系统的一个时间序列模型，它由状态方程和观测方程组成，描述一列可观测的变量和不可观测的状态变量之间的动态关系，其目标是估计未知的状态变量. 该模型在信号处理、计算机视觉、金融等领域有广泛应用. SMC 方法为这类复杂的推断问题提供了有效的近似解.

5.6.1 线性高斯模型与卡尔曼滤波器

线性高斯模型是一类最简单的状态空间模型，它的一般形式为：

$$\begin{cases} \boldsymbol{X}_t = \boldsymbol{A}\boldsymbol{X}_{t-1} + \boldsymbol{U}\boldsymbol{\varepsilon}_t, \boldsymbol{\varepsilon}_t \sim N_p(\boldsymbol{0},\boldsymbol{I}_p), \\ \boldsymbol{Y}_t = \boldsymbol{B}\boldsymbol{X}_t + \boldsymbol{V}\boldsymbol{\eta}_t, \boldsymbol{\eta}_t \sim N_q(\boldsymbol{0},\boldsymbol{I}_q). \end{cases}$$

其中 $\boldsymbol{X}_t$ 和 $\boldsymbol{Y}_t$ 分别是 p 维和 q 维的随机向量，$\boldsymbol{\varepsilon}_t$ 和 $\boldsymbol{\eta}_t$ 是服从标准正态分布的噪声向量，$t=1, \cdots, T$；$\boldsymbol{A}$，$\boldsymbol{B}$，$\boldsymbol{U}$，$\boldsymbol{V}$ 是已知的常数矩阵. $\{\boldsymbol{Y}_t\}_{t=1}^{\mathrm{T}}$ 是可观测的随机向量，其观察值为 $\{\boldsymbol{y}_t\}_{t=1}^{\mathrm{T}}$. $\{\boldsymbol{X}_t\}_{t=1}^{\mathrm{T}}$ 是不可观测的状态变量，其数目随时间 t 增加. 我们的目标是估计给定 $\boldsymbol{y}_1, \cdots, \boldsymbol{y}_t$ 下 $\boldsymbol{X}_t$ 的条件分布，$t=1, \cdots, T$. 卡尔曼滤波器（Kalman filter）可以给出这列条件分布的具体形式：

（1）在初始时刻 $t=0$，假设 $\boldsymbol{X}_0 \sim N(\boldsymbol{\mu}_0, \boldsymbol{\Sigma}_0)$.

(2) 对 $t=1, 2, \cdots, T$

给定 $\boldsymbol{X}_{t-1} \mid \boldsymbol{y}_1, \cdots, \boldsymbol{y}_{t-1} \sim N(\boldsymbol{\mu}_{t-1}, \boldsymbol{\Sigma}_{t-1})$,

则 $(\boldsymbol{X}_t, \boldsymbol{Y}_t) \mid \boldsymbol{y}_1, \cdots, \boldsymbol{y}_{t-1} \sim N(\boldsymbol{\theta}^{(t)}, \boldsymbol{\Omega}^{(t)})$, 其中

$$\boldsymbol{\theta}^{(t)} = \begin{pmatrix} \boldsymbol{\theta}_X^{(t)} \\ \boldsymbol{\theta}_Y^{(t)} \end{pmatrix} = \begin{pmatrix} \boldsymbol{A}\boldsymbol{\mu}_{t-1} \\ \boldsymbol{B}\boldsymbol{A}\boldsymbol{\mu}_{t-1} \end{pmatrix},$$

$$\begin{aligned}\boldsymbol{\Omega}^{(t)} &= \begin{pmatrix} \boldsymbol{\Omega}_{XX}^{(t)} & \boldsymbol{\Omega}_{XY}^{(t)} \\ \boldsymbol{\Omega}_{YX}^{(t)} & \boldsymbol{\Omega}_{YY}^{(t)} \end{pmatrix} \\ &= \begin{pmatrix} \boldsymbol{A}\boldsymbol{\Sigma}_{t-1}\boldsymbol{A}^{\mathrm{T}} + \boldsymbol{U}\boldsymbol{U}^{\mathrm{T}}, & (\boldsymbol{A}\boldsymbol{\Sigma}_{t-1}\boldsymbol{A}^{\mathrm{T}} + \boldsymbol{U}\boldsymbol{U}^{\mathrm{T}})\boldsymbol{B}^{\mathrm{T}} \\ \boldsymbol{B}(\boldsymbol{A}\boldsymbol{\Sigma}_{t-1}\boldsymbol{A}^{\mathrm{T}} + \boldsymbol{U}\boldsymbol{U}^{\mathrm{T}}), & \boldsymbol{B}(\boldsymbol{A}\boldsymbol{\Sigma}_{t-1}\boldsymbol{A}^{\mathrm{T}} + \boldsymbol{U}\boldsymbol{U}^{\mathrm{T}})\boldsymbol{B}^{\mathrm{T}} + \boldsymbol{V}\boldsymbol{V}^{\mathrm{T}} \end{pmatrix}.\end{aligned}$$

此时 $\boldsymbol{X}_t \mid \boldsymbol{y}_1, \cdots, \boldsymbol{y}_t \sim N(\boldsymbol{\mu}_t, \boldsymbol{\Sigma}_t)$, 其中

$$\boldsymbol{\mu}_t = \boldsymbol{\theta}_X^{(t)} + \boldsymbol{\Omega}_{XY}^{(t)}(\boldsymbol{\Omega}_{YY}^{(t)})^{-1}(\boldsymbol{y}_t - \boldsymbol{\theta}_Y^{(t)})$$

$$\boldsymbol{\Sigma}_t = \boldsymbol{\Omega}_{XX}^{(t)} - \boldsymbol{\Omega}_{XY}^{(t)}(\boldsymbol{\Omega}_{YY}^{(t)})^{-1}\boldsymbol{\Omega}_{YX}^{(t)}.$$

5.6.2 状态空间模型与 Importance Sampling 方法

一般的状态空间模型可写为以下形式:

$$\begin{cases} X_t \sim g_t(x \mid x_0, \cdots, x_{t-1}), & \text{状态方程}, \\ Y_t \sim f_t(y \mid x_0, \cdots, x_t), & \text{观测方程}. \end{cases} \tag{5-25}$$

其中每一时刻 t 的状态分布 g_t 和观测分布 f_t 是已知的, 我们希望根据观察到的 $y_1, \cdots, y_t$, 对未知的状态变量 X_t 进行实时 (online) 估计, 一般是估计条件期望 $E(X_t \mid y_1, \cdots, y_t)$, $t=1, 2, \cdots$ (因为对任意随机变量 X, 期望的均方误差最小, 即 $\min\limits_c E[(c-X)^2]=E(X)$), 该过程被称为 **filtering**. 如果希望估计未来时刻 $T>t$ 下的条件期望 $E(X_t \mid y_1, \cdots, y_T)$, 该过程被称为 **smoothing**.

注意到

$$\begin{aligned} E(X_t \mid y_1, \cdots, y_t) &= \int x_t p(x_t \mid y_1, \cdots, y_t) \mathrm{d}x_t \\ &= \int \cdots \int x_t p(x_0, \cdots, x_t \mid y_1, \cdots, y_t) \mathrm{d}x_0 \cdots \mathrm{d}x_t \\ &= \int \cdots \int x_t \frac{p(x_{0:t}, y_{1:t})}{p(y_{1:t})} \mathrm{d}x_0 \cdots \mathrm{d}x_t \\ &= \frac{\int \cdots \int x_t g_0(x_0) \prod\limits_{s=1}^{t} (g_s(x_s \mid x_{0:s-1}) f_s(y_s \mid x_{0:s})) \mathrm{d}x_0 \cdots \mathrm{d}x_t}{\int \cdots \int g_0(x_0) \prod\limits_{s=1}^{t} (g_s(x_s \mid x_{0:s-1}) f_s(y_s \mid x_{0:s})) \mathrm{d}x_0 \cdots \mathrm{d}x_t} \end{aligned} \tag{5-26}$$

随着时间 t 增加, 式 (5-26) 中的高维积分一般很难有解析形式, 而数值积分方法的计算量过大、不可行. SMC 方法在对状态空间模型做 filtering 或 smoothing 时可以避免高维积分.

Importance Sampling 是 SMC 方法的基础. 它解决的问题是

估计目标分布 $\pi(x)$（一般为多元分布）的期望 $\mu = E_{\pi}(X) = \int \pi(x)\mathrm{d}x$，该积分没有显式表达式且很难从 $\pi(x)$ 抽样.

Importance Sampling 的想法是先从一个 proposal 分布 $q(x)$ 中抽样，然后通过修正样本的权重来近似目标期望 μ：

1. 从 proposal 分布产生样本 $x_1, x_2, \cdots, x_N$.
2. 计算每个样本的权重：

$$w_j \propto \pi(x_j)/q(x_j), j = 1,\cdots,N.$$

3. μ 的估计量为

$$\hat{\mu} = \frac{\sum_{j=1}^{N} w_j x_j}{\sum_{j=1}^{N} w_j}. \tag{5-27}$$

Importance Sampling 在计算样本权重 w_j 时，允许 $\pi(x)$ 存在未知的归一化常数. 可以证明式（5-27）中的 $\hat{\mu}$ 是 μ 的一致（consistent）估计量.

证明

$$\hat{\mu} = \frac{\frac{1}{N}\sum_{j=1}^{N}\frac{\pi(x_j)}{q(x_j)}x_j}{\frac{1}{N}\sum_{j=1}^{N}\frac{\pi(x_j)}{q(x_j)}} \to \frac{E_q\left[x\frac{\pi(x)}{q(x)}\right]}{E_q\left[\frac{\pi(x)}{q(x)}\right]} = \frac{\int x\frac{\pi(x)}{q(x)}q(x)\mathrm{d}x}{\int \frac{\pi(x)}{q(x)}q(x)\mathrm{d}x} = \frac{\int x\pi(x)\mathrm{d}x}{\int \pi(x)\mathrm{d}x} = E_{\pi}(x).$$

□

5.6.3 Sequential Importance Sampling（SIS）和重抽样

使用 importance sampling 估计状态空间模型（5-25）的条件期望（5-26），需要为状态变量选取一个 proposal 分布. 由于状态变量的个数随时间增加，我们采用逐维建立 proposal 分布的策略，即选取

$$q(x_{0:t}) = q_0(x_0)q_1(x_1 \mid x_0)\cdots q_t(x_t \mid x_{0:t-1}). \tag{5-28}$$

其中每个分布 q_s 都是容易抽样的分布. 状态变量 $X_{0:t}$ 的目标分布为

$$\pi(x_{0:t}) = p(x_{0:t} \mid y_{1:t}) \propto g_0(x_0)\prod_{s=1}^{t} g_s(x_s \mid x_{0:s-1})f_s(y_s \mid x_{0:s})$$

因此来自 proposal 分布（5-28）的样本 $x_{0:t}$ 的权重为

$$w(x_{0:t}) = \frac{\pi(x_{0:t})}{q(x_{0:t})} = \frac{g_0(x_0)\prod_{s=1}^{t} g_s(x_s \mid x_{0:s-1})f_s(y_s \mid x_{0:s})}{q_0(x_0)\prod_{s=1}^{t} q_s(x_s \mid x_{0:s-1})}.$$

可以采用以下迭代的方式计算样本权重：

$$w_t(x_{0:t}) = w_{t-1}(x_{0:t-1})\frac{g_t(x_t \mid x_{0:t-1})f_t(y_t \mid x_{0:t})}{q_t(x_t \mid x_{0:t-1})}, t = 1,2,\cdots \tag{5-29}$$

从 proposal 分布（5-28）抽取大量多元样本 $x_{0:t}^{(j)}$，$j=1$，…，N，每个样本也被称为粒子（particle），按照式（5-29）计算每个粒子 $x_{0:t}^{(j)}$ 的权重 $w_t^{(j)}$，则 X_t 的（边际）条件分布的期望（5-26）可如下估计：

$$\hat{\mu} = \sum_{j=1}^{N} x_t^{(j)} w_t^{(j)} / \sum_{j=1}^{N} w_t^{(j)}. \tag{5-30}$$

上述方法被称为 **sequential importance sampling**（SIS）方法.

SIS 方法的一个缺陷是：随着时间 t 增加，粒子的权重 $\{w_t^{(j)}\}$ 往往会变得越来越不均匀（bias），即只有少数粒子的权重很大，大部分粒子的权重非常小. 使用过多权重很小的粒子计算式（5-30）是一种浪费，因为这些权重很小的粒子对最终结果的贡献微乎其微，为此人们设计了一个**重抽样**（resampling）步骤：

1. 给每个粒子 $x_{0:t}^{(j)}$ 分配一个概率 $\alpha_t^{(j)}, j=1,\cdots,N$ 且 $\sum_{j=1}^{N} \alpha_t^{(j)} = 1$.

2. 对 $j=1,\cdots,N$

- 从集合 $\{x_{0:t}^{(i)}: i=1,\cdots,N\}$ 中按概率 $\{\alpha_t^{(i)}: i=1,\cdots,N\}$ 随机抽一个样本 $x_{0:t}^{*(j)}$.
- 如果 $x_{0:t}^{*(j)} = x_{0:t}^{(k)}$，给 $x_{0:t}^{*(j)}$ 赋予新权重 $w_t^{*(j)} = w_t^{(k)} / \alpha_t^{(k)}$.

3. 输出新的带权样本集 $\{(x_{0:t}^{*(j)}, w_t^{*(j)}): j=1, \cdots, N\}$.

Gordon 等（1993）建议使用粒子归一化的权重 $\{\alpha_t^{(j)} = w_t^{(j)} / \sum_{j=1}^{N} w_t^{(j)}: j = 1, \cdots, N\}$ 作为重抽样的概率. Liu（2008）从保护粒子多样性的角度给出如下形式的重抽样概率：

$$\alpha_t^{(j)} \propto [w_t^{(j)}]^{\alpha}, \alpha > 0, j = 1, \cdots, N.$$

但是当粒子的权重极度偏斜时，重抽样会造成粒子多样性的退化. Fearnhead 和 Clifford（2003）为离散的状态空间模型设计了一个“最优”重抽样方法，该方法在所有无偏重抽样方法中使一个损失函数达到最小且可以较好地保护粒子多样性.

在 SIS 方法中加入重抽样步骤的算法被称为 SMC 算法，总结如下：

1. $t=0$ 时，抽样 $x_0^{(j)} \sim q_0(x)$，并令

$$w_0^{(j)} = g_0(x_0^{(j)}) / q_0(x_0^{(j)}), j=1,\cdots,N.$$

2. 对 $t=1$，…，T

（1）抽样：$\tilde{x}_t^{(j)} \sim q_t(x \mid x_{0:t-1}^{(j)})$，并令

$$\tilde{x}_{0:t}^{(j)} = (x_{0:t-1}^{(j)}, \tilde{x}_t^{(j)}), j=1,\cdots,N.$$

（2）更新权重：令 $\tilde{w}_t^{(j)} = w_{t-1}^{(j)} u_t^{(j)}$，其中

$$u_t^{(j)} = \frac{g_t(\tilde{x}_t^{(j)} \mid x_{0:t-1}^{(j)}) f_t(y_t \mid \tilde{x}_{0:t}^{(j)})}{q_t(\tilde{x}_t^{(j)} \mid x_{0:t-1}^{(j)})}, j = 1, \cdots, N.$$

（3）推断：计算目标期望 $E(h(x_{0:t}) \mid y_{1:t})$ 的估计量

$$\frac{\sum_{j=1}^{N} \widetilde{w}_t^{(j)} h(\widetilde{x}_{0:t}^{(j)})}{\sum_{j=1}^{N} \widetilde{w}_t^{(j)}}$$

（4）重抽样：按照权重 $\{\alpha_t^{(j)}: j = 1, \cdots, N\}$ 对粒子集合 $\{\widetilde{x}_{0:t}^{(j)}: j = 1, \cdots, N\}$ 进行重抽样，得到一组新的带权粒子集 $\{(x_{0:t}^{(j)}, w_t^{(j)}): j = 1, \cdots, N\}$.

Lin 等（2013）对 SMC 方法做了一个很好的综述并给出一些应用实例.

第 5 章课件

参考文献

BELENKY, G, WESENSTEN N J, THORNE, D R, THOMAS, M L, SING H C, REDMOND D P, RUSSO, M B, BALKIN, T J, 2003. Patterns of performance degradation and restoration during sleep restriction and subsequent recovery: A sleep dose – response study [J]. Journal of Sleep Research, 12 (1): 1 – 12.

FEARNHEAD P, CLIFFORD P, 2003. On line inference for hidden markov models via particle filters [J]. Journal of the Royal Statistical Society: Series B (Statistical Methodology), 65 (4): 887 – 899.

GIROLAMI M, CALDERHEAD B, 2011. Riemann manifold langevin and hamiltonian monte carlo methods [J]. Journal of the Royal Statistical Society: Series B (Statistical Methodology), 73 (2): 123 – 214.

HOFFMAN M D, GELMAN, A, 2014. The no – u – turn sampler: adaptively setting path lengths in hamiltonian monte carlo [J]. Journal of Machine Learning Research, 15 (1): 1593 – 1623.

LEWANDOWSKI D, KUROWICKA, D, Joe H, 2009. Generating random correlation matrices based on vines and extended onion method [J]. Journal of Multivariate Analysis, 100 (9): 1989 – 2001.

LIN, M, CHEN R, LIU, J S, 2013. Lookahead strategies for sequential monte carlo [J]. Statistical Science, 28 (1): 69 – 94.

NEAL, R. M. et al, 2011. Mcmc using hamiltonian dynamics [J]. Handbook of Markov Chain Monte Carlo, 2 (11): 2.

ZHANG X, 2015. A tutorial on restricted maximum likelihood estimation in linear regression and linear mixed – effects model. URL http://statdb1. uos. ac. kr/teaching/multi – grad/ReML. pdf.

6

第 6 章 EM算法和MM算法

EM 算法是一种常用的极大似然估计算法，本章我们介绍如何使用 EM 算法估计混合模型（mixture models）或含有隐变量（latent variables）的模型，以及更一般的 MM 算法.

6.1 高斯混合模型（GMM）

假设数据由 n 个独立同分布的样本组成 $\{\boldsymbol{x}_1, \cdots, \boldsymbol{x}_n\}$，每个样本来自以下模型：

$$\begin{aligned}\boldsymbol{x}_i \mid z_i = j &\sim N(\boldsymbol{\mu}_j, \boldsymbol{\Sigma}_j)\\ z_i &\sim \mathrm{Mult}(1, \phi_1, \cdots, \phi_K)\end{aligned} \tag{6-1}$$

其中 z_i 是样本 $\boldsymbol{x}_i$ 的隐标签（latent lable），$z_i \in \{1, 2, \cdots, K\}$，$P(z_i = j) = \phi_j$，$j = 1, \cdots, K$，$\sum_{j=1}^{K} \phi_j = 1$，但 z_i 观测不到. 在模型（6-1）中，每个样本 $\boldsymbol{x}_i$ 相当于从 K 个正态分布中随机选一个分布抽样得到，每个分布被选取的概率为 ϕ_j，$j = 1, \cdots, K$，因此模型（6-1）被称为**高斯混合模型**（**Gaussian mixture model**，GMM）.

在模型（6-1）中，我们需要估计的参数是 $\boldsymbol{\theta} = \{(\boldsymbol{\mu}_j, \boldsymbol{\Sigma}_j, \phi_j): j = 1, \cdots, K\}$. 数据的对数似然函数可写为

$$\begin{aligned}l(\boldsymbol{\theta}) &= \sum_{i=1}^{n} \ln p(\boldsymbol{x}_i \mid \boldsymbol{\theta})\\ &= \sum_{i=1}^{n} \ln\left(\sum_{j=1}^{K} p(\boldsymbol{x}_i, z_i = j \mid \boldsymbol{\theta})\right)\\ &= \sum_{i=1}^{n} \ln\left(\sum_{j=1}^{K} p(\boldsymbol{x}_i \mid z_i = j, \boldsymbol{\theta}) p(z_i = j \mid \boldsymbol{\theta})\right)\\ &= \sum_{i=1}^{n} \ln\left(\sum_{j=1}^{K} \phi_j p(\boldsymbol{x}_i \mid \boldsymbol{\mu}_j, \boldsymbol{\Sigma}_j)\right).\end{aligned} \tag{6-2}$$

其中 $p(\boldsymbol{x}_i \mid \boldsymbol{\mu}_j, \boldsymbol{\Sigma}_j)$ 是正态分布 $N(\boldsymbol{\mu}_j, \boldsymbol{\Sigma}_j)$ 在 $\boldsymbol{x}_i$ 处的概率密度. 直接计算 $l(\boldsymbol{\theta})$ 的一阶导数并令其等于零无法解出参数的 MLE. 如果我们能观察到 $\{z_i\}_{i=1}^{n}$，则参数的极大似然估计变得很容易，此时对数似然函数可写为

$$
\begin{aligned}
l(\boldsymbol{\theta}) &= \sum_{i=1}^{n} \ln p(\boldsymbol{x}_i, z_i \mid \boldsymbol{\theta}) \\
&= \sum_{i=1}^{n} [\ln p(\boldsymbol{x}_i \mid z_i, \boldsymbol{\theta}) + \ln p(z_i \mid \boldsymbol{\theta})] \\
&= \sum_{j=1}^{K} \left[\left(\sum_{i:z_i=j} \ln p(\boldsymbol{x}_i \mid \boldsymbol{\mu}_j, \boldsymbol{\Sigma}_j) \right) + n_j \ln \phi_j \right],
\end{aligned} \tag{6-3}
$$

其中 $n_j = \sum_{i=1}^{n} 1(z_i = j), j = 1, \cdots, K$. 在限制条件 $\sum_{j=1}^{K} \phi_j = 1$ 下，最大化（6-3）可得各参数的 MLE 为

$$
\hat{\phi}_j = \frac{n_j}{n},
$$

$$
\hat{\boldsymbol{\mu}}_j = \sum_{i:z_i=j} \boldsymbol{x}_i / n_j,
$$

$$
\hat{\boldsymbol{\Sigma}}_j = \frac{1}{n_j} \sum_{i:z_i=j} (\boldsymbol{x}_i - \hat{\boldsymbol{\mu}}_j)(\boldsymbol{x}_i - \hat{\boldsymbol{\mu}}_j)^{\mathrm{T}}.
$$

但是 $\{z_i\}_{i=1}^{n}$ 一般是未知的，此时该如何从式（6-2）中计算各参数的 MLE？可以使用 EM 算法.

6.2 Jensen 不等式

首先介绍 EM 算法的原理——Jensen 不等式.

定理 6.1　X 是一个随机变量，f 是一个凸函数，则有

$$
E[f(X)] \geqslant f(E(X)).
$$

证明　因为 f 是凸函数，在 $\mu = E(X)$ 处，总可以找到一条直线 l：$f(\mu) + \lambda(x - \mu)$ 使得 f 处于 l 的上方，即

$$
f(x) \geqslant f(\mu) + \lambda(x - \mu), \forall x. \tag{6-4}
$$

如果 f 在 $x = \mu$ 处可导，则 $\lambda = f'(\mu)$；如果 f 在 $x = \mu$ 处不可导，则 λ 可取 $f'(\mu-) \leqslant \lambda \leqslant f'(\mu+)$ 的任意值. 由式(6-4)可得

$$
E[f(X)] \geqslant E[f(\mu) + \lambda(X - \mu)] = f(\mu). \qquad \square
$$

补充说明

1. 如果 f 是严格凸函数（$f''(x) > 0$），那么 $E[f(X)] = f(E(X))$ 当且仅当 $X = E(X)$ 以概率 1 成立，即 X 以概率 1 是常数.

2. 如果 f 是凹函数，则 $-f$ 是凸函数，根据 Jensen 不等式，$E[f(X)] \leqslant f(E(X))$.

6.3 EM 算法

对于 n 个独立同分布的样本 $\{\boldsymbol{x}_1, \cdots, \boldsymbol{x}_n\}$，假设参数的对数似然函数可写为

$$l(\boldsymbol{\theta}) = \sum_{i=1}^{n} \ln p(\boldsymbol{x}_i \mid \boldsymbol{\theta}) = \sum_{i=1}^{n} \ln\left(\int p(\boldsymbol{x}_i, z_i \mid \boldsymbol{\theta}) \mathrm{d}z_i\right). \tag{6-5}$$

其中 $\{z_i\}_{i=1}^n$是隐变量，但是直接最大化式 (6-5) 很困难. EM 算法的基本想法是：先找到 $l(\boldsymbol{\theta})$的一个下界函数 $g(\boldsymbol{\theta})$，即 $l(\boldsymbol{\theta}) \geqslant g(\boldsymbol{\theta}), \forall \boldsymbol{\theta}$，且 $g(\boldsymbol{\theta})$是较容易优化的函数（E - step）；然后找到 $g(\boldsymbol{\theta})$的最大值点（M - step）；不断重复这两步直到收敛，如图 6-1所示.

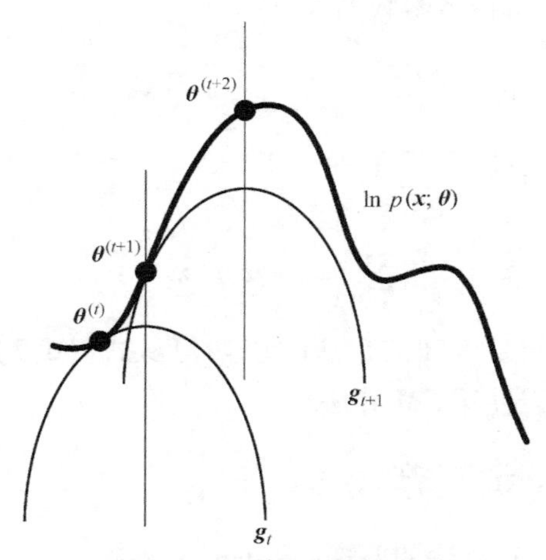

图 6-1　EM 算法的基本想法

如果隐变量 z_i 是离散变量，$z_i \in \{1, 2, \cdots, K\}$，$\forall i$，则式 (6-5)可写为

$$l(\boldsymbol{\theta}) = \sum_{i=1}^{n} \ln\left(\sum_{j=1}^{K} p(\boldsymbol{x}_i, z_i = j \mid \theta)\right). \tag{6-6}$$

为了找到 $l(\boldsymbol{\theta})$的一个下界函数，为每个隐变量 z_i 引入一个离散分布 Q_i. 假设 Q_i 是 $\{1, 2, \cdots, K\}$ 上的离散分布，$i = 1, \cdots, n$，则式 (6-6) 可写为

$$\begin{aligned} l(\boldsymbol{\theta}) &= \sum_{i=1}^{n} \ln\left(\sum_{j=1}^{K} p(\boldsymbol{x}_i, z_i = j \mid \boldsymbol{\theta})\right) \\ &= \sum_{i=1}^{n} \ln\left(\sum_{j=1}^{K} Q_i(z_i = j) \frac{p(\boldsymbol{x}_i, z_i = j \mid \boldsymbol{\theta})}{Q_i(z_i = j)}\right) \\ &= \sum_{i=1}^{n} \ln\left[E_{z_i \sim Q_i}\left(\frac{p(\boldsymbol{x}_i, z_i \mid \boldsymbol{\theta})}{Q_i(z_i)}\right)\right] & (6\text{-}7) \\ &\geqslant \sum_{i=1}^{n} E_{z_i \sim Q_i}\left[\ln\left(\frac{p(\boldsymbol{x}_i, z_i \mid \boldsymbol{\theta})}{Q_i(z_i)}\right)\right] & (6\text{-}8) \\ &= \sum_{i=1}^{n} \sum_{j=1}^{K} Q_i(z_i = j) \ln\left(\frac{p(\boldsymbol{x}_i, z_i = j \mid \boldsymbol{\theta})}{Q_i(z_i = j)}\right) \triangleq g(\boldsymbol{\theta}). & (6\text{-}9) \end{aligned}$$

其中由式 (6-7) 到式 (6-8) 是根据 Jensen 不等式：$f(x) =$

$\ln(x)$是凹函数，且是严格凹函数$f''(x)=-1/x^2<0$，$x\in\mathbb{R}^+$. 对任意一组分布$\{Q_i:i=1,\cdots,n\}$，式（6-9）给出了$l(\boldsymbol{\theta})$的一个下界函数. 如果当前对$\boldsymbol{\theta}$的估计是$\boldsymbol{\theta}^{(t)}$，如何选取$Q_1$，$Q_2$，…，$Q_n$使得$g(\boldsymbol{\theta}^{(t)})$尽量靠近$l(\boldsymbol{\theta}^{(t)})$，最好满足$g(\boldsymbol{\theta}^{(t)})=l(\boldsymbol{\theta}^{(t)})$？

如果希望式（6-8）中的不等式在$\boldsymbol{\theta}^{(t)}$处变为等式，需要满足

$$\frac{p(\boldsymbol{x}_i,z_i\mid\boldsymbol{\theta}^{(t)})}{Q_i(z_i)}\equiv c.\tag{6-10}$$

其中c是不依赖于z_i的常数. 由条件（6-10）可得，此时应选取

$$Q_i(z_i)\propto p(\boldsymbol{x}_i,z_i\mid\boldsymbol{\theta}^{(t)}),i=1,\cdots,n.$$

考虑到$\sum_{j=1}^{K}Q_i(z_i=j)=1$，$\forall i$，则

$$Q_i(z_i)=\frac{p(\boldsymbol{x}_i,z_i\mid\boldsymbol{\theta}^{(t)})}{\sum_{j=1}^{K}p(\boldsymbol{x}_i,z_i=j\mid\boldsymbol{\theta}^{(t)})}=\frac{p(\boldsymbol{x}_i,z_i\mid\boldsymbol{\theta}^{(t)})}{p(\boldsymbol{x}_i\mid\boldsymbol{\theta}^{(t)})}=p(z_i\mid\boldsymbol{x}_i,\boldsymbol{\theta}^{(t)}),\tag{6-11}$$

即Q_i应为给定$\boldsymbol{x}_i$，$\boldsymbol{\theta}^{(t)}$下$z_i$的条件分布.

假设当前对$\boldsymbol{\theta}$的估计值是$\boldsymbol{\theta}^{(t)}$，在 EM 算法的 E－step 中，按式（6-11）选取Q_i，$i=1$，…，n，得到$l(\boldsymbol{\theta})$的一个下界函数$g(\boldsymbol{\theta})$；在 M－step 中，最大化$g(\boldsymbol{\theta})$，并将$\boldsymbol{\theta}$的估计值更新为最大值点$\boldsymbol{\theta}^{(t+1)}$. 可以证明

$$l(\boldsymbol{\theta}^{(t)})\leqslant l(\boldsymbol{\theta}^{(t+1)}).$$

证明　按式（6-11）选取Q_1，Q_2，…，Q_n可使式（6-8）中的等号在$\boldsymbol{\theta}(t)$处成立，则有

$$l(\boldsymbol{\theta}^{(t)})=g(\boldsymbol{\theta}^{(t)})\leqslant\max_{\boldsymbol{\theta}}g(\boldsymbol{\theta})=g(\boldsymbol{\theta}^{(t+1)})\leqslant l(\boldsymbol{\theta}^{(t+1)}).\quad\square$$

当似然函数有上界，EM 算法可以保证$l(\boldsymbol{\theta}^{(t)})$单调递增收敛. EM 算法可总结为算法 6.1.

算法 6.1　EM 算法

给定数据$\{\boldsymbol{x}_1,\cdots,\boldsymbol{x}_n\}$及$\boldsymbol{\theta}$的初始值$\boldsymbol{\theta}^{(0)}$.

repeat $t=0$，1，…

（E－step）将分布Q_i选为

$$Q_i(z_i)=p(z_i\mid\boldsymbol{x}_i,\boldsymbol{\theta}^{(t)}),i=1,\cdots,n$$

令

$$g(\boldsymbol{\theta})=\sum_{i=1}^{n}\sum_{j=1}^{K}Q_i(z_i=j)\ln\left(\frac{p(\boldsymbol{x}_i,z_i=j\mid\theta)}{Q_i(z_i=j)}\right)$$

（M－step）计算$\boldsymbol{\theta}^{(t+1)}=\underset{\boldsymbol{\theta}}{\operatorname{argmax}}\,g(\boldsymbol{\theta})$.

until $l(\boldsymbol{\theta}^{(t+1)})-l(\boldsymbol{\theta}^{(t)})<\varepsilon$

return $\boldsymbol{\theta}^{(t+1)}$

6.4 使用 EM 算法估计 GMM

下面使用 EM 算法估计 GMM 模型（6-1）的参数 $\boldsymbol{\theta}=\{(\boldsymbol{\mu}_j,\boldsymbol{\Sigma}_j,\phi_j):j=1,\cdots,K\}$.

在 E - step 中，需要先计算每个 z_i 的条件分布

$$
\begin{aligned}
w_{ij} &= Q_i(z_i=j)=P(z_i=j\mid \boldsymbol{x}_i,\boldsymbol{\theta}^{(t)})\\
&\propto p(\boldsymbol{x}_i,z_i=j\mid\boldsymbol{\theta}^{(t)})=p(\boldsymbol{x}_i\mid z_i=j,\boldsymbol{\theta}^{(t)})p(z_i=j\mid\boldsymbol{\theta}^{(t)})\\
&\propto p(\boldsymbol{x}_i\mid\boldsymbol{\mu}_j^{(t)},\boldsymbol{\Sigma}_j^{(t)})\phi_j^{(t)},\quad j=1,\cdots,K;\ i=1,\cdots,n.
\end{aligned}
$$

其中 $p(\boldsymbol{x}_i\mid\boldsymbol{\mu}_j^{(t)},\boldsymbol{\Sigma}_j^{(t)})$ 是正态分布 $N(\boldsymbol{\mu}_j^{(t)},\boldsymbol{\Sigma}_j^{(t)})$ 在 $\boldsymbol{x}_i$ 处的概率密度. 由于对每个 i 有 $\sum_{j=1}^{K}w_{ij}=\sum_{j=1}^{K}Q_i(z_i=j)=1$, 因此

$$
w_{ij}=\frac{p(\boldsymbol{x}_i\mid\boldsymbol{\mu}_j^{(t)},\boldsymbol{\Sigma}_j^{(t)})\phi_j^{(t)}}{\sum_{k=1}^{K}p(\boldsymbol{x}_i\mid\boldsymbol{\mu}_k^{(t)},\boldsymbol{\Sigma}_k^{(t)})\phi_k^{(t)}},\ j=1,\cdots,K;\ i=1,\cdots,n.
$$

由此得到 $l(\boldsymbol{\theta})$ 的一个下界函数

$$
\begin{aligned}
g(\boldsymbol{\theta}) &= \sum_{i=1}^{n}\sum_{j=1}^{K}w_{ij}\ln\left(\frac{p(\boldsymbol{x}_i,z_i=j\mid\boldsymbol{\theta})}{w_{ij}}\right)\\
&= \sum_{i=1}^{n}\sum_{j=1}^{K}w_{ij}\ln\left(\frac{p(\boldsymbol{x}_i\mid z_i=j,\boldsymbol{\theta})p(z_i=j\mid\boldsymbol{\theta})}{w_{ij}}\right)\\
&= \sum_{i=1}^{n}\sum_{j=1}^{K}w_{ij}[\ln(p(\boldsymbol{x}_i\mid\boldsymbol{\mu}_j,\boldsymbol{\Sigma}_j))+\ln(\phi_j)-\ln(w_{ij})]\\
&= \sum_{i=1}^{n}\sum_{j=1}^{K}w_{ij}\left[-\frac{1}{2}\ln(|\boldsymbol{\Sigma}_j|)-\frac{1}{2}(\boldsymbol{x}_i-\boldsymbol{\mu}_j)^{\mathrm{T}}\boldsymbol{\Sigma}_j^{-1}(\boldsymbol{x}_i-\boldsymbol{\mu}_j)+\ln(\phi_j)+\cdots\right].
\end{aligned}
$$

此处省略了与 $\{(\boldsymbol{\mu}_j,\boldsymbol{\Sigma}_j,\phi_j):j=1,\cdots,K\}$ 无关的项.

在 M - step 中，我们希望选取 $\boldsymbol{\theta}=\{(\boldsymbol{\mu}_j,\boldsymbol{\Sigma}_j,\phi_j):j=1,\cdots,K\}$ 使 $g(\boldsymbol{\theta})$ 达到最大. 首先对 $g(\boldsymbol{\theta})$ 关于 $\{\phi_j\}_{j=1}^{K}$ 优化，此时最大化 $g(\boldsymbol{\theta})$ 等价于

$$
\max_{\phi_1,\cdots,\phi_K}\sum_{i=1}^{n}\sum_{j=1}^{K}w_{ij}\ln(\phi_j).
$$

注意到 $\{\phi_j\}_{j=1}^{K}$ 还需满足条件 $\sum_{j=1}^{K}\phi_j=1$, 因此建立如下拉格朗日函数（Lagrangian）:

$$
L(\phi_1,\cdots,\phi_K)=\sum_{i=1}^{n}\sum_{j=1}^{K}w_{ij}\ln(\phi_j)+\lambda\left(\sum_{j=1}^{K}\phi_j-1\right). \tag{6-12}
$$

拉格朗日函数（6-12）关于每个 ϕ_j 的偏导数为

$$
\frac{\partial L}{\partial\phi_j}=\sum_{i=1}^{n}\frac{w_{ij}}{\phi_j}+\lambda,\quad j=1,\cdots,K.
$$

令上式等于 0 解得

$$\phi_j = -\frac{\sum_{i=1}^{n} w_{ij}}{\lambda}, j = 1,\cdots,K.$$

利用限制条件 $\sum_{j=1}^{K} \phi_j = 1$ 解得 $\hat{\lambda} = -\sum_{i=1}^{n}\sum_{j=1}^{K} w_{ij} = -n$. 代入上式得到对 ϕ_j 新的估计:

$$\phi_j^{(t+1)} = \frac{1}{n}\sum_{i=1}^{n} w_{ij}, \quad j = 1,\cdots,K.$$

注意此时得到的最优解一定满足 $\phi_j^{(t+1)} \geqslant 0$，$\forall j$，因此不需要在拉格朗日函数（6-12）中加入限制条件 $\phi_j \geqslant 0$，$j=1$，$\cdots$，K.

接下来对 $g(\boldsymbol{\theta})$ 关于 $\boldsymbol{\mu}_j$ 优化，$j=1$，$\cdots$，K. $g(\boldsymbol{\theta})$ 关于 $\boldsymbol{\mu}_j$ 的梯度为:

$$\nabla_{\boldsymbol{\mu}_j} g(\boldsymbol{\theta}) = -\sum_{i=1}^{n} w_{ij}\boldsymbol{\Sigma}_j^{-1}(\boldsymbol{x}_i - \boldsymbol{\mu}_j) = \boldsymbol{\Sigma}_j^{-1}\left(\boldsymbol{\mu}_j \sum_{i=1}^{n} w_{ij} - \sum_{i=1}^{n} w_{ij}\boldsymbol{x}_i\right).$$

令其等于零，解得最优的 $\boldsymbol{\mu}_j$ 为

$$\boldsymbol{\mu}_j^{(t+1)} = \frac{\sum_{i=1}^{n} w_{ij}\boldsymbol{x}_i}{\sum_{i=1}^{n} w_{ij}}, \quad j = 1,\cdots,K.$$

利用矩阵微积分或仿照 Wishart 分布 MLE 的证明可得最优的 $\boldsymbol{\Sigma}_j$ 为

$$\boldsymbol{\Sigma}_j^{(t+1)} = \frac{\sum_{i=1}^{n} w_{ij}(\boldsymbol{x}_i - \boldsymbol{\mu}_j^{(t+1)})(\boldsymbol{x}_i - \boldsymbol{\mu}_j^{(t+1)})^{\mathrm{T}}}{\sum_{i=1}^{n} w_{ij}}, \quad j = 1,\cdots,K.$$

6.5 MM 算法

EM 算法可以看作更一般的 MM 算法（Lange 等，2000）的一个特例. MM 算法是 minorization - maximization principle 的简称，它最大化目标函数 $f(\boldsymbol{\theta})$ 的思路是：先在当前估计点 $\boldsymbol{\theta}^{(t)}$ 处寻找一个代理函数（surrogate function）$g(\boldsymbol{\theta} \mid \boldsymbol{\theta}^{(t)})$，$g$ 需要满足两个条件:

$$\begin{aligned} f(\boldsymbol{\theta}^{(t)}) &= g(\boldsymbol{\theta}^{(t)} \mid \boldsymbol{\theta}^{(t)}), \\ f(\boldsymbol{\theta}) &\geqslant g(\boldsymbol{\theta} \mid \boldsymbol{\theta}^{(t)}), \forall \boldsymbol{\theta}. \end{aligned} \tag{6-13}$$

该过程被称为 minorization，它代表 MM 算法的第一个 M，函数 g 也被称为 minorizing function. MM 算法的第二个 M 是指最大化（maximize）代理函数 $g(\boldsymbol{\theta} \mid \boldsymbol{\theta}^{(t)})$，令

$$\boldsymbol{\theta}^{(t+1)} = \underset{\boldsymbol{\theta}}{\operatorname{argmax}}\, g(\boldsymbol{\theta} \mid \boldsymbol{\theta}^{(t)}).$$

则有

$$f(\boldsymbol{\theta}^{(t+1)}) \geqslant g(\boldsymbol{\theta}^{(t+1)} \mid \boldsymbol{\theta}^{(t)}) \geqslant g(\boldsymbol{\theta}^{(t)} \mid \boldsymbol{\theta}^{(t)}) = f(\boldsymbol{\theta}^{(t)}). \tag{6-14}$$

这种单调递增性保证了 MM 算法的收敛. 事实上，MM 算法只需要保证每步 $g(\boldsymbol{\theta}^{(t+1)} \mid \boldsymbol{\theta}^{(t)}) \geqslant g(\boldsymbol{\theta}^{(t)} \mid \boldsymbol{\theta}^{(t)})$，不一定要找到 $g(\boldsymbol{\theta} \mid \boldsymbol{\theta}^{(t)})$ 的最大值点.

6.5.1 方差成分模型

方差成分模型（variance components model，VCM）在基因研究和生物医学领域有广泛应用. 对于含有 n 个样本的数据，用 $n \times 1$ 向量 $\boldsymbol{y}$ 储存所有观察结果（response vector），用 $n \times p$ 矩阵 $\boldsymbol{X}$ 储存所有预测变量的值，最简单的方差成分模型假设

$$\boldsymbol{y} \sim N_n(\boldsymbol{X\beta}, \boldsymbol{\Omega}),$$

$$\boldsymbol{\Omega} = \sum_{j=1}^{m} \sigma_j^2 \boldsymbol{V}_j. \tag{6-15}$$

其中 $\boldsymbol{V}_1$，…，$\boldsymbol{V}_m$ 是 m 个已知的对称正定矩阵. 模型（6-15）待估计的参数是系数向量 $\boldsymbol{\beta} \in \mathbb{R}^p$ 和方差成分权重 $\boldsymbol{\sigma}^2 = (\sigma_1^2, \cdots, \sigma_m^2)$.

模型（6-15）的对数似然函数为

$$L(\boldsymbol{\beta}, \boldsymbol{\sigma}^2) = -\frac{1}{2}\ln[\det(\boldsymbol{\Omega})] - \frac{1}{2}(\boldsymbol{y} - \boldsymbol{X\beta})^{\mathrm{T}} \boldsymbol{\Omega}^{-1} (\boldsymbol{y} - \boldsymbol{X\beta}). \tag{6-16}$$

Zhou 等（2019）使用 MM 算法最大化式（6-16）估计模型（6-15）的 MLE. 使用迭代策略轮流更新参数 $\boldsymbol{\beta}$ 和 $\boldsymbol{\sigma}^2$，给定 $\boldsymbol{\sigma}^2$ 当前的估计量 $\boldsymbol{\sigma}^2_{(t)}$，很容易得到 $\boldsymbol{\beta}$ 的最优解：

$$\boldsymbol{\beta}^{(t+1)} = (\boldsymbol{X}^{\mathrm{T}} \boldsymbol{\Omega}_{(t)}^{-1} \boldsymbol{X})^{-1} \boldsymbol{X}^{\mathrm{T}} \boldsymbol{\Omega}_{(t)}^{-1} \boldsymbol{y}. \tag{6-17}$$

但是给定 $\boldsymbol{\beta}^{(t+1)}$，很难找到使式（6-16）最大化的 $\boldsymbol{\sigma}^2$ 的解析解. Zhou 等（2019）使用以下两个引理构造了 $\boldsymbol{\sigma}^2$ 的一个容易优化的 minorizing function.

引理6.1　$-\ln[\det(\boldsymbol{\Omega})] \geqslant -\ln[\det(\boldsymbol{\Omega}_{(t)})] - \mathrm{tr}[\boldsymbol{\Omega}_{(t)}^{-1}(\boldsymbol{\Omega}-\boldsymbol{\Omega}_{(t)})].$　(6-18)

证明

$$\begin{aligned}\ln\det(\boldsymbol{\Omega}) &= \ln\det(\boldsymbol{\Omega}_{(t)}+\boldsymbol{\Omega}-\boldsymbol{\Omega}_{(t)})\\ &= \ln\det[\boldsymbol{\Omega}_{(t)}^{1/2}(\boldsymbol{I}+\boldsymbol{\Omega}_{(t)}^{-1/2}(\boldsymbol{\Omega}-\boldsymbol{\Omega}_{(t)})\boldsymbol{\Omega}_{(t)}^{-1/2})\boldsymbol{\Omega}_{(t)}^{1/2}]\\ &= \ln\det(\boldsymbol{\Omega}_{(t)})+\ln\det[\boldsymbol{I}+\boldsymbol{\Omega}_{(t)}^{-1/2}(\boldsymbol{\Omega}-\boldsymbol{\Omega}_{(t)})\boldsymbol{\Omega}_{(t)}^{-1/2}]\end{aligned} \tag{6-19}$$

令矩阵$\boldsymbol{\Omega}_{(t)}^{-1/2}(\boldsymbol{\Omega}-\boldsymbol{\Omega}_{(t)})\boldsymbol{\Omega}_{(t)}^{-1/2}$的特征值为$\lambda_1$，…，$\lambda_n$，则

$$\ln\det[\boldsymbol{I}+\boldsymbol{\Omega}_{(t)}^{-1/2}(\boldsymbol{\Omega}-\boldsymbol{\Omega}_{(t)})\boldsymbol{\Omega}_{(t)}^{-1/2}] = \sum_{i=1}^{n}\ln(1+\lambda_i). \tag{6-20}$$

利用不等式$\ln(1+x)\leqslant x$，$\forall x>-1$可得

$$\begin{aligned}\ln\det(\boldsymbol{\Omega}) &= \ln\det(\boldsymbol{\Omega}_{(t)})+\sum_{i=1}^{n}\ln(1+\lambda_i)\\ &\leqslant \ln\det(\boldsymbol{\Omega}_{(t)})+\sum_{i=1}^{n}\lambda_i\\ &= \ln\det(\boldsymbol{\Omega}_{(t)})+\mathrm{tr}[\boldsymbol{\Omega}_{(t)}^{-1/2}(\boldsymbol{\Omega}-\boldsymbol{\Omega}_{(t)})\boldsymbol{\Omega}_{(t)}^{-1/2}]\\ &= \ln\det(\boldsymbol{\Omega}_{(t)})+\mathrm{tr}[\boldsymbol{\Omega}_{(t)}^{-1}(\boldsymbol{\Omega}-\boldsymbol{\Omega}_{(t)})].\end{aligned}$$　□

引理6.1为式（6-16）中右式第一项找到了满足条件的下界函数. 式（6-16）中右式第二项可以写为：

$$(\boldsymbol{y}-\boldsymbol{X\beta})^{\mathrm{T}}\boldsymbol{\Omega}^{-1}(\boldsymbol{y}-\boldsymbol{X\beta}) = (\boldsymbol{y}-\boldsymbol{X\beta})^{\mathrm{T}}\boldsymbol{\Omega}_{(t)}^{-1}[\boldsymbol{\Omega}_{(t)}\boldsymbol{\Omega}^{-1}\boldsymbol{\Omega}_{(t)}]\boldsymbol{\Omega}_{(t)}^{-1}(\boldsymbol{y}-\boldsymbol{X\beta}). \tag{6-21}$$

引入一个新符号$\preceq$，如果矩阵（$\boldsymbol{B}-\boldsymbol{A}$）半正定，记为$\boldsymbol{A}\preceq\boldsymbol{B}$. Boyd和Vandenberghe（2004）证明了矩阵函数$f(\boldsymbol{A},\boldsymbol{B})=\boldsymbol{A}^{\mathrm{T}}\boldsymbol{B}^{-1}\boldsymbol{A}$对任意$m\times n$矩阵$\boldsymbol{A}$及$m\times m$的正定矩阵$\boldsymbol{B}$是凸（convex）函数，即$\forall\lambda\in[0,1]$，

$$f[\lambda\boldsymbol{A}_1+(1-\lambda)\boldsymbol{A}_2,\lambda\boldsymbol{B}_1+(1-\lambda)\boldsymbol{B}_2]\preceq\lambda f(\boldsymbol{A}_1,\boldsymbol{B}_1)+(1-\lambda)f(\boldsymbol{A}_2,\boldsymbol{B}_2)$$

$$[\lambda\boldsymbol{A}_1+(1-\lambda)\boldsymbol{A}_2]^{\mathrm{T}}[\lambda\boldsymbol{B}_1+(1-\lambda)\boldsymbol{B}_2]^{-1}[\lambda\boldsymbol{A}_1+(1-\lambda)\boldsymbol{A}_2]\preceq\lambda\boldsymbol{A}_1^{\mathrm{T}}\boldsymbol{B}_1^{-1}\boldsymbol{A}_1+(1-\lambda)\boldsymbol{A}_2^{\mathrm{T}}\boldsymbol{B}_2^{-1}\boldsymbol{A}_2. \tag{6-22}$$

利用该凸函数的性质可以证得以下引理：

引理 6.2 $\boldsymbol{\Omega}_{(t)}\boldsymbol{\Omega}^{-1}\boldsymbol{\Omega}_{(t)} \leq \sum_{j=1}^{m}\frac{\sigma_{j,t}^4}{\sigma_j^2}\boldsymbol{V}_j,$ (6-23)

其中 $\sigma_{j,t}$是 σ_j 在第 t 步的估计量.

证明 根据凸函数 $f(\boldsymbol{A},\boldsymbol{B}) = \boldsymbol{A}^{\mathrm{T}}\boldsymbol{B}^{-1}\boldsymbol{A}$ 的性质（6-22）可得

$$
\begin{aligned}
\boldsymbol{\Omega}_{(t)}\boldsymbol{\Omega}^{-1}\boldsymbol{\Omega}_{(t)} &= \left(\sum_{j=1}^{m}\sigma_{j,t}^2\boldsymbol{V}_j\right)\left(\sum_{j=1}^{m}\sigma_j^2\boldsymbol{V}_j\right)^{-1}\left(\sum_{j=1}^{m}\sigma_{j,t}^2\boldsymbol{V}_j\right) \\
&= \left(\sum_{j=1}^{m}\frac{\sigma_{j,t}^2}{\sum_{k=1}^{m}\sigma_{k,t}^2}\frac{\sum_{k=1}^{m}\sigma_{k,t}^2}{\sigma_{j,t}^2}\sigma_{j,t}^2\boldsymbol{V}_j\right) \\
&\quad \left(\sum_{j=1}^{m}\frac{\sigma_{j,t}^2}{\sum_{k=1}^{m}\sigma_{k,t}^2}\frac{\sum_k\sigma_{k,t}^2}{\sigma_{j,t}^2}\sigma_j^2\boldsymbol{V}_j\right)^{-1} \\
&\quad \left(\sum_{j=1}^{m}\frac{\sigma_{j,t}^2}{\sum_{k=1}^{m}\sigma_{k,t}^2}\frac{\sum_k\sigma_{k,t}^2}{\sigma_{j,t}^2}\sigma_{j,t}^2\boldsymbol{V}_j\right) \\
&\leq \sum_{j=1}^{m}\frac{\sigma_{j,t}^2}{\sum_{k=1}^{m}\sigma_{k,t}^2}\left(\frac{\sum_{k=1}^{m}\sigma_{k,t}^2}{\sigma_{j,t}^2}\sigma_{j,t}^2\boldsymbol{V}_j\right)\left(\frac{\sum_{k=1}^{m}\sigma_{k,t}^2}{\sigma_{j,t}^2}\sigma_j^2\boldsymbol{V}_j\right)^{-1}\left(\frac{\sum_k\sigma_{k,t}^2}{\sigma_{j,t}^2}\sigma_{j,t}^2\boldsymbol{V}_j\right) \\
&= \sum_{j=1}^{m}\frac{\sigma_{j,t}^4}{\sigma_j^2}\boldsymbol{V}_j. \qquad \square
\end{aligned}
$$

由引理 6.2 及式（6-21）得

$$
(\boldsymbol{y}-\boldsymbol{X\beta})^{\mathrm{T}}\boldsymbol{\Omega}^{-1}(\boldsymbol{y}-\boldsymbol{X\beta}) \leqslant (\boldsymbol{y}-\boldsymbol{X\beta})^{\mathrm{T}}\boldsymbol{\Omega}_{(t)}^{-1}\left(\sum_{j=1}^{m}\frac{\sigma_{j,t}^4}{\sigma_j^2}\boldsymbol{V}_j\right)\boldsymbol{\Omega}_{(t)}^{-1}(\boldsymbol{y}-\boldsymbol{X\beta}). \tag{6-24}
$$

根据不等式（6-18）和式（6-24），我们找到了对数似然函数 $L(\boldsymbol{\sigma}^2)$的一个下界函数（minorization）：

$$
\begin{aligned}
g(\boldsymbol{\sigma}^2 \mid \boldsymbol{\sigma}_{(t)}^2) &= -\frac{1}{2}\mathrm{tr}(\boldsymbol{\Omega}_{(t)}^{-1}\boldsymbol{\Omega}) - \frac{1}{2}(\boldsymbol{y}-\boldsymbol{X\beta}^{(t+1)})^{\mathrm{T}}\boldsymbol{\Omega}_{(t)}^{-1}\cdot\left(\sum_{j=1}^{m}\frac{\sigma_{j,t}^4}{\sigma_j^2}\boldsymbol{V}_j\right)\boldsymbol{\Omega}_{(t)}^{-1}(\boldsymbol{y}-\boldsymbol{X\beta}^{(t+1)}) + c^{(t)} \\
&= \sum_{j=1}^{m}\left[-\frac{\sigma_j^2}{2}\mathrm{tr}(\boldsymbol{\Omega}_{(t)}^{-1}\boldsymbol{V}_j) - \frac{\sigma_{j,t}^4}{2\sigma_j^2}(\boldsymbol{y}-\boldsymbol{X\beta}^{(t+1)})^{\mathrm{T}}.\boldsymbol{\Omega}_{(t)}^{-1}\boldsymbol{V}_j\boldsymbol{\Omega}_{(t)}^{-1}(\boldsymbol{y}-\boldsymbol{X\beta}^{t+1})\right] + c^{(t)}
\end{aligned} \tag{6-25}
$$

其中 $c^{(t)}$是与 $\boldsymbol{\sigma}^2$ 无关的常数. 利用一阶导数条件，很容易找出使式（6-25）最大的 $\boldsymbol{\sigma}^2$ 的解析解：

$$\sigma_{j,t+1}^2 = \sigma_{j,t}^2 \sqrt{\frac{(\boldsymbol{y} - \boldsymbol{X}\boldsymbol{\beta}^{(t+1)})^{\mathrm{T}} \boldsymbol{\Omega}_{(t)}^{-1} \boldsymbol{V}_j \boldsymbol{\Omega}_{(t)}^{-1} (\boldsymbol{y} - \boldsymbol{X}\boldsymbol{\beta}^{(t+1)})}{\mathrm{tr}(\boldsymbol{\Omega}_{(t)}^{-1} \boldsymbol{V}_j)}}, j = 1, \cdots, m.$$

习题 6.1：编程实现 EM 算法，并用以下数据和初始值估计一个 two - component GMM. 使用 contour plot 展示估计的正态分布.

```
# create dataset
library(MASS)
set.seed(123)
n=1000
mu1 = c(0,4)
mu2 = c(-2,0)
Sigma1 = matrix(c(3,0,0,0.5),nr=2,nc=2)
Sigma2 = matrix(c(1,0,0,2),nr=2,nc=2)
phi = c(0.6,0.4)
X = matrix(0,nr=2,nc=n)

for (i in 1:n){
  if (runif(1)<=phi[1]){
    X[,i] = mvrnorm(1,mu=mu1,Sigma=Sigma1)
  }else{
    X[,i] = mvrnorm(1,mu=mu2,Sigma=Sigma2)
  }
}

# initial guess for parameters
mu10 = runif(2)
mu20 = runif(2)
Sigma10 = diag(2)
Sigma20 = diag(2)
phi0 = runif(2)
phi0 = phi0/sum(phi0)
```

第 6 章课件

参 考 文 献

BOYD S, VANDENBERGHE L, 2004. *Convex optimization* [M]. New York: Cambridge university press.

LANGE K, HUNTER D R, YANG I, 2000. Optimization transfer using surrogate objective functions [J]. Journal of Computational and Graphical Statistics, 9 (1): 1 – 20.

ZHOU H, HU L, ZHOU J, LANGE K, 2019. Mm algorithms for variance components models [J]. Journal of Computational and Graphical Statistics, 28 (2): 350 – 361.

7

第 7 章 梯度下降法

梯度下降法（gradient descent）也称最速下降法（steepest descent），是常用的求目标函数极小值的一阶算法. 这里的“一阶”是指在优化过程中只用到目标函数和其一阶导数（梯度）的信息，没有用到更高阶导数的信息. 当目标函数$f(\boldsymbol{x})$一阶可导时，由于函数在任意一点的负梯度方向是函数值下降最快的方向，我们总可以沿函数负梯度$-\nabla f(\boldsymbol{x})$的方向搜索，使目标函数值持续下降.

与二阶优化算法（例如 Newton – Raphson）相比，一阶算法通常收敛很慢，但对于变量个数很多的高维优化问题，一阶算法可能更有优势，因为每步迭代计算简单，而求二阶导数（Hessian matrix）的成本可能太高或不可行. 特别当目标函数不是凸函数时，有时找到一个局部极小值点就足够了，而 Newton – Raphson 找到的可能是“鞍点”（saddle point）.

7.1 梯度下降法（GD）

考虑下面的优化问题

$$\min_{\boldsymbol{x}} f(\boldsymbol{x}).$$

其中$\boldsymbol{x}\in\mathbb{R}^d$，$f$一阶可导. 对于$\mathbb{R}^d$上的任意单位向量$\boldsymbol{v}$，$f$沿$\boldsymbol{v}$方向的改变率（方向导数）

$$\nabla_{\boldsymbol{v}} f(\boldsymbol{x}) = \lim_{h\to 0}\frac{f(\boldsymbol{x}+h\boldsymbol{v})-f(\boldsymbol{x})}{h} = \nabla f(\boldsymbol{x})^{\mathrm{T}}\cdot\boldsymbol{v} = \|\nabla f(\boldsymbol{x})\|\cos(\theta),$$

其中θ是$\boldsymbol{v}$与梯度$\nabla f(\boldsymbol{x})$的夹角，因此当$\boldsymbol{v}$与负梯度$-\nabla f(\boldsymbol{x})$方向相同时，$f$下降得最快.

梯度下降法

1. 选取初始值$\boldsymbol{x}^{(0)}\in\mathbb{R}^d$
2. 重复以下迭代直到收敛：
   (1) 计算$\boldsymbol{g}_{t-1}=\nabla f(\boldsymbol{x}^{(t-1)})$
   (2) 选取步长λ_t
   (3) 令$\boldsymbol{x}^{(t)}=\boldsymbol{x}^{(t-1)}-\lambda_t\boldsymbol{g}_{t-1}$

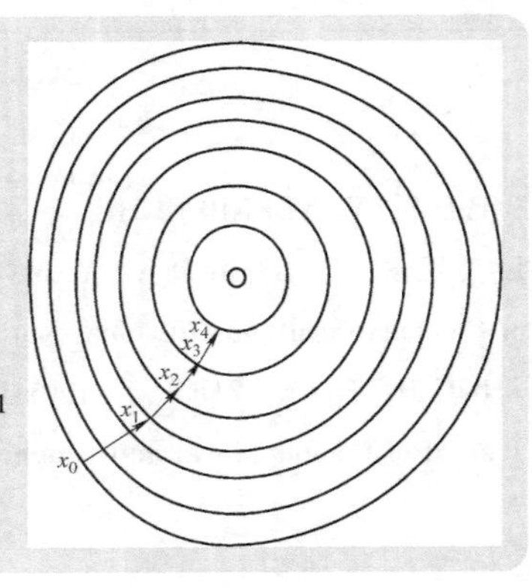

在上述算法中，“迭代收敛”可以是梯度模长小于某个临界值$\|\nabla f(\boldsymbol{x}^{(t)})\| < \varepsilon$，或两次迭代间函数变化小于某个临界值$|f(\boldsymbol{x}^{(t+1)}) - f(\boldsymbol{x}^{(t)})| < \varepsilon$.

如果步长λ_t足够小，目标函数值会随着迭代进行不断减小，$f(\boldsymbol{x}^{(0)}) \geqslant f(\boldsymbol{x}^{(1)}) \geqslant f(\boldsymbol{x}^{(2)}) \geqslant \cdots$. 如果函数$f$存在有界的下限，$f(\boldsymbol{x}) \geqslant f^*$，$\forall \boldsymbol{x}$，那么序列$\{\boldsymbol{x}^{(t)}\}$会收敛到$f$的一个局部极小值点.

7.1.1　步长λ_t的选取

如果选取固定步长，比如令$\lambda_t = \lambda$，$t = 1, 2, \cdots$，当λ很大时，梯度下降法可能会发散，如图7-1a所示；如果λ很小，梯度下降法会收敛得很慢，如图7-1b所示. 通过后面的收敛性分析，我们可能会找到一个较合适的步长，如图7-1c所示. 注意选取固定步长不代表每步移动的幅度都一样，因为每步梯度大小不同.

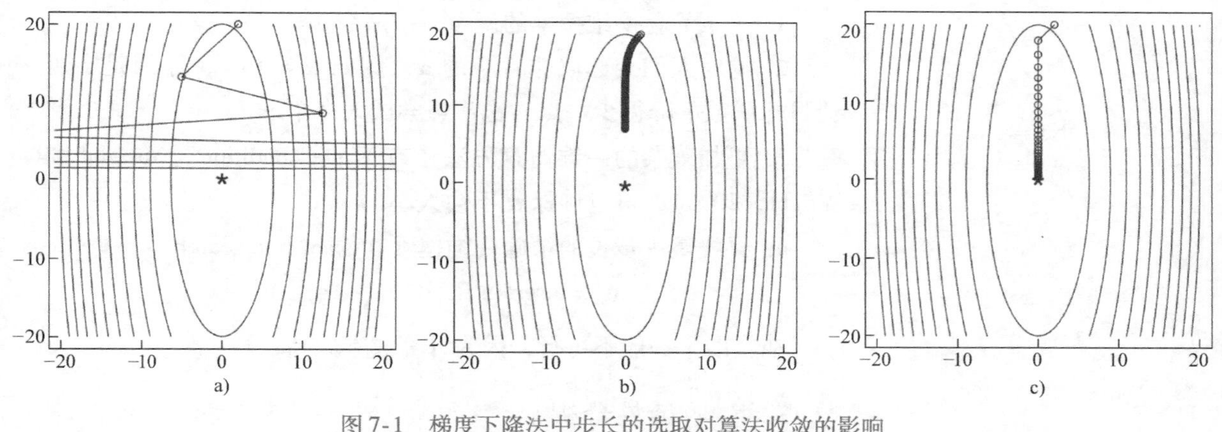

图7-1　梯度下降法中步长的选取对算法收敛的影响

（图片来源：Ryan Tibshirani）

常用的做法是让λ_t随迭代变化，每一步根据当前函数值和梯度选取合适的步长. 一维搜索（backtracking line search）是一种常用的自适应（adaptively）选取步长的方法.

一维搜索的步骤

1. 选取两个固定参数$0 < \beta < 1$和$0 < \alpha \leqslant 1/2$.

2. 在第t步迭代开始时，选取一个较大的初始步长γ_0，然后不断缩小步长，令$\gamma_j = \beta\gamma_{j-1}$，$j = 1, 2, \cdots$，直到

$$f(\boldsymbol{x}^{(t-1)} - \gamma_j \boldsymbol{g}_{t-1}) \leqslant f(\boldsymbol{x}^{(t-1)}) - \alpha\gamma_j \|\boldsymbol{g}_{t-1}\|_2^2. \tag{7-1}$$

式（7-1）被称为**Armijo条件**.

3. 将满足Armijo条件（7-1）的步长γ_j选为第t步步长λ_t.

在图 7-1 的例子中使用一维搜索选取步长，$\alpha=\beta=0.5$，迭代的轨迹如图 7-2 所示.

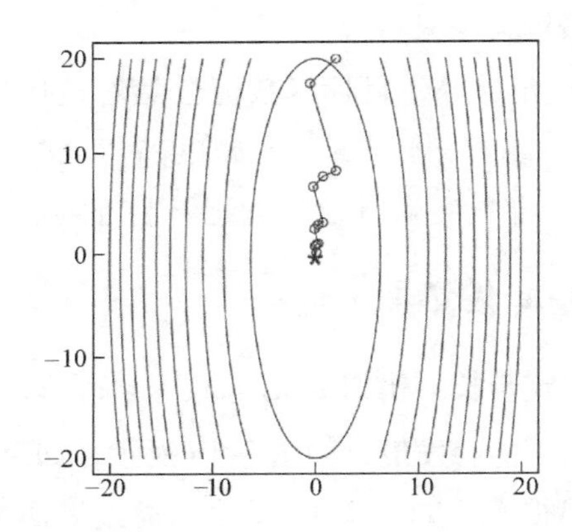

图 7-2　12 步外循环，总共 40 步迭代.（图片来源：Ryan Tibshirani）

补充说明

1. 为了简化一维搜索的调参，一般令 $\beta=1/2$.

2. 有时人们会选取非常小的 α，例如 $\alpha=10^{-4}$，原因是宁可让目标函数下降得少一点，也不想尝试太多个 γ_j.

3. 更加复杂的一维搜索方法还有 Wolfe condition（Nocedal 和 Wright，2006），可以确保 α 不会太小.

4. 寻找最优步长的精确一维搜索（exact line search）：

$$\boldsymbol{\lambda}_t = \underset{\lambda>0}{\operatorname{argmin}} f(\boldsymbol{x}^{(t-1)} - \boldsymbol{\lambda}\boldsymbol{g}_{t-1})$$

在实践中一般不可行，因为计算成本太高.

7.1.2　收敛性分析

本节我们想回答下面两个问题：

（1）步长 $\boldsymbol{\lambda}_t$ 对梯度下降法的收敛有什么影响？

（2）当梯度下降法收敛时，$\nabla f(\boldsymbol{x}^{(t)})\to\mathbf{0}$，$t\to\infty$. 但可能对任何有限的 t，$\nabla f(\boldsymbol{x}^{(t)})$ 不会恰好为 $\mathbf{0}$. 那么对任意一个给定的临界值 $\varepsilon>0$，需要迭代多少步才能使 $\|\nabla f(\boldsymbol{x}^{(t)})\|<\varepsilon$？

为了回答以上问题，我们需要假设

（1）f 存在有限的下界 f^*.

（2）f 的梯度是 Lipschitz 连续.

定义 7.1　如果存在一个常数 $L>0$，使得对任意的 $\boldsymbol{x}_1$，$\boldsymbol{x}_2$ 都有

$$\|\nabla f(\boldsymbol{x}_1) - \nabla f(\boldsymbol{x}_2)\|_2 \leqslant L\|\boldsymbol{x}_1 - \boldsymbol{x}_2\|_2$$

称 f 的梯度 $\nabla f(\boldsymbol{x})$ 是 **Lipschitz 连续**.

补充说明

1. 梯度 Lipschitz 连续要求函数 f 的梯度不能“变化太快”；

2. 梯度 Lipschitz 连续是一个很弱的假设，很多统计模型的对数似然函数(log-likelihood) 都满足该条件，比如线性回归，logistic 回归.

3. 对于 C^2 函数（二阶连续可导）f，梯度的 Lipschitz 连续意味着 f 的黑塞矩阵（Hessian matrix）$\nabla^2 f(\boldsymbol{x}) \preceq L\boldsymbol{I}$，$\forall \boldsymbol{x}$. 即 $L\boldsymbol{I} - \nabla^2 f(\boldsymbol{x})$ 总是一个半正定矩阵：$\forall \boldsymbol{x}$，$\boldsymbol{h}$，

$$\boldsymbol{h}^{\mathrm{T}} \nabla^2 f(\boldsymbol{x}) \boldsymbol{h} \leqslant L\|\boldsymbol{h}\|_2^2.$$

4. 对于 C^2 函数 f，可将 L 选为 f 的黑塞矩阵特征值的一个上界. 比如在线性回归中，残差平方和的黑塞矩阵是 $\boldsymbol{X}^{\mathrm{T}}\boldsymbol{X}$，因此 L 最小可取为 $2\boldsymbol{X}^{\mathrm{T}}\boldsymbol{X}$ 的最大特征值.

对于 C^2 函数 f，将 $f(\boldsymbol{x})$ 在 $\boldsymbol{x}^{(t)}$ 处泰勒（Taylor）展开：

$$f(\boldsymbol{x}) = f(\boldsymbol{x}^{(t)}) + \nabla f(\boldsymbol{x}^{(t)})^{\mathrm{T}}(\boldsymbol{x} - \boldsymbol{x}^{(t)}) + \frac{1}{2}(\boldsymbol{x} - \boldsymbol{x}^{(t)})^{\mathrm{T}} \nabla^2 f(\widetilde{\boldsymbol{x}})(\boldsymbol{x} - \boldsymbol{x}^{(t)}). \tag{7-2}$$

由 ∇f 的 Lipschitz 连续得

$$f(\boldsymbol{x}) \leqslant f(\boldsymbol{x}^{(t)}) + \nabla f(\boldsymbol{x}^{(t)})^{\mathrm{T}}(\boldsymbol{x} - \boldsymbol{x}^{(t)}) + \frac{L}{2}\|\boldsymbol{x} - \boldsymbol{x}^{(t)}\|_2^2. \tag{7-3}$$

式（7-3）的右端是 f 的一个二次上界函数且经过点（$\boldsymbol{x}^{(t)}$，$f(\boldsymbol{x}^{(t)})$），如图 7-3 所示.

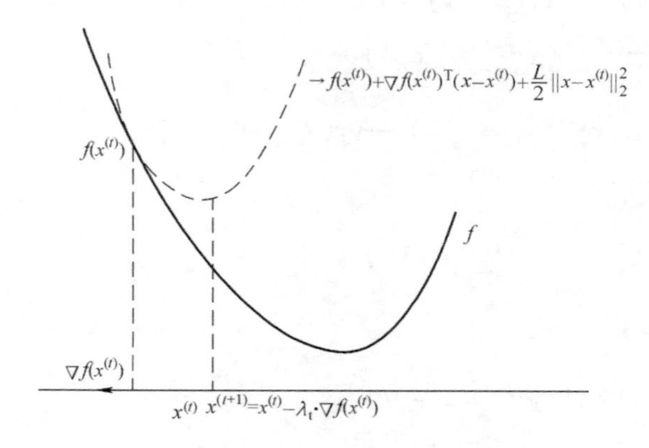

图 7-3　梯度下降法最优步长的选取

将梯度下降法的迭代公式 $\boldsymbol{x}^{(t+1)} = \boldsymbol{x}^{(t)} - \lambda_t \boldsymbol{g}_t$ 代入式(7-3)，其中 $\boldsymbol{g}_t = \nabla f(\boldsymbol{x}^{(t)})$，得到

$$f(\boldsymbol{x}^{(t+1)}) \leqslant f(\boldsymbol{x}^{(t)}) - \|\boldsymbol{g}_t\|_2^2 \lambda_t + \frac{L}{2}\|\boldsymbol{g}_t\|_2^2 \lambda_t^2. \tag{7-4}$$

因此选取步长

$$\lambda_t = 1/L$$

可使$f(\boldsymbol{x}^{(t+1)})$的上界式（7-4）达到最小. 考虑在梯度下降法中选取常数步长$\lambda_t \equiv 1/L$，由式（7-4）得$\forall t$，

$$f(\boldsymbol{x}^{(t+1)}) \leqslant f(\boldsymbol{x}^{(t)}) - \frac{1}{2L}\|\boldsymbol{g}_t\|_2^2. \tag{7-5}$$

式（7-5）说明，只要每步迭代中的梯度$\boldsymbol{g}_t$不为$\boldsymbol{0}$，选取步长$\lambda_t = 1/L$可以保证目标函数值一直在下降，且每步迭代中目标函数减小的值与当前函数梯度的大小有关.

补充说明

1. 由式（7-4）可得

$$f(\boldsymbol{x}^{(t+1)}) \leqslant f(\boldsymbol{x}^{(t)}) - \lambda_t\left(1 - \frac{L}{2}\lambda_t\right)\|\boldsymbol{g}_t\|_2^2.$$

因此只要选取的步长足够小（$\lambda_t < 2/L$），就能保证梯度下降法收敛. 这也说明在实践中选取过大的步长可能导致梯度下降法发散.

2. 虽然为了证明方便，我们假设$f \in C^2$. 但对C^1函数，不等式（7-3）也成立.

$$\begin{aligned}
f(\boldsymbol{x}^{(t+1)}) &= f(\boldsymbol{x}^{(t)}) + \int_0^1 \nabla f(\boldsymbol{x}^{(t)} + \alpha(\boldsymbol{x}^{(t+1)} - \boldsymbol{x}^{(t)}))^{\mathrm{T}}(\boldsymbol{x}^{(t+1)} - \boldsymbol{x}^{(t)})\mathrm{d}\alpha \qquad (7\text{-}6)\\
&= f(\boldsymbol{x}^{(t)}) + \nabla f(\boldsymbol{x}^{(t)})^{\mathrm{T}}(\boldsymbol{x}^{(t+1)} - \boldsymbol{x}^{(t)}) + \int_0^1 [\nabla f(\boldsymbol{x}^{(t)} + \\
&\quad \alpha(\boldsymbol{x}^{(t+1)} - \boldsymbol{x}^{(t)})) - \nabla f(\boldsymbol{x}^{(t)})]^{\mathrm{T}}(\boldsymbol{x}^{(t+1)} - \boldsymbol{x}^{(t)})\mathrm{d}\alpha\\
&\leqslant f(\boldsymbol{x}^{(t)}) + \nabla f(\boldsymbol{x}^{(t)})^{\mathrm{T}}(\boldsymbol{x}^{(t+1)} - \boldsymbol{x}^{(t)}) + \\
&\quad \int_0^1 \|\nabla f(\boldsymbol{x}^{(t)} + \alpha(\boldsymbol{x}^{(t+1)} - \boldsymbol{x}^{(t)})) - \nabla f(\boldsymbol{x}^{(t)})\| \cdot \\
&\quad \|\boldsymbol{x}^{(t+1)} - \boldsymbol{x}^{(t)}\|\mathrm{d}\alpha\\
&\leqslant f(\boldsymbol{x}^{(t)}) + \nabla f(\boldsymbol{x}^{(t)})^{\mathrm{T}}(\boldsymbol{x}^{(t+1)} - \boldsymbol{x}^{(t)}) + \\
&\quad \int_0^1 L\alpha\|\boldsymbol{x}^{(t+1)} - \boldsymbol{x}^{(t)}\|^2\mathrm{d}\alpha \qquad (7\text{-}7)\\
&= f(\boldsymbol{x}^{(t)}) + \nabla f(\boldsymbol{x}^{(t)})^{\mathrm{T}}(\boldsymbol{x}^{(t+1)} - \boldsymbol{x}^{(t)}) + \\
&\quad \frac{1}{2}L\|\boldsymbol{x}^{(t+1)} - \boldsymbol{x}^{(t)}\|^2.
\end{aligned}$$

其中式（7-6）根据微积分基本定理，式（7-7）根据 Lipschitz 连续.

下面计算将梯度下降法的误差降到ε以下所需迭代的步数.

为了简化问题，我们将步长固定在$\lambda_t = 1/L$. 式（7-5）表明，

从某个初始值$f(\boldsymbol{x}^{(0)})$开始，梯度下降法在每一步迭代中都会使f减小$\frac{1}{2L}\|\boldsymbol{g}_t\|_2^2$. 对式（7-5）重新整理可得

$$\|\boldsymbol{g}_t\|_2^2 \leqslant 2L\left(f(\boldsymbol{x}^{(t)}) - f(\boldsymbol{x}^{(t+1)})\right).$$

由此得到

$$\|\boldsymbol{g}_{t-1}\|_2^2 \leqslant 2L\left(f(\boldsymbol{x}^{(t-1)}) - f(\boldsymbol{x}^{(t)})\right),$$
$$\vdots$$
$$\|\boldsymbol{g}_0\|_2^2 \leqslant 2L\left(f(\boldsymbol{x}^{(0)}) - f(\boldsymbol{x}^{(1)})\right),$$

将以上不等式相加得到

$$\sum_{k=0}^{t-1}\|\boldsymbol{g}_k\|_2^2 \leqslant 2L\left(f(\boldsymbol{x}^{(0)}) - f(\boldsymbol{x}^{(t)})\right).$$

由于$f(\boldsymbol{x}^{(t)}) \geqslant f^*$，$\forall t$,

$$t \cdot \min_k \|\boldsymbol{g}_k\|_2^2 \leqslant \sum_{k=0}^{t-1}\|\boldsymbol{g}_k\|_2^2 \leqslant 2L(f(\boldsymbol{x}^{(0)}) - f(\boldsymbol{x}^{(t)})) \leqslant 2L(f(\boldsymbol{x}^{(0)}) - f^*),$$

最终得到

$$\min_k \|\boldsymbol{g}_k\|_2^2 \leqslant \frac{2L(f(\boldsymbol{x}^{(0)}) - f^*)}{t} = O\left(\frac{1}{t}\right). \tag{7-8}$$

式（7-8）表明梯度下降法迭代t步后，至少在某一步$k \in \{1,\cdots,t\}$有$\|\boldsymbol{g}_k\|_2^2 = \|\nabla f(\boldsymbol{x}^{(k)})\|_2^2 = O(1/t)$. 即第$t$步迭代的误差是$O(1/t)$，也称梯度下降法的收敛速率（convergence rate）是$O(1/t)$.

为了将梯度模长的平方降到ε以下，令

$$\frac{2L(f(\boldsymbol{x}^{(0)}) - f^*)}{t} < \varepsilon,$$

得到

$$t > \frac{2L(f(\boldsymbol{x}^{(0)}) - f^*)}{\varepsilon}.$$

所以梯度下降法最多需要$t = O(1/\varepsilon)$步迭代就可使某一步的$\|\nabla f(\boldsymbol{x}^{(k)})\|_2^2 < \varepsilon$.

像式（7-8）这样，误差ε以$O(1/t)$或$O(1/t^2)$的速率减小的情况，被称为**sublinear convergence**. 如果误差以$O((1-\delta)^t)$ $(0<\delta<1)$的速率减小，称为**linear convergence**. 这样命名的原因是后者在$\ln(\varepsilon)$ vs t的图中看起来是线性下降的，如图7-4b所示. 如果实践中只需要一个低精度的解，sublinear rate的算法可能就足够了.

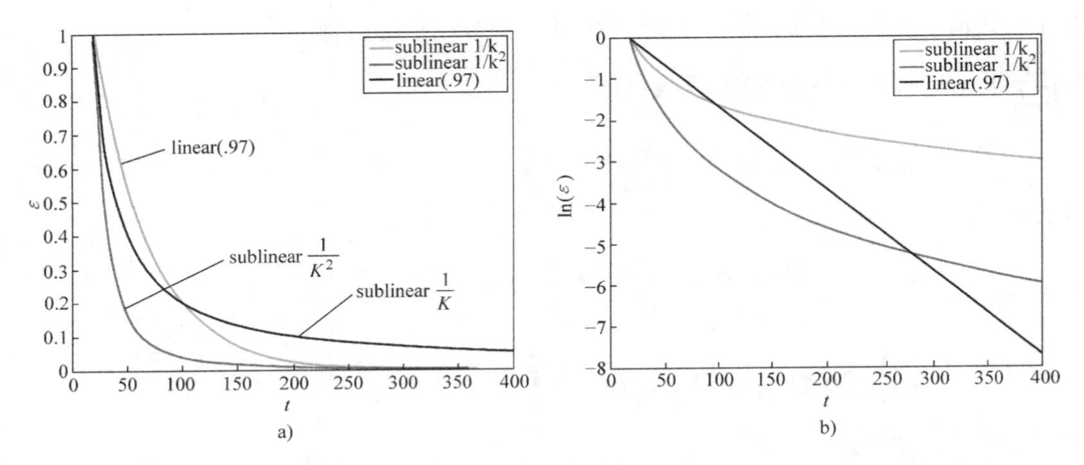

图 7-4　不同收敛速度下算法迭代误差 ε 与迭代步数 t 的关系（见图 7-4a），$\ln(\varepsilon)$ 与迭代步数 t 的关系（见图 7-4b）.（图片来源：Stephen Wright）

1. 以上我们证明了当目标函数的梯度是 Lipschitz 连续时，选取足够小的的步长可以保证梯度下降法收敛.

2. t 步迭代的误差是 $O(1/t)$. 这意味着要使某一步的 $\|\nabla f(\boldsymbol{x}^{(k)})\|_2^2 < \varepsilon$，最多需要 $t = O(1/\varepsilon)$ 步迭代.

补充说明

1. 虽然在以上理论分析中，我们选取的步长是 $\lambda_t \equiv 1/L$，但实践中一般不使用该步长，因为

（1）L 通常很难计算；

（2）即使可以找到满足条件的 L，$1/L$ 一般特别小，会导致梯度下降法收敛得很慢，只有在最坏的情况下为保证收敛才使用.

2. 一维搜索是更实用的选取步长的方法，与式（7-5）相比，很多情况下式（7-1）中的 $\alpha\gamma_j > 1/(2L)$，这样每一次迭代取得的进步比选取步长 $1/L$ 大.

3. 梯度下降法不适用于目标函数不可导的优化问题.

7.2 随机梯度下降法（SGD）

统计模型中的目标函数通常是联合对数似然函数（joint log - likelihood），且可以写成单个对数似然函数和的形式，即 $l(\theta \mid y_1, \cdots, y_n) = \sum_{i=1}^{n} l(\theta \mid y_i)$. 考虑具有以下形式的优化问题

$$\min_{\boldsymbol{\theta}} \sum_{i=1}^{n} f_i(\boldsymbol{\theta}).$$

由于 $\nabla \sum_{i=1}^{n} f_i(\boldsymbol{\theta}) = \sum_{i=1}^{n} \nabla f_i(\boldsymbol{\theta})$，梯度下降法（GD）的迭代格式如下：

$$\boldsymbol{\theta}^{(t+1)} = \boldsymbol{\theta}^{(t)} - \lambda_t \sum_{i=1}^{n} \nabla f_i(\boldsymbol{\theta}^{(t)}),\ t = 0,1,\cdots$$

随机梯度下降（stochastic gradient descent，SGD）的迭代格式为：

$$\boldsymbol{\theta}^{(t+1)} = \boldsymbol{\theta}^{(t)} - \lambda_t \nabla f_{i_t}(\boldsymbol{\theta}^{(t)}),t = 0,1,\cdots$$

其中 $i_t \in \{1,\cdots,n\}$.

有两种选择 i_t 的方式：

1. 循环式：令 $i_t = 1, 2, \cdots, n, 1, 2, \cdots, n, \cdots$.

2. 随机式：在每步迭代 t 随机选取 $i_t \in \{1,\cdots,n\}$.

实践中常用的是随机式. 从计算量角度，n 步 SGD 迭代≈1 步 GD 迭代. 它们在迭代精度上有什么区别？为了简化分析，我们采用固定步长和循环式 SGD.

1）n 步 SGD 迭代：$\boldsymbol{\theta}^{(t+n)} = \boldsymbol{\theta}^{(t)} - \lambda \sum_{i=1}^{n} \nabla f_i(\boldsymbol{\theta}^{(t+i-1)})$.

2）1 步 GD 迭代：$\boldsymbol{\theta}^{(t+1)} = \boldsymbol{\theta}^{(t)} - \lambda \sum_{i=1}^{n} \nabla f_i(\boldsymbol{\theta}^{(t)})$.

二者在方向上相差

$$\sum_{i=1}^{n} [\nabla f_i(\boldsymbol{\theta}^{(t+i-1)}) - \nabla f_i(\boldsymbol{\theta}^{(t)})].$$

如果每个 f_i 的梯度 $\nabla f_i(\boldsymbol{\theta})$ 不会随着 $\boldsymbol{\theta}$ 发生剧烈改变，那么 SGD 与 GD 在更新方向上应该相差不大，也会收敛.

第 7 章课件

参考文献

NOCEDAL J, WRIGHT S, 2006. Numerical optimization [M]. New York: Springer Science & Business Media.

第 8 章 Newton-Raphson算法

对很多常用的统计模型，比如指数族分布（exponential family），参数的对数似然函数 $l(\boldsymbol{\beta})$ 是一个凹函数，这种情况下计算 $\boldsymbol{\beta}$ 的 MLE 只需令一阶导数（score function）等于 $\mathbf{0}$，然后求解方程组.

$$\frac{\partial l(\boldsymbol{\beta})}{\partial \boldsymbol{\beta}} = \mathbf{0}. \tag{8-1}$$

由于 $l(\boldsymbol{\beta})$ 的一阶导数一般是非线性函数，式（8-1）经常需要用到求解非线性方程组的算法——Newton - Raphson 算法.

8.1 Newton - Raphson 算法步骤

对于一般的非线性方程组

$$\boldsymbol{h}(\boldsymbol{x}) = \mathbf{0}$$

其中 $\boldsymbol{h}$: $\mathbb{R}^p \to \mathbb{R}^p$，求解该方程组的 Newton - Raphson 算法如下：

1. 选取一个初始值 $\boldsymbol{x}^{(0)}$.
2. 在 $\boldsymbol{x}^{(0)}$ 的邻域内用线性函数近似 $\boldsymbol{h}(\cdot)$

$$\boldsymbol{h}(\boldsymbol{x}) \approx \boldsymbol{h}(\boldsymbol{x}^{(0)}) + \nabla \boldsymbol{h}(\boldsymbol{x}^{(0)})(\boldsymbol{x} - \boldsymbol{x}^{(0)}).$$

令上式右边等于 $\mathbf{0}$，得到 $\boldsymbol{h}(\boldsymbol{x}) = \mathbf{0}$ 的一个近似解：

$$\boldsymbol{x}^{(1)} = \boldsymbol{x}^{(0)} - [\nabla \boldsymbol{h}(\boldsymbol{x}^{(0)})]^{-1} \boldsymbol{h}(\boldsymbol{x}^{(0)})$$

3. 重复上述过程，第（$t+1$）次迭代得到

$$\boldsymbol{x}^{(t+1)} = \boldsymbol{x}^{(t)} - [\nabla \boldsymbol{h}(\boldsymbol{x}^{(t)})]^{-1} \boldsymbol{h}(\boldsymbol{x}^{(t)})$$

4. 如果 $\|\boldsymbol{h}(\boldsymbol{x}^{(t+1)})\| < \varepsilon$，算法终止，输出 $\boldsymbol{x}^{(t+1)}$.

说明

1. Newton 算法是否收敛取决于 $\boldsymbol{h}$（·）的形状和选取的初始值 $\boldsymbol{x}^{(0)}$，如图 8-1 和图 8-2 所示.

2. 存储成本（memory cost）$O(p^2)$：每一步 Newton 迭代需要储存一个 $p \times p$ 矩阵 $\nabla \boldsymbol{h}(\boldsymbol{x}^{(t)})$.

3. 计算成本（computation cost）$O(p^3)$：每一步 Newton 迭代需要计算一个 $p \times p$（稠密）矩阵的逆或解一组线性方程组.

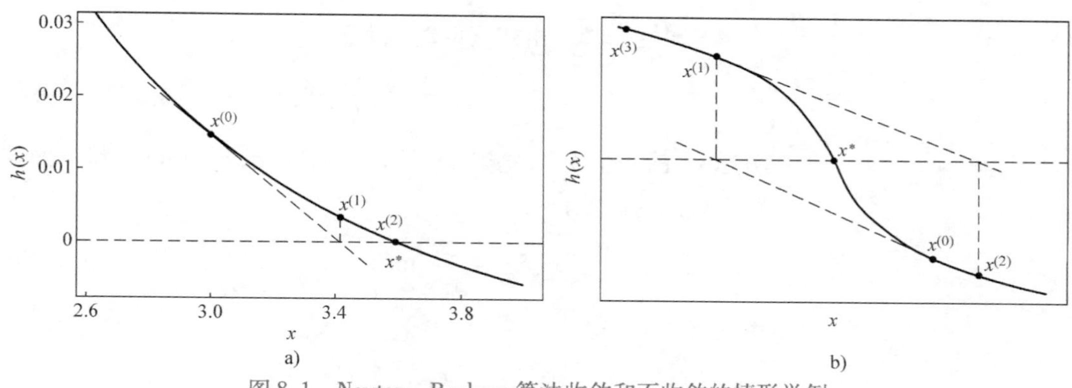

图 8-1 Newton - Raphson 算法收敛和不收敛的情形举例

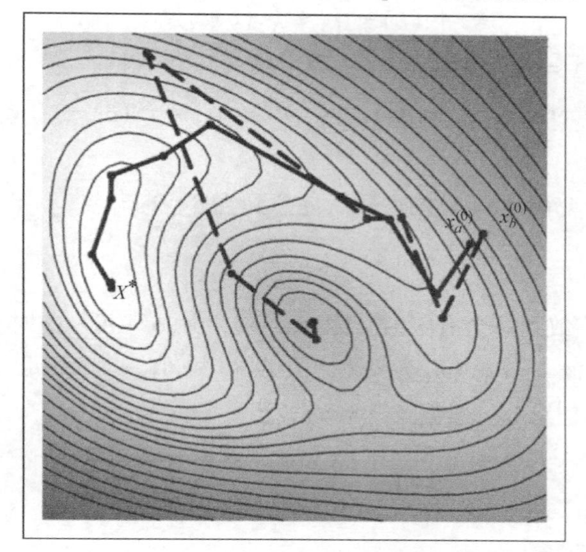

图 8-2 使用 Newton 算法最大化一个二元函数，图中越亮的区域代表函数值越大. 在 Newton 算法中使用两个不同初始值 $\boldsymbol{x}_a^{(0)}$ 和 $\boldsymbol{x}_b^{(0)}$，最终一个收敛到极大值点，一个收敛到极小值点.（图片来源：Givens 和 Hoetcig（2012））

8.2 收敛性分析

以一元函数为例，假设 x^* 是 $h(x)=0$ 的一个根，$h(x)$ 二阶连续可导且 $h'(x^*)\neq 0$. 由于 h' 连续且 $h'(x^*)\neq 0$，则存在 x^* 的一个邻域，这个邻域内的所有点 x 都满足 $h'(x)\neq 0$. 假设 $x^{(t)}$ 在这个邻域内，将 $h(x^*)$ 在 $x^{(t)}$ 处泰勒展开

$$0=h(x^*)=h(x^{(t)})+h'(x^{(t)})(x^*-x^{(t)})+\frac{1}{2}h''(\widetilde{x})(x^*-x^{(t)})^2 \tag{8-2}$$

其中 $\widetilde{x}$ 介于 x^* 和 $x^{(t)}$ 之间. 整理式（8-2）得

$$\underbrace{x^{(t)}-\frac{h(x^{(t)})}{h'(x^{(t)})}}_{x^{(t+1)}}-x^*=(x^*-x^{(t)})^2\frac{h''(\widetilde{x})}{2h'(x^{(t)})}. \tag{8-3}$$

令 $\varepsilon_t = x^{(t)} - x^*$，由式（8-3）得

$$\varepsilon_{t+1} = \varepsilon_t^2 \frac{h''(\tilde{x})}{2h'(x^{(t)})}. \tag{8-4}$$

考虑 x^* 的一个 δ - 邻域 $\mathcal{N}_\delta(x^*) = (x^* - \delta, x^* + \delta)$，和下面这个跟 δ 有关的函数：

$$c(\delta) = \max_{x_1, x_2 \in \mathcal{N}_\delta(x^*)} \left| \frac{h''(x_1)}{2h'(x_2)} \right|.$$

由式（8-4）得

$$|\varepsilon_{t+1}| \leqslant \varepsilon_t^2 c(\delta)$$

$$|c(\delta)\varepsilon_{t+1}| \leqslant (c(\delta)\varepsilon_t)^2. \tag{8-5}$$

如果 $|\varepsilon_0| = |x^{(0)} - x^*| < \delta$，则由式（8-5）得

$$|c(\delta)\varepsilon_t| \leqslant (c(\delta)\varepsilon_{t-1})^2 \leqslant (c(\delta)\varepsilon_{t-2})^{2^2} \leqslant \cdots \leqslant (c(\delta)\varepsilon_0)^{2^t} < (\delta c(\delta))^{2^t}. \tag{8-6}$$

进一步研究函数 $c(\delta)$ 的性质. 注意到当 $\delta \to 0$，

$$c(\delta) \to \left| \frac{h''(x^*)}{2h'(x^*)} \right|$$

即 $c(\delta)$ 收敛到一个有限值. 因此 $\delta \to 0$，$\delta c(\delta) \to 0$. 此时可以找到一个 δ_1 满足 $\delta_1 c(\delta_1) < 1$. 假设初始值 $x^{(0)}$ 满足 $|\varepsilon_0| = |x^{(0)} - x^*| < \delta_1$，根据式（8-6），当 $t \to \infty$，

$$|\varepsilon_t| < \frac{(\delta_1 c(\delta_1))^{2^t}}{c(\delta_1)} \to 0,$$

则 $x^{(t)} \to x^*$.

以上我们证明了一个定理：如果函数 h 二阶连续可导，x^* 是 $h(x)=0$ 的一个根且 $h'(x^*) \neq 0$，那么存在 x^* 的一个邻域，在这个邻域内选取任意初始值 $x^{(0)}$，Newton 算法都会收敛.

事实上，当函数 h 二阶连续可导且是凸函数或凹函数，并且有一个根，则 Newton 算法对任意初始值都收敛.

8.2.1 收敛阶

算法的收敛速度可以用算法的**收敛阶**（convergence order）衡量.

定义 8.1（收敛阶）. 如果算法第 t 步误差 ε_t 满足

$$\lim_{t \to \infty} \varepsilon_t = 0 \text{ 且} \lim_{t \to \infty} \frac{|\varepsilon_{t+1}|}{|\varepsilon_t|^\alpha} = c$$

其中常数 $c \neq 0$，$\alpha > 0$，称算法的收敛阶为 α.

算法的收敛阶越高意味着算法可以越快逼近真实解. 如果

Newton 算法收敛，由式（8-4）得

$$\lim_{t\to\infty}\frac{|\varepsilon_{t+1}|}{|\varepsilon_t|^2}=\left|\frac{h''(x^*)}{2h'(x^*)}\right|=c.$$

因此 Newton 算法是二阶收敛（$\alpha=2$，quadratic convergence）.

8.3 Logistic 回归的最大似然估计

8.3.1 Logistic 回归模型

被解释变量（response）

$$Y_i\mid \boldsymbol{x}_i \overset{\text{ind}}{\sim} \text{Bernoulli}(\pi_i),\ i=1,\cdots,n.$$

解释变量（covariates）$\boldsymbol{x}_i\in\mathbb{R}^p$ 与条件概率 $\pi_i=P(Y_i=1\mid \boldsymbol{x}_i)$ 有以下关系：

$$\text{logit}(\pi_i)\triangleq\ln\left(\frac{\pi_i}{1-\pi_i}\right)=\boldsymbol{x}_i^{\mathrm{T}}\boldsymbol{\beta}. \tag{8-7}$$

说明

1. 模型（8-7）为什么合理？与线性回归类似，我们希望将 $E(Y_i\mid \boldsymbol{x}_i)=P(Y_i=1\mid \boldsymbol{x}_i)=\pi_i$ 与被解释变量 $\boldsymbol{x}_i$ 的线性组合建立关系，但是 $\boldsymbol{x}_i^{\mathrm{T}}\boldsymbol{\beta}$ 可以是任意实数，因此需要将 $\boldsymbol{x}_i^{\mathrm{T}}\boldsymbol{\beta}$ 映射到（0，1）区间，或者将 $\pi_i\in(0,1)$ 映射到 $\mathbb{R}$ 上.

Odds ratio $\frac{\pi_i}{1-\pi_i}$ 将概率 π_i 转化为一个正实数，再取对数将它转化为任意实数.

2. 将 π_i 直接表示为 $\boldsymbol{x}_i^{\mathrm{T}}\boldsymbol{\beta}$ 的函数：

$$\frac{\pi_i}{1-\pi_i}=\mathrm{e}^{\boldsymbol{x}_i^{\mathrm{T}}\boldsymbol{\beta}},$$

$$\pi_i=\frac{1}{1+\mathrm{e}^{-\boldsymbol{x}_i^{\mathrm{T}}\boldsymbol{\beta}}}.$$

3. 定义 logistic 函数

$$\pi(x)=\frac{1}{1+\mathrm{e}^{-x}}.$$

（1）π：$\mathbb{R}\to(0,1)$.

（2）$\pi'(x)=\pi(x)(1-\pi(x))$.

8.3.2 $\boldsymbol{\beta}$ 的最大似然估计

在模型（8-7）中，参数 $\boldsymbol{\beta}$ 的似然函数（likelihood）为：

$$\begin{aligned}L(\boldsymbol{\beta})&=P(Y_1=y_1,\cdots,Y_n=y_n\mid \boldsymbol{x}_1,\cdots,\boldsymbol{x}_n,\boldsymbol{\beta})\\&=\prod_{i=1}^{n}P(Y_i=y_i\mid \boldsymbol{x}_i,\boldsymbol{\beta})\\&=\prod_{i=1}^{n}\pi_i^{y_i}(1-\pi_i)^{1-y_i}.\end{aligned}$$

根据定义，$\boldsymbol{\beta}$ 的最大似然估计（MLE）为

$$\hat{\boldsymbol{\beta}} = \operatorname{argmax} L(\boldsymbol{\beta}) = \operatorname{argmax} \ln L(\boldsymbol{\beta}).$$

为了计算方便，一般选择最大化对数似然函数（log - likelihood）. 它是似然函数的单调变化，不改变最大值点（argmax）的位置.

$$\begin{aligned}\ln L(\boldsymbol{\beta}) &= \sum_{i=1}^{n} y_i \ln(\pi_i) + (1 - y_i)\ln(1 - \pi_i) \\ &= \sum_{i=1}^{n} y_i \ln\left(\frac{\pi_i}{1 - \pi_i}\right) + \ln(1 - \pi_i) \\ &= \sum_{i=1}^{n} y_i \boldsymbol{x}_i^T \boldsymbol{\beta} + \ln(1 - \pi_i).\end{aligned}$$

（1）**一阶导数**（score function）

$$\begin{aligned}\frac{\partial \ln L(\boldsymbol{\beta})}{\partial \boldsymbol{\beta}} &= \sum_{i=1}^{n} y_i \boldsymbol{x}_i - \frac{1}{1 - \pi_i}\frac{\partial \pi_i}{\partial \boldsymbol{\beta}} \\ &= \sum_{i=1}^{n} y_i \boldsymbol{x}_i - \frac{1}{1 - \pi_i}\pi_i(1 - \pi_i)\boldsymbol{x}_i \\ &= \sum_{i=1}^{n} (y_i - \pi_i)\boldsymbol{x}_i.\end{aligned}$$

（2）**二阶导数**（negative of the observed Fisher's information）

$$\frac{\partial^2 \ln L(\boldsymbol{\beta})}{\partial \boldsymbol{\beta} \partial \boldsymbol{\beta}^{\mathrm{T}}} = \sum_{i=1}^{n} - \underbrace{\pi_i(1 - \pi_i)}_{\geqslant 0} \underbrace{\boldsymbol{x}_i \boldsymbol{x}_i^{\mathrm{T}}}_{\text{p. s. d}}$$

注意到$\frac{\partial^2 \ln L(\boldsymbol{\beta})}{\partial \boldsymbol{\beta} \partial \boldsymbol{\beta}^{\mathrm{T}}}$与 $y_{1:n}$无关，且是半负定矩阵，因此 $\ln L(\boldsymbol{\beta})$ 是$\boldsymbol{\beta}$ 的凹函数，则$\boldsymbol{\beta}$ 的 MLE 是以下方程的根：

$$\frac{\partial \ln L(\boldsymbol{\beta})}{\partial \boldsymbol{\beta}} = \mathbf{0}. \tag{8-8}$$

使用8.1 节的 Newton - Raphson 算法求解. 令

$$\boldsymbol{h}(\boldsymbol{\beta}) = \frac{\partial \ln L(\boldsymbol{\beta})}{\partial \boldsymbol{\beta}} = \boldsymbol{X}^{\mathrm{T}} z.$$

其中，$\boldsymbol{X} = (\boldsymbol{x}_1, \cdots, \boldsymbol{x}_n)^{\mathrm{T}}, z = (z_1, \cdots, z_n)^{\mathrm{T}}$，$z_i = y_i - \pi_i, i = 1, \cdots, n.$

迭代中还需计算：

$$\nabla \boldsymbol{h}(\boldsymbol{\beta}) = \frac{\partial^2 \ln L(\boldsymbol{\beta})}{\partial \boldsymbol{\beta} \partial \boldsymbol{\beta}^{\mathrm{T}}} = -\boldsymbol{X}^{\mathrm{T}} \boldsymbol{W} \boldsymbol{X}$$

$$[\nabla \boldsymbol{h}(\boldsymbol{\beta})]^{-1} = -(\boldsymbol{X}^{\mathrm{T}} \boldsymbol{W} \boldsymbol{X})^{-1}$$

其中 $\boldsymbol{W} = \operatorname{diag}(w_1, \cdots, w_n), w_i = \pi_i(1 - \pi_i), i = 1, \cdots, n.$ 此时 Newton 算法的迭代公式为

$$\begin{aligned}\boldsymbol{\beta}^{(t+1)} &= \boldsymbol{\beta}^{(t)} - [\nabla \boldsymbol{h}(\boldsymbol{\beta}^{(t)})]^{-1} \boldsymbol{h}(\boldsymbol{\beta}^{(t)}) \\ &= \boldsymbol{\beta}^{(t)} + (\boldsymbol{X}^{\mathrm{T}} \boldsymbol{W}^{(t)} \boldsymbol{X})^{-1} \boldsymbol{X}^{\mathrm{T}} \boldsymbol{z}^{(t)}\end{aligned} \tag{8-9}$$

其中 $\boldsymbol{W}^{(t)}$，$\boldsymbol{z}^{(t)}$ 为 $\boldsymbol{W}$，z 在第 t 步的取值，因为 π_i 在第 t 步的估计值依赖$\boldsymbol{\beta}^{(t)}$.

补充说明

1. 以上使用 Newton - Raphson 求解 MLE 的过程需要用到 score

function 和 observed Fisher's infomation，因此这种算法在统计中也被称为 Fisher－scoring method.

2. 迭代式（8-9）也常写为以下形式：

$$\boldsymbol{\beta}^{(t+1)} = \boldsymbol{\beta}^{(t)} + (\boldsymbol{X}^{\mathrm{T}}\boldsymbol{W}^{(t)}\boldsymbol{X})^{-1}\boldsymbol{X}^{\mathrm{T}}\boldsymbol{W}^{(t)}\tilde{\boldsymbol{z}}^{(t)} \tag{8-10}$$

其中 $\tilde{\boldsymbol{z}}^{(t)} = [\boldsymbol{W}^{(t)}]^{-1}\boldsymbol{z}^{(t)}$. 此时等号右边第二项跟加权最小二乘（weighted least square，WLS）估计量的形式相同. 这样从初始值 $\boldsymbol{\beta}^{(0)}$ 开始，每一步迭代只需先计算出 $\boldsymbol{W}^{(t)}$，$\boldsymbol{z}^{(t)}$ 和 $\tilde{\boldsymbol{z}}^{(t)}$，再做一个 WLS 就可以得到 $\boldsymbol{\beta}^{(t+1)}$. 因此迭代式（8-10）被称为 iteratively reweighted least square（IRLS）.

3. 对于 Logistic 回归，Newton－Raphson 通常从任意初始值开始都收敛得很快.

4. 从几何角度考虑，使用 Newton－Raphson 求解方程（8-8）时，每一步迭代使用一阶泰勒展开（线性函数）近似 score function，相当于用一个二次函数近似对数似然函数，如图 8-3 所示，更新的 $\boldsymbol{\beta}$ 是这个二次函数的最大值点，对应更大的对数似然函数值，最终会收敛到 MLE.

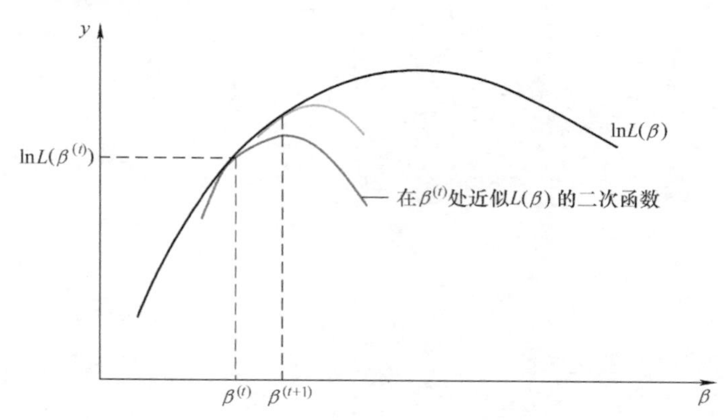

图 8-3　Newten－Raphson 算法计算 MLE 的几何解释

习题 8.1：数据 facerecognition.RData（补做二维码）记录了一个人脸识别算法的测试结果. 该实验将每个受试者的一张图片输入人脸识别算法，如果算法能从剩余的 2143 张图片中正确挑选出受试者的另一张图片，称为一次成功的匹配（match）. 如果算法成功匹配受试者 i 的两张图片，则响应变量 $y_i=1$，否则 $y_i=0$. 解释变量 eyediff 记录了受试者两张图片眼部区域像素强度之差的绝对值.

1. 对数据 facerecognition.RData 做 Logistic 回归，自己编写 Newton－Raphson 算法估计回归系数. 初始值取为 $\boldsymbol{\beta}^{(0)} = (\beta_0^{(0)}, \beta_1^{(0)})^{\mathrm{T}} = (0.96, 0)^{\mathrm{T}}$，迭代停止容限 $\varepsilon = 10^{-5}$，作图展示梯度模长 $\left\|\dfrac{\partial \ln L(\boldsymbol{\beta})}{\partial \boldsymbol{\beta}}\right\|_2$ 随迭代变化情况.

2. 作图展示向量$\boldsymbol{\beta}^{(t)}$随迭代的移动轨迹. 将最终结果与 R 函数 glm (…, family = " binomial") 的系数估计结果进行比较.

第 8 章课件

3. 在 2 的轨迹图中加入 $\log L(\boldsymbol{\beta})$的 contour plot.

参考文献

GIVENS G H, HOETING J A, 2012. Computational statistics [M]. 2nd. New York: John Wiley & Sons.

第 9 章 坐标下降法

对很多带有 L_1 惩罚项的优化问题，坐标下降法（coordinate descent，CD）是一种简单有效的求解算法，此时目标函数的梯度不是处处存在，因此梯度下降法不适用.

9.1 坐标下降法

对于以下多元优化问题

$$\min f(x_1, x_2, \cdots, x_d)$$

坐标下降法的步骤是

1. 选取一个初始值 $\boldsymbol{x}^{(0)} = (x_1^{(0)}, x_2^{(0)}, \cdots, x_d^{(0)})$.

2. 在第 t 步迭代，依次更新每个变量 x_i，$i = 1, 2, \cdots, d$. 且在更新 x_i 时，将其他变量固定在当前值. 即求解如下 d 个优化问题：

$$x_1^{(t)} \in \underset{x_1}{\operatorname{argmin}} f(x_1, x_2^{(t-1)}, \cdots, x_d^{(t-1)})$$

$$x_2^{(t)} \in \underset{x_2}{\operatorname{argmin}} f(x_1^{(t)}, x_2, x_3^{(t-1)}, \cdots, x_d^{(t-1)})$$

$$\vdots$$

$$x_d^{(t)} \in \underset{x_d}{\operatorname{argmin}} f(x_1^{(t)}, x_2^{(t)}, \cdots, x_{d-1}^{(t)}, x_d)$$

3. 重复上述过程直到收敛，例如 $\| f(\boldsymbol{x}^{(t+1)}) - f(\boldsymbol{x}^{(t)}) \| < \varepsilon$.

坐标下降法体现了求解优化问题的一个普遍思路：将一个复杂的优化问题转化为求解一系列简单的优化问题，每个子优化问题都是低维甚至一维的. 这比直接求解高维优化问题容易很多，特别当目标函数的梯度 ∇f 不存在时.

说明

1. 由于上述算法一直在轮流更新每个变量，也被称为 alternating method.

2. 上述每步迭代 t 可以看作轮流地沿每个坐标轴方向 $\boldsymbol{e}_1, \cdots, \boldsymbol{e}_d$ 搜索使 f 减小最多的点

$$\boldsymbol{x}^{(t+1)} = \boldsymbol{x}^{(t)} + \sum_{i=1}^{d} \tau_{it} \boldsymbol{e}_i$$

$$\tau_{it} = \underset{\tau}{\operatorname{argmin}} f(x_1^{(t+1)}, \cdots, x_{i-1}^{(t+1)}, x_i^{(t)} + \tau, x_{i+1}^{(t)}, \cdots, x_d^{(t)}), i = 1, \cdots, d.$$

因此被称为坐标下降法.

3. 更新坐标的顺序可以任意选取 $\{1, 2, \cdots, d\}$ 的一组排列.

4. 如果将上述算法中的单个变量用一组变量来替换，即 x_i 可以是向量，称这样轮流更新每一区块（block）变量的方法为块坐标下降法（block coordinate descent）.

9.1.1 收敛性分析

Tseng（2001）证明了以下定理.

定理 9.1 如果 f 是连续函数，集合 $\{\boldsymbol{x}:f(\boldsymbol{x}) \leqslant f(\boldsymbol{x}^{(0)})\}$ 对任意 $\boldsymbol{x}^{(0)}$ 都是紧集，且 f 关于每个分量 x_i 只有唯一的最小值点，则由坐标下降法产生的序列 $\{\boldsymbol{x}^{(t)}\}$ 的每个聚点 $\boldsymbol{x}^*$ 都是 f 的**坐标朝向最小值点**（coordinatewise minimum point），即

$$f(\boldsymbol{x}^* + \tau \boldsymbol{e}_i) \geqslant f(\boldsymbol{x}^*), \forall \tau \in \mathbb{R}, i = 1, \cdots, d. \tag{9-1}$$

证明 由坐标下降法（CD）产生的点列 $\{\boldsymbol{x}^{(t)}\}$ 在一个有界闭集（紧集）上. 根据实分析中的 Bolzano – Weierstrass 定理，有界点列必有收敛子列，如果 $\boldsymbol{x}^*$ 是一个聚点，那么存在 $\boldsymbol{x}^{(t_j)} \to \boldsymbol{x}^*, j \to \infty$.

下面证明

$$f(\boldsymbol{x}^*) = \min_{\tau} f(\boldsymbol{x}^* + \tau \boldsymbol{e}_i), i = 1, \cdots, d. \tag{9-2}$$

假设 $\boldsymbol{x}^*$ 不满足式（9-2），则从 $\boldsymbol{x}^*$ 开始，再做一步 CD 迭代（轮流沿 $\boldsymbol{e}_1$，…，$\boldsymbol{e}_d$ 搜索一遍）可以找到一个点 $\boldsymbol{y}^*$ 且

$$f(\boldsymbol{y}^*) < f(\boldsymbol{x}^*).$$

由于 $\boldsymbol{x}^{(t_j)} \to \boldsymbol{x}^*, j \to \infty$，则存在一个很大的 L 使得 $\boldsymbol{x}^{(t_L)} \approx \boldsymbol{x}^*$. 那么从 $\boldsymbol{x}^{(t_L)}$ 开始再做一步 CD 迭代得到 $\boldsymbol{x}^{(t_L+1)} \approx \boldsymbol{y}^*$. 由于坐标下降法产生的序列 $\{f(\boldsymbol{x}^{(t)})\}$ 单调递减，则有

$$f(\boldsymbol{y}^*) \approx f(\boldsymbol{x}^{(t_L+1)}) \geqslant f(\boldsymbol{x}^{(t_{L+1})}) \geqslant f(\boldsymbol{x}^*) > f(\boldsymbol{y}^*)$$

矛盾，因此式（9-2）成立. □

说明

1. 如果在定理 9.1 中加入函数 f 连续可导（$f \in C^1$），那么坐标下降法产生的聚点 $\boldsymbol{x}^*$ 是局部极小值点吗?

答案：不一定. 如果 f 连续可导，由式（9-2）可得 $\frac{\partial f(\boldsymbol{x}^*)}{\partial x_i} = 0$，$i = 1, \cdots, d$. 因此 $\boldsymbol{x}^*$ 是一个驻点，不一定是局部极小值点. 在这种情

况下，可能存在某个方向向量 $\boldsymbol{d}$ 和常数 τ 使得 $f(\boldsymbol{x}^* + \tau\boldsymbol{d}) < f(\boldsymbol{x}^*)$，如图 9-1 所示.

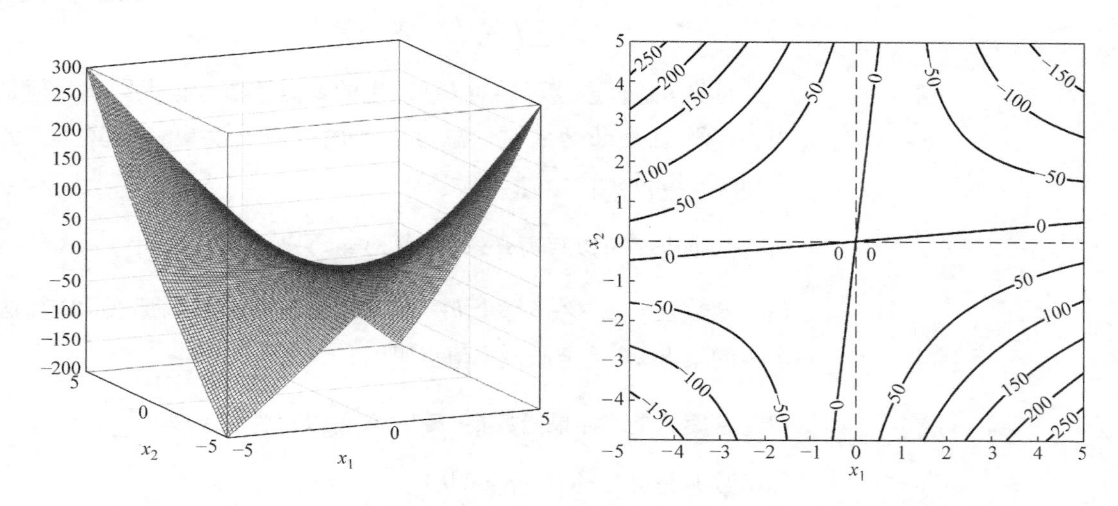

图 9-1　点（0，0）使函数在每个坐标方向取到最小值，但不是局部极小值点.

注意为满足定理 9.1 紧集的要求，总可以在远处将图 9-1 下降的曲面向上弯曲并保持曲面光滑.

2. 如果在定理 9.1 中加入函数 f 是凸函数，那么 $\boldsymbol{x}^*$ 是全局最小值点吗？

答案：不一定，如图 9-2 所示，注意此时 f 不是处处可导.

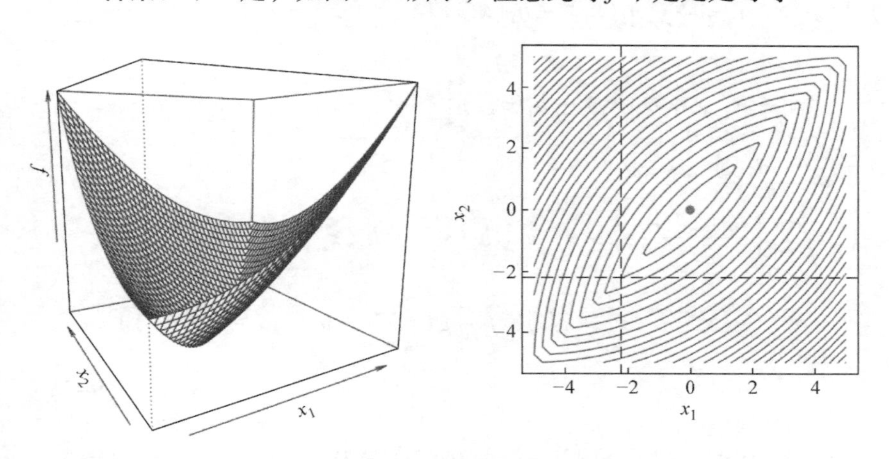

图 9-2　虚线交叉点使函数在每个坐标方向取到最小值，但不是全局最小值点.（图片来源：Pradeep Ravikumar）

3. 如果在定理 9.1 中加入函数 f 是凸函数且 $f \in C^2$，那么 $\boldsymbol{x}^*$ 是全局最小值点吗？

答案：是. 由第 1 点可知此时 $\nabla f(\boldsymbol{x}^*) = \boldsymbol{0}$. 由于 f 是凸函数，二阶导数黑塞矩阵处处是半正定矩阵，因此 $\forall \boldsymbol{x}$，

$$f(\boldsymbol{x})-f(\boldsymbol{x}^*)=\underbrace{\nabla f(\boldsymbol{x}^*)}_{=0}{}^{\mathrm{T}}(\boldsymbol{x}-\boldsymbol{x}^*)+\frac{1}{2}(\boldsymbol{x}-\boldsymbol{x}^*)^{\mathrm{T}}\underbrace{\nabla^2 f(\widetilde{\boldsymbol{x}})}_{p.s.d}(\boldsymbol{x}-\boldsymbol{x}^*)\geqslant 0.$$

可见f是否连续可导对CD产生的聚点性质有很大影响．但是当$f\in C^2$且是凸函数时，总可以使用收敛速度更快的算法，如Newton－Raphson.

4．如果f可以写为$f(\boldsymbol{x})=g(\boldsymbol{x})+\sum_{i=1}^{d}h_i(x_i)$，其中$g$：$\mathbb{R}^d\to\mathbb{R}$是凸函数且$g\in C^2$，每个$h_i$：$\mathbb{R}\to\mathbb{R}$都是凸函数，那么CD算法产生的聚点$\boldsymbol{x}^*$是全局最小值点吗?

答案：是．如果函数h：$\mathbb{R}^d\to\mathbb{R}$可以写为$h(\boldsymbol{x})=\sum_{i=1}^{d}h_i(x_i)$，称函数$h$是可分的（separable）.

证明．对$\forall\boldsymbol{x}$,

$$\begin{aligned}f(\boldsymbol{x})-f(\boldsymbol{x}^*)&=g(\boldsymbol{x})-g(\boldsymbol{x}^*)+\sum_{i=1}^{d}[h_i(x_i)-h_i(x_i^*)]\\&=\nabla g(\boldsymbol{x}^*)^{\mathrm{T}}(\boldsymbol{x}-\boldsymbol{x}^*)+\frac{1}{2}(\boldsymbol{x}-\boldsymbol{x}^*)^{\mathrm{T}}\underbrace{\nabla^2 g(\widetilde{\boldsymbol{x}})}_{p.s.d}(\boldsymbol{x}-\boldsymbol{x}^*)+\sum_{i=1}^{d}[h_i(x_i)-h_i(x_i^*)]\\&\geqslant\nabla g(\boldsymbol{x}^*)^{\mathrm{T}}(\boldsymbol{x}-\boldsymbol{x}^*)+\sum_{i=1}^{d}[h_i(x_i)-h_i(x_i^*)]\\&=\sum_{i=1}^{d}\left[\frac{\partial g(\boldsymbol{x}^*)}{\partial x_i}(x_i-x_i^*)+h_i(x_i)-h_i(x_i^*)\right]\end{aligned}$$

当$\boldsymbol{x}\to\boldsymbol{x}^*$时,$x_i\to x_i^*$,$i=1,\cdots,d$.则

$$\begin{aligned}f(\boldsymbol{x})-f(\boldsymbol{x}^*)&\geqslant\sum_{i=1}^{d}\left[\frac{\partial g(\boldsymbol{x}^*)}{\partial x_i}(x_i-x_i^*)+h_i(x_i)-h_i(x_i^*)\right]\\&\approx\sum_{i=1}^{d}(g(\boldsymbol{x}^*+(x_i-x_i^*)\boldsymbol{e}_i)-g(\boldsymbol{x}^*)+h_i(x_i)-h_i(x_i^*))\end{aligned}\tag{9-3}$$

$$=\sum_{i=1}^{d}\underbrace{f(\boldsymbol{x}^*+(x_i-x_i^*)\boldsymbol{e}_i)-f(\boldsymbol{x}^*)}_{\geqslant 0}\geqslant 0\tag{9-4}$$

其中式(9-3)根据偏导数定义

$$\lim_{x_i\to x_i^*}\frac{g(\boldsymbol{x}^*+(x_i-x_i^*)\boldsymbol{e}_i)-g(\boldsymbol{x}^*)}{x_i-x_i^*}=\frac{\partial g(\boldsymbol{x}^*)}{\partial x_i}$$

式（9-4）根据定理9.1.

因此$\boldsymbol{x}^*$是局部极小值点，由于f是凸函数，局部极小值点就是全局最小值点. □

图 9-3 给出了这种情况下 f 的一个实例．当凸函数 f 不可导的部分是可分的（separable），不可导的点只分布在平行于坐标轴的线上．由于 CD 算法相邻两次搜索的方向正交，此时在任一点总有一个坐标方向落在过该点的等高线围成的凸型区域内．

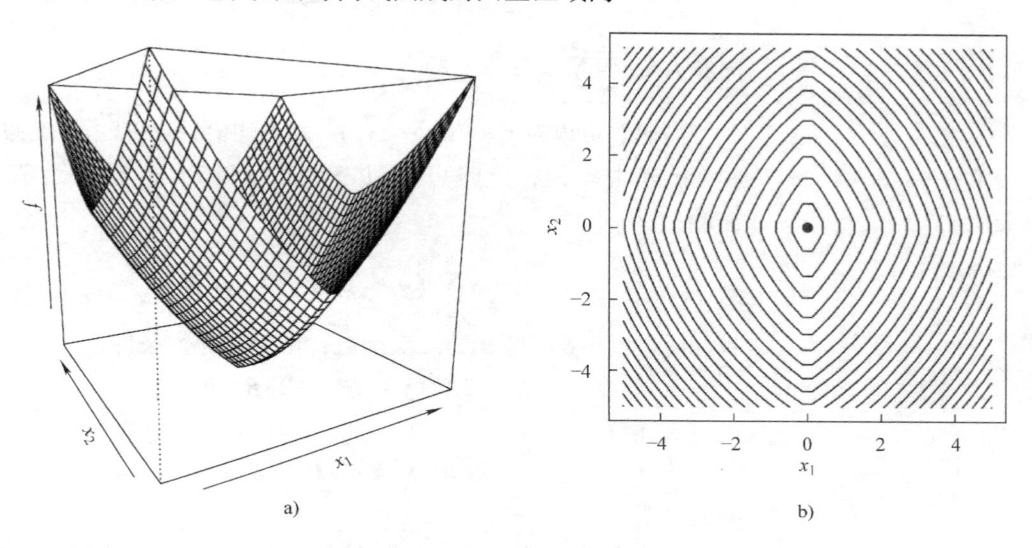

图 9-3　函数 $f(\boldsymbol{x}) = g(\boldsymbol{x}) + \sum_{i=1}^{d} h_i(x_i)$ 的一个例子．（图片来源：Pradeep Ravikumar）

9.2　坐标下降法的应用：LASSO

很多变量选择问题需要在模型估计中加入不可导的惩罚项，比如 LASSO.

对一般的线性回归模型，被解释变量 $Y_i \in \mathbb{R}$ 和解释变量 $\boldsymbol{X}_i \in \mathbb{R}^p$ 之间的关系是 $E(Y_i | \boldsymbol{X}_i = \boldsymbol{x}_i) = \alpha + \boldsymbol{x}_i^{\mathrm{T}}\boldsymbol{\beta}, i = 1, \cdots, n$．当变量个数 $p > n$ 时，为了保证参数可识别，可以在目标函数中加入对 $\boldsymbol{\beta}$ 范数的惩罚，比如 ridge regression 惩罚的是 $\|\boldsymbol{\beta}\|_2^2$：

$$\min_{\alpha,\boldsymbol{\beta}} \sum_{i=1}^{n} (y_i - \alpha - \boldsymbol{x}_i^{\mathrm{T}}\boldsymbol{\beta})^2 + \lambda \sum_{j=1}^{p} \beta_j^2 \tag{9-5}$$

其中 $\lambda > 0$ 是一个给定的惩罚因子（penalty factor）.

构造一个 $n \times p$ 的设计矩阵（design matrix）$\boldsymbol{X} = (\boldsymbol{x}_1, \cdots, \boldsymbol{x}_n)^{\mathrm{T}}$. 如果对 $\boldsymbol{X}$ 的每一列做去均值 demean 处理使 $\sum_{i=1}^{n} x_{ij}/n = 0$，则 α 的最优解总是 $\hat{\alpha} = \bar{y}$．因为式（9-5）关于 α 是一个凸函数，令其一阶偏导数等于 0 得：

$$-2\sum_{i=1}^{n} (y_i - \alpha - \sum_{j=1}^{p} \beta_j x_{ij}) = 0$$

$$\sum_{i=1}^{n} y_i - \sum_{i=1}^{n}\sum_{j=1}^{p}\beta_j x_{ij} = n\alpha$$

$$\sum_{i=1}^{n} y_i - \sum_{j=1}^{p}\beta_j \underbrace{\sum_{i=1}^{n} x_{ij}}_{=0} = n\alpha$$

因此 $\hat{\alpha} = \frac{1}{n}\sum_{i=1}^{n} y_i = \bar{y}$.

当然总可以对 $\boldsymbol{y}=(y_1,\cdots,y_n)^{\mathrm{T}}$ 做去均值处理使 $\bar{y}=0$. 假设 $\boldsymbol{X}$ 和 $\boldsymbol{y}$ 已经去均值，此时可以只考虑式（9-5）省略截距项 α 的模型：

$$\min_{\boldsymbol{\beta}}\sum_{i=1}^{n}(y_i - \boldsymbol{x}_i^{\mathrm{T}}\boldsymbol{\beta})^2 + \lambda\boldsymbol{\beta}^{\mathrm{T}}\boldsymbol{\beta} \tag{9-6}$$

目标函数（9-6）是 $\boldsymbol{\beta}$ 的二次函数，由一阶导数条件

$$-2\boldsymbol{X}^{\mathrm{T}}(\boldsymbol{y}-\boldsymbol{X}\boldsymbol{\beta})+2\lambda\boldsymbol{\beta}=\boldsymbol{0}.$$

可得最优解

$$\hat{\boldsymbol{\beta}}=(\boldsymbol{X}^{\mathrm{T}}\boldsymbol{X}+\lambda\boldsymbol{I})^{-1}\boldsymbol{X}^{\mathrm{T}}\boldsymbol{y}. \tag{9-7}$$

补充说明

1. 与最小二乘（OLS）估计量相比，ridge 估计量式（9-7）更稳定：即使 $\boldsymbol{X}^{\mathrm{T}}\boldsymbol{X}$ 不可逆，$(\boldsymbol{X}^{\mathrm{T}}\boldsymbol{X}+\lambda\boldsymbol{I})$ 总是可逆的（$\lambda>0$）.

2. Ridge regression 很难将某个变量的系数 β_j 彻底估计为 0，而且它倾向于将相关变量的系数估计得很相近. 极端情况下，如果在回归中放入 k 个完全相同的解释变量，则每个变量系数的 ridge 估计值都一样，且是只放一个该变量时系数的 $\frac{1}{k}$（Friedman 等，2010）.

LASSO 惩罚的是 $\|\boldsymbol{\beta}\|_1$：

$$\min_{\boldsymbol{\beta}}\sum_{i=1}^{n}(y_i - \boldsymbol{x}_i^{\mathrm{T}}\boldsymbol{\beta})^2 + \lambda\sum_{j=1}^{p}|\beta_j| \tag{9-8}$$

LASSO 估计的 $\hat{\boldsymbol{\beta}}$ 一般更稀疏，因为 LASSO 可以将某些变量的系数恰好估计为 0.

优化问题（9-6）和（9-8）分别等价于

$$\min_{\boldsymbol{\beta}}\sum_{i=1}^{n}(y_i - \boldsymbol{x}_i^{\mathrm{T}}\boldsymbol{\beta})^2 \quad \text{s. t. } \boldsymbol{\beta}^{\mathrm{T}}\boldsymbol{\beta}\leqslant t \tag{9-9}$$

$$\min_{\boldsymbol{\beta}}\sum_{i=1}^{n}(y_i - \boldsymbol{x}_i^{\mathrm{T}}\boldsymbol{\beta})^2 \quad \text{s. t. } \sum_{j=1}^{p}|\beta_j|\leqslant t \tag{9-10}$$

由于 $\sum_{i=1}^{n}(y_i - \boldsymbol{x}_i^{\mathrm{T}}\boldsymbol{\beta})^2$ 是 $\boldsymbol{\beta}$ 的二次函数，它的等高线是一系列椭圆，最小值点是 $\boldsymbol{\beta}$ 的 OLS 估计量. 如图 9-4 所示，当 $p=2$ 时，ridge（9-9）的限制区域是一个圆，LASSO（9-10）的限制区域是矩形，它们的最优解是椭圆等高线第一次触碰到限制区域的点. 图 9-4 说明了为什么 LASSO 可以将某些变量的系数恰好估计为 0. 当 $q<1$ 时，$\|\boldsymbol{\beta}\|_q \leqslant t$ 围成的区域不是凸集，对应的目标函数也不是凸函数，如图 9-5 所示.

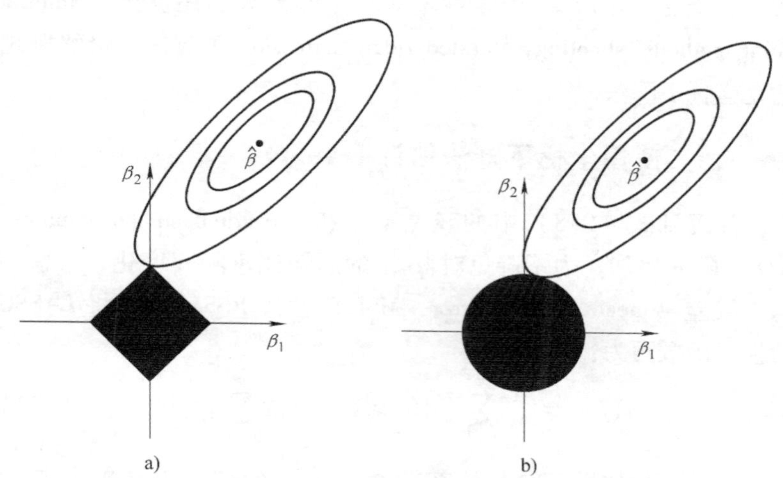

图 9-4　$p=2$ 时 LASSO 的解（见图 9-4a）和 ridge regression 的解（见图 9-4b）.（图片来源：Tibshirani（1996））

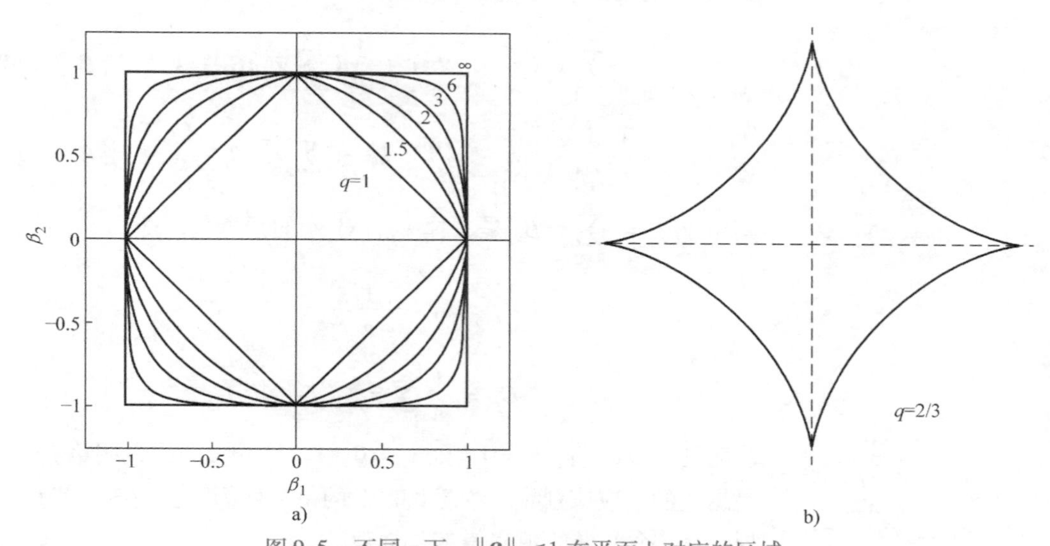

图 9-5　不同 q 下，$\|\boldsymbol{\beta}\|_q \leqslant 1$ 在平面上对应的区域，其中 $\|\boldsymbol{\beta}\|_q = (\sum_{j=1}^{p}|\beta_j|^q)^{1/q}$.（图片来源：Wikipedia）（见彩插）

求解 LASSO 优化问题（9-10）的一个简单想法是将绝对值不等式写为一系列线性不等式（考虑每一种系数符号的组合），然后用二次规划（quadratic programming）求解. 以 2 个变量的情况为例，式（9-10）中的限制条件可以写为：

$$\begin{cases} \beta_1+\beta_2\leqslant t, \\ -\beta_1+\beta_2\leqslant t, \\ \beta_1-\beta_2\leqslant t, \\ -\beta_1-\beta_2\leqslant t. \end{cases}$$

遍历上述每个限制条件寻找最小值点的计算复杂度随 p 指数增加，因为 p 个变量对应 2^p 个线性不等式. 此外人们还提出了 interior point method，shooting，iterated ridge regression 等算法，最终胜出的是坐标下降法.

9.2.1 使用坐标下降法估计 LASSO

注意到式（9-8）中的残差平方和（residual sum of squares，RSS）随 n 增加，为了避免对 $\|\boldsymbol{\beta}\|_1$ 的惩罚比重随 n 变化，考虑用均方误差（mean squared error，MSE）替代 RSS. 因此将 LASSO 的损失函数写为：

$$f(\boldsymbol{\beta}) = \frac{1}{2n}\sum_{i=1}^{n}(y_i-\boldsymbol{x}_i^{\mathrm{T}}\boldsymbol{\beta})^2+\lambda\sum_{j=1}^{p}|\beta_j| \tag{9-11}$$

对于 β_j，如果已知其他系数 $\beta_k(k\neq j)$ 的值，注意到 $\frac{\partial f}{\partial \beta_j}$ 只在 $\beta_j=0$ 不存在：

$$\frac{\partial f}{\partial \beta_j}=\begin{cases} -\frac{1}{n}\sum_{i=1}^{n}x_{ij}(y_i-\widetilde{y}_i^{(j)})+\frac{1}{n}(\sum_{i=1}^{n}x_{ij}^2)\beta_j+\lambda, & \text{当 } \beta_j>0 \text{ 时}, \\ -\frac{1}{n}\sum_{i=1}^{n}x_{ij}(y_i-\widetilde{y}_i^{(j)})+\frac{1}{n}(\sum_{i=1}^{n}x_{ij}^2)\beta_j-\lambda, & \text{当 } \beta_j<0 \text{ 时}. \end{cases}$$

其中 $\widetilde{y}_i^{(j)}=\sum_{k\neq j}x_{ik}\beta_k$ 是去掉 x_{ij}后对 y_i 的预测值. 令

$$A_j=\frac{1}{n}\sum_{i=1}^{n}x_{ij}^2,$$

$$C_j=\frac{1}{n}\sum_{i=1}^{n}x_{ij}(y_i-\widetilde{y}_i^{(j)}).$$

注意到 $A_j\geqslant 0$. 若 $A_j=0$，则 $x_{ij}=0$，$i=1,\cdots,n$，说明第 j 个变量是退化的，应该剔除. 注意此时 X 的每一列都已去均值，若 $A_j=0$，说明第 j 个变量的观察值都是常数.

经过简单讨论 C_j 的正负及 $|C_j|$ 与 λ 的大小关系，可得 β_j 的最优估计值为：

$$\hat{\beta}_j=\frac{\mathrm{sign}(C_j)(|C_j|-\lambda)_+}{A_j}. \tag{9-12}$$

式（9-12）的分子使用了一个二元算子 softthresholding operator $S(z,r)$，

$$S(z,r)=\operatorname{sign}(z)(|z|-r)_{+}=\begin{cases}z-r & 当\ z>0\ 且\ r<|z|时,\\ z+r & 当\ z<0\ 且\ r<|z|时,\\ 0 & 当\ r\geqslant|z|时.\end{cases}$$

注意到$\frac{C_j}{A_j}$是 partial residual（$y_i-\widetilde{y}_i^{(j)}$）对 x_{ij} 做回归的最小二乘（OLS）估计量，所以 LASSO 估计量相当于对 OLS 估计量做了一个 soft thresholding，如图 9-6a 所示．而 ridge 估计量相当于给 OLS 估计量乘了一个缩小因子（shrinkage factor）：当解释变量相互正交时，即 $\boldsymbol{X}^{\mathrm{T}}\boldsymbol{X}=\boldsymbol{I}$，$\hat{\beta}_{j,\text{ridge}}=\frac{1}{1+\lambda}\hat{\beta}_{j,\text{ols}}$，如图 9-6b 所示．

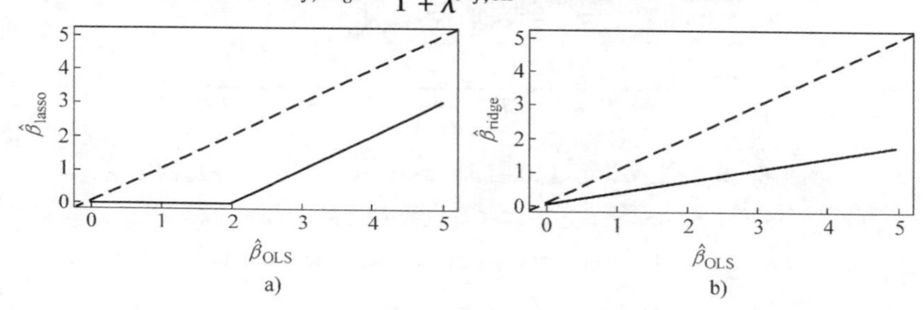

图 9-6　LASSO，ridge 估计量与 OLS 估计量的关系．（图片来源：Tibshirani（1996））

补充说明

1. 坐标下降法可以很快计算出任意 λ 下 $\boldsymbol{\beta}$ 的最优解，如图 9-7所示．

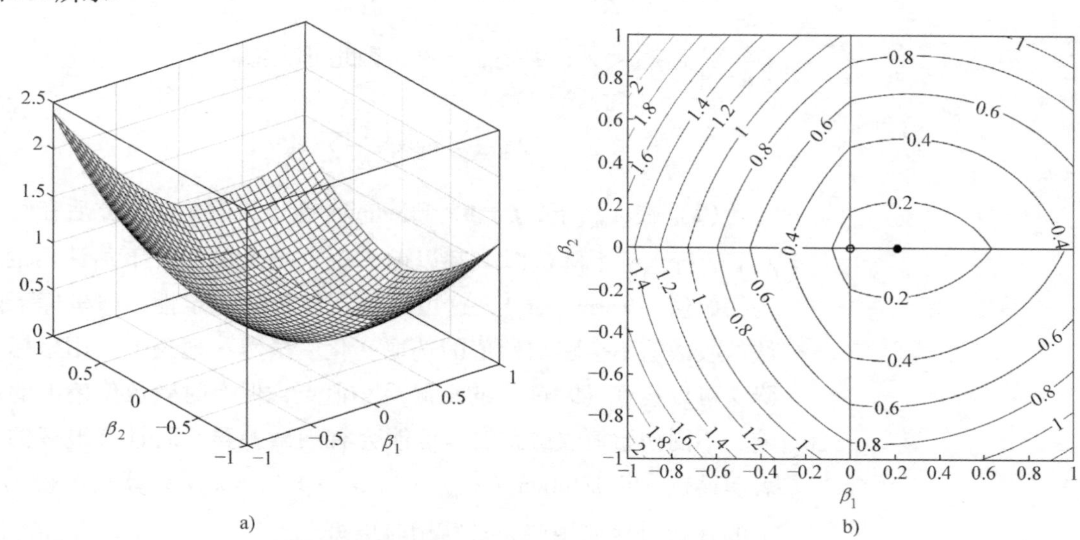

图 9-7　图 9-7a：$\lambda=0.3$ 对应的损失函数（9-11），其中真实的数据生成机制为 $y_i=0.5x_{i1}+0.01x_{i2}$，x_{i1}，$x_{i2}\overset{\text{iid}}{\sim}N(0,1)$，$i=1,\cdots,100$；图 9-7b：图 9-7a 对应的等高线图，在该例中从初始值（0，0）出发只需一步迭代即到达全局最小值点（0.21，0）．

2. 如何选取惩罚因子 λ？先计算 λ 取不同值下 $\boldsymbol{\beta}$ 的估计量，然后用测试数据或交叉验证（cross - validation）选出最优的 λ 取值，如图 9-8 所示.

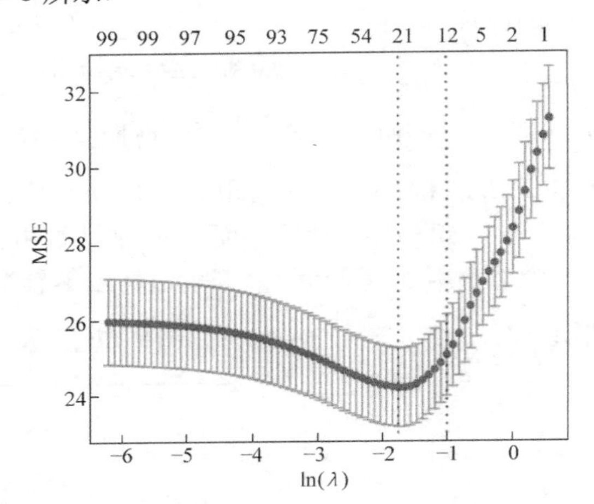

图 9-8　10 折交叉验证（10 - fold cross - validation）. 左边的虚线对应最小的 MSE，右边的虚线对应最小的 MSE 加一个标准差，即 “one - standard - error” rule. （图片来源：Friedman et al. (2010)）

3. 选取 λ 序列的具体做法：首先寻找一个最小的 $\lambda_{\max}$ 使得整个估计量 $\hat{\boldsymbol{\beta}}=\mathbf{0}$，再选取 $\lambda_{\min}=\varepsilon\lambda_{\max}$，然后在 $\ln(\lambda_{\max})$ 和 $\ln(\lambda_{\min})$ 之间等间距地取 K 个 $\ln(\lambda)$ 的值，得到从 $\lambda_{\max}$ 到 $\lambda_{\min}$ 的一列递减的 λ 取值，一般令 $\varepsilon=0.001$，$K=100$.

（1）由式（9-12）得，当 $\beta_k=0$（$k\neq j$）时，如果 $\left|\frac{1}{n}\sum_{i=1}^{n}x_{ij}y_i\right|<\lambda$，那么 $\hat{\beta}_j=0$，因此可以选取

$$\lambda_{\max}=\max_k\left|\frac{1}{n}\sum_{i=1}^{n}x_{ik}y_i\right|.$$

（2）在 $\lambda_{\max}$ 下，$\hat{\boldsymbol{\beta}}=\mathbf{0}$. Friedman 等（2010）建议此后在每个 λ 下运行坐标下降法时，都以前一个（更大的）λ 下估计出的 $\hat{\boldsymbol{\beta}}$ 为初始值（warm start），这可以保证结果的稳定性，即坐标下降法的收敛值不会随初始值的选取变化. 虽然在理论上使用坐标下降法可以找到（9-11）的全局最小值点，但有时受数值精度的影响，不同初始值收敛到的解可能会有细微差异. 而且有很多例子表明通过 path solution（$\lambda_{\max}>\lambda_1>\cdots>\lambda_r=\lambda$）计算某个较小 λ 下的 $\hat{\boldsymbol{\beta}}$ 比直接使用该 λ 计算用时更短.

4. Friedman 等（2010）建议在完整地更新每个系数 β_j 后，只更新 active set（$\beta_k\neq0$）中的系数为算法提速. 这种策略在变量很多而有用变量较少的情况下很有优势.

5. R package `glmnet` 使用坐标下降法估计 LASSO.

6. LASSO 的一个不足之处是：如果 $p>n$，LASSO 最多能选出 n 个变量，因为此时 n 个系数就可以对模型完美拟合（将残差降为 0），不需要更多的非零系数.

9.2.2 Hadamard product parametrization（HPP）

注意到下面的一元函数

$$f(x)=\frac{a^2}{x}+x,\ (a\neq 0) \tag{9-13}$$

在 $x>0$ 上是凸函数，因为

$$f'(x)=-\frac{a^2}{x^2}+1,$$

$$f''(x)=\frac{2a^2}{x^3}>0,\ (x>0)$$

令 $f'(x)=0$ 得 f 在 $x>0$ 上的全局最小值点 $x=|a|$.

Hoff（2017）证明了以下定理

定理 9.2　对于函数 $f(\boldsymbol{\beta})=h(\boldsymbol{\beta})+\lambda\|\boldsymbol{\beta}\|_1$ 和 $g(\boldsymbol{u},\boldsymbol{v})=h(\boldsymbol{u}\circ\boldsymbol{v})+\lambda(\boldsymbol{u}^{\mathrm{T}}\boldsymbol{u}+\boldsymbol{v}^{\mathrm{T}}\boldsymbol{v})/2$，其中“$\circ$”是 Hadamard（element - wise）product，有以下关系成立：

$$\inf_{\boldsymbol{\beta}} f(\boldsymbol{\beta})=\inf_{\boldsymbol{u},\boldsymbol{v}} g(\boldsymbol{u},\boldsymbol{v}).$$

证明　对任意向量 $\boldsymbol{u}$ 总能找到 $\boldsymbol{\beta}$ 和 $\boldsymbol{v}$ 使得 $\boldsymbol{u}=\boldsymbol{\beta}/\boldsymbol{v}$，其中“/”是 element - wise division.

$$\begin{aligned}\inf_{\boldsymbol{u},\boldsymbol{v}} g(\boldsymbol{u},\boldsymbol{v}) &= \inf_{\boldsymbol{\beta},\boldsymbol{v}} g(\boldsymbol{\beta}/\boldsymbol{v},\boldsymbol{v})\\ &= \inf_{\boldsymbol{\beta}}\inf_{\boldsymbol{v}}\left\{h(\boldsymbol{\beta})+\frac{\lambda}{2}(\|\boldsymbol{\beta}/\boldsymbol{v}\|_2^2+\|\boldsymbol{v}\|_2^2)\right\}\\ &= \inf_{\boldsymbol{\beta}}\inf_{\boldsymbol{v}}\left\{h(\boldsymbol{\beta})+\frac{\lambda}{2}\sum_{j=1}^{p}\left(\frac{\beta_j^2}{v_j^2}+v_j^2\right)\right\}\\ &= \inf_{\boldsymbol{\beta}}\left\{h(\boldsymbol{\beta})+\frac{\lambda}{2}\sum_{j=1}^{p}\inf_{v_j}\left(\frac{\beta_j^2}{v_j^2}+v_j^2\right)\right\}\end{aligned} \tag{9-14}$$

如果 $\beta_j=0$，那么当 $v_j=0$ 时，$\frac{\beta_j^2}{v_j^2}+v_j^2$ 取到最小值 0. 如果 $\beta_j\neq 0$，根据式（9-13），当 $v_j^2=|\beta_j|$ 时，$\frac{\beta_j^2}{v_j^2}+v_j^2$ 取到最小值 $2|\beta_j|$. 不论哪种情况，式（9-14）都可以化简为

$$\begin{aligned}\inf_{\boldsymbol{u},\boldsymbol{v}} g(\boldsymbol{u},\boldsymbol{v}) &= \inf_{\boldsymbol{\beta}}\left\{h(\boldsymbol{\beta})+\lambda\sum_{j=1}^{p}|\beta_j|\right\}\\ &= \inf_{\boldsymbol{\beta}} f(\boldsymbol{\beta}).\end{aligned}$$

□

说明

1. 定理9.2表明加入 L_1 惩罚的优化问题 $\min_{\boldsymbol{\beta}} f(\boldsymbol{\beta})$ 可以转化为 $\min_{\boldsymbol{u},\boldsymbol{v}} g(\boldsymbol{u},\boldsymbol{v})$，后者的目标函数 $g(\boldsymbol{u},\boldsymbol{v})$ 关于 $\boldsymbol{u}$，$\boldsymbol{v}$ 都可导，因此总可以使用梯度下降法求解.

2. 对于 LASSO 的目标函数（9-11），令 $h(\boldsymbol{\beta}) = \frac{1}{2n}(\boldsymbol{y} - \boldsymbol{X\beta})^{\mathrm{T}}(\boldsymbol{y} - \boldsymbol{X\beta})$，它是 $\boldsymbol{\beta}$ 的二次函数. 对应的 $g(\boldsymbol{u},\boldsymbol{v}) = h(\boldsymbol{u} \circ \boldsymbol{v}) + \lambda(\boldsymbol{u}^{\mathrm{T}}\boldsymbol{u} + \boldsymbol{v}^{\mathrm{T}}\boldsymbol{v})/2$ 关于 $\boldsymbol{u}$ 和 $\boldsymbol{v}$ 都是 partial quadratic function.

（1）固定 $\boldsymbol{v}$，$g(\boldsymbol{u},\boldsymbol{v})$ 可以写为

$$
\begin{aligned}
g(\boldsymbol{u},\boldsymbol{v}) &= \frac{1}{2n}(\boldsymbol{u} \circ \boldsymbol{v})^{\mathrm{T}}\boldsymbol{X}^{\mathrm{T}}\boldsymbol{X}(\boldsymbol{u} \circ \boldsymbol{v}) - \frac{1}{n}(\boldsymbol{u} \circ \boldsymbol{v})^{\mathrm{T}}\boldsymbol{X}^{\mathrm{T}}\boldsymbol{y} + \frac{1}{2n}\boldsymbol{y}^{\mathrm{T}}\boldsymbol{y} + \frac{\lambda}{2}(\boldsymbol{u}^{\mathrm{T}}\boldsymbol{u} + \boldsymbol{v}^{\mathrm{T}}\boldsymbol{v}) \\
&= \boldsymbol{u}^{\mathrm{T}}\left[\frac{1}{2n}\boldsymbol{X}^{\mathrm{T}}\boldsymbol{X} \circ \boldsymbol{v}\boldsymbol{v}^{\mathrm{T}} + \frac{\lambda}{2}\boldsymbol{I}\right]\boldsymbol{u} - \boldsymbol{u}^{\mathrm{T}}\frac{1}{n}(\boldsymbol{X}^{\mathrm{T}}\boldsymbol{y} \circ \boldsymbol{v}) + \cdots
\end{aligned}
$$

因此给定 $\boldsymbol{v}$，$\boldsymbol{u}$ 的最小值点为

$$\hat{\boldsymbol{u}} = [\boldsymbol{X}^{\mathrm{T}}\boldsymbol{X} \circ \boldsymbol{v}\boldsymbol{v}^{\mathrm{T}} + n\lambda\boldsymbol{I}]^{-1}(\boldsymbol{X}^{\mathrm{T}}\boldsymbol{y} \circ \boldsymbol{v}). \tag{9-15}$$

同理可得，给定 $\boldsymbol{u}$，$\boldsymbol{v}$ 的最小值点为

$$\hat{\boldsymbol{v}} = [\boldsymbol{X}^{\mathrm{T}}\boldsymbol{X} \circ \boldsymbol{u}\boldsymbol{u}^{\mathrm{T}} + n\lambda\boldsymbol{I}]^{-1}(\boldsymbol{X}^{\mathrm{T}}\boldsymbol{y} \circ \boldsymbol{u}). \tag{9-16}$$

（2）由此可以构造一个估计 LASSO 的简便算法：

1）选取初始值 $\boldsymbol{u}^{(0)}$，$\boldsymbol{v}^{(0)}$；

2）按照式（9-15），式（9-16）轮流更新 $\boldsymbol{u}$，$\boldsymbol{v}$ 直到收敛.

上述算法是一种块坐标下降法，每部分有唯一的（条件）最小值点且 g 连续可导，因此算法会收敛到 g 的一个驻点（Luenberger and Ye，2008），是否为局部极小值点还需借助 g 的二阶导数信息判断. 由于 $\boldsymbol{u}$ 和 $\boldsymbol{v}$ 的条件最小值点式（9-15）和式（9-16）的形式与 ridge regression 估计量（9-7）相似，上述算法也被称为 iterative ridge regression.

第9章课件

参考文献

FRIEDMAN J，HASTIE T，TIBSHIRANI R，2010. Regularization paths for generalized linear models via coordinate descent [J]. Journal of Statistical Software，33 (1)：1.

HOFF P D，2017. Lasso，fractional norm and structured sparse estimation using a hadamard product parametrization [J]. Computational Statistics & Data Analysis，115：186 – 198.

LUENBERGER D G，YE Y，2008. Linear and nonlinear programming [M]. New York：Springer.

TIBSHIRANI R，1996. Regression shrinkage and selection via the lasso [J]. Journal of the Royal Statistical Society. Series B (Methodological)，267 – 288.

TSENG P，2001. Convergence of a block coordinate descent method for nondifferentiable mini mization [J]. Journal of Optimization Theory and Applications，109 (3)：475 – 494.

第 10 章 Boosting算法

Boosting 算法源于计算机科学家 Michael Kearns 的一个发问：一个弱学习算法能否被改造成一个强学习算法？具体来说，如果一个弱学习算法做分类的准确率只比随机猜测略高，有没有可能用它来构造一个错误率无限接近 0 的分类器？这个问题后来被 Schapire 和 Freund 解决了，他们发明了 AdaBoost 算法（Freund 等，1999），是数据挖掘的前 10 大算法之一.

10.1 AdaBoost 算法

AdaBoost 是 adaptive boosting 的简称，它可以对任一做分类的弱学习算法 A 的效果进行增强. AdaBoost 的解决思路是利用算法 A 产生一系列分类结果，然后想办法巧妙地结合这些输出结果，降低训练集的出错率. 但是算法 A 往往是确定的，如果总是给它相同的输入，它也只会输出相同的结果，所以为了产生新的分类结果，我们需要每次对 A 的输入做一点改变，增加一些“新信息”. AdaBoost 的做法是调整每次输入训练集的样本权重，它会提高前一轮分类错误的样本权重，降低前一轮分类正确的样本权重. 最终容易分类的样本的权重可能会变得非常小，较难被正确分类的样本可能会占据所有权重.

用 $d_{t,i}$ 表示第 t 轮样本（$\boldsymbol{x}_i$，y_i）的权重，向量 $\boldsymbol{d}_t=(d_{t,1},\cdots,d_{t,n})$ 通常被称为为权重向量. 用 $h^{(t)}(\boldsymbol{x}_i)$ 表示第 t 轮算法 A 对样本 $\boldsymbol{x}_i$ 的分类结果，规定 $y_i,h^{(t)}(\boldsymbol{x}_i)\in\{-1,1\},\forall i$. AdaBoost 对 $\boldsymbol{d}_t$ 的更新方式为：

$$d_{1,i}=\frac{1}{n},\forall i$$

$$d_{t+1,i}=\frac{d_{t,i}}{Z_t}\times\begin{cases}\mathrm{e}^{-\alpha_t} & \text{当 } y_i=h^{(t)}(\boldsymbol{x}_i)\text{时,}\\ \mathrm{e}^{\alpha_t} & \text{当 } y_i\neq h^{(t)}(\boldsymbol{x}_i)\text{时.}\end{cases}$$

$$=\frac{d_{t,i}}{Z_t}\mathrm{e}^{-\alpha_t y_i h^{(t)}(\boldsymbol{x}_i)} \tag{10-1}$$

其中 $\alpha_t>0$，Z_t 是归一化常数，保证第（$t+1$）轮所有样本的权重和为1($\sum_i d_{t+1,i} = 1$). 从式（10-1）可以看出，AdaBoost 在每一轮会减小上一轮分类正确的样本权重，增大上一轮分类错误的样本权重.

AdaBoost 最终输出的结果是每一轮分类结果的线性组合：

$$f(\boldsymbol{x}_i) = \operatorname{sign}\left(\sum_{t=1}^{T} \alpha_t h^{(t)}(\boldsymbol{x}_i)\right) \tag{10-2}$$

其中

$$\alpha_t = \frac{1}{2}\ln\left(\frac{1-\varepsilon_t}{\varepsilon_t}\right)$$

$$\varepsilon_t = P_{i\sim \boldsymbol{d}_t}[h^{(t)}(\boldsymbol{x}_i) \neq y_i] = \sum_i d_{t,i}\mathbf{1}_{[h^{(t)}(\boldsymbol{x}_i)\neq y_i]}. \tag{10-3}$$

即 ε_t 是第 t 轮分类错误样本的权重和. 假设每一轮弱分类器总可以保证 $\varepsilon_t < 1/2$，因此 $\alpha_t > 0$. 注意这里出现过两个权重，$\boldsymbol{d}_t$ 代表样本的权重，α_t 是做预测时对结果做线性组合的权重.

下面用一个简单的例子演示 AdaBoost 的工作流程.

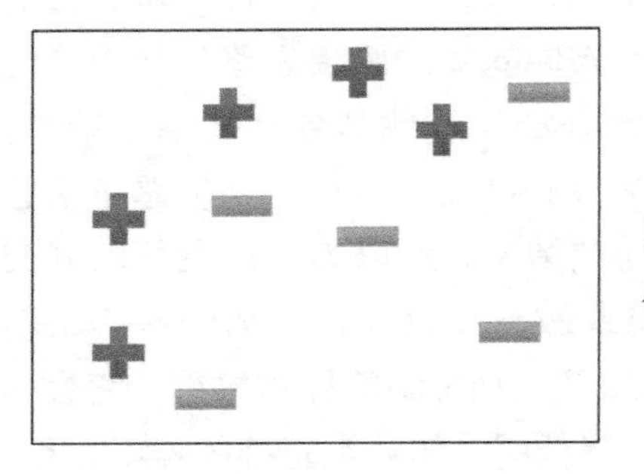

开始时所有样本权重相同. 图中的"+""-"号代表每个样本的真实类别标签.

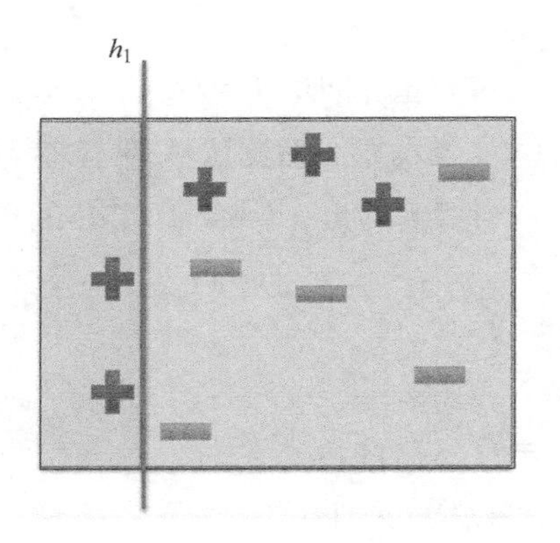

运行算法 A，将每个样本的分类结果记为 $h_1(x_i)$. 图中 h_1 将直线左侧的样本判断为正，右侧的样本判断为负.

计算得 $\alpha_1 = 0.42$.

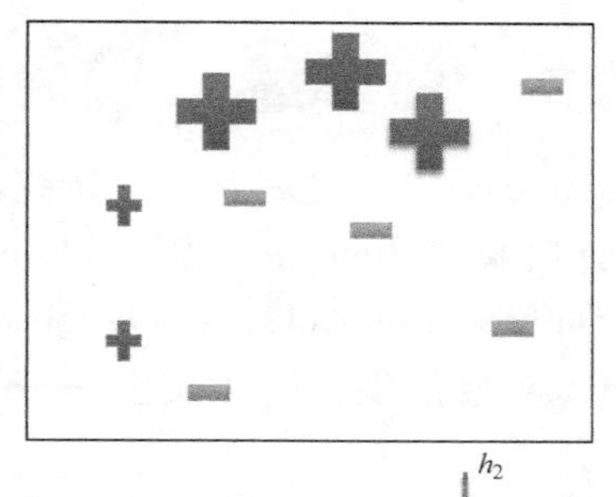

增大错误分类的样本权重，减小正确分类的样本权重.

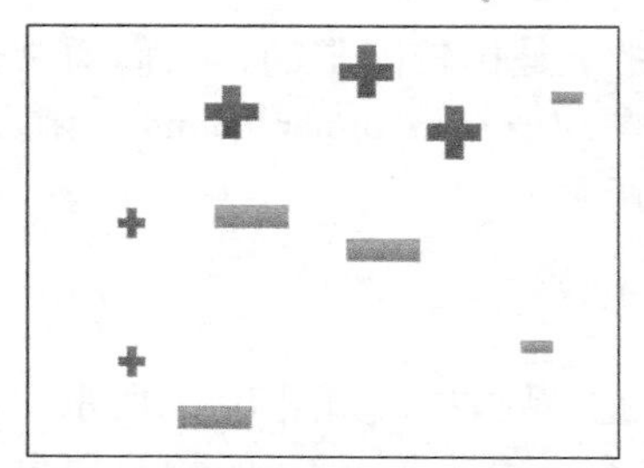

将调整权重后的样本输入算法 A 得到新的分类结果 h_2，图中 h_2 将直线左侧的样本判断为正，右侧的样本判断为负.

此时 $\alpha_2 = 0.66$.

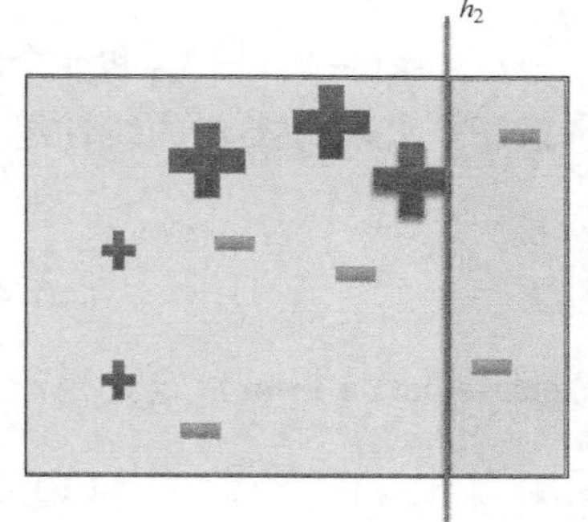

增大错误分类的样本权重，减小正确分类的样本权重.

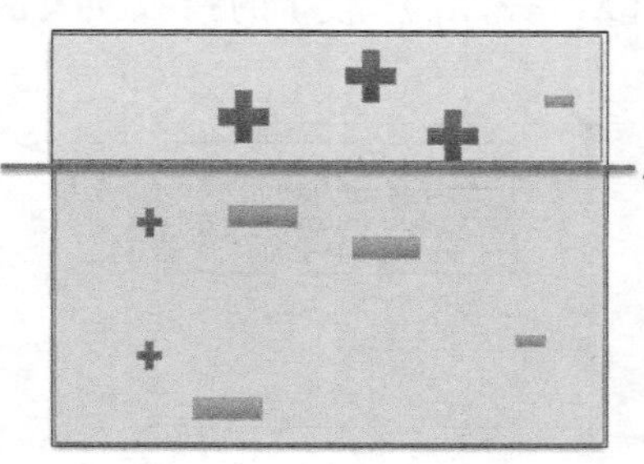

将调整权重后的样本再次输入算法 A 得到新的分类结果 h_3. 图中 h_3 将直线上方的样本判断为正，下方的样本判断为负.

计算得 $\alpha_3 = 0.93$.

AdaBoost 最终输出的结果是每一轮分类结果的线性组合：

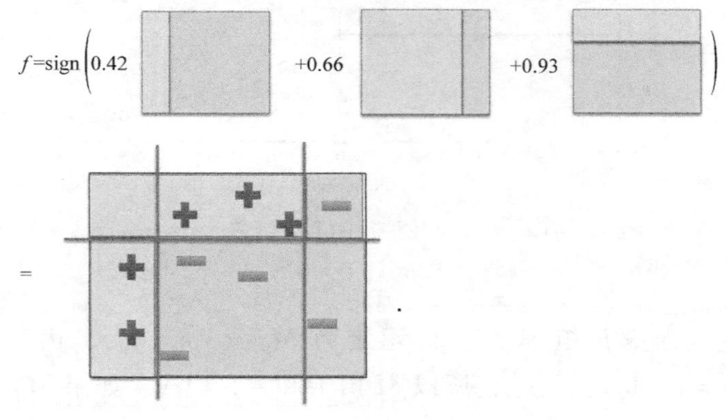

10.2 AdaBoost 统计解释

AdaBoost 最早由 Freund 和 Schapire 提出，之后有 5 个研究团队几乎同时给出了 AdaBoost 的统计解释（Breiman，1997；Friedman 等，2000；Rätsch 等，2001；Duffy 和 Helmbold，1999；Mason 等，2000）. 从统计角度理解 AdaBoost 会发现，它本质上是一个坐标下降算法.

假设我们有 n 个训练样本$\{(x_i,y_i):y_i\in\{-1,1\}\}_{i=1}^n$和 p 个弱分类器$\{h_j:h_j(x)\in\{-1,1\}\}_{j=1}^p$. 考虑用这些弱分类器的线性组合构造一个新的分类算法f:

$$f(x)=\sum_{j=1}^{p}\lambda_j h_j(x). \tag{10-4}$$

该算法f在训练集上的错误率（misclassification error）定义为：

$$\text{Mis. err}=\frac{1}{n}\sum_{i=1}^{n}\mathbf{1}_{[y_i f(x_i)\leqslant 0]}. \tag{10-5}$$

直接最小化式（10-5）寻找最优的f是比较困难的，人们通常选择最小化式（10-5）的一个凸上界（convex upper bound）函数，比如指数损失（exponential loss）函数

$$\frac{1}{n}\sum_{i=1}^{n}\mathrm{e}^{-y_i f(x_i)} \tag{10-6}$$

就是式（10-5）的一个光滑可导的上界函数，如图 10-1 所示. 那么如何选择式（10-4）中的 $\boldsymbol{\lambda}=(\lambda_1,\cdots,\lambda_p)^{\mathrm{T}}$ 使f的指数损失函数（10-6）最小?

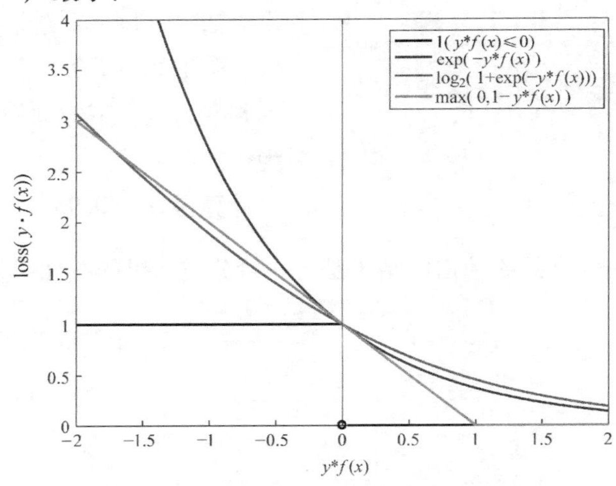

图 10-1 指示函数$\mathbf{1}(yf(x)\leqslant 0)$及几种常用上界函数：exponential loss $\mathrm{e}^{-yf(x)}\Rightarrow$ AdaBoost；logistic loss $\log_2(1+\mathrm{e}^{-yf(x)})\Rightarrow$logistic regression$(y\in\{-1,1\})$；hinge loss $\max(0,1-yf(x))\Rightarrow$SVM.（见彩插）

定义 $n\times p$ 矩阵 $\boldsymbol{M}$，其元素为 $\boldsymbol{M}_{ij}=y_i h_j(x_i)$. 由于 y_i，$h_j(x_i)\in\{-1,1\}$，$\forall i,j$，所以 $\boldsymbol{M}$ 由 1 和 −1 构成. 如果 $\boldsymbol{M}_{ij}=1$，

说明第 j 个分类器对样本 i 分类正确.

$$\boldsymbol{M} = \underset{i}{\text{样本}}\overset{\substack{\text{弱分类器}\\ j}}{\left[\ \pm 1\ \right]}$$

此时

$$y_i f(x_i) = \sum_{j=1}^{p} \lambda_j y_i h_j(x_i) = (\boldsymbol{M\lambda})_i$$

其中 $(\boldsymbol{M\lambda})_i$ 代表向量 $\boldsymbol{M\lambda}$ 的第 i 个分量. 则 f 在 $\boldsymbol{\lambda}$ 下的指数损失为

$$L(\boldsymbol{\lambda}) = \frac{1}{n}\sum_{i=1}^{n} \mathrm{e}^{-y_i f(x_i)} = \frac{1}{n}\sum_{i=1}^{n} \mathrm{e}^{-(\boldsymbol{M\lambda})_i}. \tag{10-7}$$

接下来我们用坐标下降法最小化（10-7）：在每步迭代 t，选择 $\boldsymbol{\lambda}$ 的一个分量进行更新，即每个分类器对应一个坐标方向，假设选择的是第 j_t 个分量，则沿 j_t 方向移动最优步长 α_t. 此时在每步迭代中，我们需要先找到方向 j 使损失函数（10-7）在该方向下降得最快，即方向导数最小. 用 $\boldsymbol{e}_j \in \mathbb{R}^p$ 表示单位基向量，即只有第 j 个元素为 1，其余为 0. 将 $\boldsymbol{\lambda}$ 在第 t 步的取值记为 $\boldsymbol{\lambda}_t$，则第 t 步损失函数（10-7）在第 j 个方向的方向导数为

$$\begin{aligned}
\left.\frac{\partial L(\boldsymbol{\lambda}_t + \alpha \boldsymbol{e}_j)}{\partial \alpha}\right|_{\alpha=0} &= \left.\frac{\partial}{\partial \alpha}\left[\frac{1}{n}\sum_{i=1}^{n} \mathrm{e}^{-(\boldsymbol{M}(\boldsymbol{\lambda}_t + \alpha \boldsymbol{e}_j))_i}\right]\right|_{\alpha=0} \\
&= \left.\frac{\partial}{\partial \alpha}\left[\frac{1}{n}\sum_{i=1}^{n} \mathrm{e}^{-(\boldsymbol{M\lambda}_t)_i - \alpha \boldsymbol{M}_{ij}}\right]\right|_{\alpha=0} \\
&= \left.\frac{1}{n}\sum_{i=1}^{n} (-\boldsymbol{M}_{ij})\mathrm{e}^{-(\boldsymbol{M\lambda}_t)_i - \alpha \boldsymbol{M}_{ij}}\right|_{\alpha=0} \\
&= -\frac{1}{n}\sum_{i=1}^{n} \boldsymbol{M}_{ij}\mathrm{e}^{-(\boldsymbol{M\lambda}_t)_i}.
\end{aligned}$$

我们希望选取的方向导数越小越好，因此第 t 步选取的方向 j_t 为

$$\begin{aligned}
j_t &\in \underset{j}{\operatorname{argmin}} \left[\left.\frac{\partial L(\boldsymbol{\lambda}_t + \alpha \boldsymbol{e}_j)}{\partial \alpha}\right|_{\alpha=0}\right] \\
&\in \underset{j}{\operatorname{argmin}} \left[-\frac{1}{n}\sum_{i=1}^{n} \boldsymbol{M}_{ij}\mathrm{e}^{-(\boldsymbol{M\lambda}_t)_i}\right] \\
&\in \underset{j}{\operatorname{argmax}} \left[\frac{1}{n}\sum_{i=1}^{n} \boldsymbol{M}_{ij}\mathrm{e}^{-(\boldsymbol{M\lambda}_t)_i}\right].
\end{aligned} \tag{10-8}$$

为了计算方便，我们将样本 i 经过归一化的指数损失记为：

$$d_{t,i} = \mathrm{e}^{-(\boldsymbol{M\lambda}_t)_i}/Z_t,\ \text{其中},Z_t = \sum_{i=1}^{n} \mathrm{e}^{-(\boldsymbol{M\lambda}_t)_i}. \tag{10-9}$$

后面会证明它们与 AdaBoost 中的权重向量 $\boldsymbol{d}_t$ 是等价的. 根据式（10-8）

$$j_t \in \underset{j}{\operatorname{argmax}} \left[\frac{Z_t}{n}\sum_{i=1}^{n} M_{ij}d_{t,i}\right] = \underset{j}{\operatorname{argmax}} \ (\boldsymbol{d}_t^{\mathrm{T}} \boldsymbol{M})_j. \quad (10\text{-}10)$$

当选定了方向 j_t 后，沿该方向移动的最优步长是多少？根据式(10-7)，$L(\boldsymbol{\lambda}_t+\alpha \boldsymbol{e}_{j_t})$是 α 的凸函数，因此只需找到使 j_t 对应的方向导数为 0 的步长 α_t.

$$0 = \left.\frac{\partial L(\boldsymbol{\lambda}_t + \alpha \boldsymbol{e}_{j_t})}{\partial \alpha}\right|_{\alpha=\alpha_t}$$

$$0 = \frac{1}{n}\sum_{i=1}^{n}(-\boldsymbol{M}_{ij_t})\mathrm{e}^{-(\boldsymbol{M}\boldsymbol{\lambda}_t)_i-\alpha_t \boldsymbol{M}_{ij_t}}$$

$$0 = -\frac{1}{n}\sum_{i:\boldsymbol{M}_{ij_t}=1}\mathrm{e}^{-(\boldsymbol{M}\boldsymbol{\lambda}_t)_i}\mathrm{e}^{-\alpha_t} + \frac{1}{n}\sum_{i:\boldsymbol{M}_{ij_t}=-1}\mathrm{e}^{-(\boldsymbol{M}\boldsymbol{\lambda}_t)_i}\mathrm{e}^{\alpha_t}$$

$$0 = -\frac{Z_t}{n}\sum_{i:\boldsymbol{M}_{ij_t}=1}d_{t,i}\mathrm{e}^{-\alpha_t} + \frac{Z_t}{n}\sum_{i:\boldsymbol{M}_{ij_t}=-1}d_{t,i}\mathrm{e}^{\alpha_t} \quad (10\text{-}11)$$

定义 $d_+ \triangleq \sum_{i:\boldsymbol{M}_{ij_t}=1} d_{t,i}$，当 $d_- \triangleq \sum_{i:\boldsymbol{M}_{ij_t}=-1} d_{t,i}$. 由式（10-11）得

$$0 = d_+\mathrm{e}^{-\alpha_t} - d_-\mathrm{e}^{\alpha_t}$$

$$\alpha_t = \frac{1}{2}\ln\frac{d_+}{d_-} = \frac{1}{2}\ln\frac{1-d_-}{d_-}. \quad (10\text{-}12)$$

因此使指数损失函数（10-7）最小的坐标下降算法可以总结为算法 10.1.

算法 10.1 最小化指数损失函数（10-7）的坐标下降算法

$\boldsymbol{\lambda}_1 = \boldsymbol{0}$

$d_{1,i} = 1/n,\ i=1,\ \cdots,\ n$

for $t=1:T$ **do**

  $j_t \in \underset{j}{\operatorname{argmax}}(\boldsymbol{d}_t^{\mathrm{T}}\boldsymbol{M})_j$

  $d_- = \sum_{i,M_{ij_t}=-1} d_{t,i}$

  $\alpha_t = \frac{1}{2}\ln\left(\frac{1-d_-}{d_-}\right)$

  $\boldsymbol{\lambda}_{t+1} = \boldsymbol{\lambda}_t + \alpha_t \boldsymbol{e}_{j_t}$

  $d_{t+1,i} = \mathrm{e}^{-(\boldsymbol{M}\boldsymbol{\lambda}_{t+1})_i}/Z_{t+1}$，其中 $Z_{t+1} = \sum_{i=1}^{n}\mathrm{e}^{-(\boldsymbol{M}\boldsymbol{\lambda}_{t+1})_i}$

end for

为什么算法 10.1 和 AdaBoost 是等价的？注意到该算法输出的 $\lambda_{T+1,j}$ 其实是在 j 方向上移动的总步长，即

$$\lambda_{T+1,j} = \sum_{t=1}^{T}\alpha_t \mathbf{1}_{[j_t=j]}. \quad (10\text{-}13)$$

则

$$f(x) = \sum_{j=1}^{p} \lambda_{T+1,j} h_j(x) = \sum_{j=1}^{p} \sum_{t=1}^{T} \alpha_t \mathbf{1}_{[j_t=j]} h_j(x) = \sum_{t=1}^{T} \alpha_t h_{j_t}(x). \tag{10-14}$$

如果 AdaBoost 中的 $h^{(t)} = h_{j_t}$ 且两者的 $\{\alpha_t\}$ 相同，那么式（10-2）与式（10-14）等价.

我们首先检查 AdaBoost 每轮使用的弱分类器 $h^{(t)}$ 与算法 10.1 每步选择的分类器 h_{j_t} 是否一样. 一个合理的假设是 AdaBoost 每轮在 p 个弱分类器中选择使式（10-3）中定义的出错率 ε_t 最小的分类器，即

$$\begin{aligned}
j_t &\in \underset{j}{\operatorname{argmin}} \sum_i d_{t,i} \mathbf{1}_{[h_j(x_i) \neq y_i]} \\
&= \underset{j}{\operatorname{argmin}} \left[\sum_{i:\boldsymbol{M}_{ij}=-1} d_{t,i} \right] = \underset{j}{\operatorname{argmax}} \left[-\sum_{i:\boldsymbol{M}_{ij}=-1} d_{t,i} \right] \\
&= \underset{j}{\operatorname{argmax}} \left[1 - 2\sum_{i:\boldsymbol{M}_{ij}=-1} d_{t,i} \right] \\
&= \underset{j}{\operatorname{argmax}} \left[\left(\sum_{i:\boldsymbol{M}_{ij}=1} d_{t,i} + \sum_{i:\boldsymbol{M}_{ij}=-1} d_{t,i} \right) - 2\sum_{i:\boldsymbol{M}_{ij}=-1} d_{t,i} \right] \\
&= \underset{j}{\operatorname{argmax}} \left[\sum_{i:\boldsymbol{M}_{ij}=1} d_{t,i} - \sum_{i:\boldsymbol{M}_{ij}=-1} d_{t,i} \right] \\
&= \underset{j}{\operatorname{argmax}} \left(\boldsymbol{d}_t^{\mathrm{T}} \boldsymbol{M} \right)_j.
\end{aligned} \tag{10-15}$$

比较（10-10）和（10-15）可以看到，如果 AdaBoost 和算法 10.1 每步使用的 $\boldsymbol{d}_t$ 相同，那么 AdaBoost 每步选择的分类器与算法 10.1 相同.

接下来检查 AdaBoost 每步的权重向量 $\boldsymbol{d}_t$ 与算法 10.1 是否相同. 假设 AdaBoost 每步选择的分类器与算法 10.1 相同，即 $h^{(t)} = h_{j_t}, \forall t$，且 AdaBoost 每轮使用的 α_t 与算法 10.1 每步移动的步长 α_t 相等，则 AdaBoost 中，

$$\begin{aligned}
d_{t+1,i} &= \frac{d_{t,i} \mathrm{e}^{-\boldsymbol{M}_{ij_t}\alpha_t}}{Z_t} = \frac{\frac{1}{n}\prod_{s=1}^{t} \mathrm{e}^{-\boldsymbol{M}_{ij_s}\alpha_s}}{\prod_{s=1}^{t} Z_s} = \frac{\exp\left(-\sum_{s=1}^{t} \boldsymbol{M}_{ij_s}\alpha_s\right)}{n\prod_s Z_s} \\
&= \frac{\exp\left(-\sum_{s=1}^{t}\sum_{j=1}^{p} \boldsymbol{M}_{ij} 1_{[j_s=j]} \alpha_s\right)}{n\prod_s Z_s} = \frac{\exp\left(-\sum_{j=1}^{p} \boldsymbol{M}_{ij} \lambda_{t+1,j}\right)}{n\prod_s Z_s} \\
&= \frac{\mathrm{e}^{-(\boldsymbol{M}\boldsymbol{\lambda}_{t+1})i}}{n\prod_s Z_s}.
\end{aligned} \tag{10-16}$$

其中倒数第二个等号使用了等式（10-13）. 注意式（10-16）中

的分母一定等于 $\sum_{i=1}^{n}\mathrm{e}^{-(\boldsymbol{M\lambda}_{t+1})_i}$，因为 AdaBoost 的权重向量 $\boldsymbol{d}_{t+1}$ 的和为 1. 比较式（10-16）和式（10-9）可得，当 AdaBoost 每步选择的分类器及 α_s 与算法 10.1 相同，AdaBoost 的权重向量 $\boldsymbol{d}_{t+1}$ 和算法 10.1 的 $\boldsymbol{d}_{t+1}$ 是一样的.

如果 AdaBoost 与算法 10.1 每步选择的分类器和 $\boldsymbol{d}_t$ 都相同，那么 AdaBoost 每步使用的 α_t 与算法 10.1 每步移动的步长 α_t 相等吗？先检查 AdaBoost 中的 ε_t，根据式（10-3），

$$\varepsilon_t = \sum_i d_{t,i}\mathbf{1}_{[h_{j_t}(x_i)\neq y_i]} = \sum_{i:h_{j_t}(x_i)\neq y_i} d_{t,i} = \sum_{i:\boldsymbol{M}_{ij_t}=-1} d_{t,i} = d_- \tag{10-17}$$

那么在 AdaBoost 中，

$$\alpha_t = \frac{1}{2}\ln\left(\frac{1-\varepsilon_t}{\varepsilon_t}\right) = \frac{1}{2}\ln\left(\frac{1-d_-}{d_-}\right).$$

与式（10-12）比较可得此时 AdaBoost 中的 α_t 与算法 10.1 相同.

Adaboost 和算法 10.1 每步迭代涉及三个要素：权重向量 $\boldsymbol{d}_t$，分类器 $h^{(t)}$ 和参数 α_t. 以上我们证明了固定其中任意两个要素相等，则第三个要素在两个算法中也相等. 注意到两个算法使用的初始值 $\boldsymbol{d}_1$ 相同，由（10-15）得 $h^{(1)}=h_{j_1}$，则两个算法得到的 α_1 必然相等，因此权重向量 $\boldsymbol{d}_2$ 也相同，以此类推，两个算法每轮迭代的三要素都是相等的. 所以 AdaBoost 等价于用坐标下降算法最小化一个指数损失函数.

定理 10.1 如果存在 $\gamma_A>0$ 使 AdaBoost 每轮出错样本的权重和

$$\varepsilon_t = \sum_i d_{t,i}\mathbf{1}_{[h_{j_t}(x_i)\neq y_i]} = \frac{1}{2}-\gamma_t,\ \text{且}\ \gamma_t > \gamma_A,\ \forall t. \tag{10-18}$$

那么 AdaBoost 在训练集上的错误率（10-5）以指数速率下降：

$$\frac{1}{n}\sum_{i=1}^{n}\mathbf{1}_{[yf(x_i)\leqslant 0]} \leqslant \mathrm{e}^{-2\gamma_A^2 T}. \tag{10-19}$$

证明 证明的思路是找到式（10-7）中指数损失函数 $L(\boldsymbol{\lambda}_{t+1})$ 和 $L(\boldsymbol{\lambda}_t)$ 的递归关系，即找出每步迭代减小的训练集误差，然后把这些误差累加起来得出总误差的上界. 根据与 AdaBoost 等价的算法 10.1，

$$\begin{aligned} L(\boldsymbol{\lambda}_{t+1}) &= L(\boldsymbol{\lambda}_t+\alpha_t\boldsymbol{e}_{j_t}) = \frac{1}{n}\sum_{i=1}^{n}\mathrm{e}^{-[\boldsymbol{M}(\boldsymbol{\lambda}_t+\alpha_t\boldsymbol{e}_{j_t})]_i} = \frac{1}{n}\sum_{i=1}^{n}\mathrm{e}^{-(\boldsymbol{M\lambda}_t)_i-\alpha_t\boldsymbol{M}_{ij_t}} \\ &= \frac{\mathrm{e}^{-\alpha_t}}{n}\sum_{i:\boldsymbol{M}_{ij_t}=1}\mathrm{e}^{-(\boldsymbol{M\lambda}_t)_i} + \frac{\mathrm{e}^{\alpha_t}}{n}\sum_{i:\boldsymbol{M}_{ij_t}=-1}\mathrm{e}^{-(\boldsymbol{M\lambda}_t)_i}. \end{aligned} \tag{10-20}$$

根据式（10-9），

$$\sum_{i:M_{ij_t}=1} e^{-(M\boldsymbol{\lambda}_t)_i} = \sum_{i:M_{ij_t}=1} d_{t,i}Z_t = d_+ Z_t$$

$$\sum_{i:M_{ij_t}=-1} e^{-(M\boldsymbol{\lambda}_t)_i} = \sum_{i:M_{ij_t}=-1} d_{t,i}Z_t = d_- Z_t. \tag{10-21}$$

将式（10-21）代入式（10-20）得

$$L(\boldsymbol{\lambda}_{t+1}) = \frac{Z_t}{n}d_+ e^{-\alpha_t} + \frac{Z_t}{n}d_- e^{\alpha_t}. \tag{10-22}$$

注意到

$$L(\boldsymbol{\lambda}_t) = \frac{1}{n}\sum_{i=1}^{n} e^{-(M\boldsymbol{\lambda}_t)_i} = \frac{Z_t}{n}. \tag{10-23}$$

将式（10-23）代入式（10-22）得

$$\begin{aligned} L(\boldsymbol{\lambda}_{t+1}) &= L(\boldsymbol{\lambda}_t)(e^{-\alpha_t}d_+ + e^{\alpha_t}d_-) \\ &= L(\boldsymbol{\lambda}_t)[e^{-\alpha_t}(1-d_-) + e^{\alpha_t}d_-]. \end{aligned} \tag{10-24}$$

又根据式（10-12），

$$\alpha_t = \frac{1}{2}\ln\left(\frac{1-d_-}{d_-}\right) \Rightarrow e^{\alpha_t} = \left(\frac{1-d_-}{d_-}\right)^{1/2},\quad e^{-\alpha_t} = \left(\frac{1-d_-}{d_-}\right)^{-1/2}$$

代入式（10-24）得

$$\begin{aligned} L(\boldsymbol{\lambda}_{t+1}) &= L(\boldsymbol{\lambda}_t)2[d_-(1-d_-)]^{1/2} \\ &= L(\boldsymbol{\lambda}_t)2[\varepsilon_t(1-\varepsilon_t)]^{1/2}. \end{aligned} \tag{10-25}$$

其中最后一步用到了等式（10-17）. 由 $\boldsymbol{\lambda}_1 = \mathbf{0}$ 得 $L(\boldsymbol{\lambda}_1) = 1$. 反复利用递推关系（10-25）可得

$$L(\boldsymbol{\lambda}_{T+1}) = \prod_{t=1}^{T} 2\sqrt{\varepsilon_t(1-\varepsilon_t)}. \tag{10-26}$$

由定理条件（10-18）得

$$\begin{aligned} 2\sqrt{\varepsilon_t(1-\varepsilon_t)} &= 2\sqrt{\left(\frac{1}{2}-\gamma_t\right)\left(\frac{1}{2}+\gamma_t\right)} \\ &= \sqrt{1-4\gamma_t^2} \leqslant \sqrt{e^{-4\gamma_t^2}} = e^{-2\gamma_t^2} < e^{-2\gamma_A^2}. \end{aligned} \tag{10-27}$$

将式（10-27）代入式（10-26），再由指数损失函数（10-7）是错误率（10-5）的上界函数可得

$$\frac{1}{n}\sum_{i=1}^{n} \mathbf{1}_{[y_i f(x_i)\leqslant 0]} \leqslant L(\boldsymbol{\lambda}_{T+1}) \leqslant \prod_{t=1}^{T} e^{-2\gamma_t^2} < e^{-2\gamma_A^2 T}. \qquad \square$$

10.3 AdaBoost 概率解释

在一些分类问题中，我们不仅希望对结果 Y 做出准确预测，还希望计算出条件概率 $P(Y=1|x)$，比如发现石油的概率、失败的概率、收到垃圾邮件的概率等. 下面的定理给出了从 AdaBoost 算法计算 $P(Y=1|x)$ 的方法.

定理 10.2 （Friedman 等，2000）. 使指数损失函数的期望

$$E_Y[\mathrm{e}^{-Yf(x)}]$$

最小的 $f(x)$ 为

$$f(x) = \frac{1}{2}\ln\frac{P(Y=1|x)}{P(Y=-1|x)}.$$

证明

$$E[\mathrm{e}^{-Yf(x)}] = P(Y=1|x)\mathrm{e}^{-f(x)} + P(Y=-1|x)\mathrm{e}^{f(x)}$$

$$0 = \frac{\mathrm{d}E[\mathrm{e}^{-Yf(x)}]}{\mathrm{d}f(x)} = -P(Y=1|x)\mathrm{e}^{-f(x)} + P(Y=-1|x)\mathrm{e}^{f(x)}$$

$$P(Y=1|x)\mathrm{e}^{-f(x)} = P(Y=-1|x)\mathrm{e}^{f(x)}$$

$$\frac{P(Y=1|x)}{P(Y=-1|x)} = \mathrm{e}^{2f(x)} \Rightarrow f(x) = \frac{1}{2}\ln\frac{P(Y=1|x)}{P(Y=-1|x)}. \qquad \square$$

根据定理 10.2，可以如下从 AdaBoost 输出的函数 f 中计算 $P(Y=1|x)$：

$$f(x) = \frac{1}{2}\ln\left[\frac{P(Y=1|x)}{P(Y=-1|x)}\right] = \frac{1}{2}\ln\left[\frac{P(Y=1|x)}{1-P(Y=1|x)}\right]$$

$$P(Y=1|x) = \frac{\mathrm{e}^{2f(x)}}{1+\mathrm{e}^{2f(x)}}.$$

第 10 章课件

练习 10.1：证明使 logistic loss 的期望

$$E_Y[\log_2(1+\mathrm{e}^{-Yf(x)})]$$

最小的 $f(x)$ 为

$$f(x) = \ln\frac{P(Y=1|x)}{P(Y=-1|x)}.$$

参考文献

FREUND Y, SCHAPIRE R, ABE N, 1999. A short introduction to boosting [J]. Journal - Japanese Society For Artificial Intelligence, 14 (771 - 780): 1612.

FRIEDMAN J, HASTIE T, TIBSHIRANI R, 2000. Additive logistic regression: a statistical view of boosting [J]. The Annals of Statistics, 28 (2): 337 - 407.

RÄTSCH G, ONODA T, MÜLLER K, 2001. Soft margins for adaboost [J]. Machine Learning, 42 (3): 287 - 320.

第 11 章 凸优化与支持向量机

对于没有限制条件的凸优化，如果目标函数可导，则使目标函数梯度为零的点是全局最小值点. 本章以支持向量机（support vector machine，SVM）为例，介绍带限制条件的凸优化问题的一般解法. SVM 是最好的监督学习（supervised learning）算法之一. 监督学习就是从一些事先标记过的训练数据中建立一个模型或学习一个函数，这个模型或函数可以对输入的特征做出预测（输出）.

11.1 Margin

本节将介绍 SVM 的一个重要概念“margin”，它代表一种预测的“信心”. 在 logistic 回归中，我们用 logistic 函数预测概率

$$P(Y=1|\boldsymbol{x},\boldsymbol{\theta})=\frac{1}{1+\exp(-\boldsymbol{\theta}^{\mathrm{T}}\boldsymbol{x})}.$$

决策时可以采用以下规则：如果 $P(Y=1|\boldsymbol{x},\boldsymbol{\theta})\geqslant 0.5$，预测 $Y=1$，反之 $Y=0$. 或者等价地，如果 $\boldsymbol{\theta}^{\mathrm{T}}\boldsymbol{x}\geqslant 0$，预测 $Y=1$，反之 $Y=0$. $\boldsymbol{\theta}^{\mathrm{T}}\boldsymbol{x}$ 的值越大，$P(Y=1|\boldsymbol{x},\boldsymbol{\theta})$ 越接近 1，我们对预测 $Y=1$ 越有信心；同理如果 $\boldsymbol{\theta}^{\mathrm{T}}\boldsymbol{x}$ 的值越小 $P(Y=1|\boldsymbol{x},\boldsymbol{\theta})\approx 0$，我们对预测 $Y=0$ 就越有信心. 图 11-1 展示了一个数据集，其中 × 代表标记为 1 的点，○代表标记为 0 的点. 图 11-1 中的实线是用这些数据训练得到的一条决策边界（decision boundary）：$\boldsymbol{\theta}^{\mathrm{T}}\boldsymbol{x}=0$. 图 11-1 中的 A，B，C 是要预测的点，其中 A 点远离决策边界且 $\boldsymbol{\theta}^{\mathrm{T}}\boldsymbol{x}_A>>0$，因此我们对预测 A 点值为 1 很有信心；相反，C 点很靠近边界，尽管依据决策规则（$\boldsymbol{\theta}^{\mathrm{T}}\boldsymbol{x}_C>0$）预测 C 点值为 1，但只要稍微变动一下决策边界，C 点的预测可能就变为 0. 因此我们对 C 的预测没有对 A 的预测那么有信心，对 B 预测的信心介于两者之间. 图 11-1 表明：当要预测的点越远离决策边界，我们对它的预测越有信心.

SVM 既可以预测分类，也可以预测连续值，以下我们先从一个最简单的线性 SVM 分类器入手引入 margin 的概念. 在训练集 $S=\{(\boldsymbol{x}_i,y_i):i=1,\cdots,n\}$ 中，每个点 i 由一个特征（feature）向

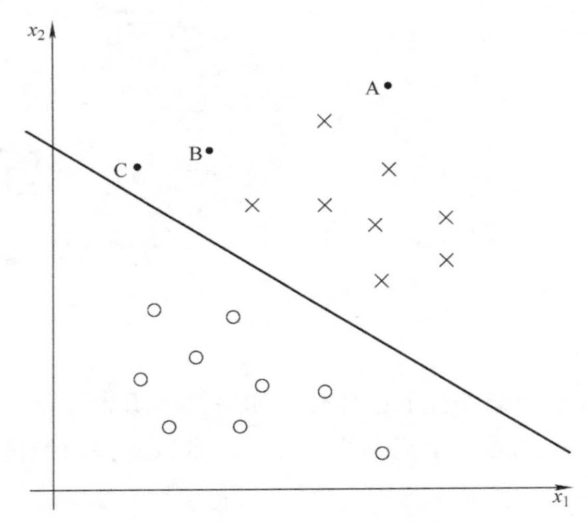

图 11-1　对 A，B，C 三点的预测信心.（图片来源：Andrew Ng）

量 $\boldsymbol{x}_i$ 和一个标签 y_i 组成，为了后续计算方便，令 $y_i \in \{-1,1\}$（注意不是 {0，1}）. 我们希望决策边界具有如下形式：

$$\boldsymbol{\omega}^{\mathrm{T}}\boldsymbol{x}+b=0. \tag{11-1}$$

由于 SVM 对截距项的计算与其他系数不同，所以在式（11-1）中将截距项 b 单独写出来. 有了决策边界，决策规则为：
如果 $\boldsymbol{\omega}^{\mathrm{T}}\boldsymbol{x}+b \geqslant 0$，预测 $y=1$；反之，预测 $y=-1$.

如果将点 i 的 **margin** γ_i 定义为

$$\gamma_i=y_i(\boldsymbol{\omega}^{\mathrm{T}}\boldsymbol{x}_i+b) \tag{11-2}$$

可以看到 $\gamma_i>0$ 表明对点 i 的预测是正确的，同时较大的 γ_i 代表对预测值较大的信心. 但是式（11-2）有一个问题：如果将 $\boldsymbol{\omega}$ 和 b 同时扩大 2 倍，决策边界不变，但是对预测的信心，即 margin γ_i 却扩大了 2 倍. 为了保证 margin 可识别，需要对（11-2）中的系数加一些规范化条件，比如令 $\|\boldsymbol{\omega}\|_2=1$ 或者令

$$\gamma_i=y_i\left(\frac{\boldsymbol{\omega}^{\mathrm{T}}\boldsymbol{x}_i+b}{\|\boldsymbol{\omega}\|_2}\right). \tag{11-3}$$

以下将 $\|\cdot\|_2$ 简记为 $\|\cdot\|$.

现在我们来考察一下定义（11-3）的**几何意义**. 在图 11-2 中，A 点的坐标为 $\boldsymbol{x}_i$，同时 $y_i=1$；A 点在决策边界 $\boldsymbol{\omega}^{\mathrm{T}}\boldsymbol{x}+b=0$ 上的投影为 B. 设 AB 的距离为 d_{AB}，则由 A 点出发，沿着单位向量 $-\boldsymbol{\omega}/\|\boldsymbol{\omega}\|$ 走 d_{AB} 个单位即到达 B 点，所以 B 的坐标为 $\boldsymbol{x}_i-d_{AB}\boldsymbol{\omega}/\|\boldsymbol{\omega}\|$. 注意到 B 点在决策边界上，因此满足

$$\boldsymbol{\omega}^{\mathrm{T}}\left(\boldsymbol{x}_i-d_{AB}\frac{\boldsymbol{\omega}}{\|\boldsymbol{\omega}\|}\right)+b=0.$$

解得

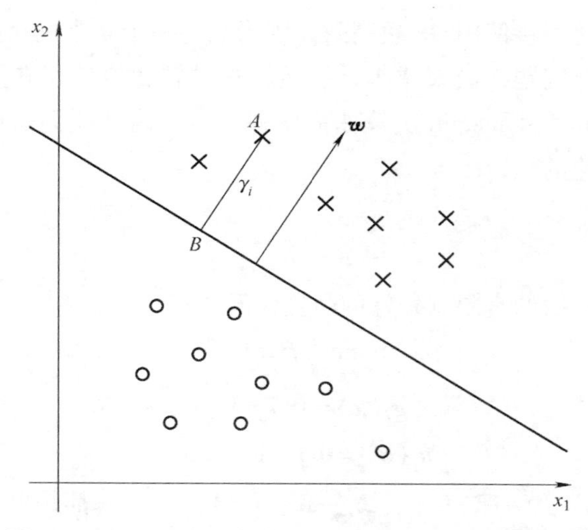

图 11-2　Margin 的几何意义.（图片来源：Andrew Ng）

$$d_{AB}=\frac{\boldsymbol{\omega}^{\mathrm{T}}\boldsymbol{x}_i+b}{\|\boldsymbol{\omega}\|}. \tag{11-4}$$

比较式（11-3）和式（11-4），我们证明了 $y_i=1$ 时，γ_i 等于点 i 到决策边界的距离. 类似可证该结论对 $y_i=-1$ 的点也成立.

假设训练集是线性可分的，即存在超平面 $\boldsymbol{\omega}^{\mathrm{T}}\boldsymbol{x}+b=0$ 将正负点区分开. 我们会在 11.4 节中讨论线性不可分的情形. SVM 希望训练集中的所有点都远离决策边界，令

$$\gamma=\min_i \gamma_i$$

SVM 的目标是寻找一条决策边界使 γ 最大：

$$\max_{\boldsymbol{\omega},b}\gamma \ \text{ s. t. } \ y_i(\boldsymbol{\omega}^{\mathrm{T}}\boldsymbol{x}_i+b)/\|\boldsymbol{\omega}\|\geqslant\gamma, i=1,\cdots,n$$

它等价于

$$\max_{\boldsymbol{\omega},b}\gamma \ \text{ s. t. } \ y_i(\boldsymbol{\omega}^{\mathrm{T}}\boldsymbol{x}_i+b)\geqslant\gamma\|\boldsymbol{\omega}\|, i=1,\cdots,n \tag{11-5}$$

在式（11-5）中令 $\|\boldsymbol{\omega}\|=1/\gamma$，则最大化 γ 等价于最小化 $\|\boldsymbol{\omega}\|$：

$$\max_{\boldsymbol{\omega},b}\|\boldsymbol{\omega}\| \ \text{ s. t. } \ y_i(\boldsymbol{\omega}^{\mathrm{T}}\boldsymbol{x}_i+b)\geqslant 1, i=1,\cdots,n \tag{11-6}$$

为了计算方便，将式（11-6）写为以下形式：

$$\min_{\boldsymbol{\omega},b}\frac{1}{2}\|\boldsymbol{\omega}\|^2 \ \text{ s. t. } \ -y_i(\boldsymbol{\omega}^{\mathrm{T}}\boldsymbol{x}_i+b)+1\leqslant 0, i=1,\cdots,n \tag{11-7}$$

此时我们将最大化最小 margin 的问题（11-5）转化为非常容易求解的优化问题（11-7）. 当优化问题的目标函数和限制条件都是线性函数时，有通用的 linear programming 算法求解；当目标函数是二次函数、限制条件是线性时，有通用的 quadratic programming（QP）算法. 因此式（11-7）可以用 QP 算法求解. 然而在很多实际问题中，特征 $\boldsymbol{x}_i\in\mathbb{R}^d$ 是一个高维向量，即 $d>>n$，此时如果将式（11-7）转化为它的拉格朗日对偶形式（Lagrange dual form）

求解，会比直接使用QP更高效，因为它将一个d维优化问题转化为n维优化问题，极大减小计算量．这种转化也使得在更高维的空间寻找非线性margin决策曲面变得高效．为此我们需要先了解一些凸优化的理论．

11.2 凸优化理论

考虑一般的有限制条件的凸优化问题：

$$\begin{aligned}&\min_{\boldsymbol{x}\in\mathbb{R}^d} f(\boldsymbol{x})\\ &\text{s. t. } g_i(\boldsymbol{x})\leqslant 0, i=1,\cdots,m\\ &\quad\ \ h_j(\boldsymbol{x})=0, j=1,\cdots,p.\end{aligned}\tag{11-8}$$

其中函数f：$\mathbb{R}^d\to\mathbb{R}$和$g_i$：$\mathbb{R}^d\to\mathbb{R}$，$i=1$，…，$m$都是可导的凸函数，函数$h_j$：$\mathbb{R}^d\to\mathbb{R}$，$j=1$，…，$p$都是仿射函数（affine functions）．

回顾凸函数和仿射函数的定义．如果函数g：$G\to\mathbb{R}$满足G是一个凸集且对于任意两点$\boldsymbol{x}_1$，$\boldsymbol{x}_2\in G$，$\forall\theta\in[0,1]$有下式成立：

$$g(\theta\boldsymbol{x}_1+(1-\theta)\boldsymbol{x}_2)\leqslant\theta g(\boldsymbol{x}_1)+(1-\theta)g(\boldsymbol{x}_2)$$

称g是一个**凸函数**．

仿射函数h：$\mathbb{R}^d\to\mathbb{R}$的形式为$h(\boldsymbol{x})=\boldsymbol{a}^{\mathrm{T}}\boldsymbol{x}+b$，其中$\boldsymbol{a}\in\mathbb{R}^d$，$b\in\mathbb{R}$．仿射函数既是凸函数又是凹函数．

带限制条件的优化问题（11-8）可以写为以下等价的无限制优化问题：

$$\min_{\boldsymbol{x}}\Theta_P(\boldsymbol{x})\triangleq f(\boldsymbol{x})+\infty\sum_{i=1}^{m}\mathbf{1}(g_i(\boldsymbol{x})>0)+\infty\sum_{j=1}^{p}\mathbf{1}(h_j(\boldsymbol{x})\neq 0)\tag{11-9}$$

称式（11-9）为**原始优化问题（primal optimization）**．但是式（11-9）很难求解，因为目标函数$\Theta_P(\boldsymbol{x})$不连续更不可导．考虑用某种可导函数替换惩罚函数$\infty\cdot\mathbf{1}(u>0)$，比如线性函数$\alpha u$．由于$\infty\cdot\mathbf{1}(u>0)$只惩罚$u>0$的部分，当$\alpha\geqslant 0$时，函数$\alpha u$是$\infty\cdot\mathbf{1}(u>0)$的一个下界函数，如图11-3所示．类似地，函数$\beta u$总是$\infty\cdot\mathbf{1}(u\neq 0)$的一个下界函数（$\beta$的取值没有限制）．

定义拉格朗日函数（Lagrangian）：

$$\mathcal{L}(\boldsymbol{x},\boldsymbol{\alpha},\boldsymbol{\beta})=f(\boldsymbol{x})+\sum_{i=1}^{m}\alpha_i g_i(\boldsymbol{x})+\sum_{j=1}^{p}\beta_j h_j(\boldsymbol{x}).\tag{11-10}$$

称式（11-10）中$\boldsymbol{\alpha}=(\alpha_1,\cdots,\alpha_m)$和$\boldsymbol{\beta}=(\beta_1,\cdots,\beta_p)$的元素为拉格朗日乘子（Lagrange multipliers）．可以证明

$$\Theta_P(\boldsymbol{x})=\max_{\boldsymbol{\alpha},\boldsymbol{\beta}}\mathcal{L}(\boldsymbol{x},\boldsymbol{\alpha},\boldsymbol{\beta})\ \text{s. t. }\alpha_i\geqslant 0,\forall i.\tag{11-11}$$

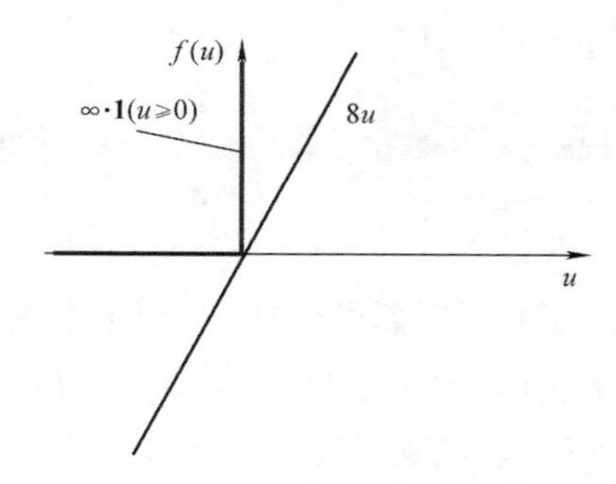

图 11-3　惩罚函数$\infty\cdot\mathbf{1}(u\geqslant 0)$和它的一个下界函数 $8u$.
（图片来源：Cynthia Rudin）

证明　对于任意 $\boldsymbol{x}$，

（1）如果某个限制条件成立：假设 $g_i(\boldsymbol{x})\leqslant 0$，为使 $\alpha_i g_i(\boldsymbol{x})$ 尽可能大，应该令 $\alpha_i=0$；如果 $h_j(\boldsymbol{x})=0$，则 β_j 取任何值都不会改变$\mathcal{L}$的值.

（2）如果某个限制条件不成立：假设 $g_i(\boldsymbol{x})>0$，为使 $\alpha_i g_i(\boldsymbol{x})$ 尽可能大（达到∞），应该令 $\alpha_i=\infty$；如果 $h_j(\boldsymbol{x})\neq 0$，为使 $\beta_j h_j(\boldsymbol{x})$ 尽可能大，应该令 $\beta_j=+\infty$ 或 $-\infty$.

因此通过调整 $\boldsymbol{\alpha}$ 和 $\boldsymbol{\beta}$ 中元素的值总可以使式（11-11）成立.

□

由式（11-11）可知 $\Theta_P(\boldsymbol{x})$是 $\boldsymbol{x}$ 的凸函数. 首先，$f(\boldsymbol{x})$是凸函数. 其次，每个 $g_i(\boldsymbol{x})$是凸函数，$\alpha_i\geqslant 0$，因此每个 $\alpha_i g_i(\boldsymbol{x})$是凸函数. 由于每个 $h_j(\boldsymbol{x})$是线性函数，不论 β_j 的符号正或负，$\beta_j h_j(\boldsymbol{x})$ 总是凸函数. 凸函数的和仍是凸函数，所以$\mathcal{L}$是 $\boldsymbol{x}$ 的凸函数. 最后，一列凸函数的上确界仍是凸函数. 所以 $\Theta_P(\boldsymbol{x})$是 $\boldsymbol{x}$ 的凸函数.

根据式（11-11），可以将原始优化问题（11-9）转化为以下目标函数可导的优化问题：

$$\min_{\boldsymbol{x}}\Theta_P(\boldsymbol{x})=\min_{\boldsymbol{x}}\left[\max_{\boldsymbol{\alpha},\boldsymbol{\beta},\alpha_i\geqslant 0,\forall i}\mathcal{L}(\boldsymbol{x},\boldsymbol{\alpha},\boldsymbol{\beta})\right].\qquad(11\text{-}12)$$

如果点 $\boldsymbol{x}$ 满足所有限制条件，即 $g_i(\boldsymbol{x})\leqslant 0$，$\forall i$ 且 $h_j(\boldsymbol{x})=0$，$\forall j$，称点 $\boldsymbol{x}$ 为**原始可行的（primal feasible）**. 假设 $\Theta_P(\boldsymbol{x})$在 $\boldsymbol{x}^*$ 处达到最小，最小值为 $p^*=\Theta_P(\boldsymbol{x}^*)$.

如果交换式（11-12）中 min 和 max 的顺序，就得到了另一个不同的优化问题，称为式（11-12）的对偶问题（dual problem）：

$$\max_{\boldsymbol{\alpha},\boldsymbol{\beta},\alpha_i\geqslant 0,\forall i}\left[\min_{\boldsymbol{x}}\mathcal{L}(\boldsymbol{x},\boldsymbol{\alpha},\boldsymbol{\beta})\right]=\max_{\boldsymbol{\alpha},\boldsymbol{\beta},\alpha_i\geqslant 0,\forall i}\Theta_D(\boldsymbol{\alpha},\boldsymbol{\beta})\quad(11\text{-}13)$$

此处定义对偶目标函数（dual objective）$\Theta_D(\boldsymbol{\alpha},\boldsymbol{\beta})=\min_{\boldsymbol{x}}\mathcal{L}(\boldsymbol{x},\boldsymbol{\alpha},\boldsymbol{\beta})$. 如果 $\alpha_i\geqslant 0$，$i=1,\cdots,m$，称点（$\boldsymbol{\alpha}$，$\boldsymbol{\beta}$）为**对偶可行的（dual feasible）**. 假设 $\Theta_D(\boldsymbol{\alpha},\boldsymbol{\beta})$ 在（$\boldsymbol{\alpha}^*$，$\boldsymbol{\beta}^*$）处达到最大，

最大值为 $d^* = \Theta_D(\boldsymbol{\alpha}^*, \boldsymbol{\beta}^*)$.

定理 11.1 对任意一对原始和对偶问题（11-12）和问题（11-13），总有 $d^* \leqslant p^*$.

证明 如果点（$\boldsymbol{\alpha}$，$\boldsymbol{\beta}$）是对偶可行的，则以下下界关系成立：

$$\alpha_i g_i(\boldsymbol{x}) \leqslant \infty \cdot \mathbf{1}(g_i(\boldsymbol{x})>0), \forall i$$

$$\beta_j h_j(\boldsymbol{x}) \leqslant \infty \cdot \mathbf{1}(h_j(\boldsymbol{x}) \neq 0), \forall j.$$

因此

$$\mathcal{L}(\boldsymbol{x},\boldsymbol{\alpha},\boldsymbol{\beta}) \leqslant \Theta_p(\boldsymbol{x}), \forall \boldsymbol{x}.$$

两边关于 $\boldsymbol{x}$ 取最小值，不等式依然成立

$$\underbrace{\min_{\boldsymbol{x}} \mathcal{L}(\boldsymbol{x},\boldsymbol{\alpha},\boldsymbol{\beta})}_{\Theta_D(\boldsymbol{\alpha},\boldsymbol{\beta})} \leqslant \underbrace{\min_{\boldsymbol{x}} \Theta_p(\boldsymbol{x})}_{p^*}. \tag{11-14}$$

式（11-14）对所有对偶可行的点（$\boldsymbol{\alpha}$，$\boldsymbol{\beta}$）都成立，因此

$$d^* = \max_{\boldsymbol{\alpha},\boldsymbol{\beta},\alpha_i \geqslant 0, \forall i} [\min_{\boldsymbol{x}} \mathcal{L}(\boldsymbol{x},\boldsymbol{\alpha},\boldsymbol{\beta})] \leqslant \min_{\boldsymbol{x}} \Theta_p(\boldsymbol{x}) = p^*. \qquad \square$$

如果原始和对偶问题满足 $d^* = p^*$，称这种情况为**强对偶性（strong duality）**. 很多条件可以保证强对偶性成立，最常用的是 **Slater 条件**：如果优化问题（11-8）的解 $\boldsymbol{x}^*$ 使所有不等式限制条件都严格成立，即 $g_i(\boldsymbol{x}^*)<0, i=1, \cdots, m$，称原始/对偶问题对（primal/dual problem pair）满足 Slater 条件.

11.2.1 KKT 条件

对于带限制的优化问题（11-8），找到满足 KKT 条件的解等价于找到全局最小值点（global minimum）.

之前我们用 $\boldsymbol{x}^*$ 表示原始优化问题（11-12）的最优解，用（$\boldsymbol{\alpha}^*$，$\boldsymbol{\beta}^*$）表示对偶优化问题（dual optimization）（11-13）的最优解. 当强对偶性成立时，可得到以下结论.

引理 11.1 互补松弛性（complementary slackness）. 如果强对偶性成立，那么 $\alpha_i^* g_i(\boldsymbol{x}^*) = 0, i=1,\cdots,m$.

证明 由定义出发可得

$$d^* = \Theta_D(\boldsymbol{\alpha}^*,\boldsymbol{\beta}^*) = \min_{\boldsymbol{x}} \mathcal{L}(\boldsymbol{x},\boldsymbol{\alpha}^*,\boldsymbol{\beta}^*)$$

$$\leqslant \mathcal{L}(\boldsymbol{x}^*,\boldsymbol{\alpha}^*,\boldsymbol{\beta}^*) \tag{11-15}$$

$$\leqslant \max_{\boldsymbol{\alpha},\boldsymbol{\beta},\alpha_i \geqslant 0, \forall i} \mathcal{L}(\boldsymbol{x}^*,\boldsymbol{\alpha},\boldsymbol{\beta}) = \Theta_p(\boldsymbol{x}^*) \tag{11-16}$$

$$= f(\boldsymbol{x}^*) = p^* \tag{11-17}$$

其中不等式（11-15）是因为 $\min_x$ 小于任意 $\boldsymbol{x}$ 处的值，当然包括 $\boldsymbol{x}^*$；同理可得不等式（11-16）；等式（11-17）成立是因为原始优化问题（11-12）的最优解一定是原始可行的，即满足所有限制条件.

当强对偶性成立时，$d^*=p^*$，因此上式中的所有不等式都可以写为等式. 此时有

$$\mathcal{L}(\boldsymbol{x}^*,\boldsymbol{\alpha}^*,\boldsymbol{\beta}^*)=f(\boldsymbol{x}^*)+\sum_{i=1}^{m}\alpha_i^*g_i(\boldsymbol{x}^*)+\sum_{j=1}^{p}\beta_j^*h_j(\boldsymbol{x}^*)=f(\boldsymbol{x}^*) \tag{11-18}$$

所以

$$\sum_{i=1}^{m}\alpha_i^*g_i(\boldsymbol{x}^*)+\sum_{j=1}^{p}\beta_j^*h_j(\boldsymbol{x}^*)=0.$$

由于 $\boldsymbol{x}^*$ 是原始可行的，因此 $h_j(\boldsymbol{x}^*)=0, j=1,\cdots,p$. 所以

$$\sum_{i=1}^{m}\alpha_i^*g_i(\boldsymbol{x}^*)=0. \tag{11-19}$$

注意到

(i) 因为 $(\boldsymbol{\alpha}^*, \boldsymbol{\beta}^*)$ 是对偶可行的，所以 $\alpha_i^*\geqslant 0$，$i=1,\cdots,m$;

(ii) 因为 $\boldsymbol{x}^*$ 是原始可行的，所以 $g_i(\boldsymbol{x}^*)\leqslant 0$，$i=1,\cdots,m$.

由 (i)、(ii) 可得 $\alpha_i^*g_i(\boldsymbol{x}^*)\leqslant 0$, $i=1,\cdots,m$，再由式（11-19）得

$$\alpha_i^*g_i(\boldsymbol{x}^*)=0, i=1,\cdots,m.$$

□

补充说明

1. 由引理 11.1 可得，当强对偶性成立时，在原始/对偶问题的最优解 $(\boldsymbol{x}^*, \boldsymbol{\alpha}^*, \boldsymbol{\beta}^*)$ 处有以下结论成立：

(1) 如果某个 $\alpha_i^*>0$，则对应的 $g_i(\boldsymbol{x}^*)=0$，此时称该限制条件 g_i 为 active constraint 或 binding constraint.

(2) 如果某个 $g_i(\boldsymbol{x}^*)<0$，则对应的 $\alpha_i^*=0$.

2. 当强对偶性成立时，根据引理 11.1 的证明，$\boldsymbol{x}^*$ 是凸函数 $\mathcal{L}(\boldsymbol{x},\boldsymbol{\alpha}^*,\boldsymbol{\beta}^*)$ 的最小值点，因此满足梯度为零：

$$\nabla_x\mathcal{L}(\boldsymbol{x}^*,\boldsymbol{\alpha}^*,\boldsymbol{\beta}^*)=\nabla_x f(\boldsymbol{x}^*)+\sum_{i=1}^{m}\alpha_i^*\nabla_x g_i(\boldsymbol{x}^*)+\sum_{j=1}^{p}\beta_j^*\nabla_x h_j(\boldsymbol{x}^*)=\mathbf{0}. \tag{11-20}$$

一般称等式（11-20）为**拉格朗日不动性（Lagrangian stationarity）**. 式（11-20）表明在最优解 $\boldsymbol{x}^*$ 处，目标函数 f 的梯

度和限制函数的梯度方向相反，模长相等，如图 11-4 所示. 图 11-4中的曲线代表f的等高线（contours)，直线代表等式限制条件. $\boldsymbol{x}^*$是原始优化问题（11-12）的最优解，从点$\boldsymbol{x}^*$出发再沿直线移动$\boldsymbol{x}$也不会得到更小的$f(\boldsymbol{x})$的值，因此图 11-4 中的直线一定与f的等高线相切，此时由式（11-20）可得目标函数f的梯度和限制函数的梯度方向相反、模长相等.

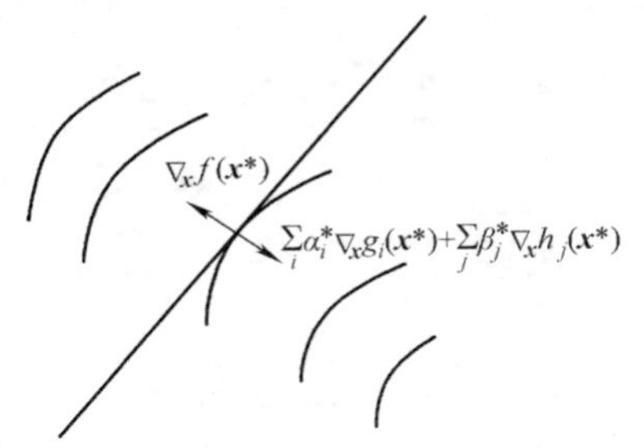

图 11-4　最优解$\boldsymbol{x}^*$处目标函数的梯度与限制函数的梯度关系.
（图片来源：Cynthia Rudin）

现在可以给出原始对偶优化对（primal dual optimization pair）的全局最优解满足的条件了，这些条件被称为 Karush - Kuhn - Tucker（KKT）条件.

定理 11.2　（KKT 条件）. 如果点$\boldsymbol{x}^* \in \mathbb{R}^d$，$\boldsymbol{\alpha}^* \in \mathbb{R}^m$，$\boldsymbol{\beta}^* \in \mathbb{R}^p$满足以下条件：

1. （原始可行性）$g_i(\boldsymbol{x}^*) \leqslant 0, i=1,\cdots,m$ 且 $h_j(\boldsymbol{x}^*)=0, j=1,\cdots,p$.

2. （对偶可行性）$\alpha_i^* \geqslant 0$，$i=1$，$\cdots$，m.

3. （互补松弛性）$\alpha_i^* g_i(\boldsymbol{x}^*)=0, i=1,\cdots,m$.

4. （拉格朗日不动性）$\nabla_{\boldsymbol{x}}\mathcal{L}(\boldsymbol{x}^*, \boldsymbol{\alpha}^*, \boldsymbol{\beta}^*)=\mathbf{0}$.

则$\boldsymbol{x}^*$是原始问题最优解（primal optimal)，$(\boldsymbol{\alpha}^*, \boldsymbol{\beta}^*)$是对偶问题最优解（dual optimal). 如果强对偶性成立，则任何原始问题最优解$\boldsymbol{x}^*$及任何对偶问题最优解$(\boldsymbol{\alpha}^*, \boldsymbol{\beta}^*)$必须满足以上条件.

补充说明

1. 如果强对偶性不成立，KKT 条件是找到优化问题（11-8）全局最优解的充分条件；

2. 如果强对偶性成立，KKT 条件是找到式（11-8）全局最优解的充要条件.

历史上，KKT 条件最初是 Karush 在硕士论文（1939）中提出的，但没有引起任何注意，直到 1950 年两位数学家 Kuhn 和 Tucker重新发现才获得关注.

11.3　SVM：最大化最小 margin

回到线性 SVM 分类模型，我们要找的最佳决策边界是以下带有限制的凸优化问题的解：

$$\min_{\boldsymbol{\omega},b} \frac{1}{2}\|\boldsymbol{\omega}\|^2$$

$$\text{s.t. } -y_i(\boldsymbol{\omega}^{\mathrm{T}}\boldsymbol{x}_i+b)+1\leqslant 0, i=1,\cdots,n. \tag{11-21}$$

下面列出式（11-21）的最优解需要满足的 KKT 条件. 先从拉格朗日不动性开始，式（11-21）的拉格朗日函数为

$$\begin{aligned}\mathcal{L}([\boldsymbol{\omega},b],\boldsymbol{\alpha}) &= \frac{1}{2}\sum_{j=1}^{d}\omega_j^2+\sum_{i=1}^{n}\alpha_i[-y_i(\boldsymbol{\omega}^{\mathrm{T}}\boldsymbol{x}_i+b)+1]\\ &= \frac{1}{2}\boldsymbol{\omega}^{\mathrm{T}}\boldsymbol{\omega}-\boldsymbol{\omega}^{\mathrm{T}}\left(\sum_{i=1}^{n}\alpha_i y_i\boldsymbol{x}_i\right)-b\left(\sum_{i=1}^{n}\alpha_i y_i\right)+\sum_{i=1}^{n}\alpha_i\end{aligned} \tag{11-22}$$

计算$\mathcal{L}$关于 $\boldsymbol{\omega}$ 和 b 的梯度并令其等于零：

$$\nabla_{\boldsymbol{\omega}}\mathcal{L}=\boldsymbol{\omega}-\sum_{i=1}^{n}\alpha_i y_i\boldsymbol{x}_i=\boldsymbol{0} \quad\Rightarrow\quad \boldsymbol{\omega}^*=\sum_{i=1}^{n}\alpha_i^* y_i\boldsymbol{x}_i \tag{11-23}$$

$$\nabla_b\mathcal{L}=-\sum_{i=1}^{n}\alpha_i y_i=0 \quad\Rightarrow\sum_{i=1}^{n}\alpha_i^* y_i=0. \tag{11-24}$$

列出剩下的 KKT 条件：

$$\alpha_i^*\geqslant 0, \forall i \quad（对偶可行性） \tag{11-25}$$

$$-y_i(\boldsymbol{\omega}^{*\mathrm{T}}\boldsymbol{x}_i+b^*)+1\leqslant 0, \forall i \quad（原始可行性） \tag{11-26}$$

$$\alpha_i^*[-y_i(\boldsymbol{\omega}^{*\mathrm{T}}\boldsymbol{x}_i+b^*)+1]=0, \forall i \quad（互补松弛性） \tag{11-27}$$

将式（11-23）和式（11-24）代入式（11-22），得到对偶目标函数在 $\boldsymbol{\alpha}^*$ 处的值：

$$\begin{aligned}\mathcal{L}([\boldsymbol{\omega}^*,b^*],\boldsymbol{\alpha}^*) &= -\frac{1}{2}\boldsymbol{\omega}^{*\mathrm{T}}\boldsymbol{\omega}^*+\sum_{i=1}^{n}\alpha_i^*\\ &= -\frac{1}{2}\left(\sum_{i=1}^{n}\alpha_i^* y_i\boldsymbol{x}_i\right)^{\mathrm{T}}\left(\sum_{i=1}^{n}\alpha_i^* y_i\boldsymbol{x}_i\right)+\sum_{i=1}^{n}\alpha_i^*\\ &= -\frac{1}{2}\sum_{i=1}^{n}\sum_{k=1}^{n}\alpha_i^*\alpha_k^* y_i y_k\boldsymbol{x}_i^{\mathrm{T}}\boldsymbol{x}_k+\sum_{i=1}^{n}\alpha_i^*\\ &= \Theta_D(\boldsymbol{\alpha}^*)\end{aligned}$$

考虑到 $\boldsymbol{\alpha}^*$ 还需满足条件（11-24）和式（11-25），$\boldsymbol{\alpha}^*$ 是以下对偶优化问题的解：

$$\max_{\boldsymbol{\alpha}}\ \Theta_D(\boldsymbol{\alpha})=\sum_{i=1}^{n}\alpha_i-\frac{1}{2}\sum_{i=1}^{n}\sum_{k=1}^{n}\alpha_i\alpha_k y_i y_k\boldsymbol{x}_i^{\mathrm{T}}\boldsymbol{x}_k$$

$$\text{s. t. } \alpha_i \geqslant 0, i = 1, \cdots, n$$

$$\sum_{i=1}^{n} \alpha_i y_i = 0. \tag{11-28}$$

当特征 $\boldsymbol{x}_i$ 的维数 $d >> n$ 时，与优化问题（11-21）相比，式（11-28）仅对应一个 n 维凸优化，更容易求解．此时可以使用 quadratic programming 计算式（11-28），或者使用专门为 SVM 设计的 SMO 算法，该算法会在 11.4.1 节中详细介绍．

假设已经解出 $\boldsymbol{\alpha}^*$，则由式（11-23）可以得到原始问题最优解：

$$\boldsymbol{\omega}^* = \sum_{i=1}^{n} \alpha_i^* y_i \boldsymbol{x}_i.$$

但是仍然不知道 b^* 的取值．注意到还有一些 KKT 条件（11-26）和条件（11-27）没有用到，这引出了 SVM 的一个重要概念．

11.3.1 支持向量

由互补松弛性条件（11-27）可得：

$$\alpha_i^* [-y_i(\boldsymbol{\omega}^{*\mathrm{T}} \boldsymbol{x}_i + b^*) + 1] = 0, \forall i$$

$$\forall i \Rightarrow \begin{cases} \alpha_i^* > 0 \Rightarrow \quad y_i(\boldsymbol{\omega}^{*\mathrm{T}} \boldsymbol{x}_i + b^*) = 1 \\ -y_i(\boldsymbol{\omega}^{*\mathrm{T}} \boldsymbol{x}_i + b^*) + 1 < 0 \quad \Rightarrow \quad \alpha_i^* = 0. \end{cases}$$

我们重点关注第一类情况，即 $\alpha_i^* > 0$ 对应的训练集中的点（$\boldsymbol{x}_i$，y_i）．可以看到该点对应的 scaled margin $y_i(\boldsymbol{\omega}^{*\mathrm{T}} \boldsymbol{x}_i + b^*) = 1$，此时不等式限制条件在点（$\boldsymbol{x}_i$，$y_i$）处以等式成立（active constraint）．训练集中这样的点（$\boldsymbol{x}_i$，y_i）被称为**支持向量**（support vectors），它们是最靠近决策边界的点，如图 11-5 所示．支持向量到决策边界的距离（minimum margin）为 $\gamma = 1/\|\boldsymbol{\omega}^*\|$．

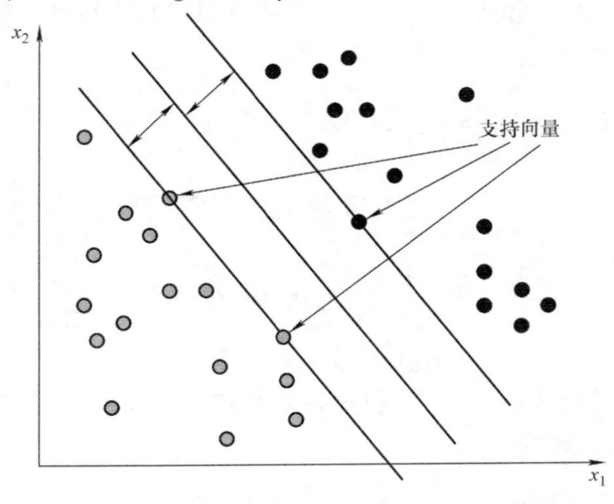

图 11-5　训练集中的支持向量，中间的实线是决策边界．

（图片来源：Cynthia Rudin）

因此我们先从解出的 $\boldsymbol{\alpha}^*$ 中找到 $\alpha_i^* > 0$ 对应的支持向量，再从任一支持向量（$\boldsymbol{x}_i$，y_i）处利用等式

$$y_i(\boldsymbol{\omega}^{*\mathrm{T}}\boldsymbol{x}_i + b^*) = 1 \tag{11-29}$$

计算出 b^*.

由于训练集中的支持向量通常比较少，所以 $\boldsymbol{\omega}^* = \sum_{i=1}^{n} \alpha_i^* y_i \boldsymbol{x}_i$ 的计算非常快.

11.4 线性不可分情形

在实际问题中经常遇到的情况是：不存在线性决策边界或超平面将训练集中的正负点区分开，如图 11-6 所示. 因此需要对 SVM 模型（11-21）进行一些修改以适用线性不可分的情况(nonseparable case). 修改后的模型将允许一些分类错误，但需要为错误付出一定代价.

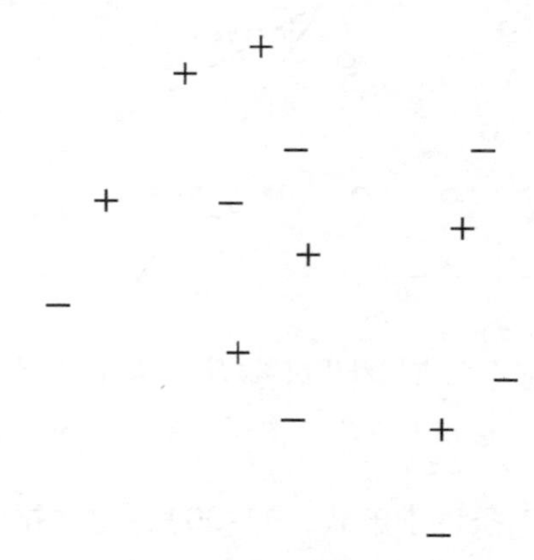

图 11-6　一个线性不可分的数据集

修改后的 SVM 求解的优化问题变为：

$$\begin{aligned} &\min_{\boldsymbol{\omega},b,\boldsymbol{\xi}} \frac{1}{2}\|\boldsymbol{\omega}\|^2 + C\sum_{i=1}^{n}\xi_i \\ &\text{s. t. } y_i(\boldsymbol{\omega}^{\mathrm{T}}\boldsymbol{x}_i + b) \geqslant 1 - \xi_i \\ &\quad\ \ \xi_i \geqslant 0, i = 1,\cdots,n. \end{aligned} \tag{11-30}$$

可以看到（11-30）在限制条件中加入了一些“松弛”（slack）ξ_i：如果观察点 i 满足 $y_i(\boldsymbol{\omega}^{\mathrm{T}}\boldsymbol{x}_i + b) \geqslant 1$，令 $\xi_i = 0$ 可以避免惩罚；如果观察点 i 出现 $y_i(\boldsymbol{\omega}^{\mathrm{T}}\boldsymbol{x}_i + b) = 1 - \xi_i$ 且 $\xi_i > 0$，则需要付出代价 $C\xi_i$.

参数 C 代表对实现以下两个目标的权衡（trade - off）：

(i) 保证训练集中大部分观察点被正确分类；

(ii) 使支持向量的 margin $\gamma = 1/\|\boldsymbol{\omega}\|$ 尽可能大.

在训练集线性可分（separable）的情况下（正负点可以被超平面区分），在式（11-30）中使用较大的 C 得到的决策边界与无松弛的优化问题（11-21）得到的决策边界很接近，如图 11-7 中实线所示，此时所有点都被正确分类，但支持向量的 margins 很小. 使用较小的 C 可以减小决策边界对异常点（outliers）的敏感性：通过付出一些分类错误的代价保证大多数点的 margins 较大，如图 11-7中虚线所示.

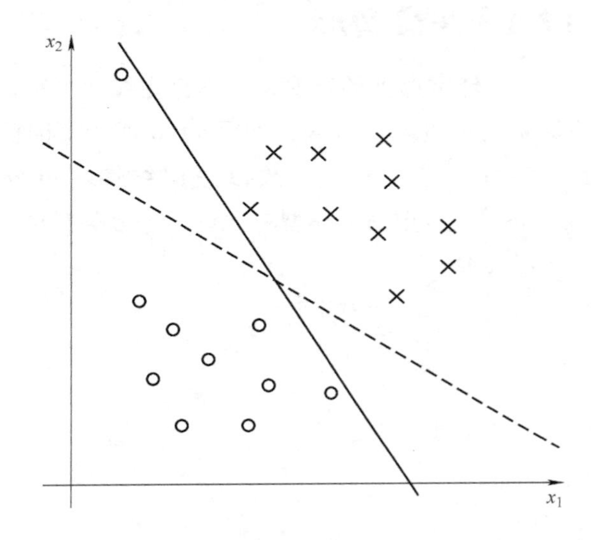

图 11-7　不同的 C 对应的最优决策边界，其中实线对应较大的 C，虚线对应较小的 C.（图片来源：Andrew Ng）

下面通过 KKT 条件求解式（11-30），建立拉格朗日函数：

$$\mathcal{L}([\boldsymbol{\omega},b,\boldsymbol{\xi}],\boldsymbol{\alpha},\boldsymbol{r}) = \frac{1}{2}\boldsymbol{\omega}^{\mathrm{T}}\boldsymbol{\omega} + C\sum_{i=1}^{n}\xi_i + \sum_{i=1}^{n}\alpha_i[-y_i(\boldsymbol{\omega}^{\mathrm{T}}\boldsymbol{x}_i + b) + 1 - \xi_i] + \sum_{i=1}^{n}r_i(-\xi_i) \tag{11-31}$$

其中 α_1，…，α_n 和 r_1，…，r_n 是拉格朗日乘子. 令$\mathcal{L}$关于 ξ_i 的一阶偏导数等于 0 得

$$\frac{\partial\mathcal{L}}{\partial\xi_i} = C - \alpha_i - r_i = 0 \quad \Rightarrow \quad \alpha_i^* = C - r_i^*. \tag{11-32}$$

由于 $r_i^* \geqslant 0$，$\alpha_i^* \geqslant 0$，所以 $0 \leqslant \alpha_i^* \leqslant C$，$i=1$，…，$n$.

此时$\mathcal{L}$关于 $\boldsymbol{\omega}$ 和 b 的梯度与式（11-23）和式（11-24）相同，令其梯度等于零再代入拉格朗日函数（11-31），经过整理可得 $\boldsymbol{\alpha}^*$ 是以下对偶问题的解：

$$\max_{\boldsymbol{\alpha}} \sum_{i=1}^{n}\alpha_i - \frac{1}{2}\sum_{i=1}^{n}\sum_{k=1}^{n}\alpha_i\alpha_k y_i y_k \boldsymbol{x}_i^{\mathrm{T}}\boldsymbol{x}_k$$

$$\text{s.t.}\ 0 \leqslant \alpha_i \leqslant C, i = 1, \cdots, n$$

$$\sum_{i=1}^{n} \alpha_i y_i = 0. \tag{11-33}$$

式（11-33）与式（11-28）的唯一区别就是 α_i 的范围从 $\alpha_i \geqslant 0$ 变为 $0 \leqslant \alpha_i \leqslant C$.

此时截距项 b^* 的计算与之前的方法（11-29）不同. 由 KKT 的互补松弛性条件可得

$$0 < \alpha_i^* < C \Rightarrow \begin{cases} -y_i(\boldsymbol{\omega}^{\mathrm{T}} \boldsymbol{x}_i + b^*) + 1 - \xi_i^* = 0 \\ r_i^* > 0 \Rightarrow \xi_i^* = 0 \end{cases}$$

$$\Rightarrow y_i(\boldsymbol{\omega}^{*\mathrm{T}} \boldsymbol{x}_i + b^*) = 1$$

所以计算 b^* 只需找到 $0 < \alpha_i^* < C$ 对应的观察点 $(\boldsymbol{x}_i, y_i)$，然后利用等式 $y_i(\boldsymbol{\omega}^{*\mathrm{T}} \boldsymbol{x}_i + b^*) = 1$ 解出 b^*.

下面介绍求解式（11-33）的一个非常高效的算法—sequential minimal optimization（SMO）算法.

11.4.1　SMO 算法

SMO 算法本质上是一种坐标下降算法. 假设有一组 α_1，…，α_n 满足式（11-33）中所有限制条件，如果固定 α_2，…，α_n，通过调整 α_1 能使式（11-33）中的目标函数值上升吗？答案是不能，由式（11-33）的限制条件 $\sum_{i=1}^{n} \alpha_i y_i = 0$ 可得

$$\alpha_1 y_1 = -\sum_{i=2}^{n} \alpha_i y_i$$

$$\alpha_1 = -y_1 \sum_{i=2}^{n} \alpha_i y_i \quad (y_1 \in \{-1, 1\} \Rightarrow y_1 = 1/y_1)$$

即当 α_2，…，α_n 固定时，α_1 也被固定了. 因此考虑同时更新 $\boldsymbol{\alpha}$ 中的 2 个元素，Platt（1998）给出了一种启发式算法（heuristics）从 $\boldsymbol{\alpha}$ 中挑选要更新的一对 α_i 和 α_j. 假设固定 α_3，…，α_n，那么如何调整 α_1，α_2 使式（11-33）中的目标函数值上升？

首先由限制条件 $\sum_{i=1}^{n} \alpha_i y_i = 0$ 可得

$$\alpha_1 y_1 + \alpha_2 y_2 = -\sum_{i=3}^{n} \alpha_i y_i \triangleq \zeta. \tag{11-34}$$

又因为 $\alpha_1, \alpha_2 \in [0, C]$，所以（$\alpha_1$，$\alpha_2$）只能位于正方形 $[0, C] \times [0, C]$ 内的一条线段上，如图 11-8 所示. 从图 11-8 可以看到 α_2 的取值范围进一步缩小为 $[L, H]$. 在式（11-34）中用 α_2 表示 α_1 得

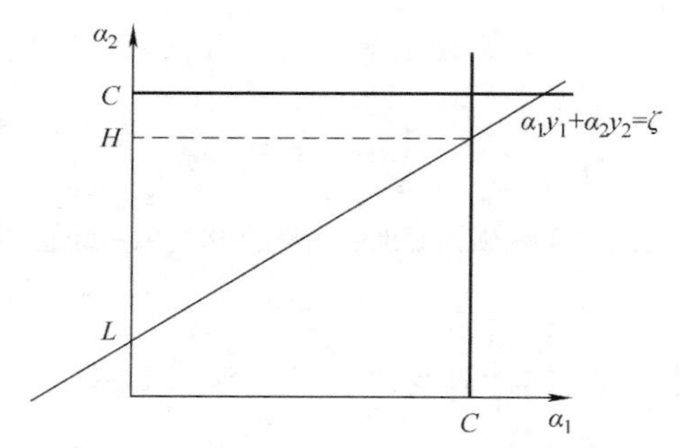

图 11-8　SMO 算法中固定 α_3，…，α_n 时（α_1，α_2）的取值范围.
（图片来源：Cynthia Rudin）

$$\alpha_1 = y_1(\zeta - \alpha_2 y_2). \tag{11-35}$$

将式（11-35）代入式（11-33）中的目标函数，此时的目标函数是 α_2 的二次函数（α_3，…，α_n 固定），很容易找到 α_2 在区间［L，H］上的最优解，图 11-9 展示了一种情况.

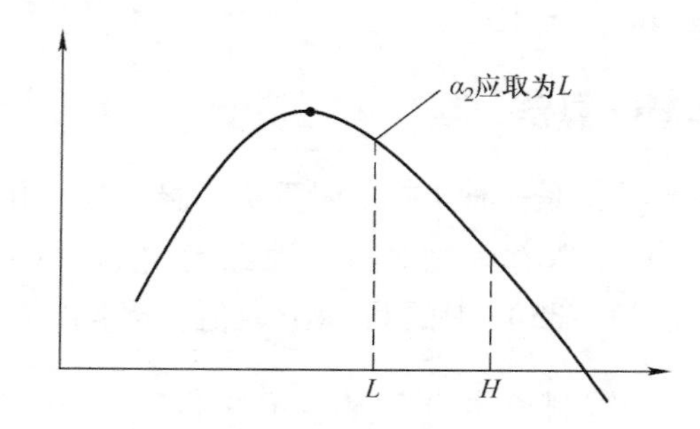

图 11-9　固定 α_3，…，α_n，对式（11-33）中的目标函数关于 α_2 做优化.
（图片来源：Cynthia Rudin）

11.5 核函数

最后介绍一种应用非常广泛的方法——核函数技巧（kernel trick），它可以使 SVM 产生非常灵活的非线性决策边界或超曲面，如图 11-10 所示. SVM 与核函数（kernels）的结合成为最强大的机器学习算法之一.

当在 $\boldsymbol{x}$ 的特征空间（feature space）上无法用线性决策边界将正负观察点区分时，一个解决办法是：将 $\boldsymbol{x}$ 所在的特征空间升维到一个 $\boldsymbol{\phi}(\boldsymbol{x})$所在的高维特征空间，使得在这个高维空间可以用线性超平面将正负点区分开，该超平面在原特征空间的投影就是一条可区分正负点的曲线边界，如图 11-11 所示.

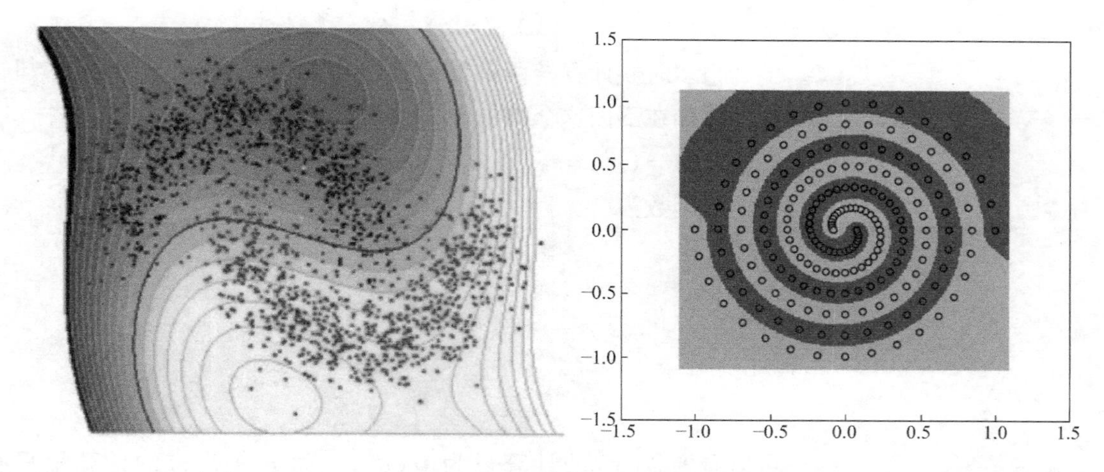

图 11-10　SVM 与核函数结合可以产生非常灵活的决策边界.（图片来源：Cynthia Rudin）（见彩插）

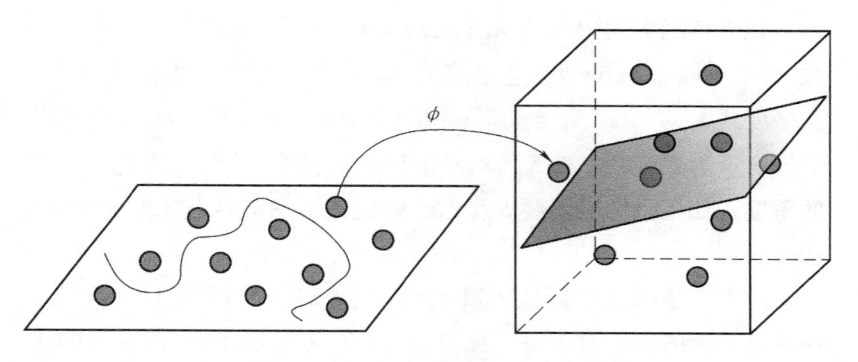

图 11-11　SVM 产生非线性决策边界的原理.（图片来源：Cynthia Rudin）

假设数据的特征空间是一维的，即 $x \in \mathbb{R}$，我们想新增一些特征，比如加入 x^2，x^3，此时用

$$\phi(x) = \begin{pmatrix} x \\ x^2 \\ x^3 \end{pmatrix}$$

代表新的多维特征，然后用线性 SVM 分类器在 $\phi(x)$ 所在的特征空间估计一个决策超平面. 在 SVM 的优化问题中，我们需要计算如下对偶问题：

$$\begin{aligned} \max_{\boldsymbol{\alpha}} \sum_{i=1}^{n} \alpha_i - \frac{1}{2} \sum_{i=1}^{n} \sum_{k=1}^{n} \alpha_i \alpha_k y_i y_k \boldsymbol{x}_i^{\mathrm{T}} \boldsymbol{x}_k \\ \text{s. t. } 0 \leqslant \alpha_i \leqslant C, i = 1, \cdots, n \\ \sum_{i=1}^{n} \alpha_i y_i = 0. \end{aligned} \tag{11-36}$$

注意到式（11-36）只用到了特征的内积 $\boldsymbol{x}_i^{\mathrm{T}} \boldsymbol{x}_k$，因此只需将式（11-36）中的 $\boldsymbol{x}_i^{\mathrm{T}} \boldsymbol{x}_k$ 替换为 $\phi(\boldsymbol{x}_i)^{\mathrm{T}} \phi(\boldsymbol{x}_k)$，就得到了 $\phi(\boldsymbol{x})$ 空间的对偶问题. 对每一个映射 ϕ，定义它对应的**核函数**为：

$$K_{\phi}(\boldsymbol{x},z)=\boldsymbol{\phi}(\boldsymbol{x})^{\mathrm{T}}\boldsymbol{\phi}(z).$$

很多时候计算核函数的成本很小，但计算 $\boldsymbol{\phi}(\boldsymbol{x})$ 的成本却很高. 比如在下面这个例子中，$\boldsymbol{x}\in\mathbb{R}^{d}$，令

$$\boldsymbol{\phi}(\boldsymbol{x})=(x_1^2,x_1x_2,\cdots,x_1x_d,x_2x_1,\cdots,x_2x_d,\cdots,x_dx_1,\cdots,x_d^2)^{\mathrm{T}}.$$

它的核函数为

$$\begin{aligned}K_{\phi}(\boldsymbol{x},z) &= \sum_{i=1}^{d}\sum_{j=1}^{d}(x_ix_j)(z_iz_j)\\ &= (\sum_{i=1}^{d}x_iz_i)(\sum_{j=1}^{d}x_jz_j)\\ &= (\boldsymbol{x}^{\mathrm{T}}\boldsymbol{z})^2.\end{aligned}$$

可以看到 $\boldsymbol{\phi}(\boldsymbol{x})$ 的计算量为 $O(d^2)$，而 $K_{\phi}(\boldsymbol{x},z)$ 的计算量只有 $O(d)$.

如果核函数的形式为 $K_{\phi}(\boldsymbol{x},z)=(\boldsymbol{x}^{\mathrm{T}}\boldsymbol{z})^{r}$，称其为多项式核函数（polynomial kernel），它对应的 $\boldsymbol{\phi}(\boldsymbol{x})$ 中的每个元素都是一个 r 次多项式 $x_{i_1}x_{i_2}\cdots x_{i_r},i_k\in\{1,\cdots,d\}$ $(\boldsymbol{x}\in\mathbb{R}^{d},r<d)$. 此时 $\boldsymbol{\phi}(\boldsymbol{x})$ 的计算量为 $O(d^r)$，而 $K_{\phi}(\boldsymbol{x},z)$ 的计算量仍为 $O(d)$. 因此从计算的角度，如果我们只需要 $K_{\phi}(\boldsymbol{x},z)$ 的值，不一定要先计算出 $\boldsymbol{\phi}(\boldsymbol{x})$ 和 $\boldsymbol{\phi}(z)$.

对上述多项式核函数 $K_{\phi}(\boldsymbol{x},z)=(\boldsymbol{x}^{\mathrm{T}}\boldsymbol{z})^{r}$，如果不计算 $\boldsymbol{\phi}(\cdot)$ 在任意一点的值，对于一个测试点 z，如何用 $\boldsymbol{\phi}(z)$ 所在空间的决策超平面预测其正负？

假设 SVM 在 $\boldsymbol{x}$ 的特征空间的最优线性决策边界为

$$\boldsymbol{\omega}^{*\mathrm{T}}\boldsymbol{x}+b^{*}=0.$$

如果测试点 z 满足 $\boldsymbol{\omega}^{*\mathrm{T}}z+b^{*}\geqslant 0$，预测 z 点的 y 值为正，反之为负. 由拉格朗日不动性式（11-23）可得 $\boldsymbol{\omega}^{*}=\sum_{i=1}^{n}\alpha_i^{*}y_i\boldsymbol{x}_i$，则最优决策边界可写为：

$$\sum_{i=1}^{n}\alpha_i^{*}y_i\boldsymbol{x}_i^{\mathrm{T}}\boldsymbol{x}+\boldsymbol{b}^{*}=0. \tag{11-37}$$

注意到式（11-37）只用到点的内积 $\boldsymbol{x}_i^{\mathrm{T}}\boldsymbol{x}$，$i=1$，…，$n$. 因此在 $\boldsymbol{\phi}(\boldsymbol{x})$ 的空间中，最优决策超平面应具有以下形式：

$$\sum_{i=1}^{n}\alpha_i^{*}y_i\boldsymbol{\phi}(\boldsymbol{x}_i)^{\mathrm{T}}\boldsymbol{\phi}(\boldsymbol{x})+b^{*}=0.$$

使用核函数表示：

$$\sum_{i=1}^{n}\alpha_i^{*}y_iK_{\phi}(\boldsymbol{x}_i,\boldsymbol{x})+b^{*}=0. \tag{11-38}$$

其中 b^{*} 可以从某个 $0<\alpha_j^{*}<C$ 对应的观察点 $(\boldsymbol{\phi}(\boldsymbol{x}_j),y_j)$ 处计算

得到：

$$b^* = y_j - \boldsymbol{\omega}^{*\mathrm{T}}\boldsymbol{\phi}(\boldsymbol{x}_j) = y_j - \sum_{i=1}^{n}\alpha_i^* y_i \boldsymbol{\phi}(\boldsymbol{x}_i)^{\mathrm{T}}\boldsymbol{\phi}(\boldsymbol{x}_j)$$

$$= y_j - \sum_{i=1}^{n}\alpha_i^* y_i K_{\phi}(\boldsymbol{x}_i, \boldsymbol{x}_j).$$

式（11-38）在 $\boldsymbol{x}$ 所在的空间一般对应一条曲线或曲面．如果在式（11-38）中使用多项式核函数，在 $\boldsymbol{x}$ 的空间就得到了一条多项式决策边界．对于测试点 z，如果 $\sum_{i=1}^{n}\alpha_i^* y_i K_{\phi}(\boldsymbol{x}_i, z) + b^* \geqslant 0$，预测 z 的 y 值为正，反之为负．

以上分析表明：只需要定义一个核函数 $K(\cdot,\cdot):\mathbb{R}^d \times \mathbb{R}^d \to \mathbb{R}$ 就可以得到 SVM 的决策边界，甚至不需要知道映射 $\phi(\cdot)$ 的具体形式．

SVM 中一个常用的核函数是**高斯核函数（Gaussian kernel）**：

$$K(\boldsymbol{x}, z) = \exp\left(-\frac{\|\boldsymbol{x} - z\|^2}{2\sigma^2}\right) \tag{11-39}$$

高斯核函数的值 $K(\boldsymbol{x},z)$ 反映点 $\boldsymbol{x}$ 和 z 的相似度：当点 $\boldsymbol{x}$ 和 z 很接近时，$K(\boldsymbol{x},z)$ 的值较大；当点 $\boldsymbol{x}$ 和 z 相距较远时，$K(\boldsymbol{x},z)$ 的值较小．那么如何证明确实存在一个映射 $\phi(\cdot)$ 使得 $K(\boldsymbol{x},z) = \boldsymbol{\phi}(\boldsymbol{x})^{\mathrm{T}}\boldsymbol{\phi}(z)$？

先来考察一个有效的核函数需要具备的必要条件．如果存在映射 $\phi(\cdot)$ 使得核函数 $K(\boldsymbol{x},z) = \boldsymbol{\phi}(\boldsymbol{x})^{\mathrm{T}}\boldsymbol{\phi}(z)$，则

$$K(z,\boldsymbol{x}) = \boldsymbol{\phi}(z)^{\mathrm{T}}\boldsymbol{\phi}(\boldsymbol{x}) = \boldsymbol{\phi}(\boldsymbol{x})^{\mathrm{T}}\boldsymbol{\phi}(z) = K(\boldsymbol{x},z).$$

即 $K(\cdot,\cdot)$ 需要满足对称关系 $K(\boldsymbol{x},z) = K(z,\boldsymbol{x})$．

其次，对 $\mathbb{R}^d$ 上的任意 n 个点 $\boldsymbol{x}_1$，…，$\boldsymbol{x}_n$，定义矩阵

$$\boldsymbol{K} = (K_{ij})_{n\times n} \tag{11-40}$$

其中 $K_{ij} = K(\boldsymbol{x}_i, \boldsymbol{x}_j)$．如果 $K(\cdot,\cdot)$ 是一个有效的核函数，则矩阵 $\boldsymbol{K}$ 是一个对称矩阵且存在映射 $\phi(\cdot)$ 使得 $\mathcal{K}$ 的每个元素 $K_{ij} = \boldsymbol{\phi}(\boldsymbol{x}_i)^{\mathrm{T}}\boldsymbol{\phi}(\boldsymbol{x}_j)$．此时对于任意 $z \in \mathbb{R}^d$，

$$\begin{aligned}
z^{\mathrm{T}}\boldsymbol{K}z &= \sum_{i=1}^{n}\sum_{j=1}^{n} z_i K_{ij} z_j \\
&= \sum_{i=1}^{n}\sum_{j=1}^{n} z_i z_j \boldsymbol{\phi}(\boldsymbol{x}_i)^{\mathrm{T}}\boldsymbol{\phi}(\boldsymbol{x}_j) \\
&= \left(\sum_{i=1}^{n} z_i \boldsymbol{\phi}(\boldsymbol{x}_i)\right)^{\mathrm{T}}\left(\sum_{j=1}^{n} z_j \boldsymbol{\phi}(\boldsymbol{x}_j)\right) \\
&= \left(\sum_{i=1}^{n} z_i \boldsymbol{\phi}(\boldsymbol{x}_i)\right)^{\mathrm{T}}\left(\sum_{i=1}^{n} z_i \boldsymbol{\phi}(\boldsymbol{x}_i)\right) \\
&\geqslant 0
\end{aligned}$$

因此矩阵 $\boldsymbol{K}$ 是一个半正定矩阵．下面的定理表明上述条件不仅是必要条件也是充分条件．

定理 11.3 （Mercer）. 函数 $K(\cdot,\cdot):\mathbb{R}^d\times\mathbb{R}^d\to\mathbb{R}$ 是一个有效核函数的充分必要条件是：对 $\mathbb{R}^d$ 上的任意有限个点 $\boldsymbol{x}_1,\cdots,\boldsymbol{x}_n$，由式（11-40）定义的矩阵 $\boldsymbol{K}$ 是一个对称半正定矩阵.

第 8 章课件

Mercer 定理保证了高斯核函数（11-39）是一个有效的核函数，事实上高斯核函数对应的映射 $\phi(\cdot)$ 将原特征映射到一个无穷维空间.

核函数的应用不仅限于 SVM. 只要一个算法仅用到特征的内积 $\boldsymbol{x}^{\mathrm{T}}z$，就可以将其替换为一个核函数 $K(\boldsymbol{x},z)$，从而能在更高维的空间继续使用该算法，这个方法被称为核函数技巧.

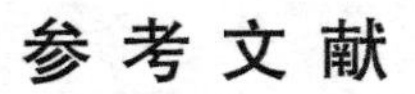

参考文献

PLATT J，1998. Sequential minimal optimization：A fast algorithm for training support vector machines［J］. Microsoft，Res. Tech. Rep. MSR－TR－98－14.

第 12 章 ADMM算法

交替方向乘子法（alternating direction method of multipliers, ADMM）建立在在一些凸优化算法的基础上，如对偶上升法（dual ascent），加强拉格朗日法（augmented Lagrangian method）等，它在统计和机器学习问题中有广泛应用，比如 lasso，group lasso，稀疏协方差矩阵的估计等（Boyd 等，2011）.

12.1 对偶上升法

考虑如下带等式限制条件的凸优化问题：

$$\min_{\boldsymbol{x}} f(\boldsymbol{x}) \quad \text{s. t. } \boldsymbol{A}\boldsymbol{x}=\boldsymbol{b} \tag{12-1}$$

其中 $\boldsymbol{x} \in \mathbb{R}^n$，$\boldsymbol{A} \in \mathbb{R}^{m\times n}$，$f$: $\mathbb{R}^n \to \mathbb{R}$ 是一个凸函数.

式（12-1）的拉格朗日函数为

$$L(\boldsymbol{x},\boldsymbol{\lambda})=f(\boldsymbol{x})+\boldsymbol{\lambda}^{\mathrm{T}}(\boldsymbol{A}\boldsymbol{x}-\boldsymbol{b}). \tag{12-2}$$

式（12-1）的对偶目标函数为

$$\Theta_D(\boldsymbol{\lambda})=\min_{\boldsymbol{x}} L(\boldsymbol{x},\boldsymbol{\lambda}). \tag{12-3}$$

当强对偶性成立时，原始优化问题和对偶优化问题的函数最优值相等：

$$\min_{\boldsymbol{x}}[\max_{\boldsymbol{\lambda}} L(\boldsymbol{x},\boldsymbol{\lambda})]=\max_{\boldsymbol{\lambda}} \Theta_D(\boldsymbol{\lambda}). \tag{12-4}$$

对偶上升法使用梯度上升法求解对偶优化问题（12-4）. 若

$$\boldsymbol{x}^*=\underset{\boldsymbol{x}}{\operatorname{argmin}}\, L(\boldsymbol{x},\boldsymbol{\lambda})$$

则

$$\nabla \Theta_D(\boldsymbol{\lambda})=\boldsymbol{A}\boldsymbol{x}^*-\boldsymbol{b} \tag{12-5}$$

即对偶目标函数（12-3）的梯度为等式限制条件的残差（residual）. 因此对偶上升法可总结为按如下迭代不断更新 $\boldsymbol{x}$ 和 $\boldsymbol{\lambda}$：

$$\begin{aligned}\boldsymbol{x}^{(t+1)}&=\underset{\boldsymbol{x}}{\operatorname{argmin}}\, L(\boldsymbol{x},\boldsymbol{\lambda}^{(t)})\\ \boldsymbol{\lambda}^{(t+1)}&=\boldsymbol{\lambda}^{(t)}+\alpha_t(\boldsymbol{A}x^{(t+1)}-\boldsymbol{b})\end{aligned} \tag{12-6}$$

其中 $\alpha_t>0$ 是第 t 步在梯度方向上移动的步长. 如果每步选择合适的步长 α_t，对偶目标函数（12-3）随迭代进行会不断增大，即 $\Theta_D(\boldsymbol{\lambda}^{(t+1)})>\Theta_D(\boldsymbol{\lambda}^{(t)})$. 当算法（12-6）收敛时，$(\boldsymbol{A}\boldsymbol{x}^{(t+1)}-\boldsymbol{b})$ 会收敛到 $\boldsymbol{0}$，保证得到的解 $\boldsymbol{x}^*$ 是原始可行的. 在一些假设条件成立的情况下，比如 f 是有界的严格凸函数，对偶上升法（12-6）

会收敛到（$\boldsymbol{x}$，$\boldsymbol{\lambda}$）的最优解，但是在很多应用中，这些假设条件并不满足，导致对偶上升法失效.

12.2 加强拉格朗日法和乘子法

加强拉格朗日法可以增强对偶上升法的稳定性（robustness），从而放松对偶上升法的一些假设条件，比如严格凸或有界.

优化问题（12-1）的加强拉格朗日函数（augmented Lagrangian）定义为：

$$L_\rho(\boldsymbol{x},\boldsymbol{\lambda})=f(\boldsymbol{x})+\boldsymbol{\lambda}^{\mathrm{T}}(\boldsymbol{Ax}-\boldsymbol{b})+\frac{\rho}{2}\|\boldsymbol{Ax}-\boldsymbol{b}\|_2^2 \tag{12-7}$$

其中 $\rho>0$ 是惩罚系数. 当 $\rho=0$ 时，式（12-7）退化为标准的拉格朗日函数（12-2）.

加强拉格朗日函数（12-7）可以看作以下优化问题的拉格朗日函数.

$$\begin{aligned}&\min_{\boldsymbol{x}} f(\boldsymbol{x})+\frac{\rho}{2}\|\boldsymbol{Ax}-\boldsymbol{b}\|_2^2\\&\text{s. t. } \boldsymbol{Ax}=\boldsymbol{b}\end{aligned} \tag{12-8}$$

注意到该优化问题（12-8）与（12-1）是等价的，因为在满足等式限制条件的 $\boldsymbol{x}$ 中，式（12-8）中的 $\rho/2\|\boldsymbol{Ax}-\boldsymbol{b}\|_2^2$ 对目标函数的贡献为0. 加入 $\rho/2\|\boldsymbol{Ax}-\boldsymbol{b}\|_2^2$ 的目的是使问题（12-8）中的目标函数变为严格凸（strictly convex）函数，以避免在式（12-6）中更新 $\boldsymbol{x}$ 时出现 $\boldsymbol{x}$ 的某些分量为 $\pm\infty$ 的情况（此时可能导致无法更新 $\boldsymbol{\lambda}$）.

将问题（12-8）的对偶目标函数记为：

$$\Theta_{D,\rho}(\boldsymbol{\lambda})=\min_{\boldsymbol{x}} L_\rho(\boldsymbol{x},\boldsymbol{\lambda}) \tag{12-9}$$

若

$$\boldsymbol{x}^*=\underset{\boldsymbol{x}}{\operatorname{argmin}}\, L_\rho(\boldsymbol{x},\boldsymbol{\lambda})$$

则加强对偶目标函数（augmented dual objective）（12-9）的梯度也为

$$\nabla\Theta_{D,\rho}(\boldsymbol{\lambda})=\boldsymbol{Ax}^*-\boldsymbol{b}.$$

所以对优化问题（12-8）使用对偶上升法可总结为以下迭代：

$$\begin{aligned}\boldsymbol{x}^{(t+1)}&=\underset{\boldsymbol{x}}{\operatorname{argmin}}\, L_\rho(\boldsymbol{x},\boldsymbol{\lambda}^{(t)})\\\boldsymbol{\lambda}^{(t+1)}&=\boldsymbol{\lambda}^{(t)}+\rho(\boldsymbol{Ax}^{(t+1)}-\boldsymbol{b})\end{aligned} \tag{12-10}$$

这里我们将每步步长 α_t 取为 ρ，原因如下：当 $\boldsymbol{x}^{(t+1)}$ 最小化 $L_\rho(\boldsymbol{x},\boldsymbol{\lambda}^{(t)})$ 时，

$$\begin{aligned}\boldsymbol{0}&=\nabla_{\boldsymbol{x}}L_\rho(\boldsymbol{x}^{(t+1)},\boldsymbol{\lambda}^{(t)})\\&=\nabla_{\boldsymbol{x}}f(\boldsymbol{x}^{(t+1)})+\boldsymbol{A}^{\mathrm{T}}[\boldsymbol{\lambda}^{(t)}+\rho(\boldsymbol{Ax}^{(t+1)}-\boldsymbol{b})]\\&=\nabla_{\boldsymbol{x}}f(\boldsymbol{x}^{(t+1)})+\boldsymbol{A}^{\mathrm{T}}\boldsymbol{\lambda}^{(t+1)}.\end{aligned}$$

因此在算法（12-10）中使用步长 ρ 可以保证每步更新的($\boldsymbol{x}^{(t+1)}$,

$\boldsymbol{\lambda}^{(t+1)}$)满足优化问题（12-1）的拉格朗日不动性条件：

$$\nabla_x L(\boldsymbol{x}^{(t+1)},\boldsymbol{\lambda}^{(t+1)}) = \nabla_x \boldsymbol{f}(\boldsymbol{x}^{(t+1)}) + \boldsymbol{A}^{\mathrm{T}}\boldsymbol{\lambda}^{(t+1)} = \boldsymbol{0}. \tag{12-11}$$

算法（12-10）被称为**乘子法**（method of multipliers）. 虽然该方法使对偶上升法更稳定，它也有一个缺点：当目标函数 f 可分时，即

$$f(\boldsymbol{x}) = \sum_{i=1}^{n} f_i(x_i) \tag{12-12}$$

对应的加强拉格朗日函数 L_ρ（12-7）并不可分. 此时在乘子法(12-10)中不能单独更新 $\boldsymbol{x}$ 的各个分量 x_i 进行求解，这导致加强拉格朗日法不具有分解和并行计算的能力.

12.3 ADMM 算法

ADMM 算法的提出是为了弥补加强拉格朗日法不能分解的缺点，它将交替方向法与加强拉格朗日法结合，实现变量的单独交替迭代.

考虑具有如下形式的优化问题：

$$\begin{aligned} \min_{\boldsymbol{x},z}\ & f(\boldsymbol{x}) + g(z) \\ \text{s. t. } & \boldsymbol{A}\boldsymbol{x} + \boldsymbol{B}z = \boldsymbol{c} \end{aligned} \tag{12-13}$$

其中 f 和 g 都是凸函数，$\boldsymbol{x} \in \mathbb{R}^n$，$z \in \mathbb{R}^m$，$\boldsymbol{A} \in \mathbb{R}^{p\times n}$，$\boldsymbol{B} \in \mathbb{R}^{p\times m}$，$\boldsymbol{c} \in \mathbb{R}^p$. 注意此时式（12-13）中的目标函数和限制条件关于 $\boldsymbol{x}$ 和 z 都是可分的.

写出（12-13）的加强拉格朗日函数：

$$L_\rho(\boldsymbol{x},z,\boldsymbol{\lambda}) = f(\boldsymbol{x}) + g(z) + \boldsymbol{\lambda}^{\mathrm{T}}(\boldsymbol{A}\boldsymbol{x} + \boldsymbol{B}z - \boldsymbol{c}) + \frac{\rho}{2}\|\boldsymbol{A}\boldsymbol{x} + \boldsymbol{B}z - \boldsymbol{c}\|_2^2. \tag{12-14}$$

ADMM 算法求解式（12-13）的过程可总结为以下迭代：

$$\begin{aligned} \boldsymbol{x}^{(t+1)} &= \operatorname*{argmin}_{\boldsymbol{x}} L_\rho(\boldsymbol{x},z^{(t)},\boldsymbol{\lambda}^{(t)}) \\ z^{(t+1)} &= \operatorname*{argmin}_{z} L_\rho(\boldsymbol{x}^{(t+1)},z,\boldsymbol{\lambda}^{(t)}) \\ \boldsymbol{\lambda}^{(t+1)} &= \boldsymbol{\lambda}^{(t)} + \rho(\boldsymbol{A}\boldsymbol{x}^{(t+1)} + \boldsymbol{B}z^{(t+1)} - \boldsymbol{c}) \end{aligned} \tag{12-15}$$

其中 $\rho > 0$. ADMM 算法（12-15）与乘子法（12-10）十分相似，不同之处是 ADMM 每步轮流更新变量 $\boldsymbol{x}$ 和 z，而乘子法（12-10）联合更新（$\boldsymbol{x}$，z）：

$$\begin{aligned} (\boldsymbol{x}^{(t+1)},z^{(t+1)}) &= \operatorname*{argmin}_{\boldsymbol{x},z} L_\rho(\boldsymbol{x},z,\boldsymbol{\lambda}^{(t)}) \\ \boldsymbol{\lambda}^{(t+1)} &= \boldsymbol{\lambda}^{(t)} + \rho(\boldsymbol{A}\boldsymbol{x}^{(t+1)} + \boldsymbol{B}z^{(t+1)} - \boldsymbol{c}). \end{aligned}$$

这也正是 ADMM 中交替方向（alternating direction）得名的原因.

12.3.1 缩放形式

如果对式（12-14）中的 $\boldsymbol{\lambda}$ 做一些放缩，ADMM 算法（12-15）可写为更容易求解的形式.

将残差记为 $\boldsymbol{r}=\boldsymbol{Ax}+\boldsymbol{Bz}-\boldsymbol{c}$，则有

$$\begin{aligned}\boldsymbol{\lambda}^{\mathrm{T}}\boldsymbol{r}+\frac{\rho}{2}\|\boldsymbol{r}\|_2^2 &=\frac{\rho}{2}\left(\boldsymbol{r}+\frac{1}{\rho}\boldsymbol{\lambda}\right)^{\mathrm{T}}\left(\boldsymbol{r}+\frac{1}{\rho}\boldsymbol{\lambda}\right)-\frac{1}{2}\rho\boldsymbol{\lambda}^{\mathrm{T}}\boldsymbol{\lambda}\\ &=\frac{\rho}{2}\|\boldsymbol{r}+\boldsymbol{u}\|_2^2-\frac{\rho}{2}\|\boldsymbol{u}\|_2^2\end{aligned} \tag{12-16}$$

其中新变量 $\boldsymbol{u}\triangleq\boldsymbol{\lambda}/\rho$，被称为缩放的对偶变量（scaled dual variables）.

将式（12-16）代入加强拉格朗日函数（12-14），ADMM 算法（12-15）可写为以下更方便计算的缩放形式（scaled form）:

$$\begin{aligned}\boldsymbol{x}^{(t+1)}&=\underset{\boldsymbol{x}}{\operatorname{argmin}}\, f(\boldsymbol{x})+\frac{\rho}{2}\|\boldsymbol{Ax}+\boldsymbol{Bz}^{(t)}-\boldsymbol{c}+\boldsymbol{u}^{(t)}\|_2^2\\ \boldsymbol{z}^{(t+1)}&=\underset{\boldsymbol{z}}{\operatorname{argmin}}\, g(\boldsymbol{z})+\frac{\rho}{2}\|\boldsymbol{Ax}^{(t+1)}+\boldsymbol{Bz}-\boldsymbol{c}-\boldsymbol{u}^{(t)}\|_2^2\\ \boldsymbol{u}^{(t+1)}&=\boldsymbol{u}^{(t)}+\boldsymbol{Ax}^{(t+1)}+\boldsymbol{Bz}^{(t+1)}-\boldsymbol{c}.\end{aligned} \tag{12-17}$$

将每步的残差记为 $\boldsymbol{r}^{(t)}=\boldsymbol{Ax}^{(t)}+\boldsymbol{Bz}^{(t)}-\boldsymbol{c}$，由式（12-17）可得

$$\boldsymbol{u}^{(T)}=\boldsymbol{u}^{(0)}+\sum_{t=1}^{T}\boldsymbol{r}^{(t)}$$

即 $\boldsymbol{u}^{(T)}$ 是前 T 步残差的累加.

12.3.2 ADMM 收敛性

Boyd 等（2011）证明了有关 ADMM 收敛性的定理.

定理 12.1 当优化问题（12-13）满足以下假设条件时:

- 假设 1. 函数 f: $\mathbb{R}^n\to\mathbb{R}$ 和 g: $\mathbb{R}^m\to\mathbb{R}$ 是闭凸函数（closed convex functions）.
- 假设 2. 式（12-13）的（非加强）拉格朗日函数 L_0 至少有一个驻点.

ADMM 算法（12-15）可以保证:

- 残差收敛: $t\to\infty$ 时，$\boldsymbol{r}^{(t)}\to\boldsymbol{0}$. 迭代可以保证$(\boldsymbol{x}^{(t)},\boldsymbol{z}^{(t)})$趋于原始可行（primal feasible）.
- 目标函数收敛: $t\to\infty$ 时，$f(\boldsymbol{x}^{(t)})+g(\boldsymbol{z}^{(t)})\to p^*$，其中 $p^*=\inf\{f(\boldsymbol{x})+g(\boldsymbol{z}):\boldsymbol{Ax}+\boldsymbol{Bz}=\boldsymbol{c}\}$.
- 对偶变量收敛: $t\to\infty$ 时，$\boldsymbol{\lambda}^{(t)}\to\boldsymbol{\lambda}^*$，其中 $\boldsymbol{\lambda}^*$ 是（12-13）对偶问题的一个最优解，即 $\boldsymbol{\lambda}^*\in\underset{\boldsymbol{\lambda}}{\operatorname{argmax}}\,\Theta_D(\boldsymbol{\lambda})$.

补充说明

1. 称函数f: $\mathbb{R}^n \to \mathbb{R}$ 为**闭凸函数**当且仅当集合

$$\{(\boldsymbol{x},t) \in \mathbb{R}^n \times \mathbb{R} : f(\boldsymbol{x}) \leqslant t\}$$

是一个非空的闭凸集（closed convex set）.

2. 假设 1 保证了 ADMM 每步迭代式（12-15）中 $\boldsymbol{x}$ 和 $\boldsymbol{z}$ 都是可解的.

3. 假设 1 并不要求函数f或g有界，比如f可以是如下的指示函数（indicator function）：

$$f = \begin{cases} 0, & \boldsymbol{x} \in \mathcal{C}, \\ +\infty, & \boldsymbol{x} \notin \mathcal{C}. \end{cases}$$

其中$\mathcal{C}$是一个非空的闭凸集. 此时式（12-17）中对 $\boldsymbol{x}$ 的更新即是寻找一个二次函数在$\mathcal{C}$中的最优解.

4. 假设 2 表明存在（$\boldsymbol{x}^*$，$\boldsymbol{z}^*$，$\boldsymbol{\lambda}^*$）使得

$$\nabla_{\boldsymbol{x}} L_0(\boldsymbol{x}^*,\boldsymbol{z}^*,\boldsymbol{\lambda}^*) = \nabla f(\boldsymbol{x}^*) + \boldsymbol{A}^{\mathrm{T}}\boldsymbol{\lambda}^* = \boldsymbol{0} \tag{12-18}$$

$$\nabla_{z} L_0(\boldsymbol{x}^*,\boldsymbol{z}^*,\boldsymbol{\lambda}^*) = \nabla g(\boldsymbol{z}^*) + \boldsymbol{B}^{\mathrm{T}}\boldsymbol{\lambda}^* = \boldsymbol{0} \tag{12-19}$$

$$\nabla_{\boldsymbol{\lambda}} L_0(\boldsymbol{x}^*,\boldsymbol{z}^*,\boldsymbol{\lambda}^*) = \boldsymbol{A}\boldsymbol{x}^* + \boldsymbol{B}\boldsymbol{z}^* - \boldsymbol{c} = \boldsymbol{0}. \tag{12-20}$$

式（12-20）表明（$\boldsymbol{x}^*$，$\boldsymbol{z}^*$）是原始可行的. 式（12-18）和式（12-19）表明（$\boldsymbol{x}^*$，$\boldsymbol{z}^*$，$\boldsymbol{\lambda}^*$）满足拉格朗日不动性条件，由 KKT 条件可得（$\boldsymbol{x}^*$，$\boldsymbol{z}^*$）是式（12-13）的原始问题最优解，$\boldsymbol{\lambda}^*$是式（12-13）的对偶问题最优解.

12.3.3 ADMM 算法的终止条件

根据 KKT 条件，（$\boldsymbol{x}^*$，$\boldsymbol{z}^*$，$\boldsymbol{\lambda}^*$）是优化问题（12-13）最优解的充分条件是式（12-18）～式（12-20）. 接下来我们检查 ADMM 算法每步更新的($\boldsymbol{x}^{(t+1)}$，$\boldsymbol{z}^{(t+1)}$，$\boldsymbol{\lambda}^{(t+1)}$)是否满足这些条件.

在 ADMM 算法(12-15)中，由于$\boldsymbol{z}^{(t+1)}$最小化$L_\rho(\boldsymbol{x}^{(t+1)},\boldsymbol{z},\boldsymbol{\lambda}^{(t)})$，所以

$$\begin{aligned}
\boldsymbol{0} &= \nabla z L_\rho(\boldsymbol{x}^{(t+1)},\boldsymbol{z}^{(t+1)},\boldsymbol{\lambda}^{(t)}) \\
&= \nabla g(\boldsymbol{z}^{(t+1)}) + \boldsymbol{B}^{\mathrm{T}}\boldsymbol{\lambda}^{(t)} + \rho\boldsymbol{B}^{\mathrm{T}}(\boldsymbol{A}\boldsymbol{x}^{(t+1)} + \boldsymbol{B}\boldsymbol{z}^{(t+1)} - \boldsymbol{c}) \\
&= \nabla g(\boldsymbol{z}^{(t+1)}) + \boldsymbol{B}^{\mathrm{T}}(\boldsymbol{\lambda}^{(t)} + \rho\boldsymbol{r}^{(t+1)}) \\
&= \nabla g(\boldsymbol{z}^{(t+1)}) + \boldsymbol{B}^{\mathrm{T}}\boldsymbol{\lambda}^{(t+1)}.
\end{aligned} \tag{12-21}$$

式（12-21）表明$\boldsymbol{z}^{(t+1)}$和$\boldsymbol{\lambda}^{(t+1)}$总满足条件（12-19）. 这与乘子法的解总是满足拉格朗日不动性条件（12-11）的证明类似.

在式（12-15）中，$\boldsymbol{x}^{(t+1)}$最小化$L_\rho(\boldsymbol{x},\boldsymbol{z}^{(t)},\boldsymbol{\lambda}^{(t)})$，则有

$$\begin{aligned}
0 &= \nabla \boldsymbol{x} L_\rho(\boldsymbol{x}^{(t+1)},\boldsymbol{z}^{(t)},\boldsymbol{\lambda}^{(t)}) \\
&= \nabla f(\boldsymbol{x}^{(t+1)}) + \boldsymbol{A}^{\mathrm{T}}\boldsymbol{\lambda}^{(t)} + \rho\boldsymbol{A}^{\mathrm{T}}(\boldsymbol{A}\boldsymbol{x}^{(t+1)} + \boldsymbol{B}\boldsymbol{z}^{(t)} - \boldsymbol{c}) \\
&= \nabla f(\boldsymbol{x}^{(t+1)}) + \boldsymbol{A}^{\mathrm{T}}[\boldsymbol{\lambda}^{(t)} + \rho\boldsymbol{r}^{(t+1)} + \rho\boldsymbol{B}(\boldsymbol{z}^{(t)} - \boldsymbol{z}^{(t+1)})] \\
&= \nabla f(\boldsymbol{x}^{(t+1)}) + \boldsymbol{A}^{\mathrm{T}}\boldsymbol{\lambda}^{(t+1)} + \rho\boldsymbol{A}^{\mathrm{T}}\boldsymbol{B}(\boldsymbol{z}^{(t)} - \boldsymbol{z}^{(t+1)})
\end{aligned}$$

即

$$\rho \boldsymbol{A}^{\mathrm{T}}\boldsymbol{B}(\boldsymbol{z}^{(t+1)}-\boldsymbol{z}^{(t)})=\nabla f(\boldsymbol{x}^{(t+1)})+\boldsymbol{A}^{\mathrm{T}}\boldsymbol{\lambda}^{(t+1)}. \quad (12\text{-}22)$$

将式（12-22）中等式左边的项记为

$$\boldsymbol{s}^{(t+1)}=\rho \boldsymbol{A}^{\mathrm{T}}\boldsymbol{B}(\boldsymbol{z}^{(t+1)}-\boldsymbol{z}^{(t)}). \quad (12\text{-}23)$$

称 $\boldsymbol{s}^{(t+1)}$ 为对偶残差（dual residual），称此时的 $\boldsymbol{r}^{(t+1)}=\boldsymbol{A}\boldsymbol{x}^{(t+1)}+\boldsymbol{B}\boldsymbol{z}^{(t+1)}-\boldsymbol{c}$ 为原始残差（primal residual）.

总结一下，ADMM 的解是优化问题（12-13）最优解的充分条件是式（12-18）~式(12-20)，第二个条件式（12-19）对每步得到的$(\boldsymbol{x}^{(t+1)},\boldsymbol{z}^{(t+1)},\boldsymbol{\lambda}^{(t+1)})$总成立，其他两个条件与对偶残差 $\boldsymbol{s}^{(t+1)}$ 和原始残差 $\boldsymbol{r}^{(t+1)}$ 有关. 定理 12.1 表明随着 ADMM 迭代的进行，残差项 $\boldsymbol{s}^{(t+1)}$ 和 $\boldsymbol{r}^{(t+1)}$ 都会收敛到 $\boldsymbol{0}$（Boyd 等.（2011）在附录 A 中证明了 $t\to\infty$ 时，$\boldsymbol{B}(\boldsymbol{z}^{(t+1)}-\boldsymbol{z}^{(t)})\to\boldsymbol{0}$）. 因此 ADMM 算法一个合理的终止条件（stopping criterion）是保证原始和对偶残差都很小，即

$$\|\boldsymbol{r}^{(t+1)}\|_2<\varepsilon_p \text{ 且 } \|\boldsymbol{s}^{(t+1)}\|_2<\varepsilon_d$$

其中 $\varepsilon_p>0$ 和 $\varepsilon_d>0$ 是很小的临界值.

12.3.4 ADMM 应用举例

在很多机器学习的问题中，最小化的目标函数通常由一个可导的损失函数和一个惩罚项组成. ADMM 算法的优势在于它可以将原目标函数拆分为两个独立的函数 f 和 g 分别优化，这为处理不可导的惩罚项，比如 L_1 惩罚项，提供了一种新思路.

1. 加入 L_1 惩罚的统计模型估计

令 $l(\boldsymbol{\beta})$ 表示一个统计模型的对数似然函数，比如 Logistic 回归，Poisson 回归或任意广义线性模型，它是一个可导的凹函数. 为保证模型的稀疏性，我们在参数估计中加入对系数向量 $\boldsymbol{\beta}\in\mathbb{R}^p$ 的 L_1 范数的惩罚，则 $\boldsymbol{\beta}$ 的最优估计为以下凸优化问题的解：

$$\min_{\boldsymbol{\beta}} -l(\boldsymbol{\beta})+\lambda\|\boldsymbol{\beta}\|_1. \quad (12\text{-}24)$$

式（12-24）可以写为如下等价形式，然后使用 ADMM 求解：

$$\begin{aligned}&\min_{\boldsymbol{\beta},z} -l(\boldsymbol{\beta})+g(z)\\ &\text{s. t. } \boldsymbol{\beta}=z\end{aligned} \quad (12\text{-}25)$$

其中 $g(z)=\lambda\|z\|_1$.

ADMM 求解式（12-25）的（缩放）迭代格式为：

$$\begin{aligned}\boldsymbol{\beta}^{(t+1)}&=\operatorname*{argmin}_{\boldsymbol{\beta}} -l(\boldsymbol{\beta})+\frac{\rho}{2}\|\boldsymbol{\beta}-\boldsymbol{z}^{(t)}+\boldsymbol{u}^{(t)}\|_2^2\\ \boldsymbol{z}^{(t+1)}&=\operatorname*{argmin}_{z} \lambda\|z\|_1+\frac{\rho}{2}\|\boldsymbol{\beta}^{(t+1)}-\boldsymbol{z}+\boldsymbol{u}^{(t)}\|_2^2\\ \boldsymbol{u}^{(t+1)}&=\boldsymbol{u}^{(t)}+\boldsymbol{\beta}^{(t+1)}-\boldsymbol{z}^{(t+1)}.\end{aligned} \quad (12\text{-}26)$$

其中 $z^{(t+1)}$ 的每个分量都有解析解：

$$z_j^{(t+1)} = \text{sign}(\beta_j^{(t+1)} + u_j^{(t)})\left(|\beta_j^{(t+1)} + u_j^{(t)}| - \frac{\lambda}{\rho}\right)_+, j = 1, \cdots, p.$$

在式（12-26）中，对 $\boldsymbol{\beta}$ 的更新涉及最小化一个可导的凸函数，因此总可以用一些经典方法求解，比如 Newton – Raphson 迭代法.

2. 逆协方差矩阵的稀疏估计

假设样本 $\boldsymbol{x}_i \in \mathbb{R}^p$ 服从期望为 $\mathbf{0}$ 的多元正态分布：

$$\boldsymbol{x}_i \overset{\text{iid}}{\sim} N_p(\mathbf{0}, \boldsymbol{\Sigma}), i = 1, \cdots, n. \tag{12-27}$$

在逆协方差矩阵（precision matrix）$\boldsymbol{\Sigma}^{-1}$ 中，第（j，k）元素 $(\boldsymbol{\Sigma}^{-1})_{jk} = 0$ 表明：给定随机向量 $\boldsymbol{x}$ 其他分量的取值，$\boldsymbol{x}$ 的第 j 和第 k 个分量是条件独立的. 很多图模型（graphical models）假设 $\boldsymbol{\Sigma}^{-1}$ 是一个稀疏矩阵（Friedman 等，2008）以便筛选出条件相关的变量. 筛选后，把随机向量 $\boldsymbol{x}$ 的 p 个分量看作 p 个节点，将条件相关的分量用边连接就得到了一个无向图，这是图模型得名的原因. 此时 $\boldsymbol{\Sigma}^{-1}$ 越稀疏得到的无向图就越稀疏. 当样本 n 较小时（$n < p$），对 $\boldsymbol{\Sigma}^{-1}$ 做稀疏性假设可以减少参数个数，使估计结果更稳定.

对模型（12-27）重新参数化，令

$$\boldsymbol{\Theta} = \boldsymbol{\Sigma}^{-1} \tag{12-28}$$

则 n 个样本下 $\boldsymbol{\Theta}$ 的似然函数为

$$\begin{aligned} l(\boldsymbol{\Theta}) &\propto [\det(\boldsymbol{\Theta})]^{n/2} \exp\left\{-\frac{1}{2}\sum_{i=1}^{n} \boldsymbol{x}_i^{\mathrm{T}} \boldsymbol{\Theta} \boldsymbol{x}_i\right\} \\ &\propto [\det(\boldsymbol{\Theta})]^{n/2} \exp\left\{-\frac{1}{2}\sum_{i=1}^{n} \mathrm{tr}(\boldsymbol{x}_i^{\mathrm{T}} \boldsymbol{\Theta} \boldsymbol{x}_i\right\} \\ &\propto [\det(\boldsymbol{\Theta})]^{n/2} \exp\left\{-\frac{1}{2}\mathrm{tr}\left(\sum_{i=1}^{n} \boldsymbol{x}_i \boldsymbol{x}_i^{\mathrm{T}} \boldsymbol{\Theta}\right)\right\}. \end{aligned} \tag{12-29}$$

将样本协方差矩阵记为

$$\boldsymbol{S} = \frac{1}{n}\sum_{i=1}^{n} \boldsymbol{x}_i \boldsymbol{x}_i^{\mathrm{T}}. \tag{12-30}$$

为得到 $\boldsymbol{\Theta}$ 的稀疏估计，考虑惩罚矩阵 $\boldsymbol{\Theta}$ 中非对角线（off – diagonal）元素的绝对值，则 $\boldsymbol{\Theta}$ 的估计值为以下优化问题的解：

$$\min_{\boldsymbol{\Theta} \in \mathcal{S}_+} -\frac{2}{n}\ln l(\boldsymbol{\Theta}) + \lambda \|\boldsymbol{\Theta}\|_1 = \min_{\boldsymbol{\Theta} \in \mathcal{S}_+} -\ln[\det(\boldsymbol{\Theta})] + \mathrm{tr}(\boldsymbol{S}\boldsymbol{\Theta}) + \lambda \|\boldsymbol{\Theta}\|_1 \tag{12-31}$$

其中 $\mathcal{S}_+$ 表示所有 $p \times p$ 对称正定矩阵的集合，$\|\boldsymbol{\Theta}\|_1$ 表示 $\boldsymbol{\Theta}$ 非对角

线元素绝对值的和. 问题 (12-31) 是一个凸优化问题, 因为函数 $f(\boldsymbol{\Theta}) = -\ln[\det(\boldsymbol{\Theta})] + \mathrm{tr}(\boldsymbol{S\Theta})$ 是凸函数. 文献中有很多算法可以求解问题 (12-31), 比如 neighborhood selection with lasso (Meinshausen 等, 2006), graphical lasso (Friedman 等, 2008), interior point algorithm (Yuan 和 Lin, 2007), projected subgradient method (Duchi 等, 2012), smoothing method (Lu, 2009) 等. Scheinberg 等. (2010) 使用 ADMM 算法求解问题 (12-31), 并展示它的效率超越后两种算法.

将优化问题 (12-31) 写为以下等价形式:

$$\min_{\boldsymbol{\Theta}\in\mathcal{S}_+} -\ln[\det(\boldsymbol{\Theta})] + \mathrm{tr}(\boldsymbol{S\Theta}) + \lambda\|\boldsymbol{Z}\|_1$$
$$\text{s. t. } \boldsymbol{\Theta} = \boldsymbol{Z}. \tag{12-32}$$

使用 ADMM 求解式 (12-32) 的 (缩放) 迭代格式为:

$$\boldsymbol{\Theta}^{(t+1)} = \operatorname*{argmin}_{\boldsymbol{\Theta}\in\mathcal{S}_+} -\ln[\det(\boldsymbol{\Theta})] + \mathrm{tr}(\boldsymbol{S\Theta}) + \frac{\rho}{2}\|\boldsymbol{\Theta} - \boldsymbol{Z}^{(t)} + \boldsymbol{U}^{(t)}\|_F^2$$
$$\boldsymbol{Z}^{(t+1)} = \operatorname*{argmin}_{\boldsymbol{Z}} \lambda\|\boldsymbol{Z}\|_1 + \frac{\rho}{2}\|\boldsymbol{\Theta}^{(t+1)} - \boldsymbol{Z} + \boldsymbol{U}^{(t)}\|_F^2$$
$$\boldsymbol{U}^{(t+1)} = \boldsymbol{U}^{(t)} + \boldsymbol{\Theta}^{(t+1)} - \boldsymbol{Z}^{(t+1)} \tag{12-33}$$

其中 $\|\cdot\|_F$ 为矩阵的 Frobenius norm, 即矩阵中所有元素的平方和再开根号.

式 (12-33) 中对矩阵 $\boldsymbol{Z}$ 每个元素的更新存在解析解:

$$Z_{jk}^{(t+1)} = \begin{cases} \mathrm{sign}(\boldsymbol{\Theta}_{jk}^{(t+1)} + \boldsymbol{U}_{jk}^{(t)})\left(|\boldsymbol{\Theta}_{jk}^{(t+1)} + \boldsymbol{U}_{jk}^{(t)}| - \dfrac{\lambda}{\rho}\right)_+, & j \neq k, \\ \boldsymbol{\Theta}_{jk}^{(t+1)} + \boldsymbol{U}_{jk}^{(t)}, & j = k. \end{cases} \tag{12-34}$$

式 (12-33) 中对矩阵 $\boldsymbol{\Theta}$ 的更新也存在解析解. 令 $\boldsymbol{\Theta}$ 的一阶导数为零得

$$-\boldsymbol{\Theta}^{-1} + \boldsymbol{S} + \rho(\boldsymbol{\Theta} - \boldsymbol{Z}^{(t)} + \boldsymbol{U}^{(t)}) = \boldsymbol{0}. \tag{12-35}$$

由于 $\boldsymbol{\Theta}$ 是对称正定矩阵, 我们需要找到满足

$$\rho\boldsymbol{\Theta} - \boldsymbol{\Theta}^{-1} = \rho(\boldsymbol{Z}^{(t)} - \boldsymbol{U}^{(t)}) - \boldsymbol{S} \tag{12-36}$$

的对称正定矩阵 $\boldsymbol{\Theta}$. 由于式 (12-36) 两端都是对称矩阵, 所以存在特征值分解, 令

$$\rho(\boldsymbol{Z}^{(t)} - \boldsymbol{U}^{(t)}) - \boldsymbol{S} = \boldsymbol{Q\Lambda Q}^{\mathrm{T}}$$

其中 $\boldsymbol{Q}$ 是单位正交矩阵, $\boldsymbol{Q}^{\mathrm{T}}\boldsymbol{Q} = \boldsymbol{QQ}^{\mathrm{T}} = \boldsymbol{I}$, $\boldsymbol{\Lambda}$ 是对角阵 $\boldsymbol{\Lambda} = \mathrm{diag}(\lambda_1, \cdots, \lambda_p)$. 对等式 (12-36) 两端左乘 $\boldsymbol{Q}^{\mathrm{T}}$ 右乘 $\boldsymbol{Q}$ 得

$$\rho\boldsymbol{Q}^{\mathrm{T}}\boldsymbol{\Theta Q} - \boldsymbol{Q}^{\mathrm{T}}\boldsymbol{\Theta}^{-1}\boldsymbol{Q} = \boldsymbol{\Lambda}. \tag{12-37}$$

令 $\widetilde{\boldsymbol{\Theta}} = \boldsymbol{Q}^{\mathrm{T}}\boldsymbol{\Theta Q}$, 则 $\widetilde{\boldsymbol{\Theta}}^{-1} = \boldsymbol{Q}^{\mathrm{T}}\boldsymbol{\Theta}^{-1}\boldsymbol{Q}$. 由式 (12-37) 得

$$\rho\widetilde{\boldsymbol{\Theta}} - \widetilde{\boldsymbol{\Theta}}^{-1} = \boldsymbol{\Lambda}. \tag{12-38}$$

我们可以找到满足式（12-38）的一个对角阵 $\tilde{\boldsymbol{\Theta}}$. 假设 $\tilde{\boldsymbol{\Theta}} = \mathrm{diag}(\theta_1, \cdots, \theta_p)$，则对角线元素满足

$$\rho\theta_j - \frac{1}{\theta_j} = \lambda_j, j = 1, \cdots, p. \qquad (12\text{-}39)$$

所以 $\theta_j > 0$ 的解为

$$\theta_j = \frac{\lambda_j + \sqrt{\lambda_j^2 + 4\rho}}{2\rho}, j = 1, \cdots, p.$$

由此得到的 $\boldsymbol{\Theta} = \boldsymbol{Q}\tilde{\boldsymbol{\Theta}}\boldsymbol{Q}^{\mathrm{T}}$ 一定是对称正定矩阵且满足一阶条件（12-35），记为 $\boldsymbol{\Theta}^{(t+1)}$.

第 12 章课件

参考文献

BOYD S, PARIKH N, CHU E, PELEATO B, ECKSTEIN J, 2011. Distributed optimization and statistical learning via the alternating direction method of multipliers [J]. Foundations and Trends® in Machine Learning, 3 (1): 1 - 122.

FRIEDMAN J, HASTIE T, TIBSHIRANI R, 2008. Sparse inverse covariance estimation with the graphical lasso [J]. Biostatistics, 9 (3): 432 - 441.

LU Z, 2009. Smooth optimization approach for sparse covariance selection [J]. SIAM Journal on Optimization, 19 (4): 1807 - 1827.

MEINSHAUSEN N, BÜHLMANN P, 2006. High - dimensional graphs and variable selection with the lasso [J]. The Annals of Statistics, 34 (3): 1436 - 1462.

Yuan M, Lin Y, 2007. Model selection and estimation in the gaussian graphical model [J]. Biometrika, 94 (1): 19 - 35.

第 13 章 深度学习

从 2012 年开始，深度学习（deep learning）让计算机识别图形的能力变得无比强大．在此之前的图形识别算法总是基于一些明确的规则，让计算机根据规则判断，效果总是不好．深度学习是一种没有规则的学习，就像人虽然能一眼区分猫和狗，却很难用语言明确定义猫和狗．

13.1 神经网络

深度学习的基础——神经网络（neural network），几十年前就被提出，但是一开始并不被看好．神经网络的思想来自脑神经科学，大脑里有数百亿个神经元，人脑的识别能力不都是按照明确的逻辑规则进行的，而是通过专门的神经网络“长”出来的．正如一个法官所说“什么叫色情图片？我不能给出一个明确的定义，但我看到它就能认出它．”

图 13-1 代表了一个最简单的计算机神经网络，它从左到右分为三层：第一层代表输入数据（input），第二层和第三层的每个圆圈代表一个神经元．数据输入进来，经过第二层“隐藏层”（hidden layer）各个神经元的处理，把信号传递给第三层“输出层”（output layer），输出层神经元再经过一番处理后做出判断．

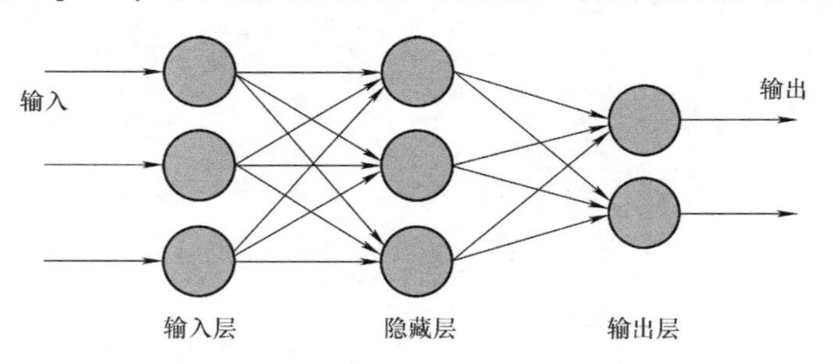

图 13-1　一个简单的神经网络．（图片来源：coderoncode. com）

深度学习最简单的理解就是中间有不止一层隐藏层的神经网络，如图 13-2 所示，左图是一个简单的神经网络，右图是深度学习神经网络．

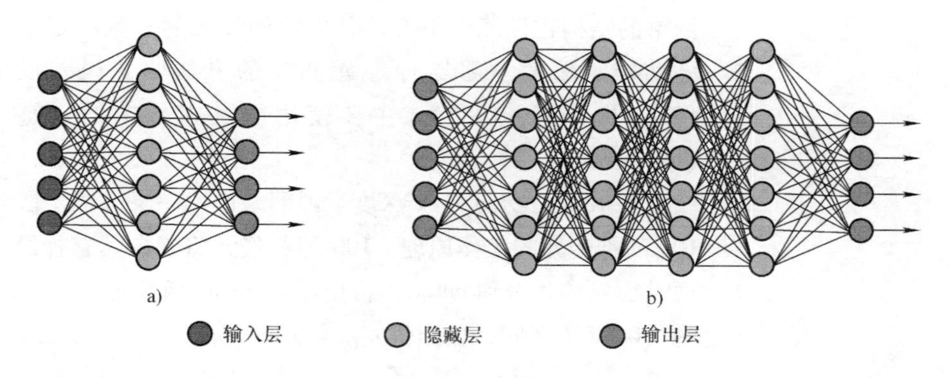

图 13-2　神经网络（见图 13-2a）和深度学习神经网络（见图 13-2b）.（图片来源：hackernoon. com）（见彩插）

神经网络中的神经元一般由三部分组成：输入、内部参数和输出. 图 13-3 展示了一个根据交通信号灯判断是否前进的神经元. 神经元的输入是红灯、黄灯和绿灯的亮灯情况，1 代表亮，0 代表不亮，（1，0，0）这组输入代表红灯亮，黄灯和绿灯不亮. 神经元的内部参数包括“权重”（weight），它给每个输入值都赋一个权重. 图 13-3 中的神经元给红灯的权重是 −1，黄灯的权重是 0，绿灯的权重是 1. 神经元还有一个内部参数 bias，图 13-3 中的 bias = −0.5. 神经元做的计算就是把输入乘以各自权重、相加、再加上 bias. 比如当输入是（1，0，0）时，神经元的计算结果为 $1\times(-1)+0\times0+0\times1-0.5=-1.5$. 输出是做判断，比如判断标准可以是：计算结果大于 0 就前进，小于等于 0 就停止. 此时计算结果 $-1.5<0$，所以神经元会输出“停止”，这就是神经元的工作原理. 在实际应用中，神经元会在计算过程中加入非线性函数，比如 Sigmoid 函数 $\phi(x)=1/(1+e^{-x})$，确保输出值在 0 和 1 之间.

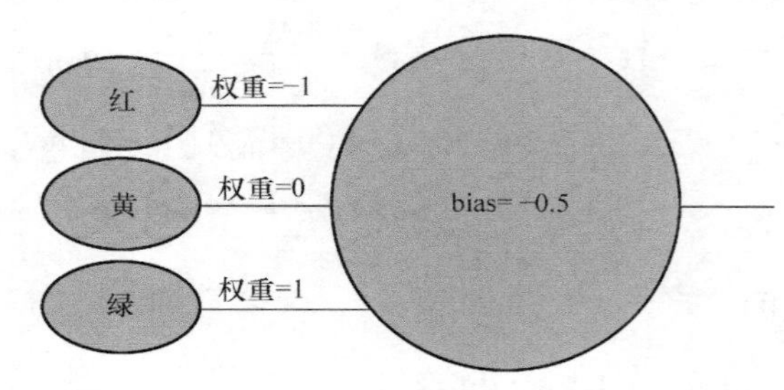

图 13-3　一个根据交通信号灯判断是否前进的神经元.
（图片来源：arstechnica. com）

13.1.1　误差反向传播（Backpropagation）

神经元的内部参数，包括权重和 bias 都是可调的. 用数据训练神经网络的过程，就是调整各个神经元内部参数的过程. 神经网络的结构在训练中不变，其内部神经元的参数决定了神经网络的功能. 深度学习给神经元调参的方法叫“误差反向传播”(Rumelhart 等，1986)，主要使用的是求导中的“链式法则”(chain rule).

图 13-4 展示了一个深度学习网络最后一层（输出层）编号为 100 的神经元的工作原理：100 号神经元将来自其它神经元的输入通过加权求和得到 net_{100}，再使用 Sigmoid 函数 $\phi(x)$ 将 net_{100}映射到（0，1）区间，输出值 $o_{100}=\phi(\text{net}_{100})$.

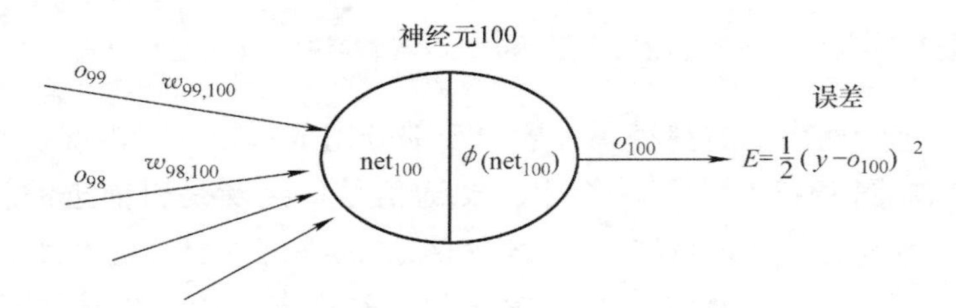

图 13-4　输出层 100 号神经元的工作原理及误差.
（图片来源：Cynthia Rudin）

假设只有一个输入数据且真实的结果为 y，定义深度学习网络的误差：

$$E=\frac{1}{2}(y-o_{100})^2$$

现在根据误差 E 调整 99 号神经元的输入权重 $w_{99,100}$. 使用链式法则求导

$$\begin{aligned}\frac{\partial E}{\partial w_{99,100}}&=\frac{\mathrm{d}E}{\mathrm{d}o_{100}}\cdot\frac{\mathrm{d}o_{100}}{\mathrm{d}\text{net}_{100}}\cdot\frac{\partial \text{net}_{100}}{\partial w_{99,100}}\\&=-(y-o_{100})\cdot\frac{\mathrm{d}\phi(\text{net}_{100})}{\mathrm{d}\text{net}_{100}}\cdot o_{99}\\&=-(y-o_{100})\phi(\text{net}_{100})[1-\phi(\text{net}_{100})]o_{99}\\&=\underbrace{-(y-o_{100})o_{100}(1-o_{100})}_{\triangleq\delta_{100}}o_{99}\end{aligned}$$

此处新定义的

$$\delta_{100}=\frac{\partial E}{\partial \text{net}_{100}}=\frac{\mathrm{d}E}{\mathrm{d}o_{100}}\cdot\frac{\mathrm{d}o_{100}}{\mathrm{d}\text{net}_{100}}=-(y-o_{100})o_{100}(1-o_{100})$$

只与输出 o_{100}有关.

后退一层，考察倒数第二层编号 98 的神经元，如图 13-5 所示. 如果想根据误差 E 调整 87 号神经元的输入权重 $w_{87,98}$，继续使用链式法则求导：

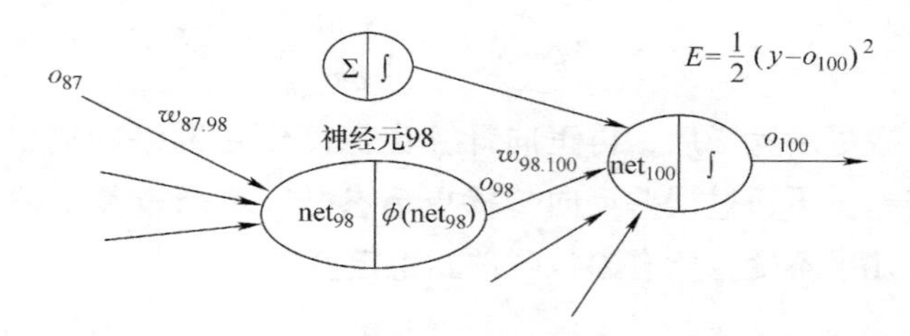

图 13-5　倒数第二层 98 号神经元的工作原理.（图片来源：Cynthia Rudin）

$$
\begin{aligned}
\frac{\partial E}{\partial w_{87,98}} &= \frac{\partial E}{\partial o_{98}} \cdot \frac{\mathrm{d} o_{98}}{\mathrm{dnet}_{98}} \cdot \frac{\partial \mathrm{net}_{98}}{\partial w_{87,98}} \\
&= \frac{\partial E}{\partial \mathrm{net}_{100}} \cdot \frac{\partial \mathrm{net}_{100}}{\partial o_{98}} \phi(\mathrm{net}_{98})[1-\phi(\mathrm{net}_{98})] o_{87} \\
&= \underbrace{\delta_{100} w_{98,100} o_{98}(1-o_{98})}_{\triangleq \delta_{98}} o_{87}
\end{aligned}
$$

其中定义

$$
\delta_{98} = \frac{\partial E}{\partial \mathrm{net}_{98}} = \frac{\partial E}{\partial o_{98}} \cdot \frac{\mathrm{d} o_{98}}{\mathrm{dnet}_{98}} = \delta_{100} w_{98,100} o_{98}(1-o_{98}).
$$

可以看到 δ_{98} 的计算需要先知道下游神经元 100 对应的 δ_{100} 的值.

再后退一层，考虑倒数第三层编号 87 的神经元，如图 13-6 所示. 为了调整 72 号神经元的输入权重 $w_{72,87}$，对 E 关于 $w_{72,87}$ 求导：

$$
\begin{aligned}
\frac{\partial E}{\partial w_{72,87}} &= \frac{\partial E}{\partial o_{87}} \cdot \frac{\mathrm{d} o_{87}}{\mathrm{dnet}_{87}} \cdot \frac{\partial \mathrm{net}_{87}}{\partial w_{72,87}} \\
&= \left(\sum_{j=90}^{99} \frac{\partial E}{\partial \mathrm{net}_j} \frac{\partial \mathrm{net}_j}{\partial o_{87}}\right) o_{87}(1-o_{87}) o_{72} \\
&= \left(\sum_{j=90}^{99} \delta_j w_{87,j}\right) o_{87}(1-o_{87}) o_{72}
\end{aligned}
$$

可以看到为了计算该导数的值，需要提前计算出 87 号神经元所有下游神经元的 δ_j 值.

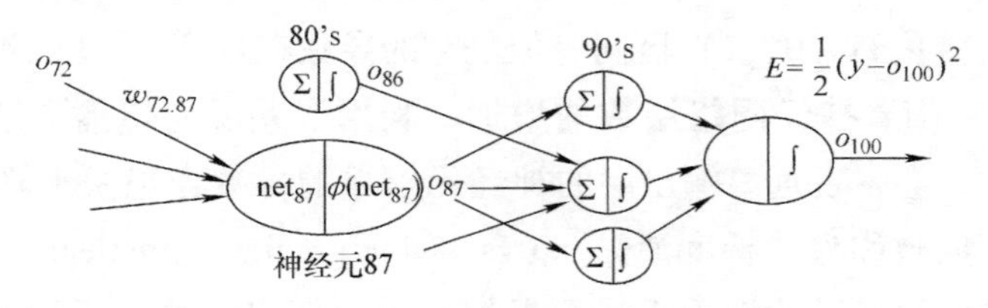

图 13-6　倒数第三层 87 号神经元的工作原理.（图片来源：Cynthia Rudin）

误差反向传播即按上述过程从深度学习网络的最后一层开始，逐层计算出误差函数关于每个神经元内部参数的导数 $\frac{\partial E}{\partial w_{a,b}}$，然后使用梯度下降法更新参数：

$$w_{a,b} \leftarrow w_{a,b} - \lambda \frac{\partial E}{\partial w_{a,b}}$$

所有参数更新完毕后，再正向计算出深度学习网络的输出，得到新的误差，再通过误差反向传播更新参数，不断重复上述过程直到输出几乎不变，所有参数收敛到稳定值.

13.1.2 几种常用的激活函数

激活函数是将神经元输入值的加权和进行变化产生输出的过程. 最简单的激活函数是线性激活函数，比如在 13.1 节的交通灯例子中，激活函数就是输入值加权和本身，不做任何变化. 使用线性激活函数的神经网络很容易训练，但是不能学出较复杂的结构，实际效果差. 实践中一般使用非线性激活函数，它可以使神经网络学出数据中非常复杂的结构. 几种常用的激活函数有：

（1）**Sigmoid 函数**

$$\phi(x) = \frac{1}{1+e^{-x}}$$

$$\phi'(x) = \phi(x)(1-\phi(x))$$

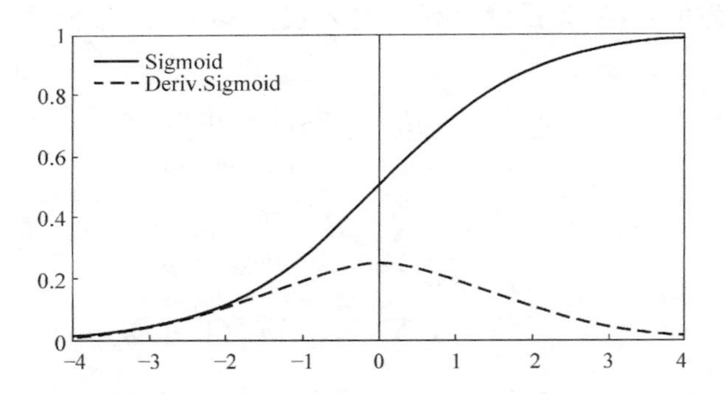

Sigmoid 在 1990 年前是很流行的激活函数，它可以将很大的输入值转化到（0，1）区间，但是它的导数在远离 $x=0$ 处迅速下降到 0. 随着神经网络层数的增加，利用误差反向传播更新各个权重时，会发现远离输出层的神经元权重的导数会很快下降到 0，这种现象被称为“梯度消失”（vanishing gradients problem）. 梯度消失导致神经元的权重无法根据损失函数做出调整，不利于权重的优化.

（2）**tanh 函数**

$$\tanh(x) = \frac{e^{x}-e^{-x}}{e^{x}+e^{-x}}$$

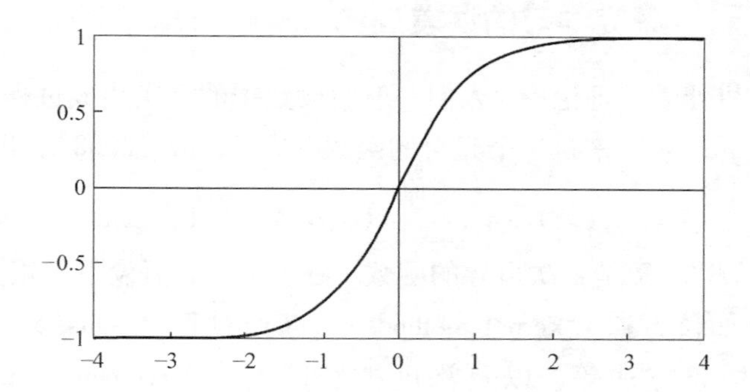

双曲正切函数 tanh 是 1990 至 2000 年左右很流行的激活函数，它的值域是（-1，1），且输出以 0 为中心，对权重的更新效率比 Sigmoid 高. 但是 tanh 的导数也只在 $x=0$ 附近较大，在远离 $x=0$ 处迅速下降到 0，因此使用 tanh 激活函数也会面临梯度消失的问题.

（3）**ReLU 函数**

$$f(x)=\max(x,0)$$

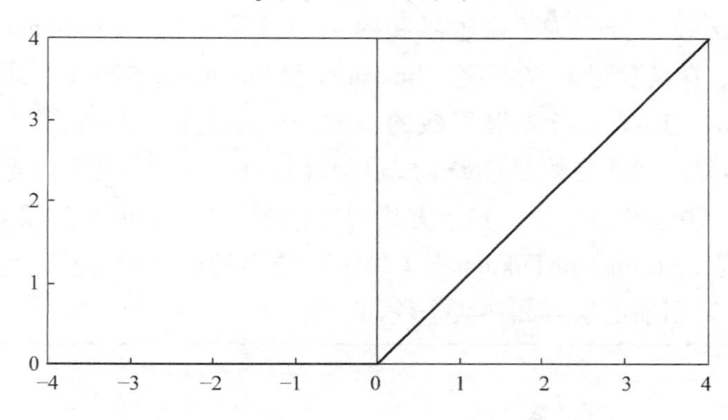

ReLU 是整流线性单位（rectified linear unit）的缩写，它使神经网络的层数可以极大增长，促进了深度学习的发展（Glorot 等，2011），是目前最流行的激活函数. ReLU 函数是分段线性的，对输入的敏感性比 Sigmoid 和 tanh 好，几乎不会出现梯度消失. 同时又因为避免了指数运算，计算速度更快.

ReLU 函数的导数很容易计算，$x>0$ 时为 1，$x<0$ 时为 0. 虽然 ReLU 在 $x=0$ 处不可导，但并不影响它在实际应用中的优异表现（可以规定 $f'(0)=0$），后面提到的 AlexNet 使用的就是 ReLU 激活函数.

13.1.3 深度学习的误差理论

在机器学习理论中，人们一般假设数据的真实生成过程（generating process）来自一个光滑的函数（Tsybakov，2008），即

$$y_i = f(\boldsymbol{x}_i) + \varepsilon_i, \varepsilon_i \overset{\text{iid}}{\sim} N(0, \sigma^2),\ i = 1, \cdots, n. \tag{13-1}$$

其中f: $\mathbb{R}^D \to \mathbb{R}$是$\beta$次可导的函数. 在$f$光滑的假设下，很多非参数方法如核方法（kernel methods）、高斯过程（Gaussian processes），样条方法等，以及深度神经网络（deep neural network，DNN）都可以达到minimax最优的泛化误差界（generalization error bound）（Stone，1982）：

$$O(n^{-2\beta/(2\beta+D)}), n \to \infty.$$

Imaizumi 和 Fukumizu（2019）考虑了f是分段光滑（piecewise smooth）函数的情况，此时f在分段区域的边界不可导甚至不连续. Imaizumi 和 Fukumizu（2019）给出了这种情况下使用ReLU激活函数的DNN泛化误差上界：

$$O(\max\{n^{-2\beta/(2\beta+D)}, n^{-\alpha/(\alpha+D-1)}\}(\log n)^2), n \to \infty \tag{13-2}$$

其中α和β分别为f在边界和内部的可导次数（smoothness degree），D是数据$\boldsymbol{x}_i$的维度. Imaizumi 和 Fukumizu（2019）证明了误差界（13-2）与光滑函数的minimax最优上界只相差了因子$(\log n)^2$. 因此当数据真实生成过程（13-1）中的f是分段光滑且满足一些假设条件下，其他方法很难达到比DNN更小的误差界. 下表是Imaizumi 和 Fukumizu（2019）给出的使DNN达到误差界（13-2）所需的层数和参数个数如下表.

层数	$O(1 + \max\{\beta/D, \alpha/2(D-1)\})$
参数个数	$O(n^{\max\{D/(2\beta+D), (D-1)/(\alpha+D-1)\}})$

13.1.4 使用神经网络识别手写数字

本节我们介绍神经网络的一个实战应用— 识别手写的阿拉伯数字. 这是一个非常成熟的项目，网上有现成的数据库MNIST（包含6万个手写的数字图像）和神经网络的程序代码（http://neuralnetworksanddeeplearning.com/chap1）. 下面这组手写的阿拉伯数字，可能是信封上的邮政编码也可能是支票上的钱数，如何教会计算机识别这些数字呢？

504192

想要让计算机进行处理，需要先把问题"数学化". 人们首先

用几个正方形把各个数字分开，问题简化为：对包含一个手写数字的正方形区域，如下图所示，能不能让计算机识别是什么数字？

更进一步，忽略字的颜色，降低正方形的分辨率，只考虑一个 $28 \times 28 = 784$ 个像素的图像. 规定每一个像素值都在 0 到 1 之间，代表灰度的深浅，0 表示纯白，1 代表纯黑. 此时每幅图片的输入就是 784 个 0 – 1 之间的数.

人们书写数字肯定有一定规律，但又说不清具体是什么规律，这种问题特别适合神经网络学习. 建立一个三层的神经网络，如图 13-7 所示，第一层是输入层，对应要输入的 784 个像素值；第二层是隐藏层，有 15 个神经元；第三层是输出层，有 10 个神经元，对应 0 – 9 这 10 个数字. 每个神经元都由输入、权重、bias 和输出组成. 隐藏层中每一个神经元都要接收全部 784 个像素的输入，总共有 $784 \times 15 = 11760$ 个权重和 15 个 bias 的值. 第三层的每一个神经元都要跟第二层的所有 15 个神经元连接，总共有 150 个权重和 10 个 bias 的值. 因此整个神经网络一共有 11935 个可调参数.

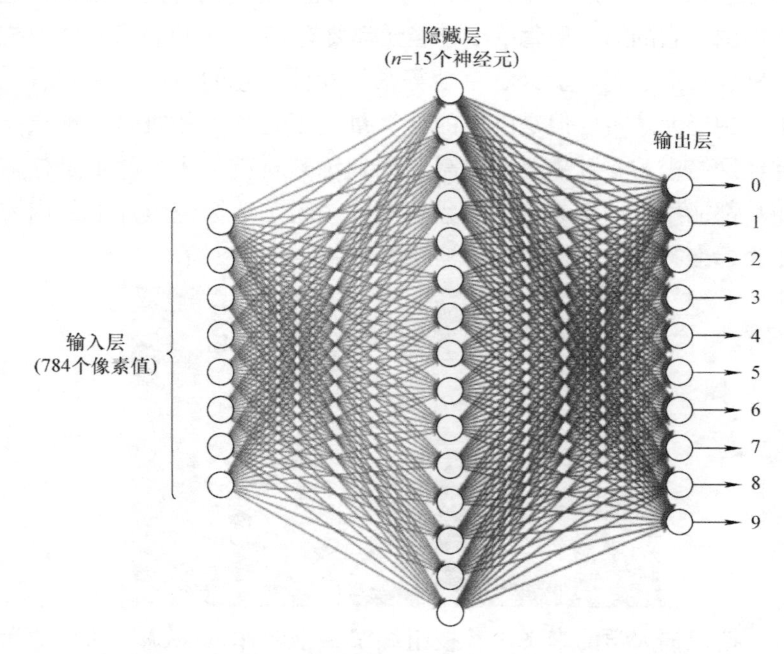

图 13-7 一个三层的神经网络.（图片来源：Michael Nielson）

图 13-7 中神经网络的工作原理是：784 个像素值经过隐藏层和输出层两层神经元的处理后，输出层的哪个神经元的输出结果

最接近 1，就判断这是哪一个手写数字. 为调整好神经网络的 11935 个参数，用 MNIST 中的 3 万个图像训练，训练的方法是之前介绍的误差反向传播，再用剩下 3 万个图像测试训练效果. 测试结果表明这个简单的神经网络的识别准确率能达到 95%.

补充说明

1. 虽然神经网络能够做出出色的判断，但整个神经网络就像一个黑箱，我们能看到其中 11935 个参数的值，但是不知道这些数值体现了哪些规律.

2. 深度学习必须用大量的专门数据训练. 在上述例子中，只用两层 25 个神经元和 28 ×28 的低分辨率图像，每次训练就要调整 11935 个参数. 如果再多加一层，每层多用几个神经元，运算量就会大大增加，可能几万个图像就不够了，应用级别的深度学习是海量的计算.

13.2 卷积神经网络

卷积神经网络（convolutional neural networks，CNN）的成功使深度学习真正流行起来. 下面这张彩色照片的分辨率是 350 × 263，总共有 92050 个像素点，每个像素点用三个数来代表颜色，因此这张图需要用 27 万个数来描述. 使用之前的神经网络识别这样的图，它的第二层每一个神经元都要有 27 万个权重参数. 要想识别包括猫、狗、蓝天、草地等常见物体，它的输出层必须有上千个神经元才行. 但是巨大的计算量还不是最大的难点，难点是神经网络中的参数越多，它需要的训练素材就越多，并不是任何照片都能用作训练素材，必须事先靠“人工”标记照片上的内容作为标准答案，这样才能给神经网络提供有效反馈.

斯坦福大学的李飞飞教授组织了一个叫作 ImageNet 的机器学习图像识别比赛，从 2010 年开始每年举行一次，该比赛给参赛者提供一百万张图作为训练素材，其中每张图都经过人工标记，如下图所示.

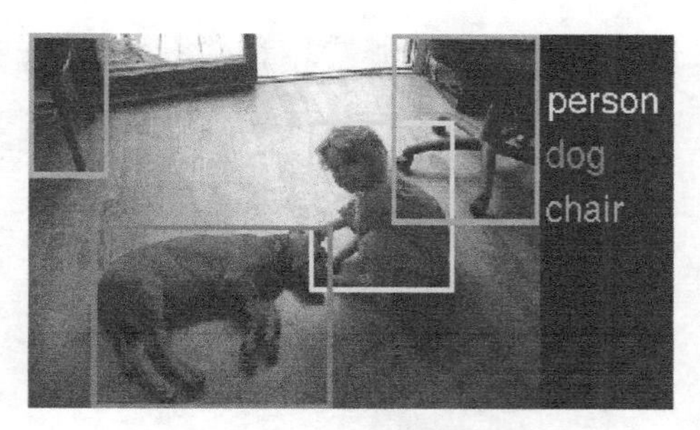

图 13-8 是 ImageNet 历届比赛冠军的成绩，可以看到 2010 年和 2011 年最好成绩的判断错误率（classification error rate）都在 26% 以上，但是 2012 年错误率突然降到 16%，从此之后就是直线下降. 2012 年的冠军是多伦多大学的一个研究组，使用的方法就是卷积神经网络（Krizhevsky，2012）. 现在这篇论文被称为"AlexNet".

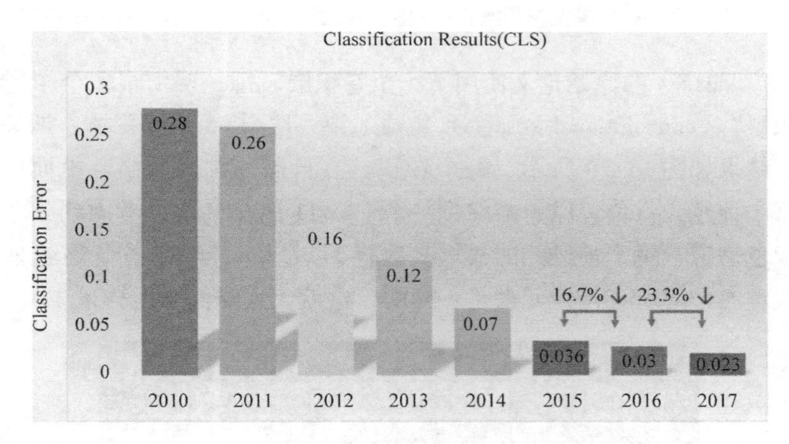

图 13-8　ImageNet 历届比赛冠军的成绩.（图片来源：image net. org）

AlexNet 有一个"往哪看"和"看什么"的思路，这就与人脑的图像识别过程更相似，因为大脑并不是每次都把一张图中所有的像素放在一起考虑，比如让你找猫，你会从一张大图上一块一块地找，没必要同时考虑图片的左上角和右下角. AlexNet 的具体做法是在输入的像素层和最终识别物体的输出层之间加入几个"卷积层". "卷积"是一种数学操作，在图像识别中可以理解为"过滤"或"提取特征". 考虑一个 5×5 的 $0-1$ 像素矩阵，和一个 3×3 的"窗口"矩阵（kernel），如图 13-9 的第一行所示；对像素矩阵做卷积操作就是将窗口矩阵依次划过像素矩阵，在每个位置记录被窗口矩阵覆盖的元素的加权和，如图 13-9 的第二行所示，动态过程见二维码为防止图形结构被窗口矩阵拆散，还要保证窗口每次划过的区域有足够的重叠. AlexNet 的每一个卷积层只识别一种特定规模的图形模式，且后面一层只在前面一层的基础

上进行识别，这就解决了“往哪看”和“看什么”的问题.

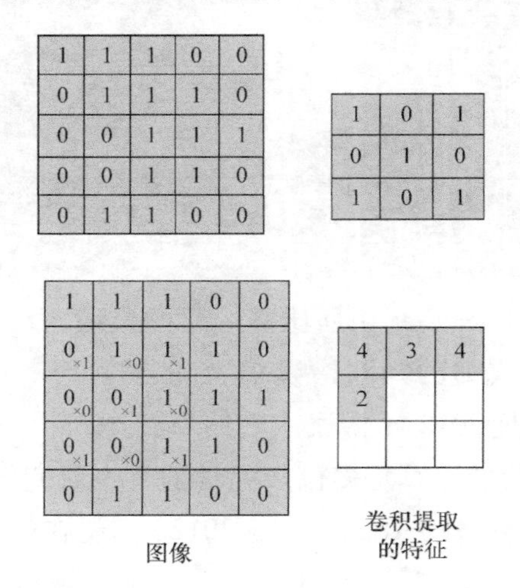

图 13-9　对图像做卷积操作的过程.（图片来源：hackernoon. com）

AlexNet 的原始论文使用了 5 个卷积层，每一层由很多个“卷积核”（convolutional kernels）组成. 第一层有 96 个卷积核，训练的结果如图 13-10 所示，每个卷积核有自己的神经网络，里面的每个神经元只负责原始图像中一个 11×11 的小区块，考虑到 3 个颜色通道，每个神经元的权重参数有 $11\times11\times3=363$ 个，且这些权重参数对所有神经元都是一样的，这就大大降低了运算量.

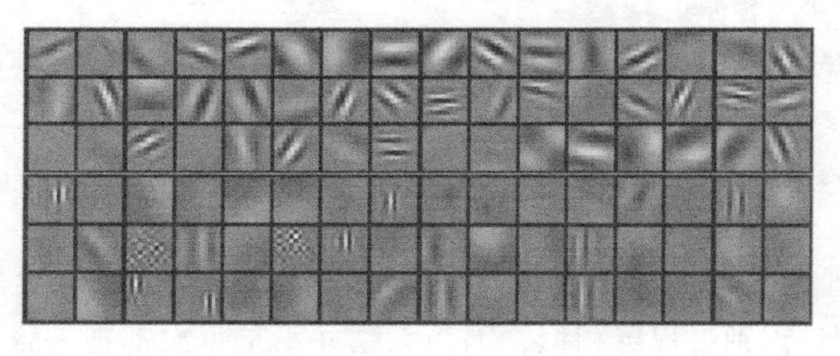

图 13-10　AlexNet 第一个卷积层训练出的 96 个的卷积核.
（图片来源：Krizhevsky 等（2012））

经过第一卷积层的过滤，我们看到的就不再是一个个的像素点，而是从一个个像素区块上提取的线条、颜色等特征. 第二卷积层再从这些小特征上学习更复杂的结构，以此类推，一直到第五层. 图 13-12 展示了 AlexNet 的完整结构，可以看到，卷积网络在第三层已经能找到一些纹理结构，到第五层已经能找出车轮、钟表等物体. 在五个卷积层之外，AlexNet 还设置了三个完全连接层（fully - connected layers），用于识别更复杂的结构.

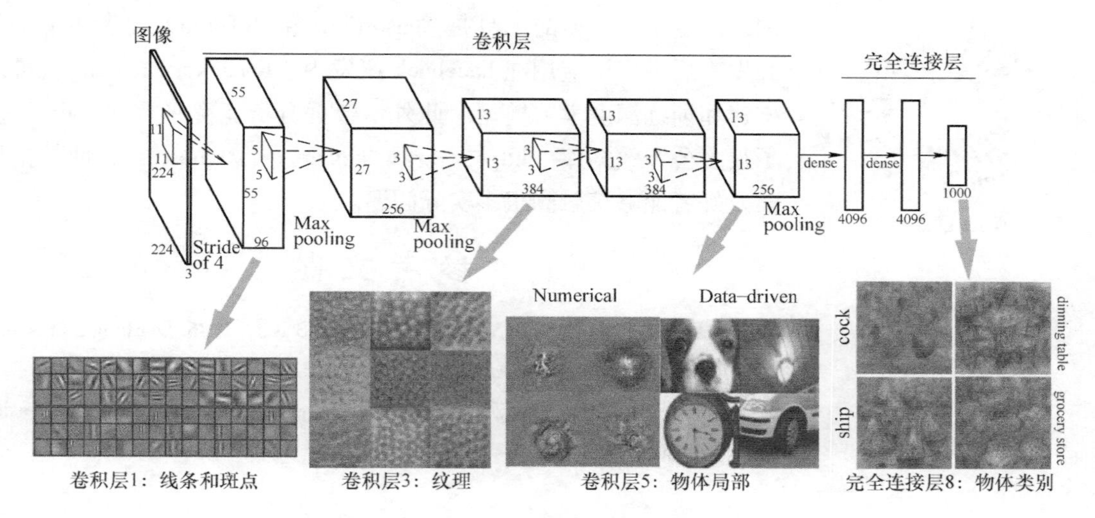

图 13-11 AlexNet CNN 的完整结构.（图片来源：Daniel Jeffries）

最后来看一下 AlexNet 识别图像的水平. ImageNet 的比赛规则是，对测试集中的每个图片，参赛者的算法可以给出五个答案，只要有一个判断跟标准答案一致就算判断正确. 图 13-12 展示了 AlexNet 对三张比赛测试图片的识别结果，左图是 AlexNet 判断错误的一个例子，标准答案是“樱桃”，AlexNet 首先注意到了后面是一只达尔马提亚狗；中间图的标准答案是“蘑菇”，AlexNet 给出的第一判断是更精确的“伞菌”；右图的边缘有个红色的螨虫，它也被 AlexNet 正确识别出来了.

图 13-12 AlexNet 对 3 张测试图片的识别结果.
（图片来源：Krizhevsky 等（2012））

意识到图像识别有多难，就能体会到 AlexNet 的识别水平有多神奇. 2012 年之前深度学习还是机器学习中的“非主流”，现在是绝对的主流. 想要更详细地了解深度学习的概念和研究前沿，可以阅读复旦大学邱锡鹏教授的《神经网络与深度学习》（https://nndl.github.io/）. 目前最流行的深度学习框架，即构建和

第 13 章课件

训练深度学习模型的工具是 TensorFlow 和 PyTorch，前者由 Google 开发，后者广泛应用在 Facebook 研发中. R package `Keras` 也可以构建和训练深度学习模型. 此外，数据分析竞赛平台 Kaggle 提供了很多公开数据库（https://www.kaggle.com/datasets），使数据科学爱好者能够接触到很多实际问题.

参考文献

RUMELHART D E, HINTON G, E, WILLIAMS R J, 1986. Learning representations by back-propagating errors [J]. Nature. 323 (6088): 533-536.

STONE C J, 1982. Optimal global rates of convergence for nonparametric regression [J]. The Annals of Statistics, 1040-1053.